JSP & Servlet 学习笔记（第3版）

——从Servlet到Spring Boot

林信良　著

清华大学出版社
北　京

内 容 简 介

本书是作者多年来教学实践经验的总结，汇集了学员在学习 JSP & Servlet 或认证考试时遇到的概念、操作、应用等各种问题及解决方案。

本书基于 Servlet 4.0/Java SE 8 重新改版，无论章节架构还是范例程序代码，都做了全面更新。书中详细介绍了 OWASP TOP10、CWE、CVE，讨论了会话安全、密码管理、Java EE 安全机制、CSRF 等 Web 安全基本概念，增加了对 Spring、Spring MVC、Spring Boot 的入门介绍，认识 Web MVC 框架与快速开发工具的使用。本书还涵盖了文本处理、图片验证、自动登录、验证过滤器、压缩处理、线上文件管理、邮件发送等实用范例。

本书在讲解过程中，以“微博”项目贯穿全书，将 JSP & Servlet 技术应用于实际项目开发之中，并使用重构方式来改进应用程序架构。

本书适合 JSP & Servlet 初学者以及广大 JSP & Servlet 技术应用人员。

北京市版权局著作权合同登记号　图字：01-2018-4946

图书在版编目(CIP)数据

JSP & Servlet 学习笔记：从 Servlet 到 Spring Boot：第 3 版 / 林信良 著. —北京：清华大学出版社，2019（2023.7重印）

ISBN 978-7-302-52245-4

Ⅰ. ①J…　Ⅱ. ①林…　Ⅲ. ①JAVA 语言－程序设计　Ⅳ. ①TP312.8

中国版本图书馆 CIP 数据核字(2019)第 020117 号

责任编辑： 王　定
封面设计： 孔祥峰
版式设计： 思创景点
责任校对： 牛艳敏
责任印制： 杨　艳

出版发行： 清华大学出版社
网　　址：http://www.tup.com.cn，http://www.wqbook.com
地　　址：北京清华大学学研大厦 A 座　　邮　　编：100084
社 总 机：010-83470000　　邮　　购：010-62786544
投稿与读者服务：010-62776969，c-service@tup.tsinghua.edu.cn
质 量 反 馈：010-62772015，zhiliang@tup.tsinghua.edu.cn
印 装 者： 三河市君旺印务有限公司
经　　销： 全国新华书店
开　　本： 185mm×260mm　　**印　　张：** 30.25　　**字　　数：** 755 千字
版　　次： 2010 年 4 月第 1 版　2019 年 4 月第 3 版　　**印　　次：** 2023 年 7 月第 4 次印刷
定　　价： 98.00 元

产品编号：080994-01

序

时间可以是最大的敌人，也可以是最强的盟友，然而多数人选择了前者。

2009/2/21

人生在世，要赚到钱也要赚到时间。

2010/7/21

金钱投资得宜可以赢得更多金钱，时间投资得当可以赢得更多时间，后者远比前者重要，但前者往往比后者得到更多的关注。

2012/2/18

只要每日认真投资(时间)，有时需要的只是等待。

2012/3/17

存起来的钱用掉就没了，存起来的时间却可反复使用。

2012/3/18

人啊！多半用时间换取金钱，再用金钱换取时间，过程遗留的残烬叫等待；有些人的时间越来越难换取金钱；有些人的钱再也换不到时间，而是无奈、空虚、怨念、固执……或者是无法再复燃的灰烬……

2013/4/8

人们多关心工作可以带来多少金钱，却鲜少关心工作可以带来多少时间！

2013/4/28

人的一生中两个最大的财富其实是：你的健康和你的时间。

2013/9/24

花费的时间成本是用来获得时间回馈，不是金钱回馈，不能混为一谈。

2013/10/18

时间不是金钱，时间就是时间，时间要值回更多的时间。

2014/6/16

有些事，现在不付出时间，将来需要付出更多时间。

2015/11/29

其实时间并不是一个定量，除了变少还可能变多。

2016/10/9

致投资时间在此的你！

2018/3/18

导　读

这份导读可以让你更了解如何使用本书。

字型

本书内文中与程序代码相关的文字，都用固定宽度字体来加以呈现，以与一般名词作区别。例如，JSP 是一般名词，而 `HttpServlet` 为程序代码相关文字，使用了固定宽度字体。

新旧版差异

本书是从《JSP & Servlet 学习笔记(第 2 版)》改版而来的，因此这里说明一下与《JSP & Servlet 学习笔记(第 2 版)》之间的差异。

就目录上可以看出的主要差异是，删除了《JSP & Servlet 学习笔记(第 2 版)》第 12 章“从模式到框架”，并由新撰写的 3 个 Spring 相关章节取代，这是为了从实际的框架中学习，而不是空谈概念；然而，Spring 那些章节并不是作为全面探讨 Spring 之用，而是作为一个衔接，希望从实际的应用程序重构中筛选出对应用程序有益的框架特性，以便逐步掌握框架的本质。

当然，照例要谈一些 Java EE 8 的功能，相关讨论会放在各章节中适当的地方。由于《JSP & Servlet 学习笔记(第 2 版)》是基于 Java EE 6，为了便于查找 Java EE 7/8 的功能介绍，如果发现页左侧有如图示，就表示提及 Java EE 7 或 Java EE 8 功能，本书还提供了 Java EE 7/8 功能快速查询目录。

各章节的范例都做了全面改写，由于 Java EE 8 是基于 Java SE 8，范例程序代码会适当使用 Java SE 8 的特性，例如 Lambda 与 Stream API 等。

时至今日，撰写应用程序时必须有相关的安全防护概念，作为一本谈论 Web 应用程序的书，适时地提及安全概念是必要的，书中谈到了 OWASP TOP 10，讨论了 Session 防护、注入攻击、Cookie 安全、密码加盐哈希、跨域伪造请求(Cross-Site Request Forgery，CSRF)等安全基本观念，并在适当的地方介绍了 OWASP Java Encoder、Java HTML Sanitizer 等项目的使用。

程序范例

本书大多数范例使用完整的程序实作来展现，如果是用以下方式示范程序代码：

FirstServlet Hello.java

```
package cc.openhome;

import java.io.IOException;
import java.io.PrintWriter;

import javax.servlet.ServletException;
import javax.servlet.annotation.WebServlet;
import javax.servlet.http.HttpServlet;
import javax.servlet.http.HttpServletRequest;
import javax.servlet.http.HttpServletResponse;

@WebServlet("/hello")
public class Hello extends HttpServlet {   ←— ❶继承 HttpServlet
    @Override
    protected void doGet(   ←— ❷重新定义 doGet()
        HttpServletRequest request, HttpServletResponse response)
            throws ServletException, IOException {
                                                         ❸设置响应内容类型
        response.setContentType("text/html;charset=UTF-8");  ←—┘

        String name = request.getParameter("name");   ←— ❹取得请求参数

        PrintWriter out = response.getWriter();   ←— ❺取得响应输出对象
        out.print("<!DOCTYPE html>");
        out.print("<html>");
        out.print("<head>");
        out.print("<title>Hello</title>");
        out.print("</head>");
        out.print("<body>");
        out.printf("<h1> Hello! %s!%n</h1>", name);  ←— ❻跟用户说 Hello!
        out.print("</body>");
        out.print("</html>");
    }
}
```

范例开始的左边名称为 FirstServlet，表示可以在范例文件的 samples 文件夹中查找相应章节目录，即可找到对应的 FirstServlet 项目，而右边名称为 Hello.java，表示可以在项目中找到 Hello.java 文件。如果程序代码中出现标号与提示文字，表示后续的内文中会有对应于标号及提示的更详细说明。

原则上，建议每个项目范例都亲自动手撰写，如果由于教学时间或实现时间上的限制，本书有建议进行的练习。在范例开始前有Lab图示的，表示建议动手实践，而且在范例文件的 labs 文件夹中有练习项目的基础内容，可以在导入项目后，完成项目中遗漏或必须补齐的程序代码或设置。

如果文中使用以下程序代码，则表示它是一个完整的程序内容，但不是项目的一部分，主要用来展现如何撰写一个完整的文件。

```
<%@page import="java.time.LocalDateTime"%>
<%@page contentType="text/html; charset=UTF-8" pageEncoding="UTF-8"%>
<!DOCTYPE html>
<html>
<head>
<meta charset="UTF-8">
<title>JSP 范例文件</title>
```

```
</head>
<body>
<!-- 这里会依 Web 网站的时间而产生不同的响应 -->
<%= LocalDateTime.now() %>
</body>
</html
```

如果使用以下程序代码，则表示它是一个代码段，主要展现程序撰写时需要特别注意的片段。

```
// 略 ...
public void _jspService(HttpServletRequest request,
                        HttpServletResponse response)
     throws java.io.IOException, ServletException {
  // 略...
  try {
    response.setContentType("text/html;charset=UTF-8");
    //略...
    out = pageContext.getOut();
    // 略...
  } catch (Throwable t) {
    // 略 ...
  } finally {
    // 略 ...
```

操作步骤

本书将 IDE 设定的相关操作步骤，也作为练习的一部分，你会看到如下的操作步骤说明：

(1) 运行 eclipse 文件夹中的 eclipse.exe。

(2) 出现 Eclipse Launcher 对话框时，将 Workspace 设定为 C:\workspace，单击 Launch 按钮。

(3) 执行菜单 Window|Preferences 命令，在弹出的 Preferences 对话框中，展开左边的 Server 节点，选择其中的 Runtime Environment 节点。

(4) 单击右边 Server Runtime Environments 中的 Add 按钮，在弹出的 New Server Runtime Environment 对话框中选择 Apache Tomcat v9.0，单击 Next 按钮。

(5) 单击 Tomcat installation directory 旁的 Browse 按钮，选取 C:\workspace 中解压缩的 Tomcat 文件夹，单击“确定”按钮。

提示框

在本书中会出现以下提示框：

提示 >>> 针对课程中提到的观点，提供一些额外的资源或思考方向，暂时忽略这些提示对课程进行的影响，但有时间的话，针对这些提示多作阅读、思考或讨论是有帮助的。

注意 >>> 针对课程中提到的观点，以提示框方式特别呈现出必须注意的一些使用方式、陷阱或避开问题的方法，看到这个提示框时请集中精力阅读。

综合练习

本书以“微博”项目的实现过程贯穿全书，随着每一章的进行，会在适当的时候将新介绍的技术应用至“微博”程序之中并作适当的修改，以了解完整的应用程序基本上是如何建构出来。

附录

本书配套资源中的范例文件包括本书全部范例，提供 Eclipse 范例项目，部分范例是 Gradle 项目，附录 A 说明如何使用这些范例项目。本书也说明如何在 Web 应用程序中整合数据库，实现范例时使用的数据库为 H2，使用方式可见 9.1 节的内容，范例若包含 H2 数据库文件*.mv.db 的话，联机时的名称与密码都是 caterpillar 与 12345678。

联系作者

若有与本书相关的勘误反馈等问题，可通过网站与作者联系：

http://openhome.cc

资源下载

本书配套资源下载：

目　　录

Java EE 7/8 新功能索引

Web 应用程序简介

Chapter 1

学习目标：

- 认识 HTTP 基本特性
- 了解 GET、POST 使用时机
- 了解何为 URL/URI 编码
- 认识 Web 容器角色
- 了解 Servlet 与 JSP 的关系
- 认识 MVC/Model 2

1.1 Web 应用程序基础

在正式学习 Servlet/JSP 相关技术之前，要先花点时间了解一些 Web 应用程序基础知识，虽然是基础知识，却很重要。在我这几年的教学中，发现有些学员并不具备这些基础知识，或者忽略了这些基础知识中的一些细节，如 HTML(HyperText Markup Language)、HTTP (HyperText Transfer Protocol)、URI(Uniform Resource Identifier)甚至文字编码的问题等。

当然，谈这些内容并不是要你成为这几个名词的专家，而是在以后学习 Servlet/JSP 相关技术时，若有这些基础知识，就能真正理解相关技术背后的原理，而不会沦落到死背 API(Application Programming Interface)的窘境。

1.1.1 关于 HTML

本书介绍的 Web 应用程序，是由客户端(Client)与服务器端(Server)两个部分组成的，客户端基本是浏览器，服务器端是指 HTTP 服务器及运行在其上的相关资源，后面会使用浏览器来作为客户端代表，以 Web 网站来代称 HTTP 服务器及运行在其上的相关资源。

浏览器会请求 Web 网站，就本书来说，Web 网站必须产生 HTML，HTML 是以标签的方式来定义文件结构的。下面是一个简单的 HTML 范例：

```
<!DOCTYPE html>
<html>
    <head>
        <meta charset="UTF-8">
        <title>HTML 范例文件</title>
    </head>
    <body>
        <img src="images/caterpillar.jpg">哈喽！请输入...<br><br>
        <form method="get" action="echo" name="message">
            名称：<input type="text" name="name"><br><br>
            <button>发送</button>
        </form>
    </body>
</html>
```

整份 HTML 文件的定义编写在<html>与</html>标签之间。在文件开始之前，浏览器必须先解析所有标签，<head>与</head>标签间用来定义文件主体前，提供给浏览器的一般信息，像是该范例的文件编码与标题信息等，就分别定义在<meta>以及<title>与</title>标签之间的内容。

接着浏览器针对文件主体内容解析，以便进行画面呈现与定义行为，文件主体内容定义在<body>标签中，例如
告诉浏览器换行，范例文件中有个代表图片的<img>标签，这告知浏览器下载指定图片并显示。HTML 标签可以拥有属性，用来定义标签的额外信息，像是图片的来源(src 属性)。<form>标签定义了窗体，可让用户填写一些将要发送至 Web 网站的信息，其中还使用了<input>标签，分别定义输入字段及发送按钮。

简而言之，浏览器从 Web 网站取得这份 HTML 文件之后，就可以按照 HTML 定义的结构等信息进行画面的绘制。图 1.1 所示为大致的 HTML 标签与对应的画面呈现。

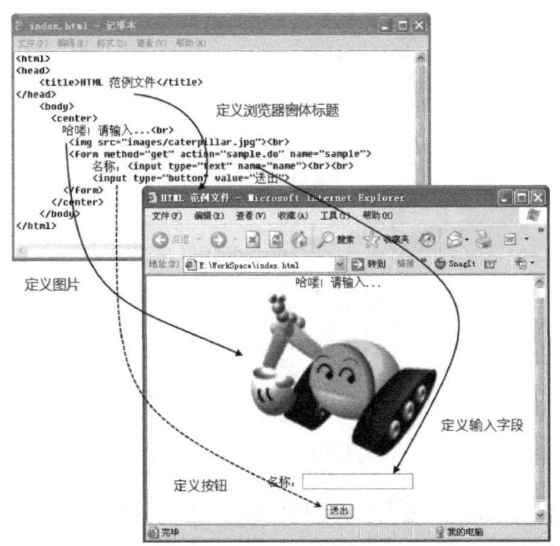

图 1.1　浏览器按 HTML 的结构等信息进行画面绘制

以上描述是一种测试，如果连以上的基本 HTML 都不甚了解，建议先寻找 HTML 相关的文件或书籍进行大致的了解。w3schools 的 HTML5 Tutorial(参考网址 www.w3schools.com/html/)是不错的快速入门文件，足以应付阅读本书所需的 HTML 基础。

1.1.2　URL、URN 与 URI

既然 Web 应用程序的文件等资源是放在 Web 网站上的，而 Web 网站栖身于广大网络之中，就必须要有个方式，告诉浏览器到哪里取得文件等资源。通常会听到有人这么说："你要指定 URL"，偶尔会听到有人说："你要指定 URI"。那么到底什么是 URL、URI？甚至你可能还听过 URN。首先，三个名词都是缩写，其全名分别如下。

- URL：Uniform Resource Locator
- URN：Uniform Resource Name
- URI：Uniform Resource Identifier

从历史的角度来看，URL 标准最先出现，早期 U 代表 Universal(万用)，标准化之后代表着 Uniform(统一)。正如名称所指出，URL 的主要目的是以文字方式来说明互联网上的资源如何取得。就早期的 RFC 1738(参考网址 tools.ietf.org/html/rfc1738)规范来看，URL 的主要语法格式为：

<scheme>:<scheme-specific-part>

协议(scheme)指定了以何种方式取得资源。下面是一些协议名的例子：

- FTP(File Transfer Protocol，文件传输协议)
- HTTP(Hypertext Transfer Protocol，超文本传输协议)
- Mailto(电子邮件)
- File(特定主机文件名)

协议之后跟随冒号，协议特定部分(scheme-specific-part)的格式依协议而定，通常会是：

//<用户>:<密码>@<主机>:<端口号>/<路径>

举例来说，若资源放置在 Web 网站上，如图 1.2 所示。

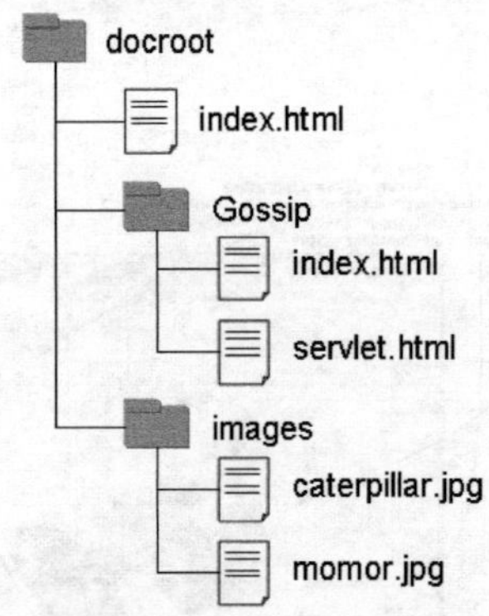

图 1.2 HTTP 服务器上的资源

假设主机名为 openhome.cc，要以 HTTP 协议取得 Gossip 目录中的 index.html 文件，端口号 8080，则必须使用以下 URL(见图 1.3)：

```
http://openhome.cc:8080/Gossip/index.html
```

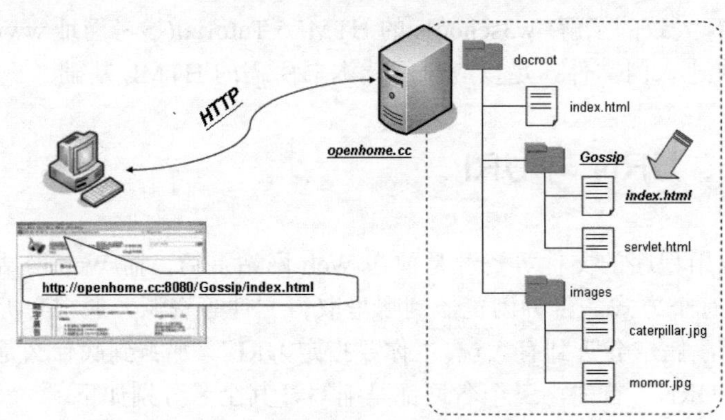

图 1.3 以 URL 指定资源位置等信息

如果想取得计算机文件系统中 C:\workspace 下的 jdbc.pdf 文件，则可以指定如下 URL 格式：

```
file://C:/workspace/jdbc.pdf
```

URN 代表某个资源独一无二的名称，就早期规范 RFC 2141(参考网址 www.ietf.org/rfc/rfc2141.txt)来看，URN 的主要语法格式为：

```
<URN> ::= "urn:" <NID> ":" <NSS>
```

举例来说，《Java JDK 9 学习笔记》的国际标准书号(International Standard Book Number，ISBN)若用 URN 来表示的话，应为 urn:isbn:978-7-302-50118-3，这就是 URN 的一个例子。

由于 URL 或 URN 的目的都是用来标识某个资源，后来制定了 URI 标准，而 URL 与 URN 成为 URI 的子集。就 RFC 3986(参考网址 www.ietf.org/rfc/rfc3986.txt)的规范来看，URI 的主要语法格式主要为：

```
URI   = scheme ":" hier-part [ "?" query ] [ "#" fragment ]
hier-part  = "//" authority path-abempty
           / path-absolute
           / path-rootless
          / path-empty
```

在规范中有个语法的实例对照：

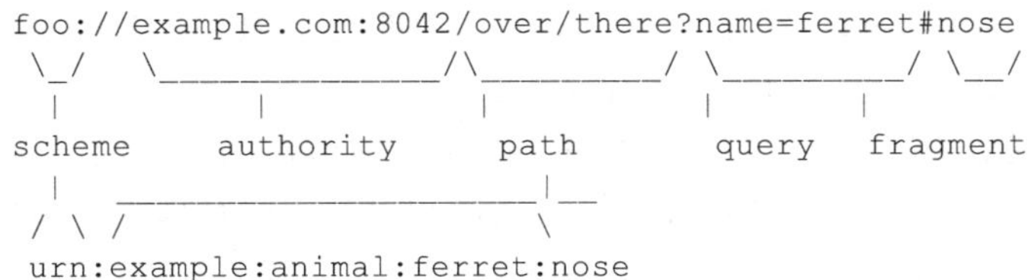

在制定 URI 规则之后，一些标准机构如 W3C(World Wide Web Consortium)文件中，就算指的是 Web 网站上的资源，多半也会使用 URI 这个名称，不过许多人已经习惯使用 URL 名称来表示 Web 网站上的资源，因而 URL 这个名称仍广为使用。不少既有的技术，如 API 或者相关设定中，也会出现 URL 字样，然而为了符合规范，本书将统一采用 URI 来表示。

如果想对 URL、URI 与 URN 的历史演变与标准发布有更多的了解，可以参考 Wikipedia (http://www.wikipedia.org/)的 Uniform Resource Identifier(参考网址 http://en.wikipedia.org/wiki/Uniform_Resource_Identifier)。

1.1.3 关于 HTTP

前面一直提到 HTTP，这是一种通信协议，指架构在 TCP/IP 之上的应用层协议。通信协议基本上就是两台计算机间对谈沟通的方式，例如客户端要跟服务器请求联机，假设就是跟服务器说声 CONNECT，服务器响应 PASSWORD 表示要求密码，客户端再进一步跟服务器说声 PASSWORD 1234，表示这是所需的密码，诸如此类，如图 1.4 所示。

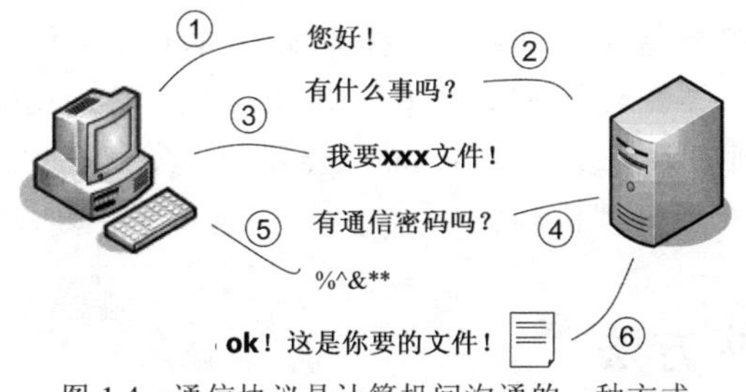

图 1.4 通信协议是计算机间沟通的一种方式

按不同的联机方式与所使用的网络服务而定，会有不同的通信协议。例如，发送信件时会使用 SMTP(Simple Mail Transfer Protocol)，传输文件时会使用 FTP，下载信件时会使用 POP3(Post Office Protocol 3)等，而浏览器跟 Web 网站之间使用的沟通方式是 HTTP，它有两个基本但极为重要的特性：

- 基于请求(Request)/响应(Response)模型
- 无状态(Stateless)协议

1. 基于请求/响应模型

HTTP 是基于请求/响应的通信协议，浏览器对 Web 网站发出取得资源的请求，Web 网站将该请求要求的资源响应给浏览器，是一种很简单的通信协议，没有请求就不会有响应。

HTTP 1.1 支持 Pipelining，浏览器可以在同一个联机中对 Web 网站发出多次请求，然而 Web 网站必须依请求顺序来进行响应。

HTTP 2.0 支持 Server Push，允许 Web 网站在收到请求后，主动推送必要的 CSS、JavaScript、图片等资源到浏览器，不用浏览器后续再对资源发出请求。

HTML5 支持 Server Sent Event，在请求发送至 Web 网站后，Web 网站的响应可一直持续(始终处于“下载”状态)，支持 Server Sent Event 的浏览器能知道响应中有哪些个别数据。

然而，无论是哪种情况，浏览器没有发出请求，Web 网站就不会有响应的基本模型仍然没有改变。

2. 无状态协议

在 HTTP 协议之下，Web 网站是个健忘的家伙，Web 网站响应客户端之后，就不会记得客户端的信息，因此 HTTP 又称为无状态的通信协议，如图 1.5 所示。

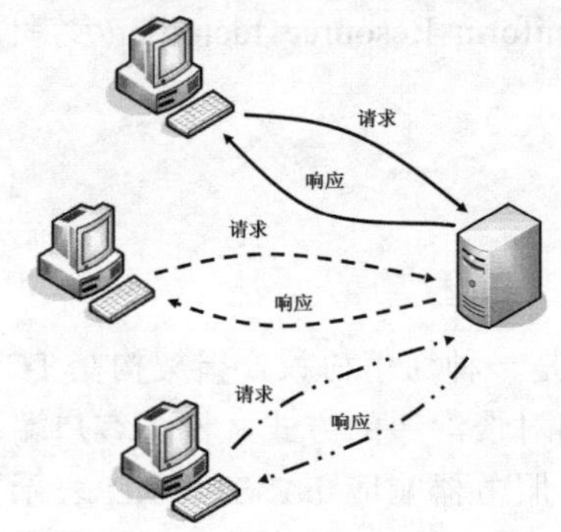

图 1.5　HTTP 是基于请求/响应的无状态通信协议

明白 HTTP 这两个基本特性很重要，这样才知道 Web 应用程序可以做到什么，又有哪些做不到，才能知道之后要介绍的 MVC 模式(Model-View-Controller Pattern)为何要变化为 Model 2 模式，之后谈到会话管理(Session management)时，才能知道会话管理的基本原理，并针对需求采取适当的会话管理机制。

1.1.4　HTTP 请求方法

HTTP 定义了 GET、POST、PUT、DELETE、HEAD、OPTIONS、TRACE 等请求方式，在 JavaScript 尚未使用的年代，撰写 Servlet 或 JSP 时最常接触的就是 GET 与 POST，这是因为过去发送请求信息时，主要以 HTML 窗体发送为主，而 HTML 的<form>标签在 method 属性上只支持 GET 与 POST。不过，在 JavaScript 兴起及前端工程当道之后，因为可以通过 JavaScript 来发出各种请求方法，也就不再局促于 GET 与 POST 了。

由于本书主要是谈 Servlet 与 JSP，因此还是就 GET 与 POST 来进行说明。

1. GET 请求

GET 请求，顾名思义，就是向 Web 网站取得指定的资源，在发出 GET 请求时，必须一并告诉 Web 网站所请求资源的 URL，以及一些标头(Header)信息。图 1.6 所示是一个 GET 请求的发送范例。

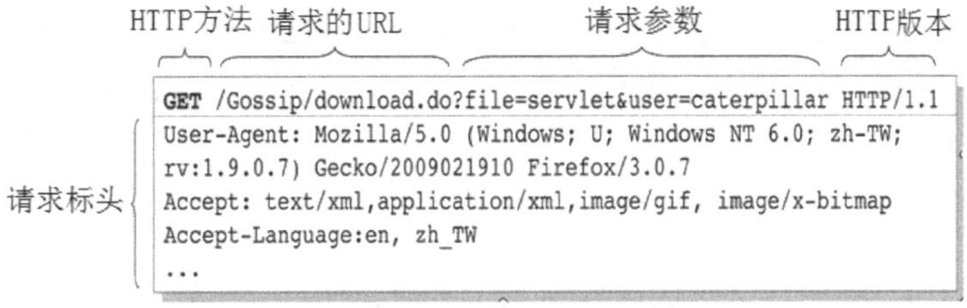

HTTP方法
请求的URL
请求参数
HTTP版本
GET /Gossip/download.do?file=servlet&user=caterpillar HTTP/1.1
User-Agent: Mozilla/5.0 (Windows; U; Windows NT 6.0; zh-TW;
rv:1.9.0.7) Gecko/2009021910 Firefox/3.0.7
Accept: text/xml,application/xml,image/gif, image/x-bitmap
Accept-Language:en, zh_TW
...
请求标头

图 1.6　GET 请求范例

在图 1.6 中，请求标头提供了 Web 网站一些浏览器相关的信息，Web 网站可以使用这些信息来进行响应处理。例如，Web 网站可以从 User-Agent 中得知使用者的浏览器种类与版本，从 Accept-Language 了解浏览器接受哪些语系的内容响应等。

请求参数通常是使用者发送给 Web 网站的信息，这个信息可利用窗体或 JavaScript 来进行发送，Web 网站有了这些信息，可以进一步针对使用者请求进行正确的响应。请求参数是路径之后跟随一个问号(?)，然后是请求参数名称与请求参数值，中间以等号(=)表示成对关系。若有多个请求参数，则以&字符连接。使用 GET 方式发送请求，浏览器的地址栏上也会出现请求参数信息，如图 1.7 所示。

http://caterpillar.onlyfun.net/Gossip/download.do?file=servlet&user=caterpillar

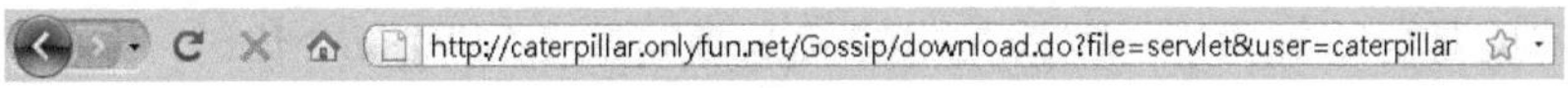

图 1.7　GET 的请求参数会出现在地址栏上

GET 请求可以发送的请求参数长度有限，这根据浏览器而有所不同。Web 网站也会设定长度上的限制，对于太大量的数据并不适合用 GET 方式来进行请求，这时可以改用 POST。

2. POST 请求

对于大量或复杂的信息发送(如文件上传)，通常会采用 POST 来进行发送。图 1.8 所示是一个 POST 发送的范例。

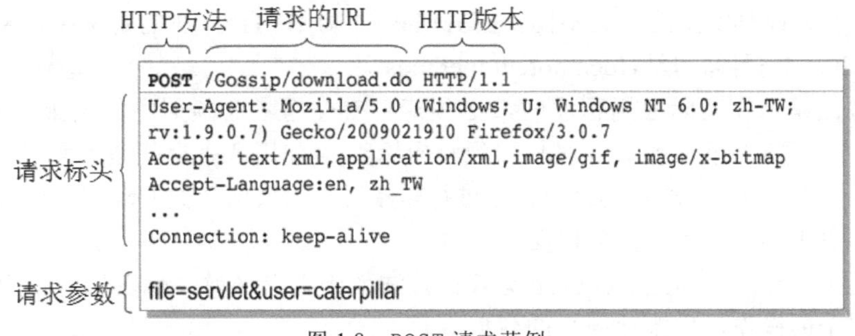

HTTP方法
请求的URL
HTTP版本
POST /Gossip/download.do HTTP/1.1
User-Agent: Mozilla/5.0 (Windows; U; Windows NT 6.0; zh-TW;
rv:1.9.0.7) Gecko/2009021910 Firefox/3.0.7
Accept: text/xml,application/xml,image/gif, image/x-bitmap
Accept-Language:en, zh_TW
...
Connection: keep-alive
请求标头
请求参数
file=servlet&user=caterpillar

图 1.8　POST 请求范例

POST 将请求参数移至最后的信息体(Message body)之中，由于信息体的内容长度不受限制，大量数据的发送都会使用 POST 方法，而由于请求参数移至信息体，地址栏上也就不会出现请求参数。对于一些较敏感的信息，例如密码，即使长度不长，通常也会改用 POST 的方式发送，以避免因为出现在地址栏上而被直接窥视。

注意 >>> 虽然在 POST 请求时，请求参数不会出现在地址栏上，然而在非加密联机的情况下，若请求被第三方获取了，请求参数仍然是一目了然，机密信息请务必在加密联机下传送。

在考虑使用 GET 或 POST 时，实际上并不是只考虑数据长度，以及地址栏是否会出现请求参数，想知道应该选用哪个 HTTP 方法，最好的方式就是对 HTTP 的各个方法规范有进一步的认识。

3. 敏感信息

如刚才谈到的，像密码之类的敏感信息，不适合使用 GET 发送，除了可能被邻近之人偷窥，或者是被浏览器过于方便的网址自动补齐记录下来之外，另一个问题还出现在 HTTP 的 Referer 标头上，这是用来告知 Web 网站，浏览器是从哪一个页面链接到目前网页。如果地址栏出现了敏感信息，之后又链接到另一个网站，该网站就有可能通过 Referer 标签得到敏感信息。

4. 书签设置考虑

由于浏览器书签功能是针对地址栏，因此想让用户针对查询结果设定书签的话，可以使用 GET。POST 后新增的资源不一定会有个 URI 作为识别，基本上无法让用户设定书签。

5. 浏览器快取

GET 的响应是可以被快取的，最基本的就是指定的 URI 没有变化时，许多浏览器就会从快取中取得数据。不过，服务器端可以指定适当的 Cache-Control 标头来避免 GET 响应被快取的问题。

至于 POST 的响应，许多浏览器(但不是全部)并不会快取，不过 HTTP 1.1 规范中指出，如果服务器端指定适当的 Cache-Control 或 Expires 标头，仍可以建议浏览器 POST 响应进行快取。

6. 安全与等幂

由于传统上发送敏感信息时，并不会通过 GET，因而有人会认为 GET 不安全，这其实是个误会，或者说对安全的定义不同。在 HTTP 1.1 对 HTTP 方法的定义中，区分了安全方法(Safe methods)与等幂方法(Idempotent methods)。

安全方法是指在实际应用程序时，必须避免有使用者非预期中的结果。惯例上，GET 与 HEAD(与 GET 同为取得信息，不过仅取得响应标头)对使用者来说就是“取得”信息，不应该被用来“修改”与用户相关的信息，如进行转账或删除数据之类的动作，GET 是安全方法，这与传统印象中 GET 比较不安全相反。

相对之下，POST、PUT 与 DELETE 等其他方法就语义上来说，代表着对使用者来说可能会产生不安全的操作，如删除用户的数据等。

安全与否并不是指方法对服务器端是否产生副作用(Side effect)，而是指对使用者来说该动作是否安全，GET 也有可能在服务器端产生副作用。

对于副作用的进一步规范是方法的等幂特性，GET、HEAD、PUT、DELETE 是等幂方法，也就是单一请求产生的副作用，与同样请求进行多次的副作用必须是相同的(而不是无副作用)。举例来说，若使用 DELETE 的副作用是某笔数据被删除，相同请求再执行多次的结果就是该笔数据不存在，而不是造成更多的数据被删除。OPTIONS 与 TRACE 本身就不该有副作用，所以也是等幂方法。

HTTP 1.1 中的方法去除上述的等幂方法之后，只有 **POST** 不具有等幂特性，HTTP 1.1 对 POST 的规范，是要求指定的 URI“接受”请求中附上的实体(Entity)，例如存储为文档、新增为数据库中的一笔数据等，要求服务器接受的信息是附在请求本体(Body)而不是在 URI。也就是说，POST 时指定的 URI 并不代表能取得 POST 时的资源(如文件等)，每次 POST 的副作用可以不同。

提示>>> 这是使得 POST 与 PUT 有所区别的特性之一，在 HTTP 1.1 规范中，PUT 方法要求将附加的实体存储于指定的 URI，如果指定的 URI 下已存在资源，附加的实体用来进行资源的更新，如果资源不存在，则将实体存储下来并使用指定的 URI 来代表它，这也符合等幂特性。

例如，用 PUT 来更新用户基本数据，只要附加于请求的信息相同，一次或多次请求的副作用都会是相同的，也就是用户信息保持为指定的最新状态。

前面讲过，就窗体发送而言，可以借助<form>的 method 属性来设定使用 GET 或 POST 方式来发送数据，不设定 method 属性的话，默认会使用 GET：

```
...
   <form method="get" action="download " name="filename">
      名称：<input type="text" name="name"><br><br>
      <input type="button" value="送出">
   </form>
...
```

提示>>> 现在很多 Web 服务或框架支持 REST 风格的架构，REST 全称为 REpresentational State Transfer，REST 架构由客户端/服务器端组成，两者间的通信机制是无状态的(Stateless)，在许多概念上，与 HTTP 规范不谋而合(REST 架构基于 HTTP 1.0，与 HTTP 1.1 平行发展，但不限于 HTTP)。

符合 REST 架构原则的系统称为 RESTful，以基于 HTTP 的基本书签程序来说，可搭配 JavaScript 来发出 GET、POST 外的其他请求，POST/bookmarks 用来新增一笔资料，GET /bookmarks/1 用来取得 ID 为 1 的书签，PUT/bookmarks/1 用来更新 ID 为 1 的书签数据，而 DELETE/bookmarks/1 用来删除 ID 为 1 的书签数据。

1.1.5 有关 URI 编码

HTTP 请求参数必须使用请求参数名称与请求参数值，中间以等号(=)表示成对关系。现在问题来了，如果请求参数值本身包括“=”符号怎么办？又或者你想发送的请求参数值是 https://openhome.cc 这个值呢？假设是 GET 请求，直接这么发送是不行的：

```
GET/Gossip/download?url=https://openhome.cc HTTP/1.1
```

1. 保留字符

在 URI 规范中定义了保留字符(Reserved character)，例如“:”“/”“?”“&”“=”“@”“%”等字符，在 URI 中有它们各自的作用。如果要在请求参数上表达 URI 中的保留字符，必须在“%”字符之后以十六进制数值表示方式，来表示该字符的八个位数值。

例如，“:”字符真正存储时的八个位为 00111010，用十六进制数值来表示则为 3A，所以必须使用“%3A”来表示“:”；“/”字符存储时的八个位为 00101111，用十六进制表示则为 2F，所以必须使用“%2F”来表示“/”字符，所以若发送的请求参数值是 https://openhome.cc，则必须使用以下格式：

```
GET/Gossip/download?url=https%3A%2F%2Fopenhome.cc HTTP/1.1
```

这是 URI 规范中的百分比编码(Percent-Encoding)，也就是俗称的 URI 编码或 URL 编码。如果想知道某个字符的 URI 编码是什么，在 Java 中可以使用 `java.net.URLEncoder` 类的静态 `encode()`方法来进行编码的动作(相对地，要译码则使用 `java.net.URLDecoder` 的静态 `decode()`方法)。例如：

```
String text = URLEncoder.encode("http://openhome.cc ", "ISO-8859-1");
```

知道这些有什么用？例如，你想给某人一段 URI，让他直接单击就可以连接到你想要让他看到的网页，你给他的 URI 在请求参数部分就要注意 URI 编码。

不过在 URI 之前，HTTP 在 GET、POST 时也对保留字作了规范，这与 URI 规范的保留字有所差别。其中一个差别就是在 URI 规范中，空格符的编码为%20，而在 HTTP 规范中空白的编码为“+”，`java.net.URLEncoder` 类的静态方法 `encode()`产生的字符串，空格符的编码就为“+”。

2. 中文字符

URI 规范的 URI 编码针对的是字符 UTF-8 编码的八位数值，如果请求参数都是 ASCII 字符，那没什么问题，因为 UTF-8 编码与在 ASCII 字符的编码部分是兼容的，也就是使用一个字节，编码方式就如先前所述。

但在非 ASCII 字符方面，如中文，在 UTF-8 编码下，会使用三个字节来表示。例如，“林”这个字在 UTF-8 编码下的三个字节，对应至十六进制数值表示就是 E6、9E、97，所以在 URI 规范下，请求参数中要包括“林”这个中文，表示方式就是“%E6%9E%97”。例如：

```
https://openhome.cc/addBookmar.do?lastName=%E6%9E%97
```

有些初学者会直接打开浏览器输入如图 1.9 所示内容，告诉我：“URI 也可以直接打中文啊！”

安全 | https://openhome.cc/register?lastName=林

图 1.9 浏览器地址栏真的可以输入中文

不过你可以将地址栏复制，粘贴到纯文本文件中，就会看到 URI 编码的结果，这其实是因为现在的浏览器很聪明，会自动将 URI 编码显示为中文。无论如何，在 URI 规范上若以上面方式发送请求参数，Web 网站处理请求参数时，必须使用 UTF-8 编码来取得正确的“林”字符。

然而在 HTTP 规范下的 URI 编码，并不限使用 UTF-8，例如在一个 MS950 网页中，若窗体使用 GET 发送“林”这个中文字，则地址栏中会出现：

```
https://openhome.cc/register?lastName=%AA%4C
```

提示>>> 若是%AA%4C，由于单独看%4C的话，代表着字符L，浏览器也可以发送%AAL。

这是因为“林”这个中文字的MS950编码为两个字节，若以十六进制表示，则分别为AA、4C。如果通过窗体发送，由于网页是MS950编码，则浏览器会自动将“林”编码为“%AA%4C”，Web网站处理请求参数时，就必须指定MS950编码，以取得正确的“林”汉字字符。

若使用 java.net.URLEncoder 类的静态 encode()方法来做这个编码的动作，则可以像下面这样得到“%AA%4C”的结果：

```
String text = URLEncoder.encode("林 ", " MS950");
```

同理可推，如果网页是UTF-8编码，而你通过窗体发送，则浏览器会自动将“林”编码为“%E6%9E%97”。若使用 java.net.URLEncoder 类的静态 encode()方法来做编码的动作，则可像下面这样得到“%E6%9E%97”的结果：

```
String text = URLEncoder.encode("林", "UTF-8");
```

知道这些要做什么吗？你应该隐约感觉到了：“我们会发送中文”。中文是如何编码的？到服务器端后又是如何译码的？这些问题必须先搞清楚。随便问个“为什么我收到的是乱码？”“为什么数据库中是乱码？”，往往解决不了问题。如果具备这些基础，之后在说明Servlet/JSP中如何接收包括中文字符的请求参数时，你才能理解如何使用某些API进行正确的编码转换动作。

提示>>> 由于一些历史性的原因，编码问题错综复杂，如果有兴趣进一步探究，可以参考《乱码1/2》(参考网址：http://openhome.cc/Gossip/Encoding/)。

1.1.6 后端与前端

现在这个世界通常不会只使用单一技术来完成Web应用程序，就今天来说，若粗略区分，Web应用程序技术可分为前端(Frontend)与后端(Backend)，而就本书的范畴来说，主要是在谈论Servlet/JSP、Spring MVC等技术，而这些是属于后端的技术。

举例来说，下面是个JSP的例子(见图1-10)，当浏览器请求这个JSP时，会根据Web网站上的时间产生响应内容：

```
<%@page import="java.time.LocalDateTime"%>
<%@page contentType="text/html; charset=UTF-8" pageEncoding="UTF-8"%>
<!DOCTYPE html>
<html>
    <head>
        <meta charset="UTF-8">
        <title>JSP 范例文件</title>
    </head>
    <body>
        <!-- 这里会依 Web 网站的时间而产生不同的响应 -->
        <%= LocalDateTime.now() %>
    </body>
</html>
```

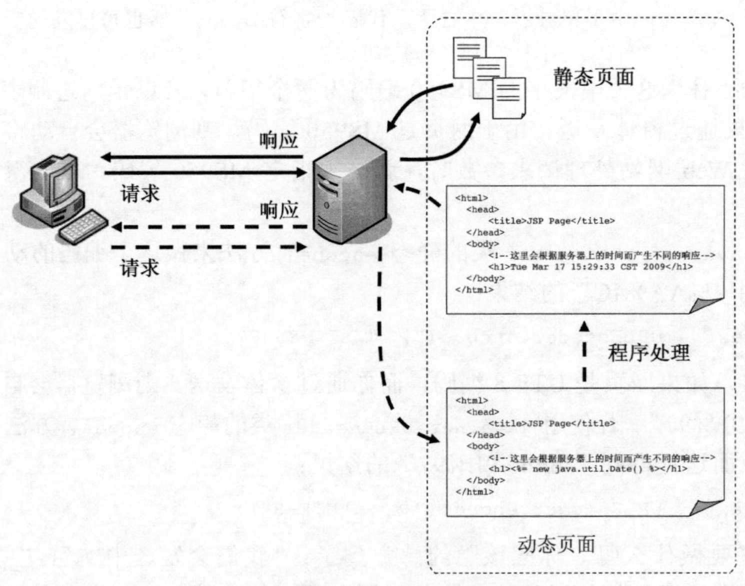

图 1.10　JSP 会自动产生响应内容

JSP会在Web网站上执行程序代码，产生响应内容后传回，例如PHP(Hypertext Preprocessor)、ASP(Active Server Page)等，都是属于这类技术。

在响应内容传至浏览器之后，若其中包含了 JavaScript 程序代码，浏览器会执行 JavaScript，由于浏览器直接面对使用者，以 JavaScript 为出发点，在浏览器上执行的相关技术称为前端技术。而相对来说，执行于 Web 网站上的相关技术，就被称为后端技术。

有些初学者常分不清楚 JavaScript 与 Servlet/JSP 的关系，由于 JSP 中可以编写 Java 程序代码，而 JSP 中又可以编写 JavaScript，所以 JavaScript 当初命名时，又套上了个 Java 的名字在前头，让许多学习 JavaScript 或 JSP 的人，误以为 JavaScript 与 JSP(或 Java)有直接的关系，事实上并没有这回事。

如前面所讲的，Servlet/JSP 是后端技术，执行于 Web 网站的内存空间，而 JavaScript 属于前端技术，执行于浏览器，也就是用户计算机上的内存空间，两个内存空间实体位置并不同，无法做直接的互动(例如以 Servlet/JSP 直接取得 JavaScript 执行时期的变量值)，必须通过网络经由 HTTP 来进行互动、数据交换等动作，以完成应用程序的功能，如图 1.11 所示。

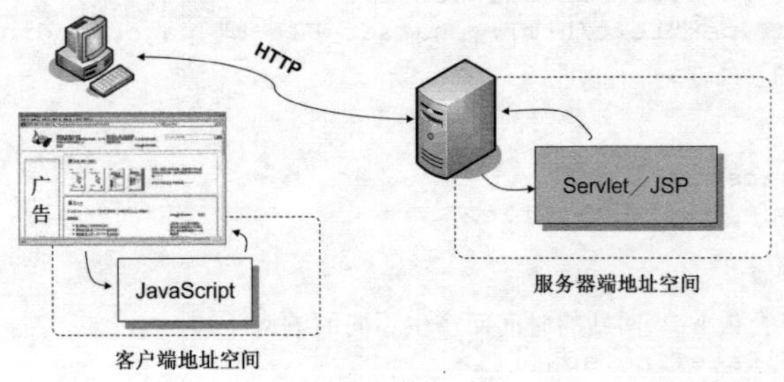

图 1.11　Servlet/JSP 与 JavaScript 执行于不同的地址空间

在今后学习或应用 JSP(或其他后端技术)的过程中，也会在 JSP 网页中写一些内嵌的

JavaScript，这些 JavaScript 并不是在 Web 网站上执行的，Web 网站如同 HTML 标签一样，将 JavaScript 传给浏览器，浏览器接收到内容后再处理 HTML 标签与执行 JavaScript。

对处理 JSP 内容的服务器端而言，内嵌的 JavaScript 跟 HTML 标签没有两样，如果了解两者的差别，就不会有所谓“可以直接让 JavaScript 取得 `request` 中的属性吗？”“为什么 JSP 没有执行 JavaScript？”或“可以直接用 JavaScript 取得 JSTL 中`<c:if>`标签的 `test` 属性吗？”这样的问题。

1.1.7 Web 安全概念

在这个各式系统入侵事件频传的年代，不用太多强调，每个人都知道系统安全的重要性。不注重安全而带来的损失不单是经济层面，也会面临法律问题；不注重安全不单是危及商誉的问题，也有可能阻碍政府政策的推动，甚至牵动国家安全等问题。

安全是一个复杂的议题，最好的方式是有专责部门、专职人员、专门流程、专业工具，以及时时实施安全教育训练等。虽说如此，在学习程序设计，特别是 Web 网站相关技术时，若能一并留意基本的安全概念，在实际撰写应用程序时避免显而易见的安全弱点，对于应用程序的整体安全来说，也是不无小补。

就 Web 安全这块来说，想要认识基本的安全弱点从何产生，可以从 OWASP Top 10 (www.owasp.org/index.php/Category:OWASP_Top_Ten_Project)出发，这是由 OWASP(Open Web Application Security Project，开放式 Web 应用程序安全项目)发起的计划之一，于 2002 年发起，针对 Web 应用程序最重大的十个弱点进行排行，首次 OWASP Top 10 于 2003 年发布，2004 年做了更新，之后每三年改版一次，就撰写这段文字的时间点来说，最新版的 OWASP Top 10 于 2017 年 11 月正式发布。图 1.12 所示为 OWASP Top 10 中 2013 年与 2017 年十大弱点比较。

OWASP Top 10 - 2013	→	OWASP Top 10 - 2017
A1 – Injection	→	A1:2017-Injection
A2 – Broken Authentication and Session Management	→	A2:2017-Broken Authentication
A3 – Cross-Site Scripting (XSS)	↘	A3:2017-Sensitive Data Exposure
A4 – Insecure Direct Object References [Merged+A7]	∪	A4:2017-XML External Entities (XXE) [NEW]
A5 – Security Misconfiguration	↘	A5:2017-Broken Access Control [Merged]
A6 – Sensitive Data Exposure	↗	A6:2017-Security Misconfiguration
A7 – Missing Function Level Access Contr [Merged+A4]	∪	A7:2017-Cross-Site Scripting (XSS)
A8 – Cross-Site Request Forgery (CSRF)	☒	A8:2017-Insecure Deserialization [NEW, Community]
A9 – Using Components with Known Vulnerabilities	→	A9:2017-Using Components with Known Vulnerabilities
A10 – Unvalidated Redirects and Forwards	☒	A10:2017-Insufficient Logging&Monitoring [NEW,Comm.]

图 1.12　OWASP Top 10 中 2013 年与 2017 年十大弱点比较

如果对 Web 应用程序设计有基本认识，查看 2013 年与 2017 年的十大弱点内容时就会发现，在产生弱点的原因中，有些异常简单，如未经验证的输入就能导致各式的注入攻击，未经过滤的输出就可能引发 XSS 攻击等，若能在撰写程序时多一份留意，至少能让 Web 网站不至于赤裸裸地暴露出这些弱点。

以 OWASP Top 10 作为起点，进一步可以留意 CWE(Common Weakness Enumeration，

通用弱点列表) (cwe.mitre.org)。这个列表始于 2005 年，收集了近千个通用的软件弱点。另外，针对特定软件漏洞，可以查看 CVE(Common Vulnerabilities and Exposures，公共漏洞和暴露)(cve.mitre.org)数据库，CVE 会就特定软件发生的安全问题给予 CVE-YYYY-NNNN 形式的编号，以便于通报、查询、交流等，如 2017 年底的 CPU“推测执行”(Speculative execution)安全漏洞，就发出了 CVE-2017-5754、CVE-2017-5753 与 CVE-2017-5715 变种漏洞的 CVE 通报。

在本书中，会适当地提示一些 Web 安全问题，在相关的操作中，在可能的情况下，会提示可能形成弱点的原因。然而，本书毕竟不是谈安全的专著，范例终究是以介绍 Servlet/JSP 相关技术为主体，必然会有所简化以彰显技术上的重点，无法全面涵盖相关安全设计。

实际上，任何非谈论安全为主体的技术相关书籍都是如此，范例都是经过简化的，无论如何，绝对不要把范例的做法或概念直接用于实际应用程序，在安全议题面前，在有心破坏的使用者面前，这些范例都是脆弱而不堪一击的。

1.2 Servlet/JSP 简介

在学习 Java 程序语言时，有个重要的概念：“JVM(Java Virtual Machine)是 Java 程序唯一认识的操作系统，其可执行文件为.class 文件。”基于这一概念，在编写 Java 程序时，必须了解 Java 程序如何与 JVM 这个虚拟操作系统进行通信，JVM 如何管理 Java 程序中的对象等问题。

在学习 Servlet/JSP 时，也有个重要概念：“Web 容器(Container)是 Servlet/JSP 唯一认得的 HTTP 服务器。”如果希望用 Servlet/JSP 编写的 Web 应用程序可以正常运作，就必须知道 Servlet/JSP 如何与 Web 容器沟通，Web 容器如何管理 Servlet/JSP 的各种对象等问题。

1.2.1 何谓 Web 容器

对于 Java 程序而言，JVM 是其操作系统，.java 文件会编译为.class 文件，.class 对于 JVM 而言，就是其可执行文件。Java 程序基本上只认得一种操作系统，那就是 JVM。

在开始编写 Servlet/JSP 程序时，必须接触容器的概念，容器这个名词也用在如 `List`、`Set` 这类的 `Collection` 上，也就是用来持有、保存对象的集合(Collection)对象。对于编写 Servlet/JSP 来说，容器的概念更广，它不仅持有对象，还负责对象的生命周期与相关服务的连接。

在具体层面，容器就是一个用 Java 写的程序，运行于 JVM 之上，不同类型的容器负责不同的工作，若以运行 Servlet/JSP 的 Web 容器(Web Container)来说，也是一个 Java 写的程序。编写 Servlet 时，会接触 `HttpServletRequest`、`HttpServletResponse` 等对象，想想看，HTTP 那些文字性的通信协议，如何变成 Servlet/JSP 中可用的 Java 对象，其实就是容器中的剖析与转换。

在抽象层面，可以将 Web 容器视为运行 Servlet/JSP 的 HTTP 服务器。就如同 Java 程序仅认得 JVM 这个操作系统，Servlet/JSP 程序在抽象层面上，也仅认得 Web 容器这个被抽象化的 HTTP 服务器，只要 Servlet/JSP 撰写时符合 Web 容器的标准规范，Servlet/JSP 就可以在各种不同厂商实现的 Web 容器上运行，而不用理会底层真正的 HTTP 服务器是什么。

本书将会使用 Apache Tomcat(tomcat.apache.org)作为范例运行的 Web 容器。若以 Tomcat 为例，容器的角色位置可以用图 1.13 来表示。

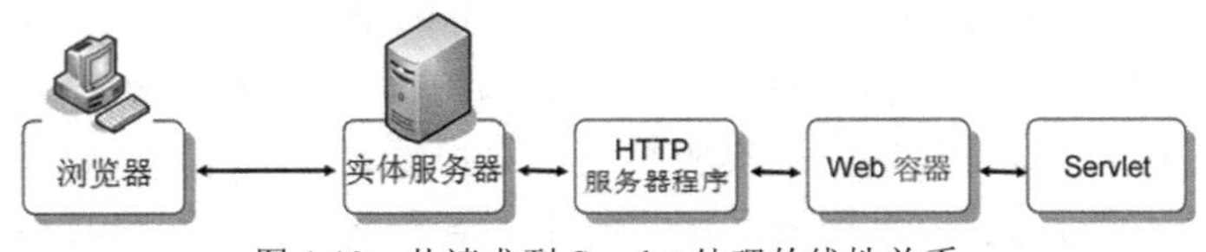

图 1.13　从请求到 Servlet 处理的线性关系

就如同 JVM 介于 Java 程序与实体操作系统之间，Web 容器介于实体 HTTP 服务器与 Servlet 之间，也正如编写 Java 程序时必须了解 JVM 与 Java 应用程序之间如何互动，编写 Servlet/JSP 时也必须知道 Web 容器如何与 Servlet/JSP 互动，以及如何管理 Servlet 等事实(JSP 最后也是转译、编译、加载为 Servlet，在容器的世界中，真正负责请求、响应的是 Servlet)。

下面是一个请求/响应的基本例子：

(1) 浏览器对 HTML 服务器发出请求。

(2) HTTP 服务器收到请求，将请求转由 Web 容器处理，Web 容器会剖析 HTTP 请求内容，创建各种对象(如 `HttpServletRequest`、`HttpServletResponse`、`HttpSession` 等)。

(3) Web 容器由请求的 URI 决定要使用哪个 Servlet 来处理请求(开发人员要定义 URI 与 Servlet 的对应关系)。

(4) Servlet 根据请求对象(`HttpServletRequest`)的信息决定如何处理，通过响应对象(`HttpServletResponse`)来创建响应。

(5) Web 容器与 HTTP 服务器沟通，HTTP 服务器将相关响应对象转换为 HTTP 响应并传回给浏览器。

以上是了解 Web 容器如何管理 Servlet/JSP 的一个例子。不了解 Web 容器行为容易产生问题，举例来说，Servlet 执行在 Web 容器之中，Web 容器由服务器上的 JVM 启动，JVM 本身就是服务器上的一个可执行程序，当一个请求来到时，Web 容器会为每个请求分配一个线程(Thread)，如图 1.14 所示。

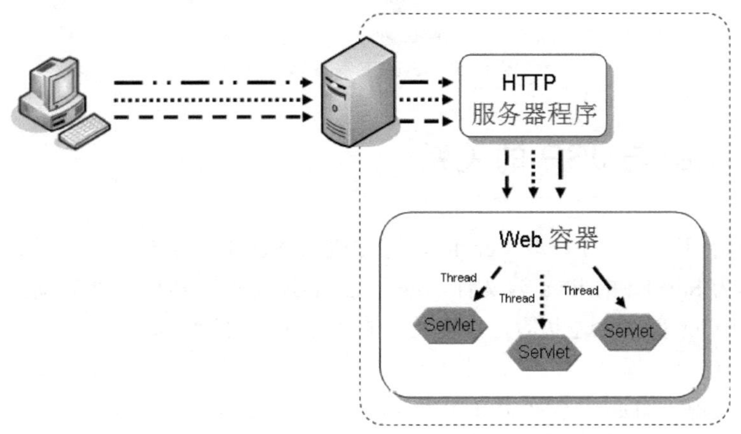

图 1.14　Web 容器为每个请求分配一个线程

如果有多个请求，就会有多个线程来各自处理，而不是重复启动多次 JVM。线程就像是进程中的轻量级流程，由于不用重复启动多个进程，可以大幅减轻性能负担。

要注意的是，Web 容器可能会使用同一个 Servlet 实例来服务多个请求。也就是说，多个请求下，就相当于多个线程在共享存取一个对象，因此得注意线程安全的问题，避免引发数据错乱，造成如 A 用户登录后看到 B 用户的数据这类问题。

其实不仅是使用 Servlet/JSP 要了解 Web 容器，Java 各平台的解决方案都对底层作了抽象化，在各平台上都会有对应的容器解决方案。编写 EJB 就要理解 EJB 容器(EJB Container)的行为，编写应用程序客户端就要理解应用程序客户端容器(Application client container)的行为，不理解容器的行为就容易引发程序执行上的各种问题，甚至造成安全弱点。图 1.15 所示是摘自 Java EE 8 Tutorial(javaee.github.io/tutorial/toc.html)中 Java EE Containers(javaee.github.io/tutorial/overview005.html)文件的容器示意。

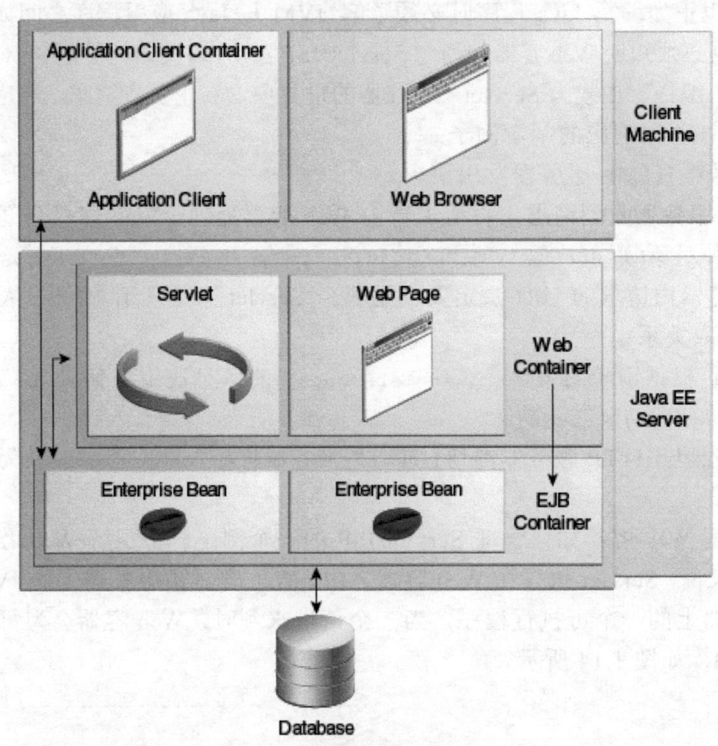

图 1.15　Java EE 服务器与容器

1.2.2　Servlet 与 JSP 的关系

本书从开始到现在一直在谈 Servlet，这是因为 Servlet 与 JSP 是一体两面，JSP 会被 Web 容器转译为 Servlet 的.java 源文件、编译为.class 文件，然后加载容器，因此最后提供服务的还是 Servlet 实例。这也是为什么始终在谈 Servlet 的原因，要想完全掌握 JSP，也必须先对 Servlet 有相当程度的了解，才不会一知半解，遇到错误无法解决。

也许有人会说，有必要掌握 JSP 吗？毕竟自 Java EE 6 中规范的 JSP 2.2 之后，JSP 本身就没有显著的改进了，虽然 Java EE 7 规范中是 JSP 2.3，但只是做些规范维护，主要是因为 Expression Language、JSF 技术做了一些调整，而在 Java EE 8 之中，JSP 规范仍维持在 2.3。

这一方面是由于有些商业性考虑，另一方面则是因为前端技术的兴起。就今天来说，若能与前端技术相关开发者适当配合，JSP 已经不是撰写的主要选择，不过，既有的应用程序，不少是基于 JSP 撰写，若有 JSP 的基础，将来转换使用其他的页面模板技术就容易上手。

至于 Servlet 规范，仍持续在演变，特别是在 Java EE 8 中，Servlet 从 3.1 版号跳到了 4.0，用以突显其规范上有着重大不同；在 Java 的 Web 开发这块，一些重大 Web 框架，例如 Spring MVC，仍是基于 Servlet，如果能掌握 Servlet，在使用这类框架时，对理解底层细节或者进行框架细节控制会有很大的帮助。

因而，无论是从掌握 JSP 的角度来看，或者是能灵活运用基于 Servlet 的 Web 框架来看，掌握 Servlet 都是必要的！

先来看看一个基本的 Servlet 长什么样子。

```
package cc.openhome;

import java.io.IOException;
import java.io.PrintWriter;
import java.time.LocalDateTime;

import javax.servlet.ServletException;
import javax.servlet.annotation.WebServlet;
import javax.servlet.http.HttpServlet;
import javax.servlet.http.HttpServletRequest;
import javax.servlet.http.HttpServletResponse;

@WebServlet("/time")
public class Time extends HttpServlet {
    @Override
    protected void doGet(
            HttpServletRequest request, HttpServletResponse response)
                throws ServletException, IOException {
        PrintWriter out = resp.getWriter();

        out.println("<!Doctype html>");
        out.println("<html>");
        out.println("<head>");
        out.println("<meta charset='UTF-8'>");
        out.println("<title>Servlet 范例文件</title>");
        out.println("</head>");
        out.println("<body>");
        out.println("</body>");
        out.println(LocalDateTime.now());
        out.println("</html>");
    }
}
```

先别管这个程序中有太多细节还是没见过的，目前只要注意两件事。第一件事是 Servlet 类必须继承 `HttpServlet`，第二件事就是要输出 HTML 时，必须通过 Java 的输入输出功能(在这里是从 `HttpServletResponse` 取得 `PrintWriter`)，并使用 Java 程序取得 Web 网站上的时间。

就输出结果来说，这个 Servlet 与 1.1.6 节中看到的 JSP 页面，基本上是相同的，如果是从网页设计师角度来看待这个功能的撰写，相信会选择 JSP 而不是 Servlet。

事实上，Servlet 主要是用来定义 Java 程序逻辑的，应该避免直接在 Servlet 中产生画面输出(如直接编写 HTML)。如何适当地分配 JSP 与 Servlet 的职责，需要一些经验与设计，这些在本书之后章节会有所介绍。

前面说过，JSP 网页最后还是成为 Servlet。以 1.1.6 节中的 JSP 为例，若使用 Tomcat 作为 Web 容器，最后由容器转译后的 Servlet 类别如下所示：

```
package org.apache.jsp;

import javax.servlet.*;
import javax.servlet.http.*;
import javax.servlet.jsp.*;
import java.time.LocalDateTime;

public final class time_jsp extends org.apache.jasper.runtime.HttpJspBase
   implements org.apache.jasper.runtime.JspSourceDependent,
              org.apache.jasper.runtime.JspSourceImports {

   // 略...

  public void _jspInit() {
  }

  public void _jspDestroy() {
  }

  public void _jspService(final javax.servlet.http.HttpServletRequest request,
final javax.servlet.http.HttpServletResponse response)
      throws java.io.IOException, javax.servlet.ServletException {

    final java.lang.String _jspx_method = request.getMethod();
    if (!"GET".equals(_jspx_method) && !"POST".equals(_jspx_method) && !"HEAD".
    equals (_jspx_method) && !javax.servlet.DispatcherType.ERROR.equals(request.
    getDispatcherType())) {
      response.sendError(HttpServletResponse.SC_METHOD_NOT_ALLOWED, "JSPs only
      permit GET POST or HEAD");
      return;
    }
    // 略...
    try {
      response.setContentType("text/html; charset=UTF-8");
      pageContext = _jspxFactory.getPageContext(this, request, response,
                null, true, 8192, true);
      // 略...
      out = pageContext.getOut();
      _jspx_out = out;

      out.write("\r\n");
      out.write("\r\n");
      out.write("<!Doctype html>\r\n");
      out.write("<html>\r\n");
      out.write("    <head>\r\n");
      out.write("        <meta charset=\"UTF-8\">\r\n");
      out.write("        <title>JSP 范例文件</title>\r\n");
      out.write("    </head>\r\n");
      out.write("    <body>\r\n");
      out.write("        ");
      out.print( LocalDateTime.now() );
```

```
            out.write("\r\n");
            out.write("    </body>\r\n");
            out.write("</html>");
        } catch (java.lang.Throwable t) {
            // 略...
        } finally {
          _jspxFactory.releasePageContext(_jspx_page_context);
        }
    }
}
```

由于篇幅限制，上例的程序代码省略了一些目前还不需要注意的细节，重点在观察这个类继承了 HttpJspBase，而 HttpJspBase 继承自 HttpServlet，HTML 的输出方式与先前所编写的 SimpleServlet 类是类似的。这个由容器转译的 Servlet 类会再进行编译并加载容器以提供服务。

许多初学 JSP 的人会遇到很多转译、编译或执行的问题，而问题通常在于不了解 JSP 转译为 Servlet 之后，对应到哪个程序段，更有人完全不知道 JSP 与 Servlet 其实是一体两面的事实，因而遇到问题就无法解决。了解 JSP 与 Servlet 的对应关系，必要时查看一下 JSP 转译为 Servlet 后的源代码，都是 JSP 网页执行遇到错误时解决问题的重要方法之一。

1.2.3 关于 MVC/Model 2

在 Servlet 程序中夹杂 HTML 的画面输出绝对不是什么好主意，而之后介绍到 JSP 时，你可以了解到在 JSP 中也可以编写 Java 程序代码，然而 JSP 网页中的 HTML 间夹杂 Java 程序代码，也是不建议的。Java 程序代码与呈现画面的 HTML 等混杂在一起，非但撰写不易、日后维护麻烦，对大型项目的分工合作也是一大困扰，将来若需转换为其他页面模板技术，也会遇上许多的问题。

谈及 Web 应用程序架构上的设计时，总会谈到 MVC 和 Model 2 这两个名词。MVC 是 Model、View、Controller 的缩写，这里译为模型、视图、控制器，分别代表应用程序中三种职责各不相同的对象。最原始的 MVC 模式其实是指桌面应用程序的一种设计方式，为了让同一份数据能有不同的画面呈现方式，并且当数据被变更时，画面可获得通知并根据资料更新画面呈现。通常 MVC 模式的互动示意，会使用如图 1.16 所示的方式来表现。

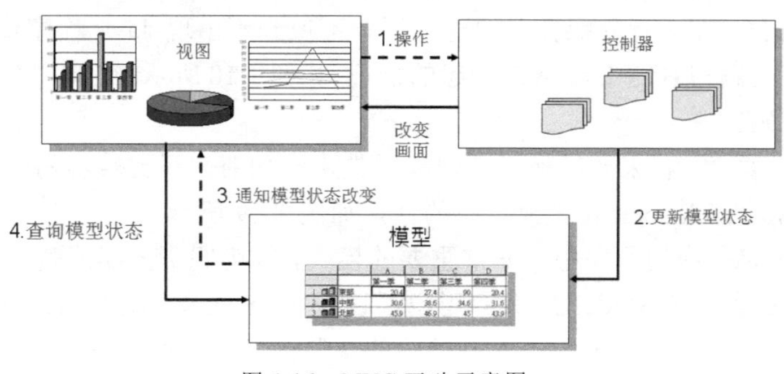

图 1.16　MVC 互动示意图

本书不是在教桌面应用程序，对于图 1.16 的 MVC 模型，你需要了解：

- 模型不会有画面相关的程序代码。
- 视图负责画面相关逻辑。
- 控制器知道某个操作必须调用哪些模型。

后来有人认为，MVC 这样的职责分配，可以套用在 Web 应用程序的设计上：

- 视图部分可由网页来实现。
- 服务器上的数据访问或业务逻辑(Business logic)由模型负责。
- 控制器接受浏览器的请求，决定调用哪些模型来处理。

然而，桌面应用程序上的 MVC 设计方式，有个与 Web 应用程序决定性的不同。先前介绍过，Web 应用程序是基于 HTTP，必须基于请求/响应模型，没有请求就不会有响应，也就是 HTTP 服务器不可能主动对浏览器发出响应，如图 1.16 所示第 3 点，基于 HTTP 是做不到的。因此，对 MVC 的行为作了变化，因而形成所谓的 Model 2 架构，如图 1.17 所示。

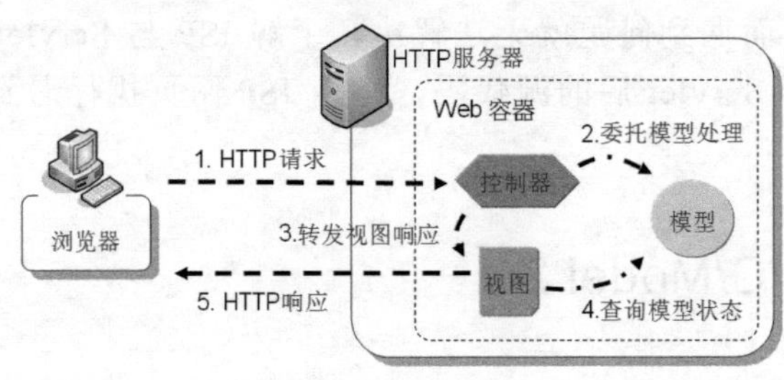

图 1.17　Model 2 架构

在 Model 2 的架构上，仍将程序职责分为模型(Model)、视图(View)、控制器(Controller)，这就是为什么有些人也称这个架构为 MVC，或并称为 MVC/Model 2，也有人直接称之为 Web MVC。在 Model 2 的架构上，控制器、模型、视图各负的职责如下。

- 控制器：取得请求参数、验证请求参数、转发请求给模型、转发请求给画面，这些都使用程序代码来实现。
- 模型：接受控制器的请求调用，负责处理业务逻辑、负责数据存取逻辑等，这部分还可依应用程序功能，产生各种不同职责的模型对象，模型使用程序代码来实现。
- 视图：接受控制器的请求调用，会从模型提取运算后的结果，根据页面逻辑呈现所需的画面，在职责分配良好的情况下，可做到不出现 Java 程序代码，因此不会发生程序代码与 HTML 混杂在一起的情况。如图 1.18 所示的 JSP 就完全没有出现 Java 程序代码。

这样的 JSP 页面，将来要转换至其他模板技术时相对来说比较容易。例如，上面的 JSP 转换为基于 Java 的 Thymeleaf 模板页面的话，如图 1.19 所示。

Model 2 在 Web 应用程序中是非常重要的模式，因为职责分配清楚，有助于团队合作，许多 Web 框架都实现了 Model 2，其应用也不仅在 Java 技术实现的 Web 应用程序。要以文字方式描述 Model 2 会比较抽象，本书后面的章节会以实际程序逐步实现 Model 2 架构，你也可通过这些内容逐步了解各个角色如何分配职责。

```
<html>
    <head>
        <meta content='text/html;charset=UTF-8' http-equiv='content-type'>
        <title>Gossip  微博 </title>
        <link rel='stylesheet' href='css/member.css' type='text/css'>
    </head>
    <body>
        <div class='leftPanel'>
            <img src='images/caterpillar.jpg' alt='Gossip 微博 />
            <br><br>
            <a href='logout?username="${ sessionScope.login }'>退出 ${ sessionScope.login }</a>
        </div>
        <form method='post' action='message'>
        分享新鲜事...<br>
       <c:if test="${requestScope.blabla != null}">信息要140字以内<br></c:if>
            <textarea cols='60' rows='4' name='blabla'>${requestScope.blabla}</textarea><br>
            <button type='submit'>发送</button>
        </form>
        <table style='text-align: left; width: 510px; height: 88px;'
                border='0' cellpadding='2' cellspacing='2'>
            <thead>
                <tr>
                    <th><hr></th>
                </tr>
            </thead>
            <tbody>
            <c:forEach var="blah" items="${requestScope.blahs}">
                <tr>
                    <td style='vertical-align: top;'>${blah.username}<br>
                        <c:out value="${blah.txt}"/><br>
                        <fmt:formatDate value="${blah.date}" type="both"
                                dateStyle="full" timeStyle="full"/>
                        <a href='delete?message=${blah.date.time}'>删除</a>
                        <hr>
                    </td>
                </tr>
            </c:forEach>
            </tbody>
        </table>
        <hr style='width: 100%; height: 1px;'>
    </body>
</html>
```

图 1.18 没有混杂 Java 程序代码的 JSP 网页

```
<html xmlns="http://www.w3.org/1999/xhtml"
      xmlns:th="http://www.thymeleaf.org">
    <head>
        <meta content='text/html;charset=UTF-8' http-equiv='content-type'>
        <title>Gossip  微博 </title>
        <link rel='stylesheet' href='css/member.css' type='text/css'>
    </head>
    <body>
        <div class='leftPanel'>
            <img src='images/caterpillar.jpg' alt='Gossip 微博 />
            <br><br>
            <a th:href="@{logout?username={username}(username=${session.login})}">退出</a>
        </div>
        <form method='post' action='message'> 分享新鲜事...<br>
        <span th:if="${blabla != null}">信息要140字以内</span><br>
            <textarea cols='60' rows='4' name='blabla' th:text="${blabla}">Blabla...</textarea><br>
            <button type='submit'>发送</button>
        </form>
        <table style='text-align: left; width: 510px; height: 88px;'
                border='0' cellpadding='2' cellspacing='2'>
            <thead>
                <tr>
                    <th><hr></th>
                </tr>
            </thead>
            <tbody>
            <tr th:each="blah : ${blahs}">
                <td style='vertical-align: top;'>
                    <span th:text="${blah.username}">user name</span><br>
                    <span th:text="${blah.txt}">blabla</span><br>
                    <span th:text="${#dates.format(blah.date, 'dd/MMM/yyyy HH:mm')}">time here</span>
                    <a th:href="@{delete?message={time}(time=${blah.date.time})}">删除 </a>
                    <hr>
                </td>
            </tr>
            </tbody>
        </table>
        <hr style='width: 100%; height: 1px;'>
    </body>
</html>
```

图 1.19 使用 Thymeleaf 模板的页面

如果 Web 应用程序的设计符合 Model 2 模式，那么在使用支持 Model 2 的 Web 框架时，也能感受到 Web 框架的益处。本书之后会谈到 Spring MVC 框架，会将基于 Model 2 的范例程序改写为套用 Spring MVC，从实际的例子中，了解 Model 2 设计带来的优点。

1.2.4 Java EE 简介

时至今日，Java 这个名词不仅代表一个程序语言的名称，更代表了一个开发平台。Java 平台可以解决的领域非常庞大，主要分为三大平台：Java SE(Java Platform, Standard Edition)、Java EE(Java Platform, Enterprise Edition)与 Java ME(Java Platform, Micro Edition)。

Java SE 是初学 Java 必要的标准版本，可解决标准桌面应用程序需求，并为 Java EE 的基础，Java ME 的部分集合。Java ME 的目标则为微型装置，如手机、平板电脑等的解决方案，为 Java SE 的部分子集加上一些装置的特性集合，目前有很大部分被 Android 方案取代了。Java EE 目标是全面性解决企业可能遇到的各个领域问题的方案，Servlet/JSP 就在 Java EE 的范畴中。

无论是 Java SE、Java EE，还是 Java ME，都是业界共同订制的标准，业界代表可加入 JCP(Java Community Process)共同参与、审核、投票决定平台应有的组件、特性、应用程序编程接口等，制订出来的标准会以 JSR(Java Specification Requests)作为正式标准规范文件，不同的技术解决方案标准规范会给予一个编号。在 JSR 规范的标准之下，各厂商可以各自实现成品。所以，同样是 Web 容器，会有不同厂商的实现产品，而 JSR 通常也会提供参考实现(Reference Implementation, RI)。

在撰写本书时，Java EE 的版本为 Java EE 8，主要规范是在 JSR 366 文件之中，而 Java EE 平台中的特定技术，则在规范于特定的 JSR 文件之中，若对这些文件有兴趣，可以参考 Java EE 8 Technologies(www.oracle.com/technetwork/java/javaee/tech/)。

本书主要介绍 Servlet 4.0 规范在 JSR 369 文件，JSP 2.3 规范在 JSR 245 文件，Expression Language 3.0 规范在 JSR 341 文件，JSTL 1.2 规范在 JSR 52 文件。

JSR文件规范了相关技术应用的功能，在阅读完本书内容之后，建议可以试着自行阅读 JSR，内容虽然有点生硬，但可以了解更多 Servlet/JSP 的相关细节。

提示»» 想要查询 JSR 文件，只要在“http://jcp.org/en/jsr/detail?id=”之后加上文件编号就可以了。例如，查询 JSR 369 文件，网址就是：jcp.org/en/jsr/detail?id=369。

也可以看到，本书将探讨的 Servlet/JSP，其实只是 Java EE 中 Web 容器的一个技术规范，可见整个 Java EE 体系之庞大。Servlet/JSP 在 Java EE 中，主要在接受客户端(浏览器)的请求，收集请求信息并转发后端服务对象进行处理，而处理完的信息又交由 Servlet/JSP 来对客户端进行响应。

Java EE 8 基于 Java SE 8，而 Java SE 8 是 Java 演变过程中非常重要的版本，包含了 Lambda、Stream API、新日期时间 API 等重大特性，这意味着在撰写基于 Java EE 8 的 Web 应用程序时，好处不只是有了 Servlet 4.0 的新功能，还可以运用 Java SE 8 的重大特性。例如，在运用 Lambda、Stream API 等撰写应用程序时，程序代码风格也可以有非常大的不同，例如运用函数的风格。

在 2017 年 9 月，Oracle 正式宣布 Java EE 开放原始码，后来选定将 Java EE 相关技术授权给 Eclipse 基金会，基金会也决定将 Java EE 更名为 Jakarta EE。

1.3 重点复习

URL 的主要目的，是以文字方式来说明互联网上的资源如何取得。URN 则代表某个资源独一无二的名称。URL 或 URN 的目的都是标识某个资源，后来制定了 URI 标准，而 URL 与 URN 成为 URI 的子集。

HTTP 是基于请求/响应的通信协议，浏览器对 Web 网站发出一个取得资源的请求，Web 网站将要求的资源响应给浏览器，没有请求就不会有响应。在 HTTP 协议之下，Web 网站是个健忘的家伙，Web 网站响应浏览器之后，就不会记得浏览器的信息，更不会去维护与浏览器有关的状态，因此 HTTP 又称为无状态的通信协议。

请求参数是在 URI 之后跟随一个问号(?)，请求参数名称与请求参数值中间以等号(=)表示成对关系。若有多个请求参数，则以&字符连接。

GET 与 POST 在使用时除了 URI 的数据长度限制、是否在地址栏上出现请求参数等表面上的功能差异之外，事实上在 HTTP 最初的设计中，该选择使用 GET 或 POST，可根据其是否为安全或等幂操作来决定。GET 应用于安全、等幂操作的请求，而 POST 应用于非等幂操作的请求。

在 URI 的规范中定义了一些保留字符，如“:”“/”“?”“&”“=”“@”“%”等字符，在 URI 中都有它们各自的作用。如果要在请求参数上表达 URI 中的保留字符，必须在%字符之后以十六进制数值表示方式，来表示该字符的八个位数值，这是 URI 规范中的百分比编码(Percent-Encoding)，也就是俗称的 URI 编码或 URL 编码。

在 URI 规范中，空格符的编码为%20，而在 HTTP 规范中空格符的编码为“+”。URI 规范的 URI 编码，针对的是字符 UTF-8 编码的八个位数值，在 HTTP 规范下的 URI 编码，并不限使用 UTF-8。

对于 Web 安全而言，想要认识基本的安全弱点从何产生，可以从 OWASP TOP 10 出发，这是由 OWASP 发起的计划之一，于 2002 年发起，针对 Web 应用程序最重大的十个弱点进行排行，首次 OWASP Top 10 于 2003 年发布，2004 年做了更新，之后每三年改版一次，就本书撰写的这个时间点，最新版的 OWASP Top 10 于 2017 年 11 月正式发布。

在学习 Servlet/JSP 时，有个重要的概念：“Web 容器是 Servlet/JSP 唯一认得的 HTTP 服务器。”如果希望用 Servlet/JSP 编写的 Web 应用程序可以正常运作，就必须知道 Servlet/JSP 如何与 Web 容器沟通，Web 容器如何管理 Servlet/JSP 的各种对象等问题。

Servlet 的执行依赖于 Web 容器提供的服务，没有容器，Servlet 只是单纯的一个 Java 类，不能称为可提供服务的 Servlet。对每个请求，容器是创建一个线程并转发给适当的 Servlet 来处理，因而可以大幅减轻性能上的负担，但也因此要注意线程安全问题。

JSP 最后终究会被容器转译为 Servlet 并加载执行，了解 JSP 与 Servlet 中各对象的对应关系是必要的，必要时可配合适当的工具，查看 JSP 转译为 Servlet 之后的源代码内容。

Java EE 是一个由厂商共同制订的标准，厂商再遵守标准来实现自己的产品。Java EE 的中心是由容器提供服务，了解容器的特性为学习 Java EE 的不二法门。Servlet/JSP 为 Java EE 中接受、转发、响应客户端请求的技术，是基于 Web 容器所提供的服务。

编写与设置 Servlet

Chapter 2

学习目标：

- 开发环境的准备与使用
- 了解 Web 应用程序架构
- Servlet 编写与部署设置
- 了解 URI 模式对应
- 使用 web-fragment.xml

2.1 第一个 Servlet

从本章开始正式学习 Servlet/JSP，如果想要打好坚实基础，要先从 Servlet 开始了解。正如第 1 章谈过的，JSP 终究会转译为 Servlet，了解 Servlet，JSP 也就学了一半了，而且不会被看似奇怪的 JSP 错误搞得稀里糊涂。

首先准备开发环境，使用 Apache Tomcat(http://tomcat. apache.org)作为容器，而本书除了介绍 Servlet/JSP 之外，也会一并介绍集成开发环境(Integrated Development Environment，IDE)的使用。毕竟在了解 Servlet/JSP 的原理与编程之外，了解如何善用 IDE 这样的开发工具来加快程序撰写效率是必要的，也符合业界需求。

2.1.1 准备开发环境

第 1 章曾经谈过，从抽象层面来说，Web 容器是 Servlet/JSP 唯一认识的 HTTP 服务器，所以在开发工具的准备中，自然就要有 Web 容器的存在。这里使用 Apache Tomcat 9 作为 Web 容器，这是支持 Servlet 4.0 的版本，可以从以下网址下载：

tomcat.apache.org/download-90.cgi

这里建议下载页面中的 Core 版本，如果是在 Windows 环境中，请留意 Windows 版本是 32-bit 还是 64-bit，本书的范例环境是 Windows 10 64-bit 版本，因此使用下载页面中的 64-bit Windows zip。

在第 1 章中看过图 2.1。

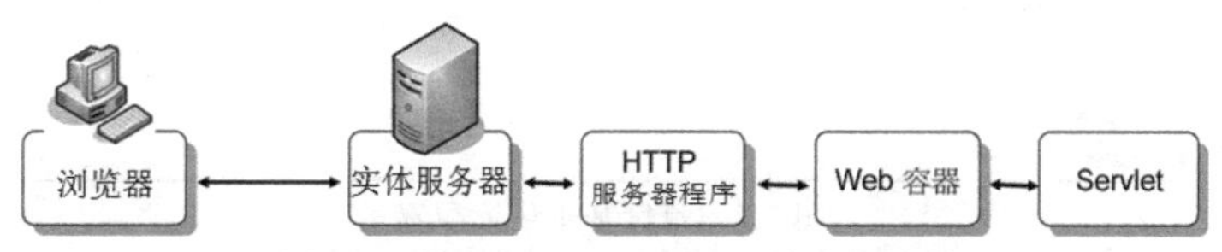

图 2.1　从请求到 Servlet 处理的线性关系

要注意的是，Tomcat 提供的主要是 Web 容器的功能，而不是 HTTP 服务器的功能，然而为了给开发者提供便利，下载的 Tomcat 会附带一个简单的 HTTP 服务器，相较于真正的 HTTP 服务器而言，Tomcat 附带的 HTTP 服务器功能太过简单，仅作开发用途，不建议以后直接上线服务。

接着准备 IDE。本书使用 Eclipse，这是业界普遍采用的 IDE 之一，可以从以下网址下载：

www.eclipse.org/downloads/eclipse-packages/

请下载页面中的 Eclipse IDE for Java EE Developers。同样地，若是 Windows 操作系统，请确定是 32-bit 还是 64-bit，本书会下载基于 Eclipse OXYGEN.2 Release (4.7.2)的 Eclipse IDE for Java EE Developers 的 64-bit 版本。

当然，必须有 Java 执行环境，Java EE 8 搭配的版本为 Java SE 8，如果还没安装，可以在以下网址下载：

www.oracle.com/technetwork/java/javase/downloads/

在撰写本书时，Java SE 的版本其实是 9，然而，Java SE 9 的重大特性之一为模块化平台，JDK9/JRE9 为此也有着重大变动，有些开放原始码项目必须对 Java SE 9 的模块化设计进行更新，才能顺利于 Java SE 9 上执行，为了避免兼容性的困扰，建议仍是下载 Java SE 8 进行安装。

提示>>> 本书中会运用到 JDK7/8 的一些新特性，如 NIO2、Lambda 语法、Stream、新日期时间 API 等，这些特性可以参考《Java JDK 9 学习笔记》，该书也包含了 Java SE 9 模块化平台的介绍。

下面总结本书目前使用到的基础环境：

- Java SE 8
- Eclipse IDE for Java EE Developers
- Tomcat 9

本书默认你已经有 Java SE 的基础，有能力自行安装 JDK8，如果愿意，可以配合本书的环境配置。本书在制作范例时，将 Eclipse 与 Tomcat 解压缩在 C:\workspace 中，如图 2.2 所示。

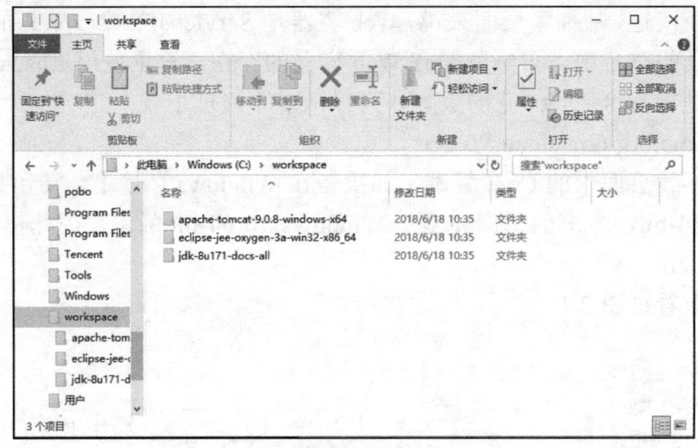

图 2.2　范例基本环境配置

提示>>> 如果想放在别的文件夹中，请不要放在有中文或空格符的文件夹中，Eclipse 或 Tomcat 对此不一定识别。

接着要在 Eclipse 中新增 Tomcat 为服务器执行时的环境(Server Runtime Environments)，以便之后开发的 Servlet/JSP 可执行于 Tomcat 实现的 Web 容器上，请按照以下步骤运行。

(1) 运行 eclipse 文件夹中的 eclipse.exe。

(2) 出现 Eclipse Launcher 对话框时，将 Workspace 设置为 C:\workspace，单击 Launch 按钮。

(3) 选择 Window | Preferences 命令，在弹出的 Preferences 对话框中，展开左边的 Server 节点，选择其中的 Runtime Environment 节点。

(4) 单击右边 Server Runtime Environments 中的 Add 按钮，在弹出的 New Server Runtime Environment 对话框中选择 Apache Tomcat v9.0，单击 Next 按钮。

(5) 单击 Tomcat installation directory 旁的 Browse 按钮，选取 C:\workspace 中解压缩的 Tomcat 文件夹，单击“确定”按钮。

(6) 在单击 Finish 按钮后，可看到如图 2.3 所示的画面，单击 Apply and Close 按钮完成配置。

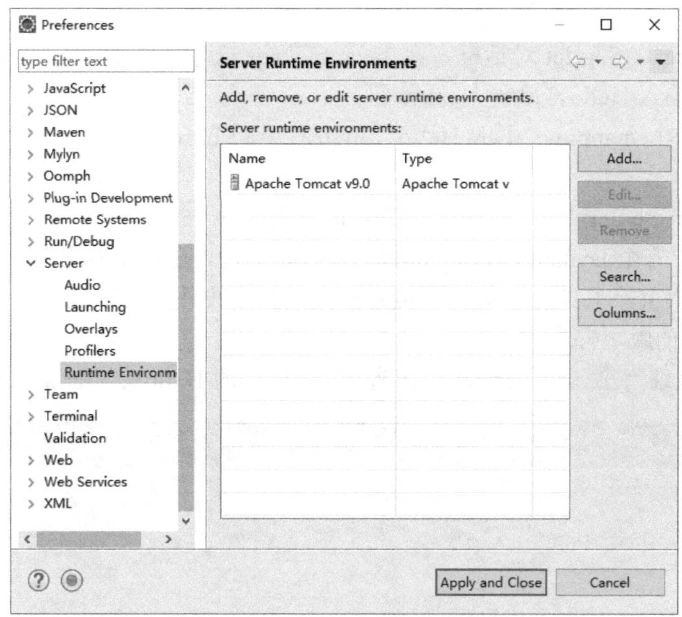

图 2.3　配置 Tomcat 为服务器执行时的环境

接着要配置工作区(Workspace)预设的文字编码。在没有进一步设定的情况下，Eclipse 会使用操作系统默认的文字编码，在 Windows 上就是 MS950，在这里建议使用 UTF-8。除此之外，CSS、HTML、JSP 等相关编码设置，也建议都设为 UTF-8，这样可以避免日后遇到一些编码处理上的问题。请按照以下步骤进行：

(1) 选择 Window | Preferences 命令，在弹出的 Preferences 对话框中，展开左边的 General/Workspace 节点。

(2) 在右边的 Text file encoding 中选择 Other，在下拉菜单中选择 UTF-8，单击 Apply 按钮。

(3) 展开左边的 Web 节点，选择 CSS Files，在右边的 Encoding 选择 UTF-8，单击 Apply 按钮。

(4) 选择 HTML Files，在右边的 Encoding 选择 UTF-8，单击 Apply 按钮。

(5) 单击 Preferences 对话框中的 Apply and Close 按钮完成设置。

2.1.2　第一个 Servlet 程序

现在可以开始编写第一个 Servlet 程序了，程序将使用 Servlet 接收用户名并显示招呼语。由于 IDE 是集成开发工具，会使用项目来管理应用程序相关资源，在 Eclipse 中第一步是建立 Dynamic Web Project，之后创建第一个 Servlet。请按照以下步骤进行操作：

(1) 选择 File | New | Dynamic Web Project 命令，弹出 New Dynamic Web Project 对话框，在 Project name 文本框中输入 FirstServlet。

(2) 确定 Target runtime 为刚才设置的 Apache Tomcat v9.0，单击 Finish 按钮。

(3) 展开新建项目中的 Java Resources 节点，在 src 上右击，从弹出的快捷菜单中选择 New | Servlet 命令。

(4) 弹出 Create Servlet 对话框，在 Java package 文本框中输入 cc.openhome，在 Class name 文本框中输入 Hello，单击 Next 按钮。

(5) 选择 URL mappings 中的 Hello，单击右边的 Edit 按钮，改为/hello 后，单击 OK 按钮。

(6) 单击 Create Servlet 对话框中的 Finish 按钮。

在步骤(2)中有个 Dynamic web module version 设定，在撰写本书时，仅支持至 3.1，这并不妨碍本书范例(除了自动产生的 web.xml 要做些修改外，之后会看到)，未来 Eclipse 应该会有支持 4.0 的版本。

接着就可以编写第一个 Servlet 的内容了。在创建的 HelloServlet.java 中编辑以下内容：

FirstServlet　Hello.java

```
package cc.openhome;

import java.io.IOException;
import java.io.PrintWriter;

import javax.servlet.ServletException;
import javax.servlet.annotation.WebServlet;
import javax.servlet.http.HttpServlet;
import javax.servlet.http.HttpServletRequest;
import javax.servlet.http.HttpServletResponse;

@WebServlet("/hello")
public class Hello extends HttpServlet {  ← ❶ 继承 HttpServlet
    @Override
    protected void doGet(   ← ❷ 重新定义 doGet()
            HttpServletRequest request, HttpServletResponse response)
                throws ServletException, IOException {
                                                            ❸ 设定响应内容类型
        response.setContentType("text/html;charset=UTF-8");

        String name = request.getParameter("name");  ← ❹ 取得请求参数

        PrintWriter out = response.getWriter();  ← ❺ 取得响应输出对象
        out.print("<!DOCTYPE html>");
        out.print("<html>");
        out.print("<head>");
        out.print("<title>Hello</title>");
        out.print("</head>");
        out.print("<body>");
        out.printf("<h1> Hello! %s!%n</h1>", name);  ← ❻ 跟用户说 Hello!
        out.print("</body>");
        out.print("</html>");
    }
}
```

例中继承了 **HttpServlet**❶，并重新定义了 **doGet()** 方法❷，当浏览器使用 GET 方法发送请求时，会调用此方法。

在 doGet()方法上可以看到 **HttpServletRequest** 与 **HttpServletResponse** 两个参数，容器接收到浏览器的 HTTP 请求后，会收集 HTTP 请求中的信息，并分别创建代表请求与响应的 Java 对象，而后在调用 `doGet()` 时将这两个对象当作参数传入。可以从 `HttpServletRequest` 对象中取得有关 HTTP 请求的相关信息，在范例中是通过 `HttpServletRequest` 的 **`getParameter()`** 并指定请求参数名称，来取得用户发送的请求参数值的❹。

由于 `HttpServletResponse` 对象代表对浏览器的响应，因此可以通过其 **`setContentType()`** 设置正确的内容类型❸。范例中是告知浏览器，响应要以 text/html 解析，而采用的字符编码是 UTF-8。接着使用 `getWriter()` 方法取得代表响应输出的 **`PrintWriter`** 对象❺，通过 `PrintWriter` 的 `println()` 方法来对浏览器输出响应的文字信息，在范例中是输出 HTML，以及根据用户名说声 Hello! ❻。

提示>>> 在 Servlet 的 Java 代码中，以字符串输出 HTML，当然是很笨的行为。别担心，在谈到 JSP 时，会有个有趣的练习，将 Servlet 转为 JSP，从中了解 Servlet 与 JSP 的对应。

接着要来运行 Servlet，浏览器要对这个 Servlet 进行请求，同时附上请求参数。请按照以下步骤进行：

(1) 在 Hello.java 上右击，从弹出的快捷菜单中选择 Run As | Run on Server 命令。

(2) 在弹出的 Run on Server 对话框中，确定 Server runtime environment 为先前设置的 Apache Tomcat v9.0，单击 Finish 按钮。

(3) 在 Tomcat 启动后，Eclipse 也会启动内嵌的浏览器，接着可以使用下面网址来进行请求：

http://localhost:8080/FirstServlet/hello?name=Justin

按以上步骤操作之后，就会看到图 2.4 所示的画面。

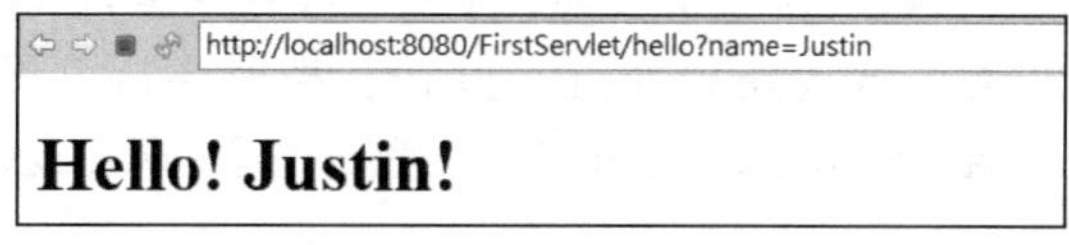

图 2.4　第一个 Servlet 程序

提示>>> Eclipse 内置的浏览器功能其实很强，可以执行 Window | Web Browser 命令来选择 Run on Server 时启动的浏览器。

Tomcat 默认使用 8080 端口。请注意，在地址栏中，请求的 Web 应用程序路径是 FirstServlet 吗？默认项目名称就是 Web 应用程序环境路径(Context root)，那为何请求的 URI 必须是 /hello 呢？还记得 Hello.java 中有这么一行吗？

```
@WebServlet("/hello")
```

这表示，如果请求的 URI 是/hello，就会由 `Hello` 来处理请求。关于 Servlet 的设置，还有更多的细节。事实上，由于到目前为止，借助了 IDE 的辅助，有许多细节都被省略了，所以接下来得先讨论这些细节。

2.2　在 Hello 之后

在 IDE 中编写了 `Hello`，并成功运行出应有的结果，那这一切是如何串起来的，IDE

又代劳了哪些事情？你在IDE的项目管理中看到的文件组织结构真的是应用程序上传之后的结构吗？

记住：Web容器是Servlet/JSP唯一认识的HTTP服务器，你要了解Web容器会读取哪些设置；又要求什么样的文件组织结构；Web容器对于请求到来，又会如何调用Servlet？IDE很方便，但不要过分依赖IDE。

2.2.1 关于HttpServlet

请注意Hello.java中`import`的语句区段：

```
import javax.servlet.ServletException;
import javax.servlet.annotation.WebServlet;
import javax.servlet.http.HttpServlet;
import javax.servlet.http.HttpServletRequest;
import javax.servlet.http.HttpServletResponse;
```

如果要编译Hello.java，则类路径(Classpath)中必须包括Servlet API的相关类，如果使用的是Tomcat，则这些类会封装在Tomcat文件夹的lib子文件夹中的servlet-api.jar中。假设Hello.java位于src文件夹下，并放置于对应包的文件夹中，则可以如下进行编译：

```
% cd YourWorkspace/FirstServlet
% javac -classpath Yourlibrary/YourTomcat/lib/servlet-api.jar -d ./classes src/cc/openhome/Hello.java
```

请注意，下划线部分必须修改为实际的文件夹位置，编译出的.class目录出现在classes文件夹中，并有对应的包层级(因为使用javac时加了-d自变量)。事实上，如果遵照2.1节的操作，Eclipse就会自动完成类路径设置，并在存档时尝试编译等细节。展开Project Explorer中的Libraries/Apache Tomcat v9.0节点，就会看到JAR(Java ARchive)文件的类路径设置，如图2.5所示。

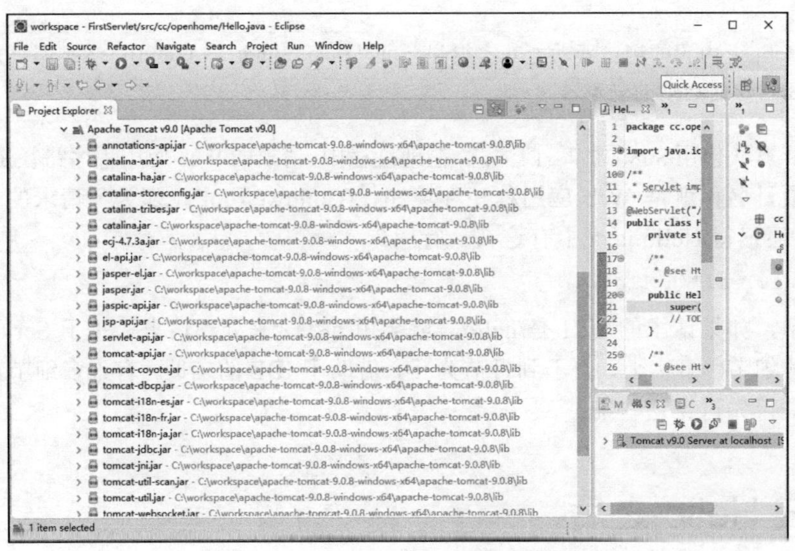

图2.5 IDE会自动设置项目的类路径

再进一步思考以下问题，为什么要在继承`HttpServlet`之后重新定义`doGet()`，又为什么 HTTP 请求为 GET 时会自动调用 doGet()？首先来讨论范例中看到的相关 API 架构图，如图 2.6 所示。

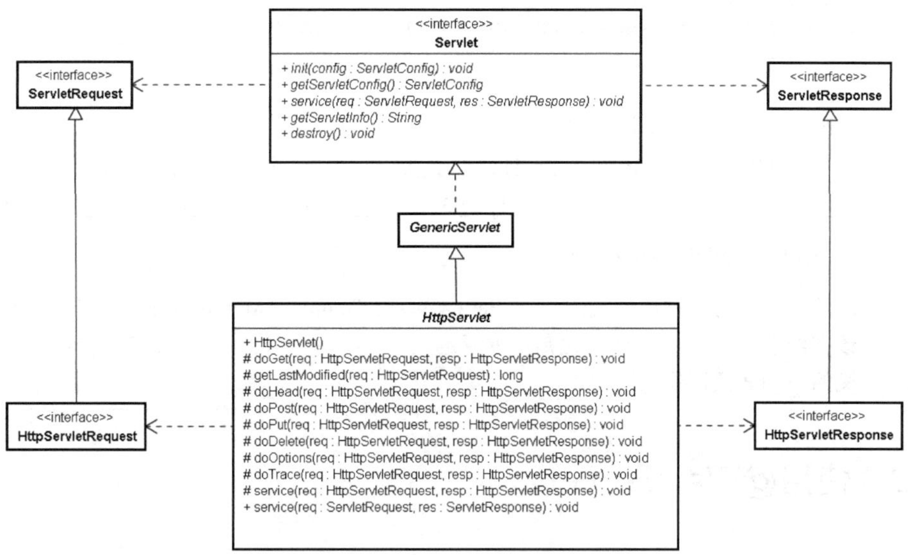

图 2.6　HttpServlet 相关 API 类图

首先看到 **Servlet** 接口，它定义了 Servlet 的基本行为。例如，与 Servlet 生命周期相关的 **init()**、**destroy()**方法，提供服务时要调用的 **service()**方法等。

实现 Servlet 接口的类是 GenericServlet 类，它还实现了 ServletConfig 接口，将容器调用 init()方法时所传入的 ServletConfig 实例封装起来，将 service()方法直接标示为 abstract 而没有任何操作。在本章中将暂且忽略 GenericServlet (第 5 章会介绍)。

在这里要注意到一件事：GenericServlet 并没有规范任何有关 HTTP 的相关方法，而是由继承它的 HttpServlet 定义。在最初定义 Servlet 时，并不限定它只能用于 HTTP，所以并没有将 HTTP 相关服务流程定义在 GenericServlet 之中，而是定义在 HttpServlet 的 service()方法中。

提示》》》 可以注意到包(package)的设计，与 Servlet 定义相关的类或接口都位于 javax.servlet 包中，如 Servlet、GenericServlet、ServletRequest、ServletResponse 等。而与 HTTP 定义相关的类或接口都位于 javax.servlet.http 包中，如 HttpServlet、HttpServletRequest、HttpServletResponse 等。

HttpServlet 的 service()方法中的流程大致如下：

```
protected void service(HttpServletRequest req,
                       HttpServletResponse resp)
    throws ServletException, IOException {
    String method = req.getMethod(); // 取得请求的方法
    if (method.equals(METHOD_GET)) { // HTTP GET
       // 略...
        doGet(req, resp);
        // 略 ...
    } else if (method.equals(METHOD_HEAD)) { // HTTP HEAD
        // 略 ...
```

```
        doHead(req, resp);
    } else if (method.equals(METHOD_POST)) { // HTTP POST
        // 略 ...
        doPost(req, resp);
    } else if (method.equals(METHOD_PUT)) { // HTTP PUT
        // 略 ...
    }
```

当请求来到时，容器会调用 Servlet 的 `service()`方法。可以看到，`HttpServlet` 的 `service()`中定义的，基本上就是判断 HTTP 请求的方式，再分别调用 `doGet()`、`doPost()`等方法，若想针对 `GET`、`POST` 等方法进行处理，才会在继承 `HttpServlet` 之后，重新定义相对应的 `doGet()`、`doPost()`方法。

注意》》 这其实是使用了设计模式(Design Pattern)中的 Template Method 模式。所以不建议也不应该在继承了 `HttpServlet` 之后，重新定义 `service()`方法，这会覆盖 `HttpServlet` 中定义的 HTTP 预设处理流程。

2.2.2 使用@WebServlet

编写好 Servlet 之后，接下来要告诉 Web 容器关于 Servlet 的一些信息。自 Java EE 6 的 Servlet 3.0 之后，可以使用标注(Annotation)来告知容器哪些 Servlet 会提供服务及额外信息。例如在前面的 Hello.java 中，就有下面的标注：

```
@WebServlet("/hello.view")
public class Hello extends HttpServlet {
```

只要 Servlet 上设置 **`@WebServlet`** 标注，容器就会自动读取其中的信息。上面的 `@WebServlet` 告诉容器，如果请求的 URI 是/hello，则由 `Hello` 的实例提供服务。

标注`@WebServlet` 时可以提供更多信息，如修改前面的 Hello.java 如下：

FirstServlet Hello.java

```
package cc.openhome;

import java.io.IOException;
import java.io.PrintWriter;

import javax.servlet.ServletException;
import javax.servlet.annotation.WebServlet;
import javax.servlet.http.HttpServlet;
import javax.servlet.http.HttpServletRequest;
import javax.servlet.http.HttpServletResponse;

@WebServlet(
    name="Hello",
    urlPatterns={"/hello"},
    loadOnStartup=1
)
public class Hello extends HttpServlet {
    ...略
}
```

上面的`@WebServlet` 告知容器，`Hello` 这个 Servlet 的名称是 Hello，这是由 **`name`** 属性指

定的，而如果浏览器请求的 URI 是/hello，则由这个 Servlet 来处理，这是由 **urlPatterns** 属性来指定的。在 Java 应用程序中使用标注时，没有设置的属性通常会有默认值。例如，若没有设置`@WebServlet`的`name`属性，默认值会是 Servlet 的类完整名称。

当应用程序启动后，并没有创建所有的 Servlet 实例。容器会在首次接到请求需要某个 Servlet 服务时，才将对应的 Servlet 类实例化、进行初始化操作，接着再处理请求。这意味着第一次请求该 Servlet 的浏览器，必须等待 Servlet 类实例化、进行初始动作之后，才真正得到请求的处理。

如果希望应用程序启动，可先将 Servlet 类载入、实例化并做好初始化动作，然后可以使用 **loadOnStartup** 设置，设置大于 0 的值(默认值为-1)，表示启动应用程序后就初始化 Servlet (而不是实例化几个 Servlet)。数字代表了 Servlet 的初始顺序，容器必须保证由较小数字的 Servlet 先初始化，在使用标注的情况下，如果有多个 Servlet 在设置`loadOnStartup`时使用了相同的数字，容器实现厂商可以自行决定要如何载入哪个 Servlet。

2.2.3 使用 web.xml

使用标注来定义 Servlet，是从 Java EE 6 的 Servlet 3.0 之后才有的功能，目的是简化设定。在旧的 Servlet 版本中，必须在 Web 应用程序的 WEB-INF 文件夹中，建立 web.xml 文件定义 Servlet 相关信息。当然，就算可以使用标注，在必要的时候，仍然能使用 web.xml 文件来定义 Servlet。

例如，在前面的 FirstServlet 项目的 Project Explorer 中找到 Deployment Descriptor: FirstServlet 节点，右击，在弹出的快捷菜单中执行 Generate Deployment Descriptor Stub 命令，这会在 WebContent/WEB-INF 节点中建立一个 web.xml 文件。就本书使用的 Eclipse 版本来说，会有以下默认内容：

```
<?xml version="1.0" encoding="UTF-8"?>
<web-app xmlns:xsi="http://www.w3.org/2001/XMLSchema-instance"
xmlns="http://xmlns.jcp.org/xml/ns/javaee"
xsi:schemaLocation="http://xmlns.jcp.org/xml/ns/javaee
http://xmlns.jcp.org/xml/ns/javaee/web-app_3_1.xsd" version="3.1">
  <display-name>FirstServlet</display-name>
  <welcome-file-list>
    <welcome-file>index.html</welcome-file>
    <welcome-file>index.htm</welcome-file>
    <welcome-file>index.jsp</welcome-file>
    <welcome-file>default.html</welcome-file>
    <welcome-file>default.htm</welcome-file>
    <welcome-file>default.jsp</welcome-file>
  </welcome-file-list>
</web-app>
```

像这样的文件称为部署描述文件(Deployment Descriptor)，简称 DD 文件。由于前面 Dynamic web module version 设定是采用 3.1，因此自动产生的 web.xml 在 XSD 文件及版本预设为 3.1 版本，在 Servlet 4.0 中，XSD 文件应该是 **web-app_4_0.xsd**，而 **version** 会是 **4.0**。

提示››› 可以在 Java EE. XML Schemas for Java EE Deployment Descriptors(www.oracle.com/webfolder/technetwork/jsc/xml/ns/javaee/index.html)中找到各版本的 XML Shema。

在产生的 web.xml 中，可以看到<display-name>，它定义了 Web 应用程序的名称。若工具程序有支持，可以采用此名称来代表 Web 应用程序。**<display-name>**不是 Web 应用程序环境根目录，在 Servlet 4.0 之前，并没有规范如何定义 Web 应用程序环境根目录，因而各厂商实际上可以有各自定义的方式。

提示>>> Tomcat 可以在 META-INF/context.xml 中设定环境根目录，可参考 The Context Container (tomcat.apache.org/tomcat-9.0-doc/config/context.html)。

Tomcat 默认会使用应用程序目录作为环境根目录，在 Eclipse 中，也可以在项目上右击，执行 Properties 命令，在 Web Project Settings 中设定环境根目录，如图 2.7 所示。

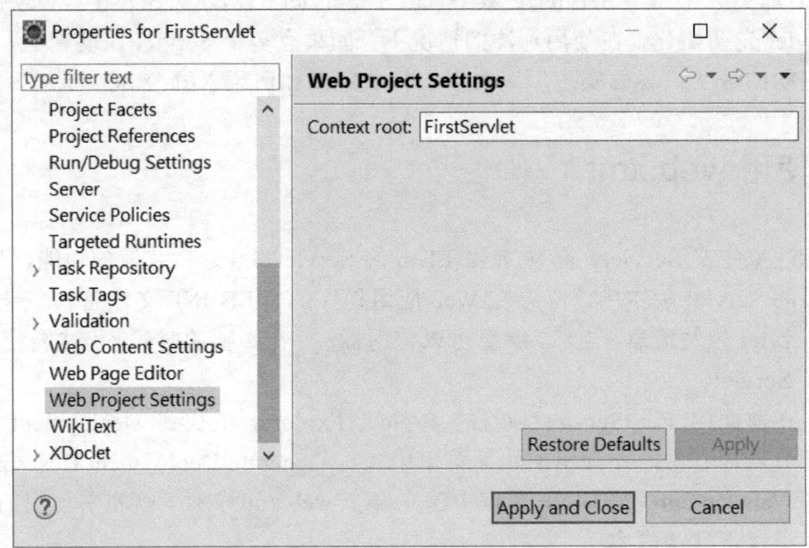

图 2.7 在 Eclipse 中设定环境根目录

从 Servlet 4.0 开始，可以在 web.xml 中使用**<default-context-path>**来建议默认环境路径，然而考虑到既有容器实现的兼容性，容器实现厂商可以不理会这个设定。

至于<welcome-file-list>定义的文件清单，是在浏览器请求路径没有指定特定文件时，会看看路径中是否有列表中的文件，如果有的话，就会作为默认页面响应。

除了定义整个 Web 应用程序必要的信息之外，web.xml 中的设定可用来覆盖 Servlet 中的标注设定，因此可以使用标注来做默认值，而 web.xml 作为日后更改设定值之用，例如：

FirstServlet web.xml

```
<?xml version="1.0" encoding="UTF-8"?>
<web-app xmlns:xsi="http://www.w3.org/2001/XMLSchema-instance"
xmlns="http://xmlns.jcp.org/xml/ns/javaee"
xsi:schemaLocation="http://xmlns.jcp.org/xml/ns/javaee
http://xmlns.jcp.org/xml/ns/javaee/web-app_4_0.xsd" version="4.0">
    ...略
    <servlet>
        <servlet-name>Hello</servlet-name>
        <servlet-class>cc.openhome.Hello</servlet-class>
        <load-on-startup>1</load-on-startup>
    </servlet>
```

```
    <servlet-mapping>
        <servlet-name>Hello</servlet-name>
        <url-pattern>/helloUser</url-pattern>
    </servlet-mapping>
</web-app>
```

在上例中，若有浏览器请求/helloUser，则由 `Hello` 这个 Servlet 来处理，这分别是由 **<servlet-mapping>**中的**<url-pattern>**与**<servlet-name>**来定义。而 `HelloServlet` 名称的 Servlet，实际上是 `cc.openhome.Hello` 类的实例，这分别是由**<servlet>**中的**<servlet-name>**与**<servlet-class>**来定义。

如果有多个 Servlet 在设置**<load-on-startup>**时使用了相同的数字，会依照在 web.xml 中设置的顺序来初始 Servlet，如图 2.8 所示。

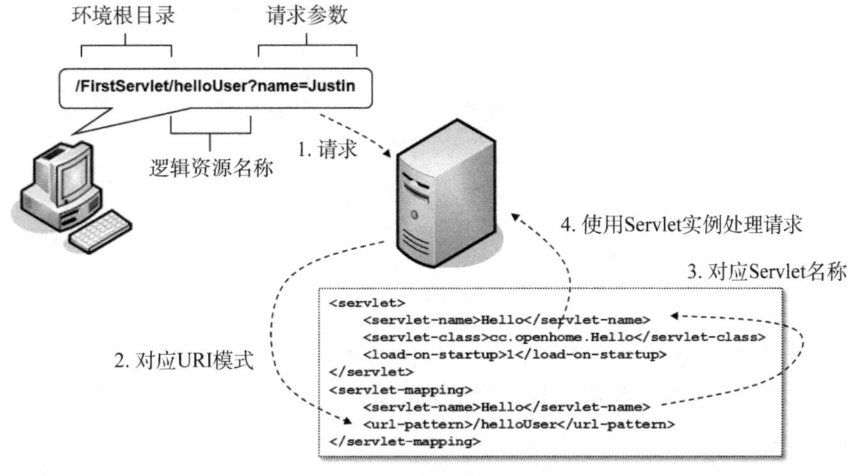

图 2.8　Servlet 的请求对应

由于 web.xml 中`<servlet-name>`设定的名称也是 `Hello`，与 Hello.java 中的`@WebServlet` 标注的 `name` 属性设定值相同，在 Servlet 名称相同的情况下，web.xml 中的 Servlet 设定会覆盖@WebServlet 标注设定，现在必须使用`/helloUser`(而不是使用`/hello`)请求 Servlet 了。

无论是使用`@WebServlet` 标注，还是使用 web.xml 设置，浏览器请求的 URI 都只是个逻辑上的名称(Logical Name)，请求`/hello` 并不一定指 Web 网站上有个实体文件叫 hello，而会由 Web 容器对应至实际处理请求的程序实体名称(Physical Name)或文件。如果愿意，也可以用如 hello.view 甚至 hello.jsp 之类的名称来伪装资源。

到目前为止可以知道，Servlet 在 web.xml 中会有三个名称设置：`<url-pattern>`设置的逻辑名称，`<servlet-name>`注册的 Servlet 名称，以及`<servlet-class>`设置的实体类名称。

注意»» 除了可将`@WebServlet` 的设置当作默认值，web.xml 用来覆盖默认值之外，想一下，在 Servlet 3.0 之前，只能使用 web.xml 设置时的问题：写好了一个 Servlet 并编译完成，现在要寄给同事或客户，还得说明如何在 web.xml 设置。在 Servlet 3.0 之后，只要使用`@WebServlet` 设置标注信息，寄给同事或客户后，对方只要将编译好的 Servlet 放到 WEB-INF/classes 文件夹中就可以了(稍后就会介绍到这个文件夹)，部署上简化了许多。

2.2.4 文件组织与部署

IDE 为了管理项目资源，会有其项目专属的文件组织，那并不是真正上传至 Web 容器之后该有的架构。Web 容器要求应用程序部署时，必须遵照如图 2.9 所示的结构。

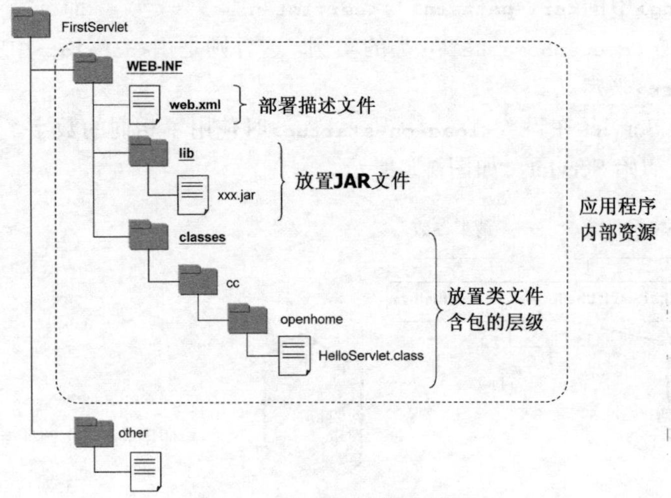

图 2.9 Web 应用程序文件组织

图 2.9 中有几个重要的文件夹与文件位置说明如下。

- WEB-INF：这个文件夹名称是固定的，而且一定是位于应用程序根目录下。放置在 WEB-INF 中的文件或文件夹，对外界来说是封闭的，也就是浏览器无法使用 HTTP 的任何方式直接请求 WEB-INF 中的文件或文件夹。若有这类需要，必须通过 Servlet/JSP 的请求转发(Forward)。不想让浏览器直接存取的资源，可以放置在这个文件夹下。
- web.xml：这是 Web 应用程序部署描述文件，一定要放在 WEB-INF 文件夹中。
- lib：用于放置 JAR(Java Archive)文件，一定是放在 WEB-INF 文件夹之中。
- classes：放置编译过后的.class 文件，放在 WEB-INF 文件夹中，编译过后的类文件，必须有与包名称相符的文件夹结构。

如果使用 Tomcat 作为 Web 容器，则可以将符合图 2.9 的 FirstServlet 整个文件夹复制至 Tomcat 文件夹下的 webapps 文件夹中，然后至 Tomcat 的 bin 文件夹下，运行 startup 命令来启动 Tomcat。接着使用以下 URI 来请求应用程序(假设 URI 模式为/helloUser)：

```
http://localhost:8080/FirstServlet/helloUser.view?name=caterpillar
```

实际上，在部署 Web 应用程序时，会将应用程序封装为一个 WAR(Web Archive)文件，文件名为*.war。WAR 文件可使用 JDK 所附的 jar 工具程序来建立。例如，按图 2.9 所示的方式组织好 Web 应用程序文件之后，可进入 FirstServlet 文件夹，然后运行以下命令：

```
jar cvf ../FirstServlet.war *
```

这会在 FirstServlet 文件夹外建立 FirstServlet.war 文件。在 Eclipse 中，则可以直接在项目中右击，从弹出的快捷菜单中选择 Export | WAR file 命令导出 WAR 文件。

WAR 文件采用 zip 压缩格式封装，可以使用解压缩软件来查看其中的内容。如果使用 Tomcat，可以将建立的 WAR 文件复制至 webapps 文件夹下，重新启动 Tomcat，容器若发现 webapps 文件夹中有 WAR 文件，会将其解压缩，并载入 Web 应用程序。

提示»» 不同的应用程序服务器，会提供不同的命令或接口部署 WAR 文件。有关 Tomcat 9 更多的部署方式，可以查看 Tomcat Web Application Deployment(tomcat.apache.org/tomcat-9.0-doc/deployer-howto.html)。

2.3 进阶部署设置

初学 Servlet/JSP，读者了解本章之前说明的文件夹结构与部署设定已经足够，然而还有更多部署设定方式，可以让 Servlet 的部署更方便、更模块化、更有弹性。

接下来的内容会是比较进阶，如果是第一次接触 Servlet，急着想要了解如何使用 Servlet 相关 API 开发 Web 应用程序，可以先跳过这一节的内容，日后想了解更多部署设定时再回来查看。

2.3.1 URL 模式设置

一个请求 URI 实际上是由三个部分组成的：

```
requestURI = contextPath + servletPath + pathInfo
```

1. 环境路径

可以使用 `HttpServletRequest` 的 **`getRequestURI()`**来取得这项信息，其中 contextPath 是环境路径(Context path)，是容器决定该挑选哪个 Web 应用程序的依据(一个容器上可能部署多个 Web 应用程序)，如前面谈到的，环境路径的设置方式在 Servlet 4.0 之前并没有规范，依使用的应用程序服务器而不同。

可以使用 `HttpServletRequest` 的 **`getContextPath()`**来取得环境路径。如果应用程序环境路径与 Web 网站环境根路径相同，则应用程序环境路径为空字符串；如果不是，则应用程序环境路径以“/”开头，不包括“/”结尾。

提示»» 下一章将会详细介绍 `HttpServletRequest`，有关请求的相关信息，都可以使用这个对象来取得。

一旦决定是哪个 Web 应用程序来处理请求，接下来就会进行 Servlet 的对应，Servlet 必须设置 URI 模式，可以设置的格式分别说明如下。

- 路径映射(Path mapping)：以“/”开头但以“/*”结尾的 URI 模式。例如，若设置 URI 模式为“/guest/*”，请求 URI 除去环境路径的部分，若为/guest/test.view、/guest/home.view 等以/guest/作为开头的，都会交由该 Servlet 处理。
- 扩展映射(extension mapping)：以“*.”开头的 URI 模式。例如，若 URI 模式设置为*.view，以.view 结尾的请求，都会交由该 Servlet 处理。

- 环境根目录(Context root)映射：空字符串""是个特殊的 URI 模式，对应至环境根目录，也就是“/”的请求。例如，若环境根目录为 App，则 http://host:port/app/的请求，路径信息是“/”，而 Servlet 路径与环境路径都是空字符串。
- 预设 Servlet：仅包括“/”的 URI 模式，当找不到适合的 URI 模式对应时，就会使用预设 Servlet。
- 完全匹配(Exact match)：不符合以上设置的其他字符串，都要作路径的严格对应。例如，若设置/guest/test.view，则请求不包括请求参数部分，必须是/guest/test.view。

如果 URI 模式设置比对的规则在某些 URI 请求时有所重叠，例如/admin/login.do、/admin/*与*.do 三个 URI 模式设置，比对的原则是从最严格的 URI 模式开始符合。如果请求/admin/login.do，一定是由 URI 模式设置为/admin/login.do 的 Servlet 来处理，而不会是/admin/*或*.do。如果请求/admin/setup.do，则是由/admin/*的 Servlet 来处理，而不会是*.do。

2. Servlet 路径

在 requestURI 中，servletPath 的部分是指 Servlet 路径(Servlet path)，不包括路径信息(Path info)与请求参数(Request parameter)。Servlet 路径直接对应至 URI 模式信息，可使用 `HttpServletRequest` 的 **`getServletPath()`**来取得，Servlet 路径基本上是以“/”开头，但“/*”与""的 URI 模式比对而来的请求除外，在“/*”与""的情况下，`getServletPath()`取得的 Servlet 路径是空字符串。

如果某个请求是根据/hello.do 对应至某个 Servlet，则 `getServletPath()`取得的 Servlet 路径就是/hello.do；如果是通过/servlet/*对应至 Servlet，则 `getServletPath()`取得的 Servlet 路径就是/servlet；如果是通过“/*”或""对应至 Servlet，则 `getServletPath()`取得的 Servlet 路径就是空字符串。

3. 路径信息

在 requestURI 中，pathInfo 的部分是指路径信息，路径信息不包括请求参数，指的是不包括环境路径与 Servlet 路径部分的额外路径信息，可使用 `HttpServletRequest` 的 **`getPathInfo()`**来取得。如果没有额外路径信息，返回值是 `null`(在扩展映射、预设 Servlet、完全匹配的情况下，`getPathInfo()`就会返回 `null`)；如果有额外路径信息，则是一个以“/”开头的字符串。

编写以下 Servlet：

FirstServlet Path.java

```
package cc.openhome;

import java.io.IOException;
import java.io.PrintWriter;

import javax.servlet.ServletException;
import javax.servlet.annotation.WebServlet;
import javax.servlet.http.HttpServlet;
import javax.servlet.http.HttpServletRequest;
import javax.servlet.http.HttpServletResponse;

@WebServlet("/servlet/*")
```

```
public class Path extends HttpServlet {
    protected void doGet(
            HttpServletRequest request, HttpServletResponse response)
               throws ServletException, IOException {
        response.setContentType("text/html;charset=UTF-8");
        PrintWriter out = response.getWriter();
        out.print("<!DOCTYPE html>");
        out.print("<html>");
        out.print("<head>");
        out.print("<title>Path Servlet</title>");
        out.print("</head>");
        out.print("<body>");
        out.printf("%s<br>", request.getRequestURI());
        out.printf("%s<br>", request.getContextPath());
        out.printf("%s<br>", request.getServletPath());
        out.print(request.getPathInfo());
        out.print("</body>");
        out.print("</html>");
    }
}
```

如果在浏览器中输入的 URI 为：

http://localhost:8080/FirstServlet/servlet/path

那么看到的结果就如图 2.10 所示。

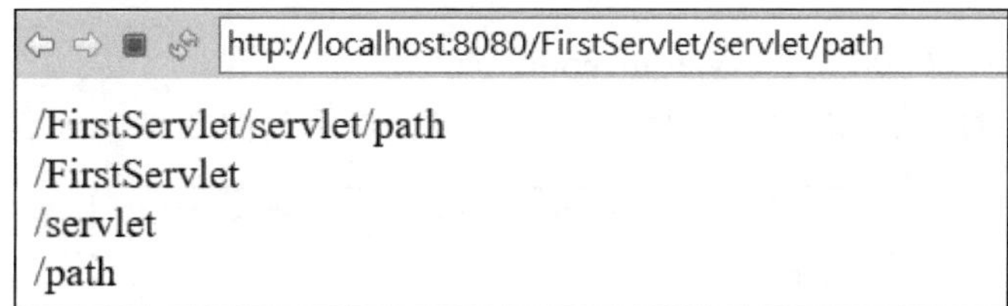

图 2.10　请求的路径信息

4. HttpServletMapping

在 Servlet 4.0 中，`HttpServletRequest` 新增了 **`getHttpServletMapping()`** 方法，可以取得 `javax.servlet.http.HttpServletMapping` 操作对象，通过该对象能在执行时期，侦测执行中的 Servlet 是通过哪个 URL 对应而来，以及被比对到的值为何等信息。例如：

FirstServlet　Mapping.java

```
package cc.openhome;

import java.io.IOException;
import java.io.PrintWriter;

import javax.servlet.ServletException;
import javax.servlet.annotation.WebServlet;
import javax.servlet.http.HttpServlet;
import javax.servlet.http.HttpServletMapping;
import javax.servlet.http.HttpServletRequest;
import javax.servlet.http.HttpServletResponse;

@WebServlet("/mapping/*")
public class Mapping extends HttpServlet {
    protected void doGet(
```

```
        HttpServletRequest request, HttpServletResponse response)
            throws ServletException, IOException {
    HttpServletMapping mapping = request.getHttpServletMapping();
    response.setContentType("text/html;charset=UTF-8");
    PrintWriter out = response.getWriter();
    out.print("<!DOCTYPE html>");
    out.print("<html>");
    out.print("<head>");
    out.print("<title>Mapping Servlet</title>");
    out.print("</head>");
    out.print("<body>");
    out.printf("%s<br>", mapping.getMappingMatch());
    out.printf("%s<br>", mapping.getMatchValue());
    out.print(mapping.getPattern());
    out.print("</body>");
    out.print("</html>");
  }
}
```

getMappingMatch()会传回 javax.servlet.http.MappingMatch 枚举值，成员有 CONTEXT_ROOT、DEFAULT、EXACT、EXTENSION 与 PATH，从名称上可得知个别的 URI 模式意义，这在先前介绍环境路径时已经说明过了。

getMatchValue()会返回实际上符合的比对值，getPattern()返回比对时的 URI 模式，如果浏览器请求：

http://localhost:8080/FirstServlet/mapping/path

那么路径比对成功，而比对值是 path，结果会显示如图 2.11 所示信息。

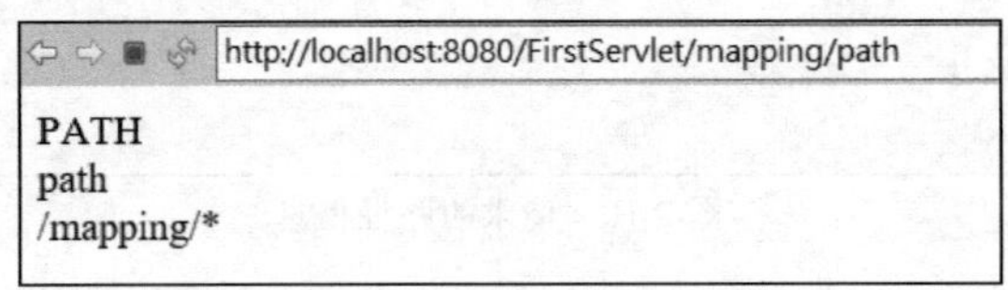

图 2.11　请求的路径信息

2.3.2 Web 文件夹结构

在第一个 Servlet 中简要介绍过 Web 应用程序文件夹结构，这里再做个详细的说明。一个 Web 应用程序基本上由以下项目组成：

- 静态资源(HTML、图片、声音、影片等)
- Servlet
- JSP
- 自定义类
- 工具类
- 部署描述文件(web.xml 等)、设置信息(Annotation 等)

Web 应用程序文件夹结构必须符合规范。举例来说，如果应用程序的环境路径(Context path)是/openhome，所有的资源项目必须以/openhome 为根目录依规定结构摆放。基本上根目录中的资源可以直接下载。例如，index.html 位于/openhome 下，则可以直接以/openhome/index.html 来取得资源。

Web 应用程序有一个特殊的/WEB-INF 文件夹，此文件夹中的资源项目不会被列入浏览器可直接请求的项目(直接在网址上指明访问 WEB-INF)，若试图直接请求会是 404 Not Found 的错误结果。WEB-INF 中的资源项目有着一定的名称与结构，例如：

- /WEB-INF/web.xml 是部署描述文件。
- /WEB-INF/classes 用来放置应用程序用到的自定义类(.class)，必须包括包(Package)结构。
- /WEB-INF/lib 用来放置应用程序用到的 JAR 文件。

Web 应用程序用到的 JAR 文件，其中可以放置 Servlet、JSP、自定义类、工具类、部署描述文件等，应用程序的类载入器可以从 JAR 中载入对应的资源。

在 JAR 文件的/META-INF/resources 文件夹中可以放置静态资源或 JSP 等。例如在/META-INF/resources 中放 index.html。若请求的 URI 中包括/openhome/index.html，但实际上/openhome 根目录下不存在 index.html，则会使用 JAR 中的/META- INF/resources/index.html。

如果要用到某个类，则 Web 应用程序会到/WEB-INF/classes 中试着载入类，若无，再试着从/WEB-INF/lib 的 JAR 文件中搜索类文件(若还没有找到，则会到容器实现本身存放类或 JAR 的文件夹中搜索，位置视实现厂商而有所不同。以 Tomcat 而言，搜索的路径是 Tomcat 安装文件夹下的 lib 文件夹)。

浏览器不可以直接请求/WEB-INF 中的资源，但可以通过程序的控制取得 WEB-INF 中的资源，如使用 `ServletContext` 的 `getResource()`与 `getResourceAsStream()`，或是通过 `RequestDispatcher` 请求调派，这在之后的章节会看到实际范例。

如果对 Web 应用程序的请求 URI 最后以“/”结尾，而且确实存在该文件夹，则 Web 容器必须传回该文件夹下的欢迎页面，可以在部署描述文件 web.xml 中包括`<welcome-file-list>`、`<welcome-file>`定义，指出可用的欢迎页面名称为何，在 2.2.3 节已经看过实际范例，Web 容器会依序看看是否有对应的文件存在，如果有则传回给浏览器。

如果找不到欢迎用的文件，则会尝试至 JAR 的/META-INF/resources 中寻找已放置的资源页面。如果 URI 最后是以“/”结尾，但不存在该文件夹，会使用默认 Servlet(如果有定义的话，参考 2.3.1 节内容)。

整个 Web 应用程序可以被封装为 WAR(Web ARchive)文件，例如 openhome.war，以便部署至 Web 容器。

2.3.3 使用 web-fragment.xml

在 Servlet 3.0 之后，可以使用标注来设置 Servlet 的相关信息。实际上，Web 容器并不只读取/WEB-INF/classes 中的 Servlet 标注信息，如果 JAR 文件中有使用标注的 Servlet，Web 容器也可以读取标注信息、载入类并注册为 Servlet 进行服务。

在 Servlet 3.0 之后，JAR 文件可用来作为 Web 应用程序的部分模块。事实上，不仅是 Servlet，监听器、过滤器等也可以在编写、定义标注完毕后，封装在 JAR 文件中，视需要放置至 Web 应用程序的/WEB-INF/lib 中，弹性抽换 Web 应用程序的功能组件。

提示»» 这边提到的“模块”，并不是 Java SE 9 模块平台系统中定义的模块，单纯指一个独立可抽换的 Web 应用程序组件。

1. web-fragment.xml

在 JAR 文件中，除了可使用标注定义的 Servlet、监听器、过滤器外，也可以拥有自己的部署描述文件，这避免了过去常有的一堆设定都得写在 web.xml 中，而造成难以分工合作的窘境。

每个 JAR 文件中可定义的部署描述文件是 web-fragment.xml，必须放置在 JAR 文件的 META-INF 文件夹中。基本上，web.xml 中可定义的元素，在 web-fragment.xml 中也可以定义。比如，可以在 web-fragment.xml 中定义如下内容：

```
<?xml version="1.0" encoding="UTF-8"?>
<web-fragment id="WebFragment_ID" version="4.0"
xmlns="http://xmlns.jcp.org/xml/ns/javaee"
xmlns:xsi="http://www.w3.org/2001/XMLSchema-instance"
xsi:schemaLocation="http://xmlns.jcp.org/xml/ns/javaee
http://xmlns.jcp.org/xml/ns/javaee/web-fragment_4_0.xsd">
    <display-name> WebFragment1</display-name>
    <name>WebFragment1</name>
    <servlet>
        <servlet-name>Hi</servlet-name>
        <servlet-class>cc.openhome.Hi</servlet-class>
    </servlet>
    <servlet-mapping>
        <servlet-name>Hi</servlet-name>
        <url-pattern>/hi</url-pattern>
    </servlet-mapping>
</web-fragment>
```

注意>>> web-fragment.xml 的根标签是 <web-fragment> 而不是 <web-app>。实际上，web-fragment.xml 中所指定的类，不一定要在 JAR 文件中，也可以是在 Web 应用程序的 /WEB-INF/classes 中。

在 Eclipse 中内置 Web Fragment Project，如果想尝试使用 JAR 文件部署 Servlet，或者使用 web-fragment.xml 部署的功能，可以按照以下步骤练习：

(1) 选择 File | New | Other 命令，在弹出的对话框中选择 Web 节点中的 Web Fragment Project 节点，单击 Next 按钮。

(2) 在 New Web Fragment Project 对话框中，可以设置 Dynamic Web Project membership。这里可以选择 Web Fragment Project 产生的 JAR 文件部署于哪一个项目中，这样就不用手动产生 JAR 文件，并将之复制至另一应用程序的 WEB-INF/lib 文件夹中。

(3) 在 Project name 文本框中输入 FirstWebFrag，单击 Finish 按钮。

(4) 展开新建立的 FirstWebFrag 项目中的 src/META-INF 节点，可以看到预先建立的 web-fragment.xml。可以在这个项目中建立 Servlet 等资源，并设置 web-fragment.xml 的内容。

(5) 在 FirstServlet 项目上右击(刚才 Dynamic Web Project membership 设置的对象)，从弹出的快捷菜单中选择 Properties 命令，展开 Deployment Assembly 节点，可以看到 FirstWebFrag 项目建构而成的 FirstWebFrag.jar，将会自动部署至 FirstServlet 项目 WEB-INF/lib 中。

接着可以在 FirstWebFrag 中新增 Servlet 并设置标注，看看运行结果是什么，再在 web-fragment.xml 中设置相关信息，并再次实验运行结果是什么。

2. web.xml 与 web-fragment.xml

web.xml 与标注的配置顺序在规范中并没有定义，对 web-fragment.xml 及标注的配置顺序也没有定义，但可以决定 web.xml 与 web-fragment.xml 的配置顺序，其中一个设置方式是在 web.xml 中使用**<absolute-ordering>**定义绝对顺序。例如，在 web.xml 中定义：

```
<web-app ...>
    <absolute-ordering>
        <name>WebFragment1</name>
        <name>WebFragment2</name>
    </absolute-ordering>
    ...
</web-app>
```

各个 JAR 文件中 web-fragment.xml 定义的名称不得重复，若有重复，会忽略重复的名称。另一个定义顺序的方式，是直接在每个 JAR 文件的 web-fragment.xml 中使用**<ordering>**，在其中使用**<before>**或**<after>**来定义顺序。以下是一个例子，假设有三个 web-fragment.xml 分别存在于三个 JAR 文件中：

```
<web-fragment ...>
    <name>WebFragment1</name>
    <ordering>
        <after><name>MyFragment2</name>
    </after></ordering>
    ...
</web-fragment>

<web-fragment ...>
    <name>WebFragment2</name>
    ...
</web-fragment>

<web-fragment ...>
    <name>WebFragment3</name>
    <ordering>
        <before><others/></before>
    </ordering>
    ...
</web-fragment>
```

而 web.xml 没有额外定义顺序信息：

```
<web-app ...>
    ...
</web-app>
```

那么载入定义的顺序是 web.xml，<name>名称为 WebFragment3、WebFragment2、WebFragment1 的 web-fragment.xml 中的定义。

3. metadata-complete 属性

如果将 web.xml 中<web-app>的 **metadata-complete** 属性设置为 true(默认是 false)，则表示 web.xml 中已完成 Web 应用程序的相关定义，部署时就不会扫描标注 web-fragment.xml 中的定义，如果有<absolute-ordering>与<ordering>也会被忽略。例如：

```
<web-app id="WebFragment_ID" version="4.0"
xmlns="http://xmlns.jcp.org/xml/ns/javaee"
xmlns:xsi="http://www.w3.org/2001/XMLSchema-instance"
```

```
xsi:schemaLocation="http://xmlns.jcp.org/xml/ns/javaee
http://xmlns.jcp.org/xml/ns/javaee/web-fragment_4_0.xsd"
    metadata-complete="true">
   ...
</web-app>
```

如果 web-fragment.xml 中指定的类可在 web 应用程序的/WEB-INF/classes 中找到，就会使用该类。要注意的是，如果该类本身有标注，而 web-fragment.xml 又定义该类为 Servlet，此时会有两个 Servlet 实例。如果将`<web-fragment>`的 `metadata-complete` 属性设置为 `true`(默认是 `false`)，就只会处理自己 JAR 文件中的标注信息。

> **提示>>>** 可以参考 Servlet 4.0 规格书(JSR 369)中第 8 章内容，其中有更多的 web.xml、web-fragment.xml 的定义范例。

2.4 重点复习

Tomcat 提供的主要是 Web 容器的功能，而不是 HTTP 服务器的功能。然而为了给开发者提供便利，下载的 Tomcat 会附带一个简单的 HTTP 服务器，相较于真正的 HTTP 服务器而言，Tomcat 附带的 HTTP 服务器功能太过简单，仅作开发之用，不建议今后直接上线服务。

要编译 Hello.java，类路径(Classpath)中必须包括 Servlet API 的相关类，如果使用的是 Tomcat，这些类通常是封装在 Tomcat 文件夹的 lib 文件夹中的 servlet-api.jar 中的。

要编写 Servlet 类，必须继承 `HttpServlet` 类，并重新定义 `doGet()`、`doPost()`等对应 HTTP 请求的方法。容器会分别建立代表请求、响应的 `HttpServletRequest` 与 `HttpServletResponse`，可以从前者取得所有关于该次请求的相关信息，从后者对浏览器进行各种响应。

在 Servlet 的 API 定义中，`Servlet` 是个接口，其中定义了与 Servlet 生命周期相关的 `init()`、`destroy()`方法，以及提供服务的 `service()`方法等。`GenericServlet` 实现了 `Servlet` 接口，不过它直接将 `service()`标示为 `abstract`，`GenericServlet` 还实现了 `ServletConfig` 接口，将容器初始化 Servlet 调用 `init()`时传入的 `ServletConfig` 封装起来。

真正在 `service()`方法中定义了 HTTP 请求基本处理流程是 `HttpServlet`，`doGet()`、`doPost()`中传入的参数是 `HttpServletRequest`、`HttpServletResponse`，而不是通用的 `ServletRequest`、`ServletResponse`。

在 Servlet 3.0 之后，可以使用`@WebServlet` 标注(Annotation)来告知容器哪些 Servlet 会提供服务及额外信息，也可以定义在部署描述文件 web.xml 中。一个 Servlet 至少会有三个名称，即类名称、注册的 Servlet 名称与 URI 模式(Pattern)名称。

Web 应用程序有几个要注意的文件夹与结构，WEB-INF 中的数据浏览器无法直接请求获得，必须通过请求的转发才有可能访问。web.xml 必须位于 WEB-INF 中。lib 文件夹用来放置 Web 应用程序会使用到的 JAR 文件。classes 文件夹用来放置编译好的.class 文件。可以将整个 Web 应用程序使用到的所有文件与文件夹封装为 WAR(Web Archive)文件，即后缀为.war 的文件，再利用 Web 应用程序服务器提供的工具进行应用程序的部署。

一个请求 URI 实际上是由三个部分组成的：

```
requestURI = contextPath + servletPath + pathInfo
```

一个 JAR 文件中，除了可使用标注定义的 Servlet、监听器、过滤器外，也可以拥有自己的部署描述文件，文件名称是 web-fragment.xml，必须放置在 JAR 文件的 META-INF 文件夹中。基本上，web.xml 中可定义的元素，在 web-fragment.xml 中也可以定义。

web.xml 与标注的配置顺序在规范中并没有定义，对 web-fragment.xml 及标注的配置顺序也没有定义，然而可以决定 web.xml 与 web-fragment.xml 的配置顺序。

如果将 web.xml 中`<web-app>`的 `metadata-complete` 属性设置为 `true`(默认是 `false`)，则表示 web.xml 中已完成 Web 应用程序的相关定义，部署时将不会扫描标注 web-fragment.xml 中的定义。

2.5 课后练习

1. 编写一个 Servlet，当用户请求该 Servlet 时，显示用户于几点几分从哪个 IP(Internet Protocol)地址连线至 Web 网站，以及发出的查询字符串(Query String)。

提示>>> 查询一下 `ServletRequest` 或 `HttpServletRequest` 的 API 帮助文档，了解有哪些方法可以使用。

2. 编写一个应用程序，可以让用户在窗体网页上输入名称、密码，若名称为 caterpillar、密码为 123456，则显示一个 HTML 页面响应并有“登录成功”字样，否则显示“登录失败”字样，并有一个超链接返回窗体网页。注意：不可在地址栏上出现用户输入的名称、密码。

请求与响应

Chapter 3

学习目标：

- 取得请求参数与标头
- 处理中文字符请求与响应
- 设置与取得请求范围属性
- 使用转发、包含、重定向

3.1 从容器到 HttpServlet

在第 2 章介绍了 Web 容器要求的文件夹结构，以及相关的部署规范。实际上，对于第一个 Servlet 程序中 HttpServletRequest、HttpServletResponse 的使用并没有太多讲述，这是有关请求与响应的处理，是本章的重点。

Servlet 的相关 API，说多不多，说少也不算少，学习任何平台的程序编写，最忌流于 API 的背诵与范例抄写，因为这往往只知其一不知其二，还是那句老话："Web 容器是 Servlet/JSP 唯一认识的 HTTP 服务器！"所以，你得了解在这种抽象层面下，Web 容器如何生成、管理请求/响应对象，以及为何会设计出这样的 API 架构，才不至于流于死背甚至写程序时仅会复制、粘贴的窘境。

从本章开始，将开发一个微博应用程序，采用逐步重构、加强这个应用程序的方式进行介绍，使其功能更加完备，而目标是朝 Model 2 架构进行设计。

3.1.1 Web 容器做了什么

在第 2 章中，已经看过 Web 容器可创建 Servlet 实例，并完成 Servlet 名称注册及 URI 模式的对应。在请求来到时，Web 容器会转发给正确的 Servlet 来处理请求。

当浏览器请求 HTTP 服务器时，会使用 HTTP 来传送请求与相关信息(标头、请求参数、Cookie 等)。HTTP 许多信息是通过文字信息来传送，然而 Servlet 本质上是个 Java 对象，运行于 Web 容器(一个 Java 写的应用程序)中。有关 HTTP 请求的相关信息，到底如何变成相对应的 Java 对象呢？

当请求来到 HTTP 服务器，而 HTTP 服务器转交请求给容器时，容器会创建一个代表当次请求的 HttpServletRequest 对象，并将请求相关信息设置给该对象。同时，容器会创建一个 HttpServletResponse 对象，作为稍后要对浏览器进行响应的 Java 对象，如图 3.1 所示。

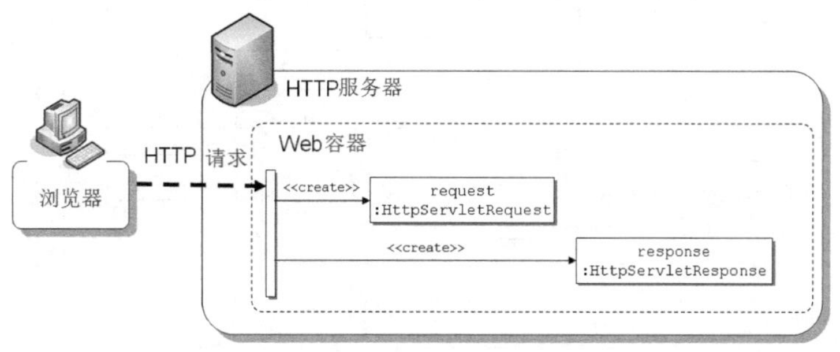

图 3.1 容器收集相关信息，并创建代表请求与响应的对象

如果查询 HttpServletRequest、HttpServletResponse 的 API 文件说明，会发现它们都是接口(interface)，而实现这些接口的相关实现类就是由容器提供的。还记得吗？Web 容器本身就是一个 Java 编写的应用程序。

提示>>> 可以在 Java(TM)EE 8 Specification APIs(javaee.github.io/javaee-spec/javadocs/)中查看 Servlet API 文件。

接着，容器会根据`@WebServlet`标注或 web.xml 的设置，找出处理该请求的 Servlet，调用它的`service()`方法，将创建的`HttpServletRequest`对象、`HttpServletResponse`对象传入作为参数，`service()`方法中会根据 HTTP 请求的方式，调用对应的`doXXX()`方法。例如，若为`GET`，则调用`doGet()`方法，如图 3.2 所示。

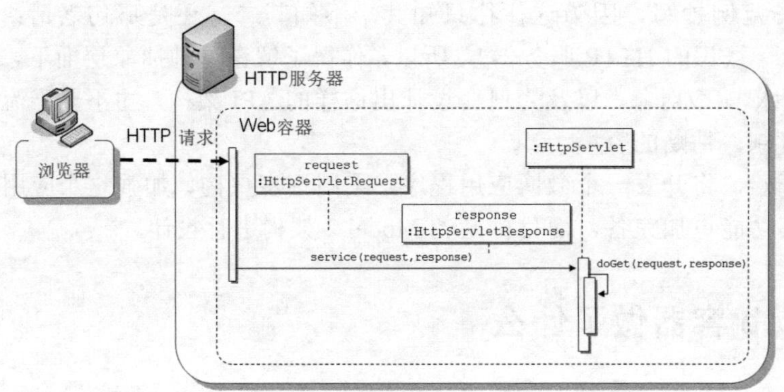

图 3.2 容器调用 Servlet 的`service()`方法

接着在`doGet()`方法中，可以使用`HttpServletRequest`对象、`HttpServletResponse`对象。例如，使用`getParameter()`取得请求参数，使用`getWriter()`取得输出响应内容用的`PrintWriter`对象。对`PrintWriter`做的输出操作，最后会由容器转换为 HTTP 响应，然后再由 HTTP 服务器传送给浏览器。之后容器将`HttpServletRequest`对象、`HttpServletResponse`对象销毁回收，该次请求响应结束，如图 3.3 所示。

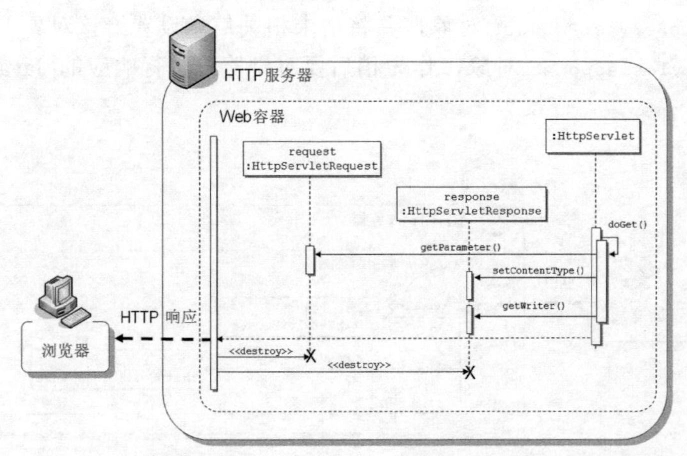

图 3.3 容器转换 HTTP 响应，并销毁、回收当次请求响应等相关对象

还记得第 1 章中介绍过，HTTP 是基于请求/响应、无状态的协议吗？每一次的请求/响应后，Web 应用程序就不记得任何浏览器的信息了，而容器每次请求都会创建新的`HttpServletRequest`、`HttpServletResponse`对象，响应后将销毁该次的`HttpServletRequest`、`HttpServletResponse`。下次请求时创建的请求/响应对象就与上一次创建的请求/响应对象

无关了，符合 HTTP 基于请求/响应、无状态的模型，因此每次对 HttpServletRequest、HttpServletResponse 的设置，并不会延续至下一次请求。

这类请求/响应对象的创建与销毁，是有关请求/响应对象的生命周期管理，也是 Web 容器提供的功能。事实上，不只请求/响应对象，Web 容器管理了多种对象的生命周期，也因此必须了解 Web 容器管理对象生命周期的方式，否则就会引来不必要的错误。

没有了 Web 容器，请求信息的收集；HttpServletRequest 对象、HttpServletResponse 对象等的创建；输出 HTTP 响应的转换；HttpServletRequest 对象、HttpServletResponse 对象等的销毁和回收等(见图 3.4)，都必须自己动手完成(可以想象自行用 Java SE 编写 HTTP 服务器，并完成这些功能有多麻烦)。有了容器提供这些服务(当然还有更多服务，之后章节还会陆续提到)，就可以专心使用 Java 对象进行互动来解决问题。

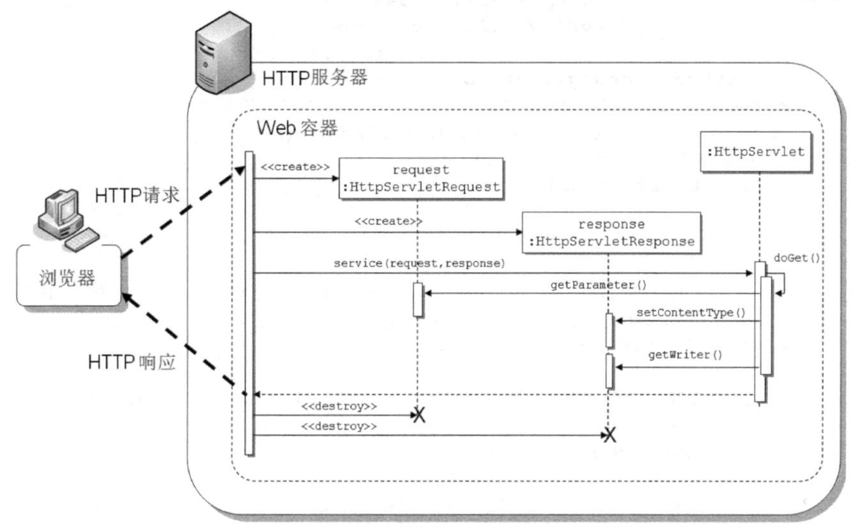

图 3.4　从请求到响应，容器内提供的服务流程示意

3.1.2　doXXX()方法

到目前为止提过很多次了，容器调用 Servlet 的 service()方法时，如果是 GET 请求就调用 doGet()，如果是 POST 请求就调用 doPost()，不过这中间还有一些细节可以探讨。如果细心一点的话，你可能留意到 Servlet 接口的 service()方法签名其实接受的是 **ServletRequest、ServletResponse：**

```
public void service(ServletRequest req, ServletResponse res)
      throws ServletException, IOException;
```

第 2 章提过，当初在定义 Servlet 时，期待的是 Servlet 不只使用于 HTTP，因此请求/响应对象的基本行为是规范在 ServletRequest、ServletResponse(包是 javax.servlet)，而与 HTTP 相关的行为，则分别由两者的子接口 HttpServletRequest、HttpServletResponse(包是 javax.servlet.http)定义。

Web 容器创建的确实是 HttpServletRequest、HttpServletResponse 的实现对象，之后调用 Servlet 接口的 service()方法。在 HttpServlet 中的实现 service()如下：

```
public void service(ServletRequest req, ServletResponse res)
    throws ServletException, IOException {
    HttpServletRequest  request;
    HttpServletResponse response;

    try {
        request = (HttpServletRequest) req;
        response = (HttpServletResponse) res;
    } catch (ClassCastException e) {
        throw new ServletException("non-HTTP request or response");
    }
    service(request, response);
}
```

上面调用的 service(request, response)，其实是 HttpServlet 新定义的方法：

```
protected void service(HttpServletRequest req,
                       HttpServletResponse resp)
                         throws ServletException, IOException {
    String method = req.getMethod();
    if (method.equals(METHOD_GET)) {
        long lastModified = getLastModified(req);
        if (lastModified == -1) {
            doGet(req, resp);
        } else {
            long ifModifiedSince;
            try {
                ifModifiedSince = req.getDateHeader(HEADER_IFMODSINCE);
            } catch (IllegalArgumentException iae) {
                ifModifiedSince = -1;
            }
            if (ifModifiedSince < (lastModified / 1000 * 1000)) {
                maybeSetLastModified(resp, lastModified);
                doGet(req, resp);
            } else {
                resp.setStatus(HttpServletResponse.SC_NOT_MODIFIED);
            }
        }
    } else if (method.equals(METHOD_HEAD)) {
        long lastModified = getLastModified(req);
        maybeSetLastModified(resp, lastModified);
        doHead(req, resp);
    } else if (method.equals(METHOD_POST)) {
        doPost(req, resp);
    } else if (method.equals(METHOD_PUT)) {
        略...
}
```

这也是为什么在继承 HttpServlet 之后，必须实现与 HTTP 方法对应的 doXXX() 方法来处理请求。HTTP 定义了 GET、POST、PUT、DELETE、HEAD、OPTIONS、TRACE 等请求方式，而 HttpServlet 中对应的方法有如下几个。

- doGet()：处理 GET 请求。
- doPost()：处理 POST 请求。
- doPut()：处理 PUT 请求。
- doDelete()：处理 DELETE 请求。
- doHead()：处理 HEAD 请求。
- doOptions()：处理 OPTIONS 请求。

■ doTrace()：处理 TRACE 请求。

如果浏览器发出了没有实现的请求又会怎样？以 HttpServlet 的 doGet()为例：

```
protected void doGet(HttpServletRequest req,
                      HttpServletResponse resp)
    throws ServletException, IOException {
    String protocol = req.getProtocol();
    String msg =
        lStrings.getString("http.method_get_not_supported");
    if (protocol.endsWith("1.1")) {
        resp.sendError(
                HttpServletResponse.SC_METHOD_NOT_ALLOWED, msg);
    } else {
        resp.sendError(HttpServletResponse.SC_BAD_REQUEST, msg);
    }
}
```

如果在继承 HttpServlet 之后，没有重新定义 doGet()方法，而浏览器对该 Servlet 发出了 GET 请求，则会收到错误信息，在 Tomcat 下，会出现如图 3.5 所示的画面。

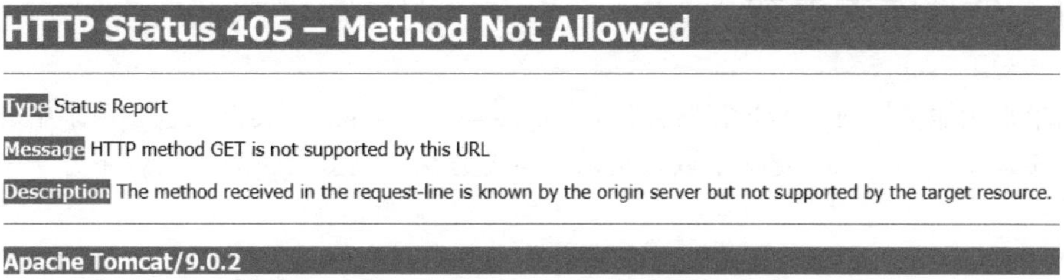

HTTP Status 405 – Method Not Allowed

Type Status Report

Message HTTP method GET is not supported by this URL

Description The method received in the request-line is known by the origin server but not supported by the target resource.

Apache Tomcat/9.0.2

图 3.5　默认的 doGet()方法会显示的画面

在上面 HttpServlet 的 service()方法代码段中可以看到，对于 GET 请求，可以实现 **getLastModified()**方法(默认返回-1，也就是默认不支持 if-modified-since 标头)来决定是否调用 doGet()方法，getLastModified()方法返回自 1970 年 1 月 1 日凌晨至资源最后一次更新期间所经过的毫秒数，返回的时间如果晚于浏览器发出的 if-modified-since 标头，才会调用 doGet()方法。

在 GET 与 POST 都需要相同处理的情境下，通常可以在继承 HttpServlet 之后，在 doGet()、doPost()中都调用一个自定义的 processRequest()。例如：

```
protected void doGet(HttpServletRequest req, HttpServletResponse resp)
        throws ServletException, IOException {
    processRequest(req, resp);
}
protected void doPost(HttpServletRequest req, HttpServletResponse resp)
        throws ServletException, IOException {
    processRequest(req, resp);
}
protected void processRequest(HttpServletRequest req,
                               HttpServletResponse resp)
        throws ServletException, IOException {
    // 处理请求...
}
```

提示>>> 可以在 Tomcat 9 的下载页面中，找到 Tomcat 源代码的下载：

tomcat.apache.org/download-90.cgi

在打开后的 java 目录中找到.java 源代码，其中的 javax 目录就是 Servlet 标准 API 的源代码。

3.2 关于 HttpServletRequest

当 HTTP 请求交给 Web 容器处理时，Web 容器会收集相关信息，并产生 HttpServletRequest 对象，可以使用这个对象取得 HTTP 请求中的信息。可以在 Servlet 中进行请求的处理，或是转发(包含)另一个 Servlet/JSP 进行处理。各个 Servlet/JSP 在同一请求周期中要有共用的资料，可以设置在请求对象中成为属性。

3.2.1 处理请求参数

请求来到服务器时，Web 容器会创建 HttpServletRequest 实例来包装请求中的相关信息，HttpServletRequest 定义了取得请求信息的方法。例如，可以使用以下方法来取得请求参数。

- getParameter()：指定请求参数名称来取得对应的值。例如：

  ```
  String username = request.getParameter("name");
  ```

  getParameter()返回的是 String 对象，若传来的是像"123"这样的字符串值，而需要的是基本数据类型时，必须使用 Integer.parseInt()这类的方法将之剖析为基本类型。若请求中没有所指定的请求参数名称，会返回 null。
- getParameterValues()：如果窗体上有可复选的元件，如复选框(Checkbox)、列表(List)等，同一个请求参数名称会有多个值(此时的 HTTP 查询字符串其实就如 param=10¶m=20¶m=30)，getParameterValues()方法可取得一个 String 数组，数组元素就是被选取的选项值。例如：

  ```
  String[] values = request.getParameterValues("param");
  ```
- getParameterNames()：如果想要获取全部的请求参数名称，可以使用 getParameterNames()方法，会返回 Enumeration<String>对象，其中包括全部请求参数名称。例如：

  ```
  Enumeration<String> e = req.getParameterNames();
  while(e.hasMoreElements()) {
      String param = e.nextElement();
      ...
  }
  ```
- getParameterMap()：将请求参数以 Map<String, String[]>对象返回，Map 中的键(Key)是请求参数名称，值(Value)的部分是请求参数值，以字符串数组类型 String[] 返回，是因为考虑到有时同一请求参数有多个值。

在 2.1.2 节就看过取得请求参数的范例，就 API 而言，请求参数的取得本身不是难事，然而在考虑 Web 应用程序安全性时，出发点就是：“永远别假设使用者会按照你的期望提供请求信息”。

例如，2.1.2 节中的第一个 Servlet 范例，若使用浏览器请求：

http://localhost:8080/FirstServlet/hello?name=%3Csmall%3EJustin%3C/small%3E

那么响应画面中，可以看到显示的字变小了，如图 3.6 所示：

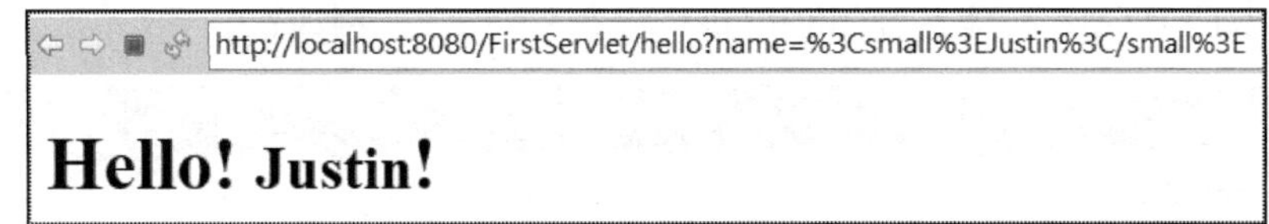

图 3.6 未经过滤的请求

这是因为 `name=%3Csmall%3EJustin%3C/small%3E` 其实是 `name=<small>Justin</small>` 经过 URI 编码后的结果，也就是说 Servlet 取得的 `name` 请求参数值，等同于`"<small>Justin</small>"`，这个值未经任何处理就输出至浏览器，结果是：

```
<!DOCTYPE html>
<html>
    <head>
        <title>Hello</title>
    </head>
    <body>
            <h1> Hello! <small>Justin</small>!</h1>
    </body>
</html>
```

提示>>> 如果使用浏览器，在地址栏指定请求参数时，可以直接输入 `name=<small>Justin</small>`，浏览器会自动做 URI 编码。

也就是说`<small>Justin<small>`成为 HTML 的一部分了，单就这个简单范例来说，可以注入任何信息，甚至是 JavaScript。例如，指定请求参数 `name=%3Cscript%3Ealert(%27Attack%27)%3C/script%3E`，也就是 `name=<script>alert('Atack')</script>`的 URI 编码，就会发现注入的 JavaScript 程序代码也输出至浏览器执行了，如图 3.7 所示。

图 3.7 浏览器执行了注入的 JavaScript

简单来说，未经过滤的请求参数值会形成 Web 网站的弱点，引发各种可能注入(Injection)攻击的可能性，刚才的例子就有可能进一步发展成某种 XSS(Cross Site Script)攻击。如果请求参数值未经过滤，且进一步成为后端 SQL 语句查询的一部分，就有可能发生 SQL 注入(SQL Injection)的安全问题，若请求参数未经过滤就成为网址重导的一部分，就有可能成为攻击的跳板等，这也是为什么在图 1.12 中 2013 年、2017 年的 OWASP TOP 10 里，第一名都是 Injection。

要防止注入式的弱点发生，必须对请求进行验证，只不过注入的模式多而复杂，该做什么验证，实际上得视应用程序的设计而定，这部分应该从专门讨论安全的书籍中学习。

单就这简单的范例来说，基本的防范方式可以将使用者输入的“<”、“>”过滤，并将其转换为对应的 HTML 实体名称(Entity name)<、>，例如：

Request Hello.java

```
package cc.openhome;

import java.io.IOException;
import java.io.PrintWriter;
import java.util.Optional;

import javax.servlet.ServletException;
import javax.servlet.annotation.WebServlet;
import javax.servlet.http.HttpServlet;
import javax.servlet.http.HttpServletRequest;
import javax.servlet.http.HttpServletResponse;

@WebServlet("/hello")
public class Hello extends HttpServlet {
    @Override
    protected void doGet(
            HttpServletRequest request, HttpServletResponse response)
                throws ServletException, IOException {
        response.setContentType("text/html;charset=UTF-8");
                                                    ❶ 使用 Optional
        String name = Optional.ofNullable(request.getParameter("name"))
                .map(value -> value.replaceAll("<", "&lt;"))
                .map(value -> value.replaceAll(">", "&gt;"))   ❷ 取代为 HTML 实例名称
                .orElse("Guest"); ❸ 没有提供请求参数的默认值

        PrintWriter out = response.getWriter();
        out.print("<!DOCTYPE html>");
        out.print("<html>");
        out.print("<head>");
        out.print("<title>Hello</title>");
        out.print("</head>");
        out.print("<body>");
        out.printf("<h1> Hello! %s!</h1>", name);
        out.print("</body>");
        out.print("</html>");
    }
}
```

由于没有指定的请求参数名称时，`getParameter()`会传回 `null`，基本上可以使用 `if` 来检查是否为 `null`。Servlet 4.0 是基于 Java EE 8 的，而 Java EE 8 是基于 Java SE 8，在这里使用 Java SE 8 的 `Optional` API 来提高程序代码撰写的流畅度与可读性❶。

如果请求参数确实存在，`map()`方法会传入参数值，此时将“<”“>”转换为对应的<、>❷，最后的 `orElse()`在请求参数存在时，会返回转换后的字符串，若请求参数不存在，

会返回指定的字符串值，在范例中是指定为"Guest"❸。

HTML 实体名称只会在浏览器上显示对应的字符，因此同样的注入模式，现在只会看到如图 3.8 所示的结果。

http://localhost:8080/Request/hello?name=%3Cscript%3Ealert(%27Attack%27)%3C/script%3E

Hello! <script>alert('Attack')</script>!

图 3.8　基本的注入防范

不过，这类为了安全而撰写的程序代码，若夹杂在一般的商务流程之中，会使商务流程的程序代码不易被阅读，为了安全而撰写的程序代码比较适合设计为拦截器(Interceptor)之类的组件，适时地设定给应用程序，例如在第 5 章将介绍到的过滤器(Filter)，会比较适合用来设计这类安全组件。

3.2.2　处理请求标头

HTTP 中包含了请求标头(Header)信息，HttpServletRequest 上设计了一些方法可以用来取得标头信息。

- getHeader()：使用方式与 getParameter()类似，指定标头名称后可返回字符串值，代表浏览器发送的标头信息。
- getHeaders()：使用方式与 getParameterValues()类似，指定标头名称后可返回 Enumeration<String>，元素为字符串。
- getHeaderNames()：使用方式与 getParameterNames()类似，取得所有标头名称，以 Enumeration<String>返回，内含所有标头字符串名称。

在 API 层面，你也许发现了，不仅请求参数，在取得标头信息时，有些方法的返回类型是 Enumeration，相对来说，Enumeration 是个从 JDK1.0 就存在的古老接口，功能面上与 Iterator 重叠，如果可以的话，建议使用 Collections.list()将之转换为 ArrayList，以便与增强的 for 语法，甚至是 Java SE 8 的 Lambda、Stream API 等结合运用。

例如，下面这个范例示范了如何取得、显示浏览器送出的标头信息。

Request　Header.java

```
package cc.openhome;

import java.io.*;
import java.util.*;
import javax.servlet.*;
import javax.servlet.annotation.*;
import javax.servlet.http.*;

@WebServlet("/header")
public class Header extends HttpServlet {
    @Override
    protected void doGet(
            HttpServletRequest request, HttpServletResponse response)
```

```
            throws ServletException, IOException {
    response.setContentType("text/html;charset=UTF-8");

    PrintWriter out = response.getWriter();
    out.print("<!DOCTYPE html>");
    out.print("<html>");
    out.print("<head>");
    out.print("<title>Show Headers</title>");
    out.print("</head>");
    out.print("<body>");

    Collections.list(request.getHeaderNames())  ← ❶ 取得全部标头名称
            .forEach(name -> {
                out.printf("%s: %s<br>",
                        name, request.getHeader(name));
            });                                 ↑ ❷ 取得标头值

    out.print("</body>");
    out.print("</html>");
  }
}
```

这个范例除了介绍 getHeaderNames()❶与 getHeader()❷方法的使用外，还示范了如何将 Enumeration 转为 ArrayList，以便进一步使用 forEach()方法，结果如图 3.9 所示。

```
http://localhost:8080/Request/header

accept: image/gif, image/jpeg, image/pjpeg, application/x-ms-application, application/xaml+xml,
application/x-ms-xbap, application/x-mfe-ipt, */*
accept-language: zh-Hant-TW,zh-Hant;q=0.5
cache-control: no-cache
ua-cpu: AMD64
accept-encoding: gzip, deflate
user-agent: Mozilla/5.0 (Windows NT 6.2; Win64; x64; Trident/7.0; rv:11.0) like Gecko
host: localhost:8080
connection: Keep-Alive
```

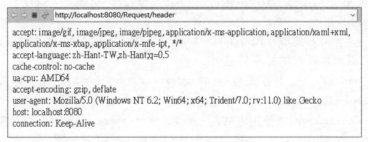

图 3.9 查看浏览器所送出的标头

如果标头值本身是个整数或日期的字符串表示法，可以使用 getIntHeader()或 getDateHeader()方法分别取得转换为 int 或 Date 的值。如果 getIntHeader()无法转换为 int，会丢出 NumberFormatException，如果 getDateHeader()无法转换为 Date，会丢出 IllegalArgumentException。

3.2.3 请求参数编码处理

作为非西欧语系的国家，总是要处理编码问题。例如，用户会发送中文，那要如何正确处理请求参数，才可以得到正确的中文字符呢？在第 1 章介绍过 URI 编码的问题，这是正确处理请求参数前必须知道的基础，如果你忘了，或还没看过第 1 章的内容，请先复习一下。

请求参数的编码处理，可以分 POST 与 GET 两种情况来说明。先来看 POST 的情况。

1. POST 请求参数编码处理

如果浏览器没有在 Content-Type 标头中设置字符编码信息(例如可以设置 Content-Type:text/html;charset=UTF-8)，此时使用 HttpServletRequest 的 getCharacter-

Encoding()返回值会是 null。在这个情况下，容器若使用的默认编码处理是 ISO-8859-1 (zh.wikipedia.org/zh-tw/ISO/IEC_8859-1)，而浏览器使用 UTF-8 发送非 ASCII 字符的请求参数，Servlet 直接使用 getParameter()等方法取得该请求参数值，就会是不正确的结果，也就是得到乱码。

可以用另一种方式，来简略表示出为什么这个过程会出现乱码。假设网页编码是 UTF-8，通过窗体使用 POST 发出“林”这个中文字符。按照第 1 章的说明，会将“林”作 URI 编码为%E6%9E%97 再发送，也就是浏览器相当于做了这个操作：

```
String text = java.net.URLEncoder.encode("林", "UTF-8");
```

在 Servlet 中取得请求参数时，容器若默认使用 ISO-8859-1 来处理编码，相当于做了这个操作：

```
String text = java.net.URLDecoder.decode("%E6%9E%97", "ISO-8859-1");
```

这样的话，显示出来的中文字符就不正确了。

可以使用 HttpServletRequest 的 **setCharacterEncoding()**方法指定取得 POST 请求参数时使用的编码。例如，浏览器以 UTF-8 来发送请求，而接收时也想使用 UTF-8 编码字符串，那就在获得任何请求值之“前”，执行以下语句：

```
request.setCharacterEncoding("UTF-8");
```

这相当于要求容器做这个操作：

```
String text = java.net.URLDecoder.decode("%E6%9E%97", "UTF-8");
```

这样就可以取得正确的“林”中文字符了。记得，一定要在取得任何请求参数前执行 setCharacterEncoding()方法才有作用，在取得请求参数之后，再调用 setCharacterEncoding()没有任何作用。

如果每个请求都需要设定字符编码，在每个 Servlet 中撰写，并不是建议的方式，而是会设计在第 5 章将介绍的过滤器组件中。

如果整个应用程序的请求，都打算采用某个编码，从 Servlet 4.0 开始，可以在 web.xml 中加入**<request-character-encoding>**，设定整个应用程序使用的请求参数编码，如此一来，就不用特意在每次请求使用 HttpServletRequest 的 setCharacterEncoding()方法来设定编码。例如，要设定整个应用程序的请求编码为 UTF-8，可以在 web.xml 中加入：

```
<request-character-encoding>UTF-8</request-character-encoding>
```

2. GET 请求参数编码处理

在 HttpServletRequest 的 API 文件中，对 setCharacterEncoding()的说明清楚地提到：

```
Overrides the name of the character encoding used in the body of this request.
```

也就是说，**setCharacterEncoding()**方法对于请求本体中的字符编码才有作用——这个方法只对 POST 产生作用。当请求是用 GET 发送时，规范中没有定义这个方法是否会影响 Web 容器处理编码的方式。究其原因，是因为处理 URI 的是 HTTP 服务器，而非 Web 容器。

对于 Tomcat 7 或之前版本附带的 HTTP 服务器来说，处理 URI 时使用的默认编码是 ISO-8859-1，在不改变 Tomcat 附带的 HTTP 服务器 URI 编码处理设定的情况下，若浏览器使用 UTF-8 发送请求，常见使用下面的处理方式：

```
String name = request.getParameter("name");
```

```
String name = new String(name.getBytes("ISO-8859-1"), "UTF-8");
```

举例来说，在 UTF-8 的网页中，对“林”这个字符，若使用窗体发送 GET 请求，浏览器相当于做了这个操作：

```
String text = java.net.URLEncoder.encode("林", "UTF-8");
```

在 Servlet 中取得请求参数时，HTTP 服务器在 URI 上，若默认使用 ISO-8859-1 来处理编码，相当于做了这个动作：

```
String text = java.net.URLDecoder.decode("%E6%9E%97", "ISO-8859-1");
```

使用 getParameter()取得的字符串就是上例 text 引用的字符串，可以按照下面的编码转换得到正确的“林”字符：

```
text = new String(name.getBytes("ISO-8859-1"), "UTF-8");
```

在 Servlet 中直接进行编码设定或转换，并不是最好的方法，通常会使用第 5 章谈到的过滤器(Filter)进行转换。

从 Tomcat 8 之后，附带的 HTTP 服务器在 URI 编码处理时，默认使用 UTF-8，若浏览器使用 UTF-8 发送请求，就不用自行转换字符串编码了。

提示>>> 如果浏览器不是使用 UTF-8 发送请求，例如过去许多中文网页是采用 Big5，而且采用 Tomcat 7 或更早版本，使用的 URI 编码是 ISO-8859-1，在升级至 Tomcat 8 后，若仍要能取得正确的中文请求参数值，可参考 The HTTP Connector(tomcat.apache.org/tomcat-9.0-doc/config/http.html)自行更改 Tomcat 8 容器的 URIEncoding，设定为 ISO-8859-1，而不是单纯使用 new String(name.getBytes("UTF-8"), "Big5")，因为有些字符若被处理为 UTF-8 未知字符，就没办法再转换回原始字符的字节了。

3.2.4 getReader()、getInputStream()读取内容

HttpServletRequest 定义有 **getReader()**方法，可以取得一个 **BufferedReader**，通过该对象可以读取请求的 Body 数据。例如，使用下面这个范例来读取请求 Body 内容：

Request BodyBody.java

```
package cc.openhome;

import java.io.BufferedReader;
import java.io.IOException;
import java.io.PrintWriter;

import javax.servlet.ServletException;
import javax.servlet.annotation.WebServlet;
import javax.servlet.http.HttpServlet;
import javax.servlet.http.HttpServletRequest;
import javax.servlet.http.HttpServletResponse;

@WebServlet("/postbody")
public class PostBody extends HttpServlet {
    protected void doPost(
            HttpServletRequest request, HttpServletResponse response)
                    throws ServletException, IOException {
```

```
        PrintWriter out = response.getWriter();
        out.println("<!DOCTYPE html>");
        out.println("<html>");
        out.println("<body>");
        out.println(bodyContent(request.getReader()));    ←取得 BufferedReader
        out.println("</body>");
        out.println("</html>");
    }

    private String bodyContent(BufferedReader reader) throws IOException {
        String input = null;
        StringBuilder requestBody = new StringBuilder();
        while((input = reader.readLine()) != null) {
            requestBody.append(input)
                       .append("<br>");
        }
        return requestBody.toString();
    }
}
```

可试着对这个 Servlet 以下列窗体发出请求：

Request postbody.html

```
<!DOCTYPE html>
<html>
    <head>
        <meta charset="UTF-8">
    </head>
    <body>
        <form action="postbody" method="post">
            Username: <input type="text" name="user"><br>
            Password: <input type="password" name="passwd"><br>
            <input type="submit" name="发送查询">
        </form>
    </body>
</html>
```

如果在“名称”字段输入“良葛格”，在“密码”字段输入 123456，单击“发送”按钮后，则会看到图 3.10 所示的内容。

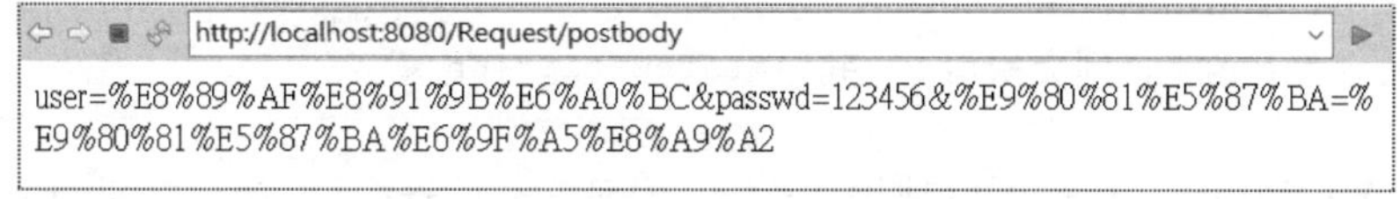

图 3.10　查看浏览器送出的请求 Body

回忆第 1 章介绍的 URI 编码，可以看到“良葛格”三字的 URI 编码是%E8% 89%AF%E8%91%9B%E6%A0%BC，而“发送查询”的 URI 编码则是%E9%80%81%E5%87%BA=%E9%80%81%E5%87%BA%E6%9F%A5%E8%A9%A2。

窗体发送时，如果`<form>`标签没有设置 **enctype** 属性，则默认值就是 application/x-www-form-urlencoded。如果要上传文件，enctype 属性要设为 multipart/form-data。如果使用以下窗体选择一个文件发送：

Request upload.html

```
<!DOCTYPE html>
<html>
    <head>
        <meta charset="UTF-8">
    </head>
    <body>
        <form action="postbody" method="post"
            enctype="multipart/form-data">
            选择文件：<input type="file" name="filename" value="" /><br>
          <input type="submit" value="Upload" name="upload" />
        </form>
    </body>
</html>
```

例如，使用 Chrome 浏览器发送一个 JPG 图片，则在网页上会看到：

```
-7e11a63520166
Content-Disposition: form-data; name="filename"; filename="caterpillar.jpg"
Content-Type: image/pjpeg
```

总之是一堆奇奇怪怪的字符，这些字符是实际的文件内容。

```
-----------------------------7e11a63520166
Content-Disposition: form-data; name="upload"

Upload
-----------------------------7e11a    63520166--
```

不同的浏览器，发送的文件名并不相同。Eclipse 内建的浏览器、Internet Explorer、Edge 等，在上传时的 filename 会是绝对路径，Chrome 只包含了文件名，如果想参考浏览器发送的文件名，必须留意这个差异性。

加粗部分是上传文件的相关信息，另一个区段是 Upload 按钮的信息，在这里关心的是加粗部分，要取得上传的文件，基本方式就是判断文件的开始与结束区段，然后使用 HttpServletRequest 的 **getInputStream()** 取得 ServletInputStream，它是 InputStream 的子类，代表请求 Body 的串流对象，可以利用它来处理上传的文件区段。

注意>>> 在同一个请求期间，getReader()与 getInputStream()只能择一调用，若同一请求期间两者都有调用，则会抛出 IllegalStateException 异常。

在 Servlet 3.0 中，其实可以使用 getPart()或 getParts()方法，协助处理文件上传事宜，这是稍后就会介绍的内容。不过这里为了说明 getInputStream()的使用，将实现如何使用 getInputStream()取得上传的文件。

提示>>> 接下来这个范例是进阶内容，可以跳过不看，不影响之后的内容了解。如果想要了解接下来这些进阶内容，可以到 JWork@TW(www.javaworld.com.tw)论坛全文搜索“HTTP 文件上传机制解析”。

例如，可使用以下 Servlet 来处理一个上传的文件：

Request Upload.java

```
package cc.openhome;

import java.io.*;
import java.util.regex.Matcher;
import java.util.regex.Pattern;

import javax.servlet.*;
import javax.servlet.annotation.*;
import javax.servlet.http.*;

@WebServlet("/upload")
public class Upload extends HttpServlet {
    private final Pattern fileNameRegex =
              Pattern.compile("filename=\"(.*)\"");
    private final Pattern fileRangeRegex =
              Pattern.compile("filename=\".*\"\\r\\n.*\\r\\n\\r\\n(.*+)");

    @Override
    protected void doPost(
        HttpServletRequest request, HttpServletResponse response)
            throws ServletException, IOException {

        byte[] content = bodyContent(request);
        String contentAsTxt = new String(content, "ISO-8859-1");

        String filename = filename(contentAsTxt);
        Range fileRange = fileRange(contentAsTxt, request.getContentType());

        write(
            content,
            contentAsTxt.substring(0, fileRange.start)
                      .getBytes("ISO-8859-1")
                      .length,
            contentAsTxt.substring(0, fileRange.end)
                      .getBytes("ISO-8859-1")
                      .length,
            String.format("c:/workspace/%s", filename)
        );
    }

    // 读取请求内容
    private byte[] bodyContent(HttpServletRequest request) throws IOException {
        try(ByteArrayOutputStream out = new ByteArrayOutputStream()) {
            InputStream in = request.getInputStream(); ← 取得 ServletInputStream 对象
            byte[] buffer = new byte[1024];
            int length = -1;
            while((length = in.read(buffer)) != -1) {
                out.write(buffer, 0, length);
            }
            return out.toByteArray();
        }
    }

    // 取得文件名
    private String filename(String contentTxt)
            throws UnsupportedEncodingException {
        Matcher matcher = fileNameRegex.matcher(contentTxt);
        matcher.find();
```

```
        String filename =  matcher.group(1);
        // 如果名称上包含文件夹符号「\」，就只取得最后的文件名
        if(filename.contains("\\")) {
            return filename.substring(filename.lastIndexOf("\\") + 1);
        }
        return filename;
    }

    // 封装范围起始与结束
    private static class Range {
        final int start;
        final int end;
        public Range(int start, int end) {
            this.start = start;
            this.end = end;
        }
    }

    // 取得文件边界范围
    private Range fileRange(String content, String contentType) {
        Matcher matcher = fileRangeRegex.matcher(content);
        matcher.find();
        int start = matcher.start(1);

        String boundary = contentType.substring(
              contentType.lastIndexOf("=") + 1, contentType.length());
        int end = content.indexOf(boundary, start) - 4;

        return new Range(start, end);
    }

    // 存储文件内容
    private void write(byte[] content, int start, int end, String file)
                throws IOException {
        try(FileOutputStream fileOutputStream = new FileOutputStream(file)) {
            fileOutputStream.write(content, start, (end - start));
        }
    }
}
```

这里的代码比较冗长，主要概念是使用规则表示式(Regular expression)来判断文件名与文件内容边界，程序将流程切割为数个子方法，每个方法的作用均以批注说明。可以将前面 upload.html 中的`<form>`的 `action` 属性改为 `upload`，就可以上传文件了，范例中默认将上传的文件保存在 C:\workspace 目录。

提示>>> `java.util.regex.Pattern` 实例为不可变动(Immutable)，在多线程共享存取下不会有线程安全问题，可放在 Servlet 成为 `final` 值域成员。

3.2.5 getPart()、getParts()取得上传文件

从上一节使用 `getInputStream()` 处理文件上传相关事宜中可以看到，处理过程比较琐碎，在 Servlet 3.0 中，新增了 **`Part`** 接口，可以方便地进行文件上传处理。可以通过

HttpServletRequest 的 **getPart()** 方法取得 Part 实现对象。例如，有个上传窗体如下：

Request photo.html

```
<!DOCTYPE html>
<html>
    <head>
        <meta charset="UTF-8">
    </head>
    <body>
        <form action="photo" method="post"
             enctype="multipart/form-data">
             上传相片：<input type="file" name="photo" /><br><br>
           <input type="submit" value="上传" name="upload" />
        </form>
    </body>
</html>
```

可以编写一个 Servlet 来进行文件上传的处理，这次使用 getPart() 来处理上传的文件：

Request Photo.java

```
package cc.openhome;

import java.io.*;
import java.util.regex.Matcher;
import java.util.regex.Pattern;

import javax.servlet.*;
import javax.servlet.annotation.*;
import javax.servlet.http.*;

@MultipartConfig      ←── ❶ 必须设置此标注才能使用 getPart()相关 API
@WebServlet("/photo")
public class Photo extends HttpServlet {
    private final Pattern fileNameRegex =
            Pattern.compile("filename=\"(.*)\"");

    @Override
    protected void doPost(
            HttpServletRequest request, HttpServletResponse response)
                throws ServletException, IOException {
        Part photo = request.getPart("photo"); ←── ❷ 使用 getPart()取得 Part 对象
        String filename = getSubmittedFileName(photo);
        write(photo, filename);
    }

    private String getSubmittedFileName(Part part) { ←── ❸ 取得上传文件名
        String header = part.getHeader("Content-Disposition");
        Matcher matcher = fileNameRegex.matcher(header);
        matcher.find();

        String filename =  matcher.group(1);
        if(filename.contains("\\")) {
            return filename.substring(filename.lastIndexOf("\\") + 1);
        }
        return filename;
    }
                         ❹ 存储文件
    private void write(Part photo, String filename)
                  throws IOException, FileNotFoundException {
```

```
        try(InputStream in = photo.getInputStream();
            OutputStream out = new FileOutputStream(
                    String.format("c:/workspace/%s", filename))) {
            byte[] buffer = new byte[1024];
            int length = -1;
            while ((length = in.read(buffer)) != -1) {
                out.write(buffer, 0, length);
            }
        }
    }
}
```

@MultipartConfig 标注可用来设置 Servlet 处理上传文件的相关信息，在上例中仅标注 @MultipartConfig 而没有设置任何属性，这表示相关属性采用默认值。@MultipartConfig 的可用属性如下。

- fileSizeThreshold：整数值设置，若上传文件大小超过设置门槛，会先写入缓存文件，默认值为 0。
- location：字符串设置，设置写入文件时的目录，如果设置这个属性，则缓存文件就是写到指定的目录，也可搭配 Part 的 write()方法使用，默认为空字符串。
- maxFileSize：限制上传文件大小，默认值为-1L，表示不限制大小。
- maxRequestSize：限制 multipart/form-data 请求个数，默认值为-1L，表示不限个数。

要在 Tomcat 中的 Servlet 上设置@MultipartConfig 才能取得 Part 对象❶，否则 getPart()会得到 null 的结果。调用 getPart()时要指定名称取得对应的 Part 对象❷。上一节曾经谈过，multipart/form-data 发送的每个内容区段，都会有以下的标头信息：

```
Content-Disposition: form-data; name="filename"; filename="caterpillar.jpg"
Content-Type: image/jpeg
...
```

如果想取得这些标头信息，可以使用 Part 对象的 **getHeader()**方法，指定标头名称来取得对应的值。所以想要取得上传的文件名称，就是取得 Content-Disposition 标头的值，然后取得 filename 属性的值❸。最后，再利用 Java I/O API 写入文件中❹。

Servlet 3.1 中，Part 新增了 getSubmittedFileName()，可以取得上传的文件名。然而，如前面提到的，各浏览器发送的文件名会有差异性，getSubmittedFileName()的 API 文件并没有规定如何处理这个差异性，就 Tomcat 9 的操作，若是遇到名称中有“\”的话会过滤掉，这会造成无法判断真正的文件名，因此范例中自行实现了 getSubmittedFileName()方法。

就安全的考虑来说，不建议将浏览器发送的文件名直接作为存盘时的文件名，毕竟是由使用者提供的名称，本身并不可信。例如，恶意用户也许会指定特定路径或文件名，企图覆盖系统上既有的文件。取得的文件名，最好仅作为参考，或者是显示在用户页面，不要用来直接存储文件。

实际上，开放文件上传本身就有许多安全上的风险，毫无防范的上传机制是危险的。建议阅读 Unrestricted File Upload(www.owasp.org/index.php/Unrestricted_File_Upload)进一步了解文件上传时有哪些安全隐患。

Part 有个方便的 **write()**方法，可以直接将上传文件指定文件名写入磁盘中，write()可指定文件名，写入的路径是相对于@MultipartConfig 的 location 设置的路径。例如，上例可以修改为：

Request Photo2.java

```
package cc.openhome;

import java.io.*;
import java.util.regex.Matcher;
import java.util.regex.Pattern;

import javax.servlet.*;
import javax.servlet.annotation.*;
import javax.servlet.http.*;

@MultipartConfig(location="c:/workspace")      ← ❶ 设定 location 属性
@WebServlet("/photo2")
public class Photo2 extends HttpServlet {
    private final Pattern fileNameRegex =
            Pattern.compile("filename=\"(.*)\"");

    @Override
    protected void doPost(
            HttpServletRequest request, HttpServletResponse response)
                throws ServletException, IOException {
        request.setCharacterEncoding("UTF-8");      ← ❷ 为了处理中文文件名
        Part photo = request.getPart("photo");
        String filename = getSubmittedFileName(photo);
        photo.write(filename);      ← ❸ 将文件写入 location 指定的目录
    }

    private String getSubmittedFileName(Part part) {
        String header = part.getHeader("Content-Disposition");
        Matcher matcher = fileNameRegex.matcher(header);
        matcher.find();

        String filename =  matcher.group(1);
        if(filename.contains("\\")) {
            return filename.substring(filename.lastIndexOf("\\") + 1);
        }
        return filename;
    }
}
```

在这个范例中，设置了`@MultiPartConfig`的`location`属性❶。由于上传的文件名可能会有中文，所以调用`setCharacterEncoding()`设置正确的编码❷。最后使用`Part`的`write()`直接将文件写入`location`属性指定的目录❸，这可以简化文件 I/O 的处理。

如果有多个文件要上传，可以使用`getParts()`方法，会返回一个`Collection<Part>`，其中有每个上传文件的`Part`对象。例如，有如下窗体：

Request uploads.html

```
<!DOCTYPE html>
<html>
    <head>
        <meta charset="UTF-8">
    </head>
  <body>
      <form action="uploads" method="post"
            enctype="multipart/form-data">
            文件 1：<input type="file" name="file1"/><br>
```

```
            文件 2：<input type="file" name="file2"/><br>
            文件 3：<input type="file" name="file3"/><br><br>
          <input type="submit" value="上传" name="upload" />
        </form>
    </body>
</html>
```

则可以使用以下 Servlet 来处理文件上传请求：

Request Uploads.java

```
package cc.openhome;

import java.io.*;
import java.time.Instant;

import javax.servlet.ServletException;
import javax.servlet.annotation.MultipartConfig;
import javax.servlet.annotation.WebServlet;
import javax.servlet.http.HttpServlet;
import javax.servlet.http.HttpServletRequest;
import javax.servlet.http.HttpServletResponse;
import javax.servlet.http.Part;

@MultipartConfig(location="c:/workspace")
@WebServlet("/uploads")
public class Uploads extends HttpServlet {
    @Override
    protected void doPost(
            HttpServletRequest request, HttpServletResponse response)
                throws ServletException, IOException {

        request.setCharacterEncoding("UTF-8");
        request.getParts()                                    ❷ 只处理上传文件区段
                .stream()      ← ❶ 使用 Stream
                .filter(part -> part.getName().startsWith("file"))
                .forEach(this::write);
    }

    private void write(Part part) {
        String submittedFileName = part.getSubmittedFileName();
        String ext = submittedFileName.substring( ← ❸ 取得扩展名
                        submittedFileName.lastIndexOf('.'));
        try {
            part.write(String.format("%s%s", ← ❹ 使用时间毫秒数为主文件名
                    Instant.now().toEpochMilli(), ext));
        } catch (IOException e) {
            throw new UncheckedIOException(e);
        }
    }
}
```

在这个范例中，使用 Java 8 Stream API❶，由于“上传”按钮也会是其中一个 Part 对象，先判断 Part 的名称是不是以 file 开头，可以使用 Part 的 **getName()**来取得名称。进一步过滤出文件上传区段的 Part 对象❷，然后取得扩展名❸。为了避免上传后可能发生的文件名重复问题，以获取系统时间之毫秒数作为主文件名写入文件❹。

如果要使用 web.xml 设置@MultipartConfig 对应的信息，则可以如下：

```
...
<servlet>
    <servlet-name>UploadServlet</servlet-name>
    <servlet-class>cc.openhome.UploadServlet</servlet-class>
    <multipart-config>
        <location>c:/workspace</location>
    </multipart-config>
</servlet>
...
```

3.2.6 使用 RequestDispatcher 调派请求

在 Web 应用程序中，经常需要多个 Servlet 来完成请求。例如，将另一个 Servlet 的请求处理流程包含(Include)进来，或将请求转发(Forward)给别的 Servlet 处理。如果有这类的需求，可以使用 HttpServletRequest 的 **getRequestDispatcher()**方法取得 **RequestDispatcher** 接口的实现对象实例，调用时指定转发或包含的相对 URI 网址(见图 3.11)。例如：

```
RequestDispatcher dispatcher =
     request.getRequestDispatcher("some");
```

图 3.11　RequestDispatcher 接口

> **提示>>>** 取得 RequestDispatcher 还有两个方式，通过 ServletContext 的 getRequestDispatcher()或 getNamedDispatcher()，之后章节谈到 ServletContext 时会再介绍。

1. 使用 include()方法

RequestDispatcher 的 **include()**方法，可以将另一个 Servlet 的操作流程包括至目前 Servlet 操作流程之中。例如：

Request　Some.java

```
package cc.openhome;

import java.io.*;
import javax.servlet.*;
import javax.servlet.annotation.*;
import javax.servlet.http.*;

@WebServlet("/some")
public class Some extends HttpServlet {
    @Override
    protected void doGet(
            HttpServletRequest request, HttpServletResponse response)
                throws ServletException, IOException {
        PrintWriter out = response.getWriter();
        out.println("Some do one...");
        RequestDispatcher dispatcher =
              request.getRequestDispatcher("other");
```

```
        dispatcher.include(request, response);
        out.println("Some do two...");
    }
}
```

other.view 实际上会依 URI 模式取得对应的 Servlet。调用 `include()`时，必须分别传入实现 `ServletRequest`、`ServletResponse` 接口的对象，可以是 `service()`方法传入的对象，或者是自定义的对象或封装器(之后章节会介绍封装器的编写)。如果被 `include()`的 Servlet 是这么编写的：

Request Other.java

```
package cc.openhome;

import java.io.*;
import javax.servlet.*;
import javax.servlet.annotation.*;
import javax.servlet.http.*;

@WebServlet("/other")
public class Other extends HttpServlet {
    @Override
    protected void doGet(
         HttpServletRequest request, HttpServletResponse response)
            throws ServletException, IOException {
        response.getWriter().println("Other do one...");
    }
}
```

则网页上见到的响应顺序是 Some do one... Other do one... Some do two...。在取得 `RequestDispatcher` 时，也可以包括查询字符串。例如：

```
req.getRequestDispatcher("other.view?data=123456") .include(req, resp);
```

那么在被包含(或转发，如果使用的是 `forward()`)的 Servlet 中就可以使用 `getParameter("data")`取得请求参数值。

2. 请求范围属性

在 `include()`或 `forward()`时包括请求参数的做法，仅适用于传递字符串值给另一个 Servlet，在调派请求的过程中，如果有必须共享的“对象”，可以设置给请求对象成为属性，称为请求范围属性(Request Scope Attribute)，如图 3.12 所示。`HttpServletRequest` 与请求范围属性有关的几个方法如下。

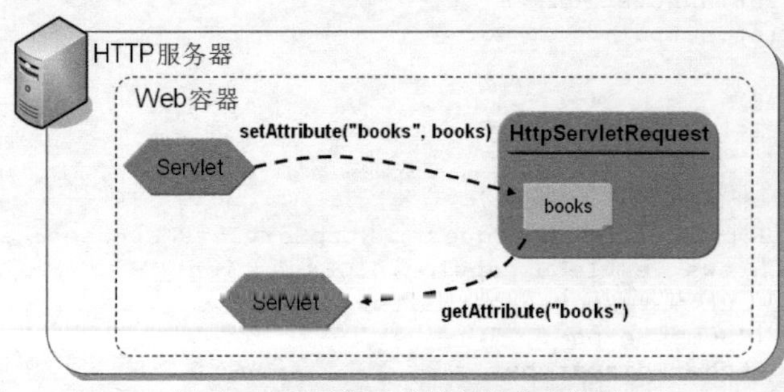

图 3.12　通过请求范围属性共享数据

- setAttribute()：指定名称与对象设置属性。
- getAttribute()：指定名称取得属性。
- getAttributeNames()：取得所有属性名称。
- removeAttribute()：指定名称移除属性。

例如，有个 Servlet 会根据某些条件查询数据：

```
...
    List<Book> books = bookDAO.query("ServletJSP");
    request.setAttribute("books", books);
    request.getRequestDispatcher("result.view")
       .include(request,response);
...
```

假设 result.view 这个 URI 是个负责响应的 Servlet 实例，则它可以利用 HttpServlet-Request 对象的 getAttribute()取得查询结果：

```
...
    List<Book> books = (List<Book>) request.getAttribute("books");
...
```

由于请求对象仅在此次请求周期内有效，在请求/响应之后，请求对象会被销毁回收，设置在请求对象中的属性自然也就消失了，所以通过 setAttribute()设置的属性才称为请求范围属性。

在设置请求范围属性时，需注意属性名称由 java.或 javax.开头的名称通常保留给规格书中某些特定意义的属性。例如，以下几个名称各有其意义：

- javax.servlet.include.request_uri
- javax.servlet.include.context_path
- javax.servlet.include.servlet_path
- javax.servlet.include.path_info
- javax.servlet.include.query_string
- javax.servlet.include.mapping(Servlet 4.0 新增)

以上的属性名称在被包含的 Servlet 中，分别表示上一个 Servlet 的 Request URI、Context path、Servlet path、Path info 与取得 RequestDispatcher 时给定的请求参数，如果被包含的 Servlet 还包括其他的 Servlet，这些属性名称的对应值也会被代换。

之所以会需要这些请求属性名称，是因为在 RequestDispatcher 执行 include()时，必须传入 request、response 对象，而这两个物件来自于最前端的 Servlet，后续的 Servlet 若使用 request、response 对象，也会是一开始最前端 Servlet 收到的两个对象，此时尝试在后续的 Servlet 中使用 request 对象的 getRequestURI()等方法，得到的信息跟第一个 Servlet 中执行 getRequestURI()等方法是相同的。

然而，有时必须取得 include()时传入的路径信息，而不是第一个 Servlet 的路径信息，这时候就必须通过刚才的几个属性名称来取得，这些属性由容器在 include()时设定。

你不用记忆那些属性名称，可以通过 RequestDispatcher 定义的常数来取得：

- RequestDispatcher.INCLUDE_REQUEST_URI
- RequestDispatcher.INCLUDE_CONTEXT_PATH
- RequestDispatcher.INCLUDE_SERVLET_PATH
- RequestDispatcher.INCLUDE_PATH_INFO

- RequestDispatcher.INCLUDE_QUERY_STRING
- RequestDispatcher.INCLUDE_MAPPING(Servlet 4.0 新增)

前 5 个取得属性都是字符串，而 RequestDispatcher.INCLUDE_MAPPING 取得的属性会是 HttpServletMapping 实例，因此可以通过它的 getMappingMatch()等方法取得相关的 URI 匹配信息，这在 2.3.1 节介绍过。

注意»» 使用 include()时，被包含的 Servlet 中任何对请求标头的设置都会被忽略。被包含的 Servlet 中可以使用 getSession()方法取得 HttpSession 对象(之后会介绍，这是唯一的例外，因为 HttpSession 底层默认使用 Cookie，所以响应会加上 Cookie 请求标头)。

3. 使用 forward()方法

RequestDispatcher 有个 **forward()**方法，调用时同样传入请求与响应对象，这表示要将请求处理转发给别的 Servlet，“对浏览器的响应同时也转发给另一个 Servlet”。

注意»» 若要调用 forward()方法，目前的 Servlet 不能有任何响应确认(Commit)，如果在目前的 Servlet 中通过响应对象设置了一些响应但未被确认(响应缓冲区未满或未调用任何清除方法)，则所有响应设置会被忽略，如果已经有响应确认且调用了 forward()方法，则会抛出 IllegalStateException。

在被转发请求的 Servlet 中，也可通过以下请求范围属性名称取得对应信息：

- javax.servlet.forward.request_uri
- javax.servlet.forward.context_path
- javax.servlet.forward.servlet_path
- javax.servlet.forward.path_info
- javax.servlet.forward.query_string
- javax.servlet.forward.mapping(Servlet 4.0 新增)

同样地，会需要这些请求属性的原因在于，在 RequestDispatcher 执行 forward() 时，必须传入 request、response 对象，而这两个物件来自于最前端的 Servlet，后续的 Servlet 若使用 request、response 对象，也会是一开始最前端 Servlet 收到的两个对象，此时尝试在后续的 Servle 中使用 request 对象的 getRequestURI()等方法，得到的信息跟第一个 Servlet 中执行 getRequestURI()等方法是相同的。

然而，有时必须取得 forward()时传入的路径信息，而不是第一个 Servlet 的路径信息，这时候就必须通过刚才的几个属性名称来取得。你不用记忆那些属性名称，可以通过 RequestDispatcher 定义的常数来取得：

- RequestDispatcher.FORWARD_REQUEST_URI
- RequestDispatcher.FORWARD_CONTEXT_PATH
- RequestDispatcher.FORWARD_SERVLET_PATH
- RequestDispatcher.FORWARD_PATH_INFO
- RequestDispatcher.FORWARD_QUERY_STRING
- RequestDispatcher.FORWARD_MAPPING(Servlet 4.0 新增)

由于请求的 include()或 forward()，是属于容器内部流程的调派，而不是在响应中要求浏览器重新请求某些 URI，因此浏览器不会知道实际的流程调派，也就是说，浏览器的地址栏上不会有任何变化。

第 1 章曾经介绍过 Model 2，在了解请求调派的处理方式之后，这里先来做一个简单的 Model 2 架构应用程序，一方面应用刚才学习到的请求调派处理，另一方面初步了解 Model 2 的基本流程。首先看控制器(Controller)，它通常由一个 Servlet 来实现：

Model2 HelloController.java

```
package cc.openhome;

import java.io.IOException;
import javax.servlet.ServletException;
import javax.servlet.annotation.WebServlet;
import javax.servlet.http.HttpServlet;
import javax.servlet.http.HttpServletRequest;
import javax.servlet.http.HttpServletResponse;

@WebServlet("/hello")
public class HelloController extends HttpServlet {
    private HelloModel model = new HelloModel();
    @Override
    protected void doGet(HttpServletRequest request,
                         HttpServletResponse response)
                      throws ServletException, IOException {
        String name = request.getParameter("user");   ← ❶ 收集请求参数
        String message = model.doHello(name);   ← ❷ 委托 HelloModel 对象处理
        request.setAttribute("message", message);   ← ❸ 将结果信息设置至请求对象成为属性
        request.getRequestDispatcher("hello.view")
               .forward(request, response);   ← ❹ 转发给 hello.view 进行响应
    }
}
```

HelloController 会收集请求参数❶并委托一个 HelloModel 对象处理❷，HelloController 中不会有任何 HTML 的出现。HelloModel 对象处理的结果，会设置为请求对象中的属性❸，之后呈现画面的 Servlet 可以从请求对象中取得该属性。接着将请求的响应工作转发给 hello.view 来负责❹。

至于 HelloModel 类的设计很简单，利用一个 HashMap，针对不同的用户设置不同的信息：

Model2 HelloModel.java

```
package cc.openhome;

import java.util.*;

public class HelloModel {
    private Map<String, String> messages = new HashMap<>();

    public HelloModel() {
        messages.put("caterpillar", "Hello");
        messages.put("Justin", "Welcome");
        messages.put("momor", "Hi");
    }

    public String doHello(String user) {
```

```
        String message = messages.get(user);
        return String.format("%s, %s!", message, user);
    }
}
```

这是一个再简单不过的类。要注意的是，HelloModel 对象处理完的结果返回给 HelloController，HelloModel 类中不会有任何 HTML 的出现。也没有任何与前端呈现技术或后端存储技术的 API 出现，是个纯粹的 Java 对象。

HelloController 得到 HelloModel 对象的返回值之后，将流程转发给 HelloView 呈现画面：

Model2 HelloView.java

```
package cc.openhome;

import java.io.IOException;
import javax.servlet.ServletException;
import javax.servlet.annotation.WebServlet;
import javax.servlet.http.HttpServlet;
import javax.servlet.http.HttpServletRequest;
import javax.servlet.http.HttpServletResponse;

@WebServlet("/hello.view")
public class HelloView extends HttpServlet {
    private String htmlTemplate =
          "<!DOCTYPE html>"
        + "<html>"
        + "  <head>"
        + "    <meta charset='UTF-8'>"
        + "    <title>%s</title>"
        + "  </head>"
        + "  <body>"
        + "    <h1>%s</h1>"
        + "  </body>"
        + "</html>";

    @Override
    protected void doGet(HttpServletRequest request,
                         HttpServletResponse response)
                    throws ServletException, IOException {
        String user = request.getParameter("user");  ← ❶ 取得请求参数
        String message =
                (String) request.getAttribute("message");  ← ❷ 取得请求属性
        String html =
                String.format(htmlTemplate, user, message);  ← ❸ 产生 HTML 结果
        response.getWriter().print(html);  ← ❹ 输出 HTML 结果
    }
}
```

在 HelloView 中分别取得 user 请求参数❶以及先前 HelloController 中设置在请求对象中的 message 属性❷。这里特地使用字符串组成 HTML 样板，在取得请求参数与属性后，分别设置样板中的两个%s 占位符号❸，然后再输出至浏览器❹，之所以这么做在于方便与同等作用的 JSP 作对比：

```
<%@page contentType="text/html" pageEncoding="UTF-8"%>
<!DOCTYPE html>
<html>
```

```
    <head>
        <meta charset="UTF-8">
        <title>${param.user}</title>  ←— 利用 Expression Language 取得 user 请求参数
    </head>
    <body>
        <h1>${message}</h1>  ←— 利用 Expression Language 取得请求范围中设定的属性值
    </body>
</html>
```

这个 JSP 网页中动态的部分，是利用 Expression Language 功能(之后学习 JSP 时就会说明)，分别取得 user 请求参数以及先前 Servlet 中设置在请求对象中的 message 属性。最主要的是注意到，JSP 中没有任何 Java 代码的出现。

先来看一个运行时的结果画面，如图 3.13 所示。

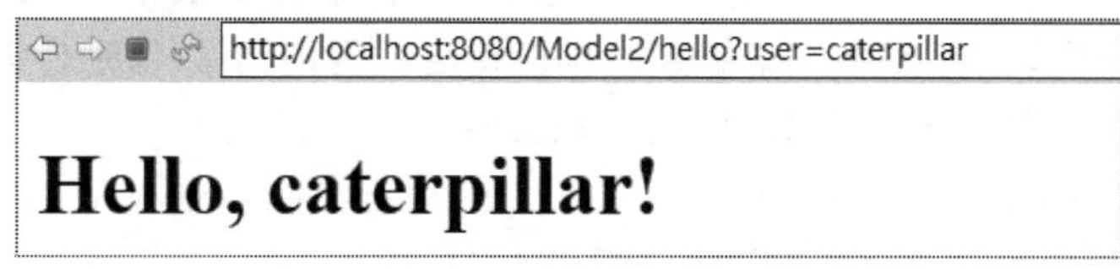

图 3.13　范例运行结果

可以看到，在 Model 2 架构的实现下，控制器、视图、模型各司其职，该呈现画面的元件就不会有 Java 代码出现(HelloView)，在负责业务逻辑的元件就不会有 HTML 输出(HelloModel)，该处理请求参数的元件就不会牵涉业务逻辑的代码(HelloController)。

当然，这只是个简单的示范，主要目的在对 Model 2 的实现有个基本的了解。从本章开始，将会有个综合练习，以 Model 2 架构，逐步实现一个功能更完整的应用程序，以便对 Model 2 架构与实现有更深入的体会。

3.3　关于 HttpServletResponse

可以使用 HttpServletResponse 来对浏览器进行响应。在大部分情况下，使用 setContentType()设置响应类型，使用 getWriter()取得 PrintWriter 对象，而后使用 PrintWriter 的 println()等方法输出 HTML 内容。

还可以进一步使用 setHeader()、addHeader()等方法进行响应标头的设置，或者使用 sendRedirect()、sendError()方法对浏览器要求重定向网页，或是传送错误状态信息。若必要，也可以使用 getOutputStream()取得 ServletOutputStream，直接使用串流对象对浏览器进行字节数据的响应。

基本的 HTML 响应，标头设置、重定向，甚至是使用串流对象进行响应，都是本节要介绍的内容。

3.3.1　设置响应标头、缓冲区

可以使用 HttpServletResponse 对象上的 **setHeader()**、**addHeader()**来设置响应标头，

setHeader()设置标头名称与值，addHeader()则可以在同一个标头名称上附加值。

setHeader()、addHeader()方法接受字符串值，如果标头的值是整数，可以使用 **setIntHeader()**、**addIntHeader()**方法；如果标头的值是个日期，可以使用 **setDateHeader()**、**addDateHeader()**方法。

有些标头必须搭配 HTTP 状态代码(Status code)，设定状态代码可以通过 HttpServletResponse 的 **setStatus()**方法。例如，正常响应的 HTTP 状态代码为 200 OK，可以通过 HttpServletResponse.SC_OK 来设定，如果想要重新定向(Redirect)页面，必须传送状态代码 301 Moved Permanently、302 Found，前者可以通过 HttpServletResponse.SC_MOVED_PERMANENTLY 取得，后者建议通过 HttpServletResponse.SC_SC_FOUND，或者是 HttpServletResponse.SC_MOVED_TEMPORARILY 取得。

若某个资源也许永久性地移动至另一个网址，当浏览器请求原有网址时，必须要求浏览器重新定向至新网址，并要求未来链接时也应使用新网址的话(像是告诉搜索引擎网站搬家了，有利于搜索引擎优化)，可以如下撰写程序：

```
response.setStatus(HttpServletResponse.SC_MOVED_PERMANENTLY);
response.addHeader("Location", "new_url");
```

如果资源只是暂时性搬移，或者是将来可能改变，仍希望客户端依旧使用现有地址来存取资源，不要快取资源之类的，可以使用暂时重定向：

```
response.setStatus(HttpServletResponse.SC_FOUND);
response.addHeader("Location", "temp_url");
```

所有的标头设置，必须在响应确认之前(Commit)，在响应确认之后设置的标头，会被容器忽略。

注意>>> 除了 301、302 之外，HTTP 1.1 增加了 303 See Other 与 307 Temporary Redirect 状态代码，详情可参考 Status Code Definitions(www.w3.org/Protocols/rfc2616/rfc2616-sec10.html)。

容器可以(但非必要)对响应进行缓冲，通常容器默认都会对响应进行缓冲。可以操作 HttpServletResponse 以下有关缓冲的几个方法：

- getBufferSize()
- setBufferSize()
- isCommitted()
- reset()
- resetBuffer()
- flushBuffer()

setBufferSize()必须在调用 HttpServletResponse 的 getWriter()或 getOutputStream()方法之前调用，取得的 Writer 或 ServletOutputStream 才会套用这个设置。

注意>>> 在调用 HttpServletResponse 的 getWriter()或 getOutputStream()方法之后调用 setBufferSize()，会抛出 IllegalStateException。

在缓冲区未满之前，设置的响应相关内容不会真正传至浏览器，可以使用 isCommitted() 看看是否响应已确认。如果想要重置所有响应信息，可以调用 reset()方法，这会连同已设置的标头一并清除，调用 resetBuffer()会重置响应内容，但不会清除已设置的标头内容。

flushBuffer()会清除(flush)所有缓冲区中已设置的响应信息至浏览器，reset()、resetBuffer()必须在响应未确认前调用。

注意»» 在响应已确认后调用 reset()、resetBuffer()会抛出 IllegalStateException。

HttpServletResponse 对象若被容器关闭，则必须清除所有的响应内容，响应对象被关闭的时机点有以下几个：

- Servlet 的 service()方法已结束。
- 响应的内容长度超过 HttpServletResponse 的 setContentLength()所设置的长度。
- 调用了 sendRedirect()方法(稍后说明)。
- 调用了 sendError()方法(稍后说明)。
- 调用了 AsyncContext 的 complete()方法(第 5 章说明)。

3.3.2 使用 getWriter()输出字符

如果要对浏览器输出 HTML，在之前的范例中，都通过 HttpServletResponse 的 **getWriter()**取得 **PrintWriter** 对象，然后指定字符串进行输出。例如：

```
PrintWriter out = response.getWriter();
out.println("<html>");
out.println("<head>");
```

要注意的是，在没有设置任何内容类型或编码之前，HttpServletResponse 使用的字符编码默认是 ISO-8859-1。也就是说，如果直接输出中文，在浏览器上就会看到乱码。有几个方式可以影响 HttpServletResponse 输出的编码处理。

1. 设置 Locale

浏览器如果有发送 Accept-Language 标头，可以使用 HttpServletRequest 的 **getLocale()**来取得一个 **Locale** 对象，代表客户端可接受的语系。

可以使用 HttpServletResponse 的 **setLocale()**来设置地区(Locale)信息，地区信息包括了语系与编码信息。语系信息通常通过响应标头 Content-Language 来设置，而 setLocale()也会设置 HTTP 响应的 Content-Language 标头。例如：

```
response.setLocale(Locale.TAIWAN);
```

这会将 HTTP 响应的 Content-Language 设置为 zh-TW，作为浏览器处理响应编码时的参考依据。

2. 使用 setCharacterEncoding()或 setContentType()

至于响应的字符编码处理，可以调用 HttpServletResponse 的 **setCharacgerEncoding()**进行设定：

```
response.setCharacterEncoding("UTF-8");
```

可以在 web.xml 中设置默认的区域与编码对应。例如：

```
    ...
<locale-encoding-mapping-list>
```

```
        <locale-encoding-mapping>
            <locale>zh_TW</locale>
            <encoding>UTF-8</encoding>
        </locale-encoding-mapping>
    </locale-encoding-mapping-list>
    ...
```

设置好以上信息后，若使用 resp.setLocale(Locale.TAIWAN)或 resp.setLocale (new Locale("zh", "TW"))，则 HttpServletResponse 的字符编码处理就采用 UTF-8，调用 HttpServletResponse 的 getCharacterEncoding()取得的结果就是 UTF-8。

影响输出字符编码处理的另一个方式是，使用 HttpServletResponse 的 **setCharacterEncoding()**指定内容类型时，一并指定 charset，charset 的值会自动用来调用 setCharacterEncoding()。例如，以下不仅设置内容类型为 text/html，而且会自动调用 setCharacterEncoding()，设置编码为 UTF-8：

```
resp.setContentType("text/html; charset=UTF-8");
```

如果使用 setCharacterEncoding()或 setContentType()时指定了 charset，则 setLocale()就会被忽略。

在 Servlet 4.0 中，也可以在 web.xml 中加入**<response-character-encoding>**，设定整个应用程序要使用的响应编码，如此一来，就不用特别在每次请求使用 HttpServletResponse 的 setCharacterEncoding()方法来设定编码了，例如：

```
<response-character-encoding>UTF-8</response-character-encoding>
```

提示》》 如果要接收中文请求参数并在响应时通过浏览器正确显示中文，必须同时设置 HttpServletRequest 的 setCharacterEncoding()以及 HttpServletResponse 的 setCharacterEncoding()或 setContentType()为正确的编码，或者是在 web.xml 中设定<request-character-encoding>与<response-character-encoding>。

因为浏览器需要知道如何处理响应，所以必须告知内容类型，setContentType()方法在响应中设置 content-type 响应标头，只要指定 MIME(Multipurpose Internet Mail Extensions)类型就可以了。由于编码设置与内容类型通常都要设置，所以调用 setContentType()设置内容类型时，同时指定 charset 属性是个方便且常见的做法。

常见的 MIME 设置有 text/html、application/pdf、application/jar、application/x-zip、image/jpeg 等。不用强记 MIME 形式，新的 MIME 形式也在不断地增加，必要时再使用搜索了解一下即可。对于应用程序中使用到的 MIME 类型，可以在 web.xml 中设置后缀与 MIME 类型对应。例如：

```
...
    <mime-mapping>
        <extension>pdf</extension>
        <mime-type>application/pdf</mime-type>
    </mime-mapping>
...
```

<extension>设置文件的后缀，而**<mime-type>**设置对应的 MIME 类型名称。如果想要知道某个文件的 MIME 类型名称，可以使用 ServletContext 的 getMimeType()方法(之后章节会介绍如何取得与使用 ServletContext)，这个方法可以指定文件名称，然后根据 web.xml 中设置的后缀对应，取得 MIME 类型名称。

在介绍 HttpServletRequest 时，曾说明过如何正确取得中文请求参数，结合这里的说明，以下的范例可以通过窗体发送中文请求参数值，Servlet 可正确地接收处理并显示在浏览器中。可以使用窗体发送名称、邮件与复选项的喜爱宠物类型。首先是窗体的部分：

Response form.html

```
<!DOCTYPE html>
<html>
   <head>
      <meta charset= "UTF-8">
      <title>宠物类型大调查</title>
   </head>
   <body>
      <form action="pet" method="post">
         姓名：<input type="text" name="user"><br>
         邮件：<input type="email" name="email"><br>
         你喜爱的宠物代表：<br>
         <select name="type" size="6" multiple>
            <option value="猫">猫</option>
            <option value="狗">狗</option>
            <option value="鱼">鱼</option>
            <option value="鸟">鸟</option>
         </select><br>
         <input type="submit" value="送出"/>
      </form>
   </body>
</html>
```

可以在这个窗体的“姓名”字段输入中文，而下拉菜单的值，这里也特意设为中文，看看稍后是否可正确接收并显示中文。注意网页编码为 UTF-8。接着是 Servlet 的部分：

Lab

Response Pet.java

```
package cc.openhome;

import java.io.*;
import java.util.Arrays;

import javax.servlet.*;
import javax.servlet.annotation.*;
import javax.servlet.http.*;

@WebServlet("/pet")
public class Pet extends HttpServlet {
   @Override
   protected void doPost(
       HttpServletRequest request, HttpServletResponse response)
          throws ServletException, IOException {
      request.setCharacterEncoding("UTF-8");  ← ❶设定请求对象字符编码
      response.setContentType("text/html; charset=UTF-8"); ← ❷设定内容类型

      PrintWriter out = response.getWriter(); ← ❸ 取得输出对象
      out.println("<!DOCTYPE html>");
      out.println("<html>");
      out.println("<body>");

      out.printf("联系人：<a href='mailto:%s'>%s</a>%n",
         request.getParameter("email"),   ┐
         request.getParameter("user")     ┘← ❹ 取得请求参数值
      );
```

```
        out.println("<br>喜爱的宠物类型");
        out.println("<ul>");

        Arrays.asList(request.getParameterValues("type"))       ❺ 取得复选项请求参数值
            .forEach(type -> out.printf("<li>%s</li>%n", type));

        out.println("</ul>");
        out.println("</body>");
        out.println("</html>");
    }
}
```

为了可以接受中文请求参数值，使用了 `setCharacterEncoding()`方法来指定请求对象处理字符串编码的方式❶，这个动作必须在取得任何请求参数之前进行❸。为了取得多选菜单的选项，使用了 `getParameterValues()`方法❺。`HttpServletResponse` 对象也调用了 `setContentType()`方法，告知浏览器使用 UTF-8 编码来解读响应的文字❷。在范例中示范了如何在用户名称上加上超链接，并设置 mailto:与所发送的电子邮件❹，如果用户直接单击链接，就会打开默认的邮件程序，如图 3.14 所示。

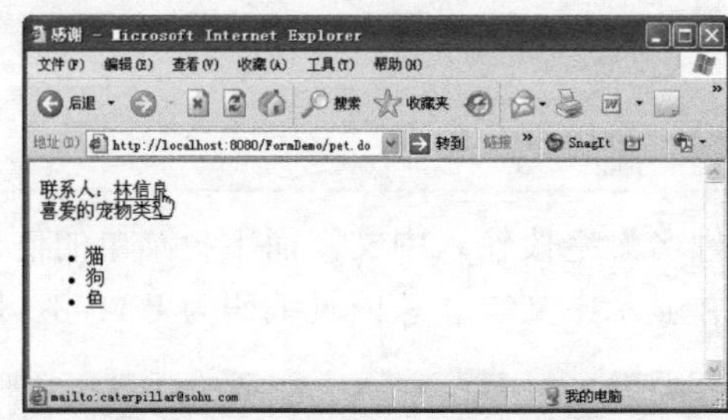

图 3.14　范例结果显示可正确接收中文参数值与显示中文

在 Servlet 4.0 之前，web.xml 中无法设定`<request-character-encoding>`与`<response-character-encoding>`。若页面很多，逐个页面设定编码是件很麻烦的事，因此设定编码的动作其实不会直接在 Servlet 中进行，而会在过滤器(Filter)中设定，第 5 章还会介绍过滤器的细节。

3.3.3　使用 getOutputStream()输出二进制字符

在大部分的情况下，会从 `HttpServletResponse` 取得 `PrintWriter` 实例，使用 `println()`对浏览器进行字符输出。然而有时候，需要直接对浏览器进字符输出，这时可以使用 `HttpServletResponse` 的 **`getOutputStream()`**方法取得 **`ServletOutputStream`** 实例，它是 `OutputStream` 的子类。

举例来说，你也许会希望有这样一个功能，用户必须输入正确的密码，才可以取得 PDF 电子书。接下来这个范例实现了这个功能。

Response　Download.java

```
package cc.openhome;
```

```
import java.io.*;

import javax.servlet.ServletException;
import javax.servlet.annotation.WebServlet;
import javax.servlet.http.HttpServlet;
import javax.servlet.http.HttpServletRequest;
import javax.servlet.http.HttpServletResponse;

@WebServlet("/download")
public class Download extends HttpServlet {
    @Override
    protected void doPost(
            HttpServletRequest request, HttpServletResponse response)
                throws ServletException, IOException {
        String passwd = request.getParameter("passwd");
        if ("123456".equals(passwd)) {
            response.setContentType("application/pdf"); ←── ❶ 设置内容类型
                                                    ❷ 取得输入串流
            try(InputStream in =                      ↓
                getServletContext().getResourceAsStream("/WEB-INF/jdbc.pdf");
               OutputStream out = response.getOutputStream()) {
               byte[] buffer = new byte[1024];              ↑
               int length = -1;                         ❸ 取得输出串流
               while ((length = in.read(buffer)) != -1) { ←── ❹ 读取 PDF 并输出
                   out.write(buffer, 0, length);
               }
            }
        }
    }
}
```

当输入密码正确时，这个程序就会读取指定的 PDF 文件，并对浏览器进行响应。由于会对浏览器输出二进制串流，浏览器必须知道如何正确处理收到的字节数据，因为对浏览器输出的是 PDF 文件，所以设置内容类型为 application/pdf❶。这样，若浏览器有外挂 PDF 阅读器，就会直接使用阅读器打开 PDF(对于不知如何处理的内容类型，浏览器通常会出现另存为的提示)。

为了取得 Web 应用程序中的文件串流，可以使用 `HttpServlet` 的 `getServletContext()` 取得 `ServletContext` 对象，这个对象代表了目前这个 Web 应用程序(第 5 章将详细说明)。可以使用 `ServletContext` 的 `getResourceAsStream()`方法以串流程序读取文件❷，指定的路径要是相对于 Web 应用程序环境根目录。为了不让浏览器直接请求 PDF 文件，在这里将 PDF 文件放在 WEB-INF 目录中。

然后通过 `HttpServletResponse` 的 `getOutputStream()`来取得 `ServletOutputStream` 对象❸。接下来就是 Java IO 的概念了，从 PDF 读入字节数据，再用 `ServletOutputStream` 来对浏览器进行写出响应❹。运行结果如图 3.15 所示。

图 3.15　使用 `ServletOutputStream` 输出 PDF 文件

3.3.4 使用 sendRedirect()、sendError()

3.2.6 节介绍过 RequestDispatcher 的 forward()方法，forward()会将请求转发至指定的 URI，这个动作是在 Web 容器中进行的，浏览器并不知道请求被转发，地址栏也不会有变化，如图 3.16 所示。

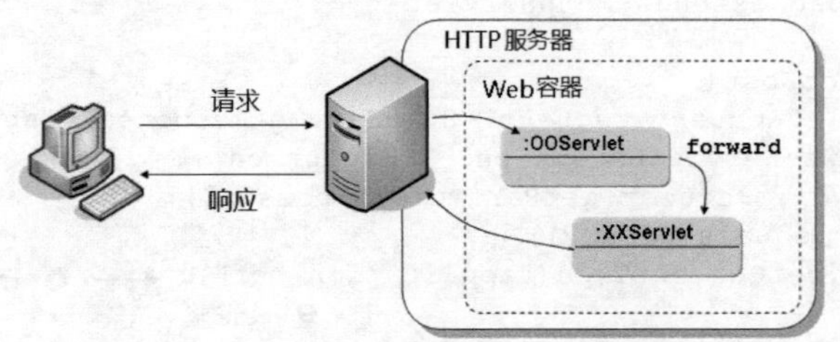

图 3.16　使用 RequestDispatcher 转发请求示意

在转发过程中，都还是在同一个请求周期，这也是为什么 RequestDispatcher 是由调用 HttpServletRequest 的 getRequestDispatcher()方法取得，在 HttpServletRequest 中使用 setAttribute()设置的属性对象，可以在转发过程中共享。

在 3.3.1 节时，曾经介绍过如何设定请求标头令浏览器重新定向对于暂时复位定向，除了自行通过 HTTP 状态代码与 Location 标头的设定之外，还可以使用 HttpServletResponse 的 **sendRedirect()**要求浏览器重新请求另一个 URI，又称为重新定向(Redirect)，使用时可指定绝对 URI 或相对 URI。例如：

```
response.sendRedirect("https://openhome.cc");
```

这个方法会在响应中设置 HTTP 状态码 302 及 Location 标头，无论是自行控制状态代码、标头，或是通过 sendRedirect()方法复位定向，浏览器都会使用 GET 方法请求指定的 URI，因此地址栏上会发现 URI 的变更，如图 3.17 所示。

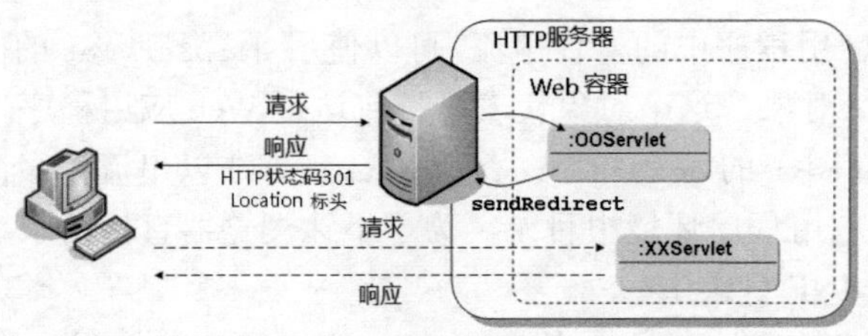

图 3.17　使用重定向示意

注意»» 由于是利用 HTTP 状态码与标头信息，要求浏览器重定向网页，因此这个方法必须在响应未确认输出前执行，否则会抛出 IllegalStateException。

重新定向的使用时机之一是，若用户在 POST 窗体之后，重载网页造成重复发送 POST 内容，会对应用程序状态造成不良影响的话，可以在 POST 之后要求重新定向。

复位定向的使用时机之二是用户登录后自动定回之前阅读的页面，例如，目前页面为 xyz.html，设定一个链接为 login?url=xyz.html，在用户登录成功之后取得 url 请求参数来进行重新定向。

如果重新定向的目的地是根据用户的指定(例如通过请求参数)，特别是允许用户指定外部网址的开放式重新定向，请务必小心，以免成为安全弱点。如果非得开放式重新定向，请检查允许的对象网址，非开放式重新定向也得小心检查，或者是对重新定向的目标予以编码，使用编码来替代任意的 URI 指定，再于应用程序中对应至真正的 URI。

如果在处理请求的过程中发现一些错误，而你想要传送 HTTP 服务器默认的状态与错误信息，可以使用 **sendError()** 方法。例如，根据请求参数必须返回的资源根本不存在，可以如下发送错误信息：

```
response.sendError(HttpServletResponse.SC_NOT_FOUND);
```

SC_NOT_FOUND 会令服务器响应 404 状态码，这类常数定义在 HttpServletResponse 接口上。如果想使用自定义的信息来取代默认的信息文字，可以使用 sendError()的另一个版本：

```
response.sendError(HttpServletResponse.SC_NOT_FOUND, "笔记文件");
```

以 HttpServlet 的 doGet()为例，其默认实现就使用了 sendError()方法：

```
protected void doGet(HttpServletRequest req,
                     HttpServletResponse resp)
                        throws ServletException, IOException {
    String protocol = req.getProtocol();
    String msg =  Strings.getString("http.method_get_not_supported");
    if (protocol.endsWith("1.1")) {
        resp.sendError(
            HttpServletResponse.SC_METHOD_NOT_ALLOWED, msg);
    } else {
        resp.sendError(HttpServletResponse.SC_BAD_REQUEST, msg);
    }
}
```

注意>>> 由于利用了 HTTP 状态码，要求浏览器重定向网页，因此 sendError()方法同样必须在响应未确认输出前执行，否则会抛出 IllegalStateException。

3.4 综合练习

从本节开始，将逐步开发一个微博的 Web 应用程序，逐一将学习到的 Servlet/JSP 应用至这个程序中。这个应用程序将贯穿全书，随着对 Servlet/JSP 介绍的加深，程序将进一步修改得更完备，无论在功能上还是技术的应用上。例如在学到 JSP 之后，将使用 JSP 来作为视图的呈现技术，而不是直接在 Servlet 中输出 HTML。

在这一节中，将实现微博的“会员注册”与“会员登录”功能，架构上将采用 Model 2，请求参数由 Servlet 来负责。由于尚未介绍到 JSP，所以画面暂时也由 Servlet 输出 HTML，之后介绍到 JSP，会将画面的呈现改成使用 JSP 技术。

基于篇幅的限制，这个应用程序的代码主要显示重要的实现概念与片段，完整的程序代码可以参考书附范例文件，至于一些进阶功能或者安全概念，可能仅以提示或简单方式操作。简言之，因为只是范例，应用程序本身并不完善，在实际产品开发时，你应当进一步思考如何加强应用程序功能或安全性。

3.4.1 微博应用程序功能概述

首先来分析一下微博应用程序在本节将完成的两个功能:“会员注册”与“会员登录”。用户首先会见到首页，这是个纯 HTML 网页，如图 3.18 所示。

图 3.18　微博首页

用户可以在首页进行会员登录，或者单击“还不是会员？”链接，进行新会员的注册。如果用户忘记密码，也可以单击“忘记密码？”链接，要求系统使用注册时提供的邮件地址重新寄送密码(将来学习到 Java Mail 时会实现这部分)。

图 3.19 所示是新会员注册的界面。

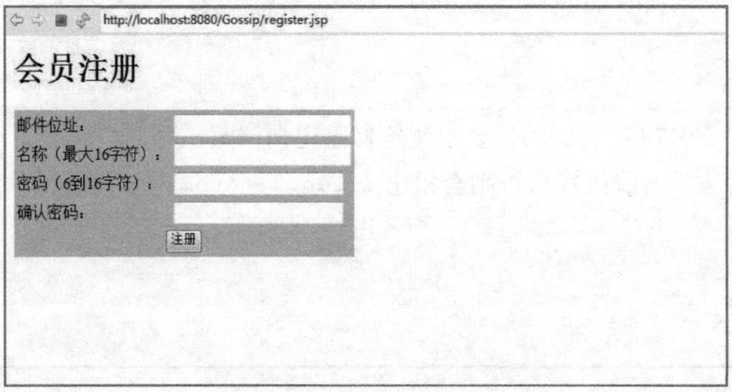

图 3.19　微博会员注册

如果注册失败，会显示相关失败原因，如图 3.20 所示。

图 3.20　会员注册失败界面

如果注册成功，则会显示注册会员的名称及登录成功信息，如图 3.21 所示。

图 3.21　会员注册成功界面

注册成功的用户可以返回首页进行登录，如果登录失败，会被重新定向回首页进行重新登录；如果登录成功，则会进入会员功能页面，如图 3.22 所示。

图 3.22　会员登录成功界面

3.4.2　实现会员注册功能

基于篇幅关系，纯 HTML 网页的部分将不在书中全部列出。例如，会员注册的窗体文件是 register.html。你可以在本书提供的范例文件中直接找到完整文件。其中有关登录窗体要知道的必要信息如下：

- <form>标签

```
<form method='post' action='register'>
```

- 邮件地址字段

```
<input type='text' name='email' size='25' maxlength='100'>
```

- 名称字段

```
<input type='text' name='username' size='25' maxlength='16'>
```

- 密码与确认密码字段

```
<input type='password' name='password' size='25' maxlength='16'>
<input type='password' name='confirmedPasswd' size='25' maxlength='16'>
```

register.do 会由 Servlet 实现，作为 Model 2 架构中的控制器(Controller)，这个 Servlet 将会取得请求参数、验证请求参数。目前还没有实现模型(Model)，所以处理请求参数的部分，也暂由 Servlet 负责。

以下是处理注册的 Register 类实现：

gossip Register.java

```
package cc.openhome.controller;

import java.io.*;
import java.nio.file.Files;
import java.nio.file.Path;
import java.nio.file.Paths;
import java.util.*;
import java.util.regex.Pattern;

import javax.servlet.ServletException;
import javax.servlet.annotation.WebServlet;
import javax.servlet.http.HttpServlet;
import javax.servlet.http.HttpServletRequest;
import javax.servlet.http.HttpServletResponse;

@WebServlet("/register")
public class Register extends HttpServlet {
    private final String USERS = "c:/workspace/gossip/users";
    private final String SUCCESS_PATH = "register_success.view";
    private final String ERROR_PATH = "register_error.view";

    private final Pattern emailRegex = Pattern.compile(
        "^[_a-z0-9-]+([.][_a-z0-9-]+)*@[a-z0-9-]+([.][a-z0-9-]+)*$");

    private final Pattern passwdRegex = Pattern.compile("^\\w{8,16}$");

    private final Pattern usernameRegex = Pattern.compile("^\\w{1,16}$");

    protected void doPost(
            HttpServletRequest request, HttpServletResponse response)
                throws ServletException, IOException {
        String email = request.getParameter("email");
        String username = request.getParameter("username");
        String password = request.getParameter("password");
        String password2 = request.getParameter("password2");       ← ❶ 取得请求参数

        List<String> errors = new ArrayList<>();
        if (!validateEmail(email)) {
            errors.add("未填写邮件或格式不正确");
        }
        if(!validateUsername(username)) {
            errors.add("未填写用户名称或格式不正确");              ← ❷ 验证请求参数
        }
        if (!validatePassword(password, password2)) {
            errors.add("请确认密码符合格式并再次确认密码");
        }

        String path;
        if(errors.isEmpty()) {
            path = SUCCESS_PATH;
            tryCreateUser(email, username, password);   ← ❸ 建立用户数据
        } else {
            path = ERROR_PATH;
            request.setAttribute("errors", errors);     ← ❹ 窗体验证出错，设置收集错误的 List 为请求属性
        }

        request.getRequestDispatcher(path).forward(request, response);
    }
```

```
    private boolean validateEmail(String email) {
        return email != null && emailRegex.matcher(email).find();
    }

    private boolean validateUsername(String username) {
        return username != null && usernameRegex.matcher(username).find();
    }


    private boolean validatePassword(String password, String password2) {
        return password != null &&
               passwdRegex.matcher(password).find() &&
               password.equals(password2);
    }

    private void tryCreateUser(
          String email, String username, String password) throws IOException {
        Path userhome = Paths.get(USERS, username);

        if(Files.notExists(userhome)) {          ← ❺ 检查用户文件夹是否创建
           createUser(userhome, email, password);   以确认用户是否已注册
        }
    }
                 ❻ 创建用户文件夹,在 profile
                 中存储邮件与密码
    private void createUser(Path userhome, String email, String password)
                   throws IOException {
        Files.createDirectories(userhome);

        int salt = (int) (Math.random() * 100);
        String encrypt = String.valueOf(salt + password.hashCode());

        Path profile = userhome.resolve("profile");
        try(BufferedWriter writer = Files.newBufferedWriter(profile)) {
           writer.write(String.format("%s\t%s\t%d", email, encrypt, salt));
        }
    }
}
```

在 Register 的 doPost()中取得请求参数之后❶，接着进行窗体验证的操作，如果发现到窗体上的值不符合规定，会使用 List 来收集相关错误信息❷。只要这个 List 不为空，就表示验证失败，于是将 List 设为 errors 请求属性❸，转发的路径默认为"register_error.view"❹，如果窗体验证成功就设为"register_success.view"，并试着建立用户数据❺。

提示>>> 在这里将验证用的规则表达式(Regular expression)写在原始码中，这只是为了简化范例。OWASP 有个 ESAPI(Enterprise Security API)(www.owasp.org/index.php/Category:OWASP_Enterprise_Security_API)项目，可为 Web 应用程序提供 API 层面的安全基本方案，其中输入方面提供了 ESAPI.validator()，可取得 Validator 实例来协助验证，并可将验证规则定义在 validation.properties 文件之中。

由于本书目前还没介绍到如何使用 JDBC(Java DataBase Connectivity)存取数据库，有关注册用户的数据，先使用文件保存。默认所有用户数据保存在 C:\workspace\Gossip\users

下，检查用户名称是否已有人使用，就是看看是否有相同名称的文件夹❺。在范例中使用了 JDK7 的 NIO2 相关 API 进行检查，如果确定要创建用户，就以用户名称来创建文件夹，并将邮件、加密后密码及盐值存放在 profile 文件中❻。

加密后密码及盐值？是的！从安全防护角度来看，不建议以明码方式存储密码，因为万一数据库被黑客入侵，用户的密码将一览无遗！

基本上应该将密码进行不可逆的单向摘要演算，然而，为了避免单向摘要演算被破解而可逆演算至原密码，或者直接以彩虹表(Rainbow table)比对，也就是使用明码对应单向摘要演算值的表格来比对出原密码，可以再加上随机的盐值进行混淆，盐值实际上也建议另外存放在其他位置，在这里为了简化范例而存储在同一文件内，单向摘要演算也只是简单使用字符串的 `hashCode()`产生之哈希码，盐值单纯只是随机产生的 0～100 的数值。

目前的范例程序也仅在窗体属性符合格式时，显示成功发送窗体，而不是注册成功，之后介绍到 JavaMail，会使用邮件寄送注册通知信件，在信中告知启用账号的链接，或者是注册失败的信息(例如因用户名称、邮件地址已存在而注册失败)。

提示>>> 注册时该不该在页面上显示用户名称或邮件地址已存在呢？登录时应该使用用户名称或邮件账号吗？这是个安全上可讨论的议题，有人认为不直接在注册页面中显示用户名称或邮件地址是否存在，至少增加一点麻烦来降低黑客入侵的意图，可参考"username or password incorrect" is bullshit(https://goo.gl/TJd2pq)。

至于用户登录后要如何验证密码是否正确呢？稍后就会看到如何操作！现在先来看看，如果窗体发送失败了，负责显示错误画面的 Servlet 要如何撰写。

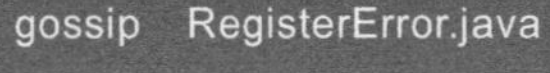

```
package cc.openhome.view;

import java.io.*;
import java.util.List;

import javax.servlet.ServletException;
import javax.servlet.annotation.WebServlet;
import javax.servlet.http.HttpServlet;
import javax.servlet.http.HttpServletRequest;
import javax.servlet.http.HttpServletResponse;

@WebServlet("/register_error.view")
public class RegisterError extends HttpServlet {
    protected void doPost(
            HttpServletRequest request, HttpServletResponse response)
                throws ServletException, IOException {
        response.setContentType("text/html;charset=UTF-8"); ←── ❶ 设定相应编码
        PrintWriter out = response.getWriter();

        out.println("<!DOCTYPE html");
        out.println("<html>");
        out.println("<head>");
        out.println("<meta charset='UTF-8'>");
        out.println("<title>新增会员失败</title>");
        out.println("</head>");
```

```
        out.println("<body>");
        out.println("<h1>新增会员失败</h1>");
        out.println("<ul style='color: rgb(255, 0, 0);'>");      ❷ 取得请求属性
                                                                  ↓
        List<String> errors = (List<String>) request.getAttribute("errors");
        errors.forEach(error -> out.printf("<li>%s</li>", error)); ←— ❸ 显示错误信息

        out.println("</ul>");
        out.println("<a href='register.html'>返回注册页面</a>");
        out.println("</body>");
        out.println("</html>");
    }
}
```

由于 RegisterError 这个 Servlet 主要负责画面输出，内容多为 HTML 的字符串内容，这原本应用 JSP 来实现，之后学到 JSP 后就会改写。最主要的是注意到，为了显示中文的错误信息，使用 HttpServletResponse 的 setContentType()时顺便指定了 charset 属性❶。由于只有在失败时才会转发到这个页面，并在请求中带有 errors 属性，所以使用 HttpServletRequest 的 getAttribute()取得属性❷，并逐一显示错误信息❸。

至于注册成功的部分则由 RegisterSuccess 这个 Servlet 负责：

gossip RegisterSuccess.java

```
package cc.openhome.view;

import java.io.*;
import javax.servlet.ServletException;
import javax.servlet.annotation.WebServlet;
import javax.servlet.http.HttpServlet;
import javax.servlet.http.HttpServletRequest;
import javax.servlet.http.HttpServletResponse;

@WebServlet("/register_success.view")
public class RegisterSuccess extends HttpServlet {
    protected void doPost(
            HttpServletRequest request, HttpServletResponse response)
                    throws ServletException, IOException {
        response.setContentType("text/html;charset=UTF-8");
        PrintWriter out = response.getWriter();
        out.println("<!DOCTYPE html>");
        out.println("<html>");
        out.println("<head>");
        out.println("<meta charset='UTF-8'>");
        out.println("<title>会员注册成功</title>");
        out.println("</head>");                    ┌─ 显示用户名与注册成功信息
        out.println("<body>");                      ↓
        out.printf("<h1>%s 会员注册成功</h1>", request.getParameter("username"));
        out.println("<a href='index.html'>回首页</a>");
        out.println("</body>");
        out.println("</html>");
    }
}
```

由于 RegisterSuccess 这个 Servlet 同样主要负责画面输出，内容多为 HTML 的字符串内容，而程序中重要的部分，是取得用户名称以显示注册成功信息。

3.4.3 实现会员登录功能

同样地，会员登录的首页目前是纯 HTML 实现，完整文件请直接查看本书范例文件中的源代码。有关窗体登录部分重要的信息如下：

- <form>标签

  `<form method='post' action='login'>`

- 名称字段

  `<input type='text' name='username'>`

- 密码字段

  `<input type='password' name='password'>`

负责处理登录的 Servlet 是 `Login`，如下所示：

Gossip Login.java

```
package cc.openhome.controller;

import java.io.*;
import java.nio.file.Files;
import java.nio.file.Path;
import java.nio.file.Paths;

import javax.servlet.ServletException;
import javax.servlet.annotation.WebServlet;
import javax.servlet.http.HttpServlet;
import javax.servlet.http.HttpServletRequest;
import javax.servlet.http.HttpServletResponse;

@WebServlet("/login")
public class Login extends HttpServlet {
    private final String USERS = "c:/workspace/Gossip/users";
    private final String SUCCESS_PATH = "member.html";
    private final String ERROR_PATH = "index.html";

    protected void doPost(
            HttpServletRequest request, HttpServletResponse response)
                        throws ServletException, IOException {
        String username = request.getParameter("username");
        String password = request.getParameter("password");

                                    ❶ 检查用户名称与密码是否符
                                      合，若是则转发会员页面
        response.sendRedirect(
                login(username, password) ? SUCCESS_PATH : ERROR_PATH);
    }

    private boolean login(String username, String password)
                        throws IOException {

        if(username != null && username.trim().length() != 0 &&
                password != null) {
            Path userhome = Paths.get(USERS, username);
            return Files.exists(userhome) &&
                    isCorrectPassword(password, userhome);
        }
```

```
        return false;
    }

    private boolean isCorrectPassword(            ❷ 读取用户文件夹中的 profile 文件
            String password, Path userhome) throws IOException {
        Path profile = userhome.resolve("profile");
        try(BufferedReader reader = Files.newBufferedReader(profile)) {
            String[] data = reader.readLine().split("\t");
            int encrypt = Integer.parseInt(data[1]);
            int salt = Integer.parseInt(data[2]);
            return password.hashCode() + salt == encrypt;
        }
    }
}                         ❸ 摘要与盐值计算后，是否等于加密后的密码
```

检查登录基本上就是查看用户名称是否有对应的文件夹，并且读取文件夹中的 profile 文件，看看文件中存放的加密密码与用户发送的密码及盐值计算之后是否符合❸。如果名称与密码不符就重新定向回首页，用户可以重新登录，登录信息正确的话，就重新定向会员网页❶。

会员网页主要负责画面输出，目前只是简单的 HTML 页面，如图 3.22 所示，之后会改用动态的 Servlet 进行画面显示。

就目前为止，仅可检查名称与密码正确并重新定向至对应之页面，无法“记忆”用户已经登录。读者必须先了解如何实现“会话管理”(Session Management)，这是下一章要介绍的内容。

3.5 重点复习

HttpServletRequest 是浏览器请求的代表对象，可以用它来取得 HTTP 请求的相关信息，如使用 getParameter() 取得请求参数，使用 getHeader() 取得标头信息等。在取得请求参数的时候，要注意请求对象处理字符编码的问题，才可以正确处理非 ASCII 编码范围的字符。

可以使用 HttpServletRequest 的 setCharacterEncoding() 方法指定取得 POST 请求参数时使用的编码，这必须在取得任何请求值之“前”执行，setCharacterEncoding() 方法只对于请求本身的字符编码有作用。若采用 GET，必须注意服务器处理 URI 时默认的编码。

可以使用 HttpServletRequest 的 getRequestDispatcher() 方法取得 RequestDispatcher 对象，使用时必须指定 URI 相对路径，之后就可以利用 RequestDispatcher 对象的 forward() 或 include() 来进行请求转发或包括。使用 forward() 作请求转发，是将响应的职责转发给别的 URI，在这之前不可以有实际的响应，否则会发生 IllegalStateException 异常。

请求转发是在容器中进行的，可以取得 WEB-INF 中的资源，而浏览器不会知道请求被转发了，地址栏上不会看到变化。使用 HttpServletResponse 的 sendRedirect() 则要求浏览器重新请求另一个 URI，又称为重新定向，在地址栏上会发现 URI 的变更。

在进行请求转发或包含时，若有请求周期内必须共享的资源，则可以通过 HttpServletRequest 的 setAttribute() 设置为请求范围属性，而通过 getAttribute() 可以将请求属性取出。

大部分情况下，会使用 HttpServletResponse 的 getWriter()来取得 PrintWriter 对象，并使用其 println()等方法进行 HTML 输出等字符响应。有时候，必须直接对浏览器输出字节数据，这时可以使用 getOutputStream()来取得 ServletOutputStream 实例，以进行字节输出。为了让浏览器知道如何处理响应的内容，记得设置正确的 content-type 标头。

在 Servlet 3.0 中，新增了 Part 接口，可以方便地进行文件上传处理。可以通过 HttpServletRequest 的 getPart()取得 Part 实现对象。

从 Servlet 4.0 开始，可以在 web.xml 中加入<request-character-encoding>、<response-character-encoding>，分别设定整个 Web 应用程序默认的请求编码与响应编码。

3.6 课后练习

1. 实现一个 Web 应用程序，可以将用户发送的 name 请求参数值画在一张图片上(参考图 3.23，底图可任选)。

提示 >>> openhome.cc /Gossip/ServletJSP/GetOutputStream.html

http://localhost:8080/Exercise3-1/yourbook?name=Java SE 9
GOTOP
Java SE 9
技術手冊

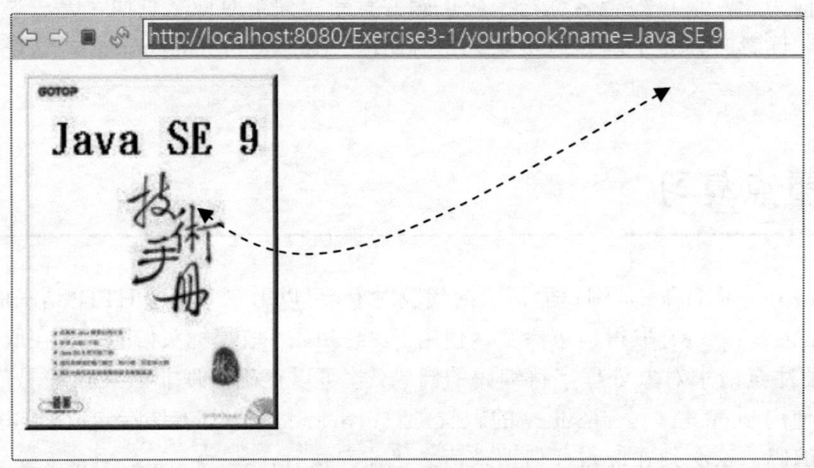

图 3.23 根据用户输入动态产生图片内容

2. 实现一个 Web 应用程序，可动态产生用户登录密码(参考图 3.24，仅需先实现动态产生密码图片功能即可，送出窗体后密码验证功能还不用实现)。

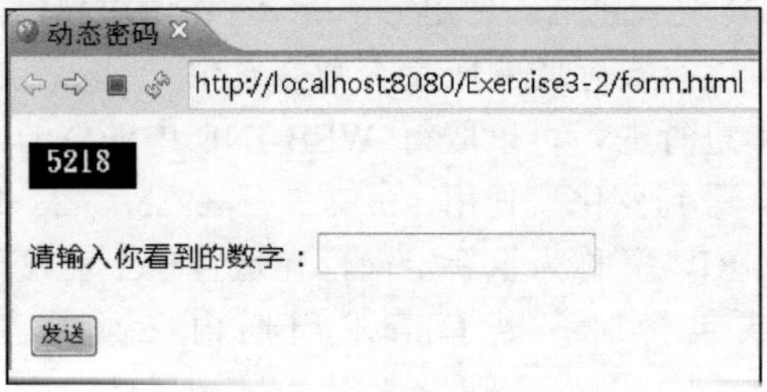

动态密码
http://localhost:8080/Exercise3-2/form.html
5218
请输入你看到的数字：
发送

图 3.24 动态产生登录密码

3. BIG5 网页上输入了非 BIG5 字符，Servlet 要如何处理才能得到正确的中文呢？试写一个以 BIG5 为网页编码的 Web 应用程序，可以将输入的文字保存在 ex3-1.txt 中，并且要能正确显示中文(见图 3.25)。

图 3.25　BIG5 网页输入"犇"怎么办？

提示 搜索关键字 unescapeHTML。保存时记得使用 UTF-8，才能保存像"犇"这种非 BIG5 编码范围的字符。

会 话 管 理

Chapter 4

学习目标：

- 了解会话管理基本原理
- 使用 Cookie 类
- 使用 HttpServlet 会话管理
- 了解容器会话管理原理

4.1 会话管理基本原理

Web 应用程序的请求与响应是基于 HTTP，为无状态的通信协议，服务器不会“记得”这次请求与下一次请求之间的关系。然而有些功能必须由多次请求来完成，例如购物车，用户在多个购物网页之间采购商品，Web 应用程序必须有个方式来“得知”用户在这些网页中采购了哪些商品，这种记得此次请求与之后请求间关系的方式，就称为会话管理(Session Management)。

本节将先介绍几个实现会话管理的基本方式，如隐藏域(Hidden Field)、Cookie 与 URI 重写(URI Rewriting)的实现方式，了解这些基本会话管理的实现方式，有助于了解下一节 HttpSession 的使用方式与原理。

4.1.1 使用隐藏域

在 HTTP 协议中，Web 应用程序是没有记忆功能的，对每次请求都一视同仁，根据请求中的信息来运行程序并响应，每个请求对 Web 应用程序来说都是新请求。

如果你正在制作一个网络问卷，由于问卷内容很长，因此必须分几个页面，上一页面作答完后，必须请求 Web 应用程序显示下一个页面。但是在 HTTP 协议中，Web 应用程序并不会记得上一次请求的状态，那上一页的问卷结果要如何保留(Web 应用程序根本不会记得这次请求是之前的浏览器发送过来的)？

既然 Web 应用程序不会记得两次请求间的关系，那就由浏览器在每次请求时“主动告知”Web 应用程序多次请求间必要的信息，Web 应用程序只要单纯地处理请求中的相关信息即可。

隐藏域就是主动告知 Web 应用程序多次请求间必要信息的方式之一。以问卷作答为例，上一页的问卷答案可以用隐藏域的方式放在下一页的窗体中，这样发送下一页窗体时，就可以一并发送这些隐藏域，每一页的问卷答案就可以保留下来。

那么上一次的结果如何成为下一页的隐藏域呢？做法之一是将上一页的结果发送至 Web 应用程序，由 Web 应用程序将上一页结果以隐藏域的方式响应给浏览器，如图 4.1 所示。

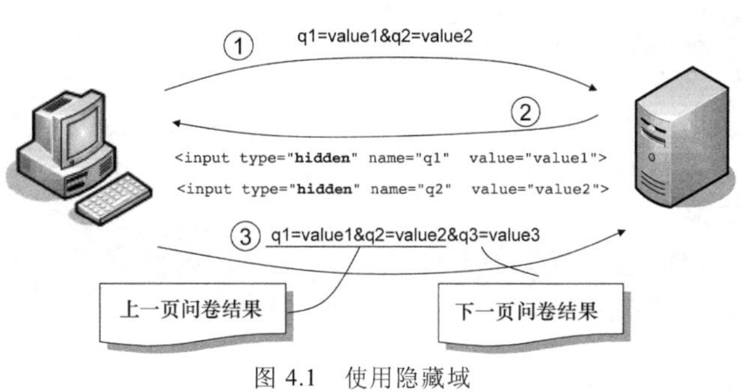

图 4.1 使用隐藏域

以下这个范例是个简单的示范，程序会有两页问卷，第一页的结果会在第二页成为隐藏域，当第二页发送后，可以看到两页问卷的所有答案。

Session Questionnaire.java

```
package cc.openhome;

import java.io.*;
import javax.servlet.*;
import javax.servlet.annotation.*;
import javax.servlet.http.*;


@WebServlet("/questionnaire")
public class Questionnaire extends HttpServlet {
    @Override
    protected void doGet(
            HttpServletRequest request, HttpServletResponse response)
                throws ServletException, IOException {
        processRequest(request, response);
    }

    @Override
    protected void doPost(
            HttpServletRequest request, HttpServletResponse response)
                throws ServletException, IOException {
        processRequest(request, response);
    }

    protected void processRequest(
            HttpServletRequest request, HttpServletResponse response)
                    throws ServletException, IOException {
        request.setCharacterEncoding("UTF-8");
        response.setContentType("text/html;charset=UTF-8");

        PrintWriter out = response.getWriter();
        out.println("<!DOCTYPE html>");
        out.println("<html>");
        out.println("<head>");
        out.println("<meta charset='UTF-8'>");
        out.println("</head>");
        out.println("<body>");

        String page = request.getParameter("page");   ❶
        out.println("<form action='questionnaire' method='post'>");

        if("page1".equals(page)) {
            page1(out);
        }
        else if("page2".equals(page)) {
            page2(request, out);
        }
        else if("finish".equals(page)) {
            page3(request, out);

        }
        out.println("</form>");
        out.println("</body>");
```

❶ page 请求参数决定显示哪一页问卷

```
        out.println("</html>");
    }

    private void page1(PrintWriter out) {
        out.println("问题一：<input type='text' name='p1q1'><br>");
        out.println("问题二：<input type='text' name='p1q2'><br>");
        out.println("<input type='submit' name='page' value='page2'>");
    }

    private void page2(HttpServletRequest request, PrintWriter out) {
        String p1q1 = request.getParameter("p1q1");
        String p1q2 = request.getParameter("p1q2");
        out.println("问题三：<input type='text' name='p2q1'><br>");
        out.printf("<input type='hidden' name='p1q1' value='%s'>%n", p1q1);
        out.printf("<input type='hidden' name='p1q2' value='%s'>%n", p1q2);   ❷ 第一页问卷答案，使用隐藏域发送答案
        out.println("<input type='submit' name='page' value='finish'>");
    }

    private
 void page3(HttpServletRequest request, PrintWriter out) {
        out.println(request.getParameter("p1q1") + "<br>");
        out.println(request.getParameter("p1q2") + "<br>");
        out.println(request.getParameter("p2q1") + "<br>");
    }
}
```

由于程序只使用一个 Servlet，所以利用一个 page 请求参数来区别该显示第几页问卷❶。page 请求参数的值为"page1"时，显示第一页问卷题目；为"page2"时，显示第二页问卷题目，并将前一页的答案以隐藏域的方式响应给浏览器❷，以便下一次可以再发送给 Web 应用程序；page 请求参数的值为"finish"时，应用程序将显示问卷的所有答案。

在第二页问卷显示时，会返回以下的 HTML 内容：

```
<!DOCTYPE html>
<html>
    <head>
        <meta charset='UTF-8'>
    </head>
    <body>
        <form action='questionnaire' method='post'>
            问题三：<input type='text' name='p2q1'><br>
            <input type='hidden' name='p1q1' value='测试一'>
            <input type='hidden' name='p1q2' value='测试二'>
            <input type='submit' name='page' value='finish'>
        </form>
    </body>
</html>
```

使用隐藏域的方式，在关掉网页后，显然会遗失先前请求的信息，所以仅适合用于一些简单的状态管理，如在线问卷。由于在查看网页源代码时，就可以看到隐藏域的值，因此这个方法不适合用于隐密性较高的数据，把信用卡数据或密码之类的放到隐藏域更是不可行的做法。

隐藏域不是 Servlet/JSP 实际管理会话时的机制，在这边实现隐藏域，只是为了说明，由浏览器主动告知必要的信息，为实现 Web 应用程序会话管理的基本原理。

4.1.2 使用 Cookie

Web 应用程序会话管理的基本方式，就是在此次请求中，将下一次请求时 Web 应用程序应知道的信息，先响应给浏览器，由浏览器在之后的请求再一并发送给应用程序，这样应用程序就可以“得知”多次请求的相关数据。

1. Cookie 原理

Cookie 是在浏览器存储信息的一种方式，Web 应用程序可以响应浏览器 set-cookie 标头，浏览器收到这个标头与数值后，会将它以文件的形式存储在计算机上，这个文件被称为 Cookie，如图 4.2 所示。可以设定给 Cookie 一个存活期限，保留一些有用的信息在浏览器，如果关闭浏览器之后，再次打开浏览器并连接 Web 应用程序，这些 Cookie 仍在有效期限中，浏览器会使用 Cookie 标头自动将 Cookie 发送给 Web 应用程序，Web 应用程序就可以得知一些先前浏览器请求的相关信息。

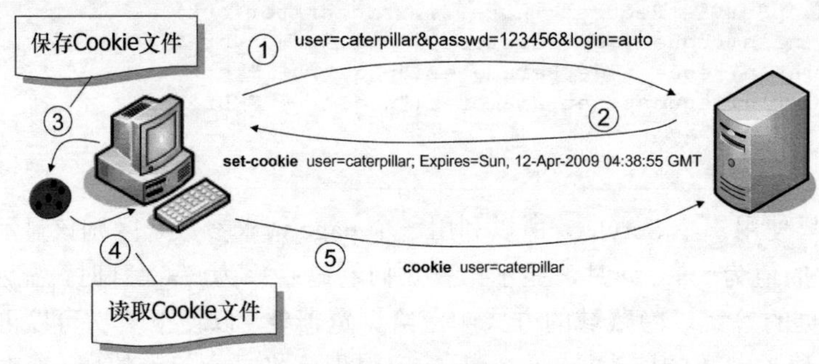

图 4.2 使用 Cookie

浏览器被预期能为每个网站存储 20 个 Cookie，总共可存储 300 个 Cookie，而每个 Cookie 的大小不超过 4KB(前面这些数字实际因浏览器不同而有所不同)，因此 Cookie 实际上可存储的信息也是有限的。

Cookie 可以设定存活期限，在浏览器存储的信息可以活得更久一些(除非用户主动清除 Cookie 信息)。有些购物网站会使用 Cookie 来记录用户的浏览时间，虽然用户没有实际购买商品，但在下次用户访问时，可以根据 Cookie 中保持的浏览历史记录为用户建议购物清单。

Servlet 本身提供了创建、设置与读取 Cookie 的 API。如果要创建 Cookie，可以使用 **Cookie** 类，创建时指定 Cookie 中的名称与数值，并使用 HttpServletResponse 的 **addCookie()** 方法在响应中新增 Cookie。例如：

```
Cookie cookie = new Cookie("user", "caterpillar");
cookie.setMaxAge(7 * 24 * 60 * 60); // 单位是“秒”，所以一星期内有效
response.addCookie(cookie);
```

注意>>> HTTP 中 Cookie 的设定是通过 Set-Cookie 标头，必须在实际响应浏览器之前使用 addCookie() 来新增 Cookie 实例，在浏览器输出 HTML 响应之后再运行 addCookie()是没有作用的。

如范例所示，创建 Cookie 之后，可以使用 **setMaxAge()** 设定 Cookie 的有效期限，设定单位是“秒”。默认关闭浏览器之后 Cookie 就失效。

如果要取得浏览器上存储的 Cookie，可以从 `HttpServletRequest` 的 `getCookies()` 来取得，这可取得属于该网页所属域(Domain)的所有 Cookie，返回值是 `Cookie[]` 数组。取得 `Cookie` 对象后，可以使用 `Cookie` 的 **`getName()`** 与 `getValue()` 方法，分别取得 Cookie 的名称与数值。例如：

```
Cookie[] cookies = request.getCookies();
if(cookies != null) {
    for(Cookie cookie : cookies) {
        String name = cookie.getName();
        String value = cookie.getValue();
        ...
    }
}
```

既然是基于 Java EE 8，也可以使用 Java SE 8 的 Lambda 风格，代码如下：

```
Optional<Cookie[]> cookies = Optional.ofNullable(request.getCookies());
if(cookies.isPresent()) {
    Stream.of(cookies.get())
          .forEach(cookie -> {
              String name = cookie.getName();
              String value = cookie.getValue();
              ...
          });
}
```

2. 实现自动登录

Cookie 另一个常见的应用，就是实现用户自动登录(Login)功能。在用户登录页面上，经常看到有个自动登录的选项，登录时若有选取该选项，下次再登录该网站时，就不用再输入名称密码，可以直接登录网页。

接下来以一个简单的范例来示范 Cookie API 的使用。当用户访问首页时，会检查用户先前是否有对应的 Cookie，如果是的话，就直接转送至用户页面。

Session User.java

```
package cc.openhome;

import java.io.*;
import java.util.Optional;
import java.util.stream.Stream;

import javax.servlet.*;
import javax.servlet.annotation.*;
import javax.servlet.http.*;

@WebServlet("/user")
public class User extends HttpServlet {
    protected void doGet(
            HttpServletRequest request, HttpServletResponse response)
                    throws ServletException, IOException {

        Optional<Cookie> userCookie =
                Optional.ofNullable(request.getCookies()) ← ❶ 取得 Cookie
                        .flatMap(this::userCookie);

        if(userCookie.isPresent()) {
```

```
        Cookie cookie = userCookie.get();

        request.setAttribute(cookie.getName(), cookie.getValue());
        request.getRequestDispatcher("user.view")
              .forward(request, response);
    } else {
        response.sendRedirect("login.html");  ←── ❷ 如果没有相对应的 Cookie
    }                                             名称与数值，表示尚未允许自动
                                                  登录，重新导向至登录页面
}

private Optional<Cookie> userCookie(Cookie[] cookies) {
    return Stream.of(cookies)
            .filter(cookie -> check(cookie))
            .findFirst();
}

private boolean check(Cookie cookie) {
    return "user".equals(cookie.getName()) &&  ←── ❸ 如果有这个 Cookie 名称与
        "caterpillar".equals(cookie.getValue());     数值，允许用户自动登录
}
}
```

当用户访问 `user` 这个 Servlet 时，会先取得所有的 Cookie❶。然后逐一检查是否有 Cookie 存储名称 `user` 而值为 `caterpillar`❸，如果有的话，表示先前用户登录成功或曾选取“自动登录”选项，因此直接转发至用户网页，否则重新定向至登录窗体❷。

由于用户 Cookie 若验证成功，还会在请求属性中设定 `user` 属性，因此在用户页面就可以取得用户名称。

Session UserView.java

```
package cc.openhome;

import java.io.*;
import java.util.Optional;
import java.util.stream.Stream;

import javax.servlet.*;
import javax.servlet.annotation.*;
import javax.servlet.http.*;

@WebServlet("/user.view")

public class UserView extends HttpServlet {
    protected void doGet(
          HttpServletRequest request, HttpServletResponse response)
                throws ServletException, IOException {
        response.setCharacterEncoding("UTF-8");
        PrintWriter out = response.getWriter();
        out.println("<!DOCTYPE html>");
        out.println("<html>");
        out.println("<head>");
        out.println("<meta charset='UTF-8'>");
        out.println("</head>");
        out.println("<body>");
        out.printf("<h1>%s 已登录</h1>", request.getAttribute("user"));
        out.println("</body>");
        out.println("</html>");
```

```
    }
}
```

在登录窗体的设计上，会有个“自动登录”选项，如图 4.3 所示。

图 4.3　显示自动登录窗体

登录窗体会发送至负责处理登录请求的 Servlet，其实现程序代码如下所示：

Session　Login.java

```
package cc.openhome;

import java.io.*;
import javax.servlet.*;
import javax.servlet.annotation.*;
import javax.servlet.http.*;

@WebServlet("/login")
public class Login extends HttpServlet {
    @Override
    protected void doPost(
         HttpServletRequest request, HttpServletResponse response)
                   throws ServletException, IOException {
        String name = request.getParameter("name");
        String passwd = request.getParameter("passwd");
        String page;
        if("caterpillar".equals(name) && "123456".equals(passwd)) {
            processCookie(request, response);
            page = "user";
        }
        else {
            page = "login.html";
        }
        response.sendRedirect(page);
    }

    private void processCookie(
            HttpServletRequest request, HttpServletResponse response) {
        Cookie cookie = new Cookie("user", "caterpillar");
        if("true".equals(request.getParameter("auto"))) { ← ❶ auto 为"true"表示自动登录
            cookie.setMaxAge(7 * 24 * 60 * 60);  ← ❷ 设定一星期内有效
        }
        response.addCookie(cookie);
    }
}
```

当登录名称与密码正确时，若用户有选取“自动登录”选项，请求中会带有 auto 参数且值为 true，一旦检查到有这个请求参数❶，设定 Cookie 有效期限并加入响应之中❷，之后用户就算关掉并重新开启浏览器，再请求刚才示范的 `user` 程序时，仍可以取得对应的Cookie值，因此就可以实现自动登录的流程。

这个自动登录只是个范例，用来示范自动登录的原理，然而，只凭 Cookie 中简单的 `user`、`caterpillar` 作为自动登录的凭据(Token)是危险的，这表示任何客户端只要能发送这简单的 Cookie，就能观看用户页面了。

在实际的应用程序中，必须设计一个安全性更高的凭据，让恶意用户无法猜测。例如，凭据可以是用户名称结合过期时间、来源地址等加上一个随机盐值，然后通过摘要演算来产生，这样每次产生的凭据就不会相同，盐值必须另存在 Web 应用程序上某个地方。

在允许自动登录的页面中，取得用户名称、Cookie 过期时间、来源地址等，并取得先前另存的盐值，算出摘要之后，再与 Cookie 中送来的凭据比对，确认是否符合来判断可否自动登录。

3. Cookie 安全性

Cookie 若要避免被窃取，可以通过 Cookie 的 `setSecure()` 设定 true，那么就只会在联机有加密(HTTPS)的情况下传送 Cookie。

在 Servlet 3.0 中，`Cookie` 类新增了 **`setHttpOnly()`** 方法，可以将 Cookie 标示为仅用于 HTTP，这会在 set-Cookie 标头上附加 HttpOnly 属性，在浏览器支持的情况下，这个 Cookie 将不会被 JavaScript 读取。可以使用 **`isHttpOnly()`** 来得知一个 Cookie 是否被 `setHttpOnly()` 标示为仅用于 HTTP。

注意>>> 如果使用 Tomcat，在 Cookie 的使用上必须留意 Tomcat 规范与 Java EE 规范的差异。Java EE 官方 API 的 Cookie 文件是这样写的：

This class supports both the Version 0 (by Netscape) and Version 1 (by RFC 2109) cookie specifications. By default, cookies are created using Version 0 to ensure the best interoperability.

在 Tomcat 8.0 前也都遵守此规范，不过从 Tomcat 8.5 开始的 Cookie 文件却写着：

This class supports both the RFC 2109 and the RFC 6265 specifications. By default, cookies are created using RFC 6265.

因此，在 Tomcat 8.5 之后，如果 Cookie 在设定时，不符合 RFC 6265 的规范，就有可能发生错误，若必须使用旧版 Cookie Processor，必须于 context.xml 中设定。

4.1.3 使用 URI 重写

所谓 URI 重写(URI Rewriting)，其实就是 `GET` 请求参数的应用，当 Web 应用程序响应浏览器上一次请求时，将某些相关信息以超链接方式响应给浏览器，超链接中包括请求参数信息，如图 4.4 所示。

在图 4.4 中模拟搜索某些数据的分页结果，Web 应用程序在响应的结果中加入了一些超链接，如图中第一个标号处，单击某个超链接时，会一并发送 start 请求参数，这样 Web 应用程序就可以知道，接下来该显示的是第几页的搜索分页结果。以下范例模拟了搜索的分页结果。

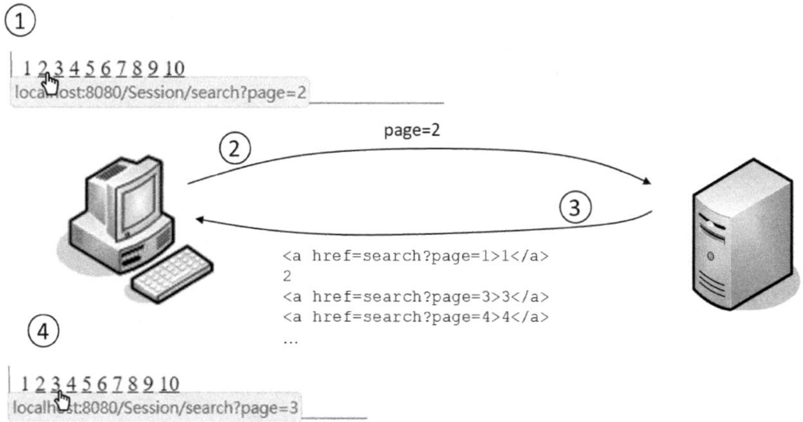

图 4.4 使用 URI 重写

Session Search.java

```
package cc.openhome;

import java.io.*;
import java.util.Optional;
import java.util.stream.IntStream;

import javax.servlet.*;
import javax.servlet.annotation.*;
import javax.servlet.http.*;

@WebServlet("/search")
public class Search extends HttpServlet {
    @Override
    protected void doGet(
         HttpServletRequest request, HttpServletResponse response)

            throws ServletException, IOException {
        response.setCharacterEncoding("UTF-8");
        PrintWriter out = response.getWriter();

        out.println("<!DOCTYPE html>");
        out.println("<html>");
        out.println("<head>");
        out.println("<meta charset='UTF-8'>");
        out.println("</head>");
        out.println("<body>");

        results(out);
        pages(request, out);
        out.println("</body>");
        out.println("</html>");
    }

    private void results(PrintWriter out) {
        out.println("<ul>");
        IntStream.rangeClosed(1, 10)
                 .forEach(i -> out.printf("<li>搜索结果 %d</li>%n", i));
        out.println("</ul>");
    }
```

```
    private void pages(HttpServletRequest request, PrintWriter out) {
        String page = Optional.ofNullable(request.getParameter("page"))
                          .orElse("1");

        int p = Integer.parseInt(page);
        IntStream.rangeClosed(1, 10)
                .forEach(i -> {
                    if(i == p) {
                        out.println(i);
                    }
                    else {
                        out.printf("<a href='search?page=%d'>%d</a>%n", i, i);
                    }
                });
    }
}
```

使用 URI 重写保留分页信息

图 4.5 所示为执行时的参考页面。

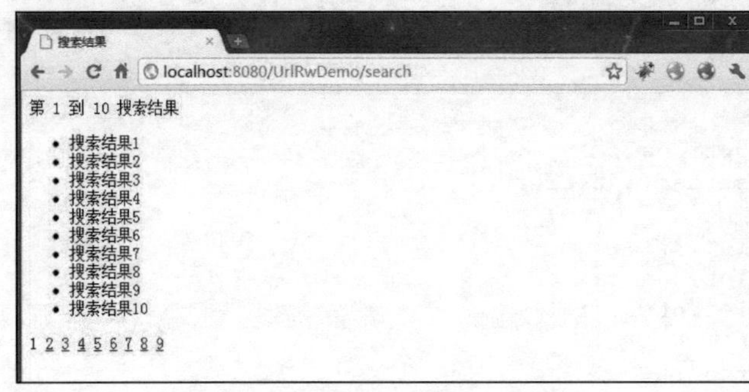

图 4.5　用 URI 重写保留分页信息

显然，因为 URI 重写是在超链接之后附加信息的方式，必须以 GET 方式发送请求，再加上 GET 本身可以携带的请求参数长度有限，因此大量的浏览器信息保留，并不适合使用 URI 重写。

通常 URI 重写是用在一些简单的浏览器信息保留，或者是辅助会话管理，接下来将介绍的 HttpSession 会话管理机制的原理之一，就与 URI 重写有关。

4.2　HttpSession 会话管理

前一节简介了三个会话管理的基本方式。无论是哪个方式，都必须自行处理对浏览器的响应，决定哪些信息必须送至浏览器，以便在之后的请求一并发送相关信息，供 Web 应用程序辨识请求间的关联。

这一节将介绍 Servlet/JSP 中进行会话管理的机制：使用 **HttpSession**。你会看到 HttpSession 的基本 API 使用方式，以及其会话管理的背后原理。可以将会话期间必须共享的数据，保存在 HttpSession 中成为属性。你也会看到，如果用户关掉浏览器接收 Cookie 的功能，HttpSession 可以改用 URI 重写继续其会话管理功能。

4.2.1 使用 HttpSession

在 Servlet/JSP 中，如果想要进行会话管理，可以使用 HttpServletRequest 的 **getSession()**方法取得 HttpSession 对象。

```
HttpSession session = request.getSession();
```

getSession()方法有两个版本，另一个版本可以传入布尔值，默认是 true，表示若尚未存在 HttpSession 实例时，直接创建一个新的对象。若传入 false，且尚未存在 HttpSession 实例，则直接返回 null。

HttpSession 上常使用的方法大概就是 **setAttribute()**与 **getAttribute()**，从名称上应该可以猜到，这和 HttpServletRequest 的 setAttribute()与 getAttribute()类似，可以在对象中设置及取得属性，这是目前看到过可以存放属性对象的第二个地方(Serlvet API 中第三个可存放属性的地方是在 ServletContext)。

如果想在浏览器与 Web 应用程序的会话期间，保留请求之间的相关信息，可以使用 HttpSession 的 setAttribute()方法将相关信息设置为属性。在会话期间，可以当作 Web 应用程序“记得”浏览器的信息，如果想取出这些信息，通过 HttpSession 的 getAttribute()就可以取出。你完全可以从 Java 应用程序的角度出发来进行会话管理，暂时忽略 HTTP 无状态的事实。

以下范例是将 4.1.1 节在线问卷，从隐藏域方式改用 HttpSession 方式来实现会话管理(为节省篇幅，仅列出修改后需注意的部分)。

HttpSessionDemo　Questionnaire.java

```
package cc.openhome;

略...

@WebServlet("/questionnaire")
public class Questionnaire extends HttpServlet {
   略...

   private void page2(HttpServletRequest request, PrintWriter
 out) {
       String p1q1 = request.getParameter("p1q1");
       String p1q2 = request.getParameter("p1q2");
       request.getSession().setAttribute("p1q1", p1q1);
       request.getSession().setAttribute("p1q2", p1q2);
       out.println("问题三: <input type='text' name='p2q1'><br>");
       out.println("<input type='submit' name='page' value='finish'>");
   }

   private void page3(HttpServletRequest request, PrintWriter out) {
       out.println(request.getSession().getAttribute("p1q1") + "<br>");
       out.println(request.getSession().getAttribute("p1q2") + "<br>");
       out.println(request.getParameter("p2q1") + "<br>");
   }
}
```

❶ 改用 HttpSession 存储第一页答案

❷ 改用 HttpSession 取得第一页答案

程序改写时，分别利用 HttpSession 的 setAttribute()来设置第一页的问卷答案❶，以及 getAttribute()来取得第一页的问卷答案❷。你可以忽略 HTTP 无状态特性，省略亲手对浏览器发送隐藏域的 HTML 的操作。

默认在关闭浏览器前，取得 HttpSession 都是相同的实例(稍后说明原理就会知道为什么)。如果想在此次会话期间，直接让目前的 HttpSession 失效，可以执行 HttpSession 的 **invalidate()**方法。一个使用的时机就是实现注销机制，如以下的范例所示，首先是登录的 Servlet 实现。

SessionAPI Login.java

```
package cc.openhome;

import java.io.*;

import javax.servlet.*;
import javax.servlet.annotation.*;
import javax.servlet.http.*;

@WebServlet("/login")
public class Login extends HttpServlet {
   @Override

   protected void doPost(
         HttpServletRequest request, HttpServletResponse response)
               throws ServletException, IOException {
      String name = request.getParameter("name");
      String passwd = request.getParameter("passwd");

      String page;
      if("caterpillar".equals(name) && "123456".equals(passwd)) {
         if(request.getSession(false) != null) {
            request.changeSessionId(); ←❶变更 Session ID
         }
         request.getSession().setAttribute("login", name); ←❷设定登录字符
         page = "user";
      }
      else {
         page = "login.html";
      }
      response.sendRedirect(page);
   }
}
```

基于 Web 安全考虑，建议在登录成功后改变 Session ID，至于什么是 Session ID，稍后会有说明。想改变 Session ID，可以通过 Servlet 3.1 在 **HttpServletRequest** 上新增的 **changeSessionId()**来达到❶。

至于 Servlet 3.0 或更早的版本，必须自行取出 HttpSession 中的属性，令目前的 HttpSession 失效，然后取得 HttpSession 并设定属性，例如自行撰写一个 changeSessionId() 方法：

```
   private void changeSessionId(HttpServletRequest request) {
      HttpSession oldSession = request.getSession();

      Map<String, Object> attrs = new HashMap<>();
      for(String name : Collections.list(oldSession.getAttributeNames())) {
         attrs.put(name, oldSession.getAttribute(name));
```

```
    }

    oldSession.invalidate(); // 令目前的 Session 失效

    // 逐一设置属性
    HttpSession newSession = request.getSession();
    for(String name : attrs.keySet()) {
        newSession.setAttribute(name, attrs.get(name));
    }
}
```

在登录成功之后，为了之后免于重复验证用户是否登录的麻烦，可以设定一个 `login` 属性❷，用以代表用户做完成登录的动作。其他的 Servlet/JSP，如果可以从 `HttpSession` 取得 login 属性，则确定是个已登录的用户，这类用来识别用户是否登录的属性，通常称为登录令牌(Login Token)。下面这个范例在登录成功之后，会转发至用户页面。

SessionAPI User.java

```
package cc.openhome;

import java.io.*;
import java.util.Optional;
import javax.servlet.*;
import javax.servlet.annotation.*;
import javax.servlet.http.*;

@WebServlet("/user")
public class User extends HttpServlet {
    protected void doGet(
            HttpServletRequest request, HttpServletResponse response)
                    throws ServletException, IOException {

        HttpSession session = request.getSession();
        Optional<Object> token =
                Optional.ofNullable(session.getAttribute("login"));

        if(token.isPresent()) {
            request.getRequestDispatcher("user.view")  ←❶ 取得登录字符，转发用户页面
                .forward(request, response);
        } else {
            response.sendRedirect
("login.html");                                        ←❷ 无法取得登录字符，重新定向至登录页面
        }
    }
}
```

如果有浏览器请求用户页面，程序先尝试取得 `HttpSession` 中的 login 属性，如果可以取得 login 属性，则转向用户页面❶。如果表示用户尚未登录，则要求浏览器重新定向至登录窗体❷。

用户页面中有个可以执行注销的 URI 超链接：

SessionAPI UserView.java

```
package cc.openhome;

import java.io.*;
import java.util.Optional;
```

```
import java.util.stream.Stream;

import javax.servlet.*;
import javax.servlet.annotation.*;
import javax.servlet.http.*;

@WebServlet("/user.view")
public class UserView extends HttpServlet {
    protected void doGet(
        HttpServletRequest request, HttpServletResponse response)
                throws ServletException, IOException {
        response.setCharacterEncoding("UTF-8");
        PrintWriter out = response.getWriter();
        out.println("<!DOCTYPE html>");
        out.println("<html>");
        out.println("<head>");
        out.println("<meta charset='UTF-8'>");
        out.println("</head>");
        out.println("<body>");
        out.printf("<h1>已登录</h1><br>",
                request.getSession().getAttribute("login"));
        out.println("<a href='logout'>注销</a>");
        out.println("</body>");
        out.println("</html>");
    }
}
```

单击注销超链接后会请求以下 Servlet：

SessionAPI　Logout.java

```
package cc.openhome;

import java.io.*;
import javax.servlet.*;
import javax.servlet.annotation.*;
import javax.servlet.http.*;

@WebServlet("/logout")
public class Logout extends HttpServlet {
    @Override
    protected void doGet(
        HttpServletRequest request, HttpServletResponse response)
                throws ServletException, IOException { ←— 使 HttpSession 失效

        request.getSession().invalidate();
        response.sendRedirect("login.html");
    }
}
```

执行 HttpSession 的 invalidate()之后，容器就会销毁回收 HttpSession 对象，如果再次通过 HttpServletRequest 的 getSession()，取得 HttpSession 就是另一个新对象了，这个新对象当然不会有先前的 login 属性，所以再直接请求用户页面，就会因找不到 login 属性，而复位向至登录页面。

注意》》 HttpSession 并非线程安全，多线程环境中必须注意属性设定时共享存取的问题。

提示>>> 这里只是设计登录、注销的基本概念，用户的验证(Authentication)、授权(Authorization)等流程实际上更为复杂，可以借助容器提供的机制，或者是第三方程式来实现，前者在第 10 章 Web 容器安全管理时会介绍到，至于后者，在 Spring Security 或 OWASP 的 ESAPI 项目中，提供了验证、授权的辅助方案。

4.2.2 HttpSession 会话管理原理

使用 `HttpSession` 进行会话管理十分方便，让 Web 应用程序看似可以“记得”浏览器发出的请求，连接数个请求间的关系。不过，Web 应用程序基于 HTTP 协议的事实并没有改变，如何“得知”数个请求之间的关系，这项任务实际上是由 Web 容器来负责的。

尝试运行 `HttpServletRequest` 的 `getSession()` 时，Web 容器会创建 `HttpSession` 对象，关键在于每个 `HttpSession` 对象都会有个特殊的 ID，称为 Session ID，可以执行 `HttpSession` 的 **`getId()`** 来取得 Session ID。这个 Session ID 默认会使用 Cookie 存放在浏览器中，Cookie 的名称是 JSESSIONID，数值则是 `getId()` 取得的 Session ID，如图 4.6 所示。

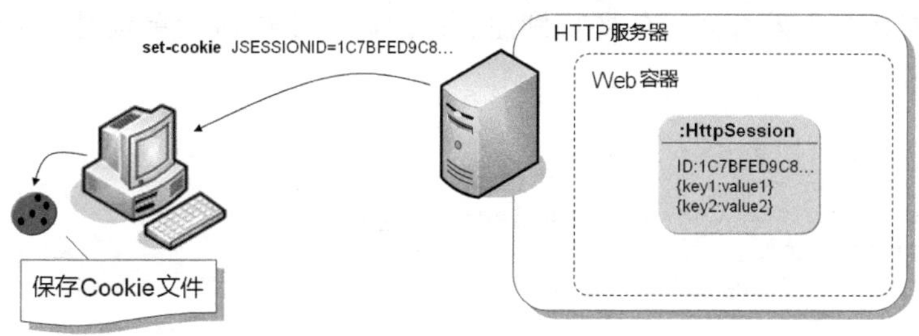

图 4.6　默认使用 Cookie 存储 Session ID

由于 Web 容器本身是执行于 JVM 中的一个 Java 程序，通过 `getSession()` 取得 `HttpSession`，是 Web 容器中的一个 Java 对象，`HttpSession` 中存放的属性，自然也就存放于 Web 应用程序的 Web 容器之中。每个 `HttpSession` 各有特殊的 Session ID，当浏览器请求应用程序时，会将 Cookie 中存放的 Session ID 一并发送给应用程序，Web 容器会根据 Session ID 来找出对应的 `HttpSession` 对象，这样就可以取得各浏览器个别的会话数据，如图 4.7 所示。

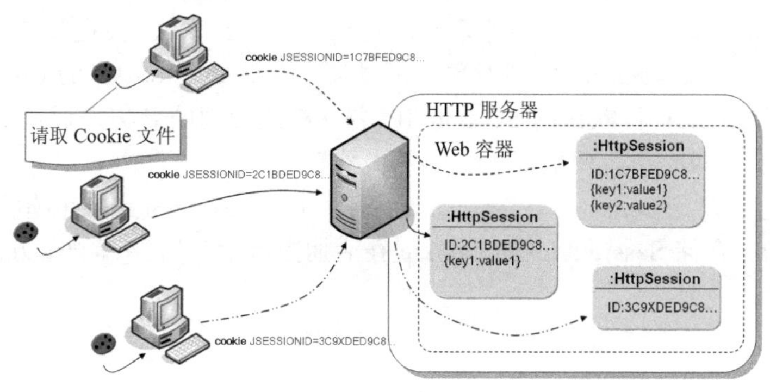

图 4.7　根据 Session ID 取得个别的 HttpSession 对象

使用 HttpSession 来进行会话管理时，设定为属性的对象存储在 Web 应用程序，而 Session ID 默认使用 Cookie 存放于浏览器端。Web 容器存储 Session ID 的 Cookie “默认”为关闭浏览器就失效，因此重新启动浏览器请求应用程序时，通过 getSession()取得的是新的 HttpSession 对象。

每次请求来到应用程序时，容器会根据发送过来的 Session ID 取得对应的 HttpSession。由于 HttpSession 对象会占用内存空间，所以 HttpSession 的属性中尽量不要存储耗资源的大型对象，必要时将属性移除，或者不需使用 HttpSession 时，执行 invalidate()让 HttpSession 失效。

注意>>> 默认关闭浏览器会马上失效的是浏览器上的 Cookie，不是 HttpSession。因为 Cookie 失效了，就无法通过 Cookie 来发送 Session ID，所以尝试 getSession()时，容器会产生新的 HttpSession。要让 HttpSession 立即失效必须运行 invalidate()方法，否则 HttpSession 会等到设定的失效期间过后，才会被容器销毁回收。

可以执行 HttpSession 的 **setMaxInactiveInterval()**方法，设定浏览器多久没有请求应用程序的话，HttpSession 就自动失效，设定的单位是“秒”。也可以在 web.xml 中设定 HttpSession 默认的失效时间，但要特别注意：此时设定的时间单位是“分钟”。例如：

```
</web-app …>
    略...
    <session-config>
        <!—30 分钟 -->
         <session-timeout>30</session-timeout>
    </session-config>
</web-app>
```

注意>>> 使用 HttpSession，默认是使用 Cookie 存储 Session ID，但用户不用介入操作 Cookie 的细节，容器会完成相关操作。要特别注意的是，执行 HttpSession 的 setMaxInactiveInterval()方法，设定的是 HttpSession 对象在浏览器多久没活动就失效的时间，而不是存储 Session ID 的 Cookie 失效时间。存储 Session ID 的 Cookie 默认为关闭浏览器就失效，而且仅用于存储 Session ID。这意味着，其他关闭浏览器后仍希望存储的信息，必须操作 Cookie 来达成。

在 Servlet 3.0 中新增了 **SessionCookieConfig** 接口，可以通过 ServletContext 的 **getSessionCookieConfig()**来取得实现该接口的对象，要取得 ServletContext 可以通过 Servlet 实例的 getServletContext()来取得(关于 ServletContext 会在第 5 章介绍)。

通过 SessionCookieConfig 实现对象，可以设定存储 Session ID 的 Cookie 相关信息，例如可以通过 **setName()**将默认的 Session ID 名称修改为别的名称，通过 **setAge()**设定存储 Session ID 的 Cookie 存活期限等，单位是“秒”。

要注意的是，设定 SessionCookieConfig 必须在 ServletContext 初始化之前，因此要修改 Session ID、存储 Session ID 的 Cookie 存活期限等信息时，有一个方法是在 web.xml 中设定。例如：

```
</web-app …>
    ...
    <session-config>
        <session-timeout>30</session-timeout> <!-- 30 分钟 -->
```

```
        <cookie-config>
            <name>yourJsessionid</name>
            <secure>true</secure>      <!-- 只在加密联机中传送 -->
            <http-only>true</http-only> <!-- 不可被 JavaScript 读取 -->
            <max-age>1800</max-age>     <!-- 1800 秒，不建议 -->
        </cookie-config>
    </session-config>
</web-app>
```

另一个方法是实现 ServletContextListener，容器在初始化 ServletContext 时会调用 ServletContextListener 的 contextInitialized()方法，可以在其中取得 ServletContext 进行 SessionCookieConfig 设定(关于 ServletContextListener 第 5 章还会说明)。

在 Servlet 4.0 中，HttpSession 默认失效时间，也可以通过 ServletContext 的 setSessionTimeout()来设定。

由于许多应用程序都会在 HttpSession 中放置代表已登录的凭据属性，之后借此判断用户是否登录，省去每次都要验证用户身份的麻烦，这表示只要有人可以拿到 Session ID(Session Hijacking)，或者令客户端使用特定的 Session ID(Session Fixation)，就能达到入侵的可能性。

因此，建议不采用默认的 Session ID 名称，在加密联机中传递 Session ID，设定 HTTP-Only 等，在用户登录成功之后，变更 Session ID 以防止客户端被指定了特定的 Session ID，从而避免将重要的登录凭据等信息存入特定的 **HttpSession**。

注意»» 必要时，不要只凭 HttpSession 中是否有登录凭据来判定是否为真正的用户，会话阶段的重要操作前，最好再进行一次身份确认(例如，在线转账前再输入一次转账密码或短信发送确认码等)。

4.2.3 HttpSession 与 URI 重写

HttpSession 默认使用 Cookie 存储 Session ID，如果用户关掉浏览器接收 Cookie 的功能，就无法使用 Cookie 在浏览器存储 Session ID。

如果在用户禁用 Cookie 的情况下，仍打算运用 HttpSession 来进行会话管理，那么可以搭配 URI 重写，向浏览器响应一段超链接，超链接 URI 后附加 Session ID，当用户单击超链接，将 Session ID 以 GET 请求发送给 Web 应用程序。

如果要使用 URI 重写的方式来发送 Session ID，可以使用 HttpServletResponse 的 **encodeURL()**协助产生 URI 重写。当容器尝试取得 HttpSession 实例时，若能从 HTTP 请求中取得带有 Session ID 的 Cookie，encodeURL()会将传入的 URI 原封不动地输出。如果容器尝试取得 HttpSession 实例时，无法从 HTTP 请求中取得带有 Session ID 的 Cookie(通常是浏览器禁用 Cookie 的情况)，encodeURL()会自动产生带有 Session ID 的 URI 重写。例如：

SessionAPI　Counter.java

```
package cc.openhome;

import java.io.*;
```

```
import java.util.Optional;

import javax.servlet.*;
import javax.servlet.annotation.*;
import javax.servlet.http.*;

@WebServlet("/counter")
public class Counter extends HttpServlet {

    @Override
    protected void doGet(
        HttpServletRequest request, HttpServletResponse response)
            throws ServletException, IOException {
        response.setContentType("text/html;
 charset=UTF-8");

        Integer count = Optional.ofNullable(
                request.getSession().getAttribute("count")
            ).map(attr -> (Integer) attr + 1)
             .orElse(0);

        request.getSession().setAttribute("count", count);

        PrintWriter out = response.getWriter();
        out.println("<!DOCTYPE html>");
        out.println("<html>");
        out.println("<head>");
        out.println("<meta charset='UTF-8'>");
        out.println("</head>");
        out.println("<body>");
        out.println("<h1>Servlet Count " + count + "</h1>");
        out.printf("<a href='%s'>递增</a>%n", response.encodeURL("counter"));
        out.println("</body>");                    ↑
        out.println("</html>");                    └使用 encodeURL()
    }
}
```

这个程序会显示一个超链接，如果单击超链接，会访问同一个 URI，在关闭浏览器前，每次单击超链接都会使数字递增。如果浏览器没有禁用 Cookie，则 encodeURL()产生的超链接就是原本的 count，如果浏览器禁用 Cookie，会生成带有 Session ID 的超链接，单击超链接后，会在地址栏看到 Session ID 信息，如图 4.8 所示。

http://localhost:8080/HttpSessionDemo/counter;jsessionid=CB960E7ECC08BDD68F4FFA4DBD08C4D3

Servlet Count 1

递增

图 4.8　使用 URI 重写发送 Session ID

如果不使用 encodeURL()来产生超链接的 URI，在浏览器禁用 Cookie 的情况下，这个程序将会失效，也就是重复单击递增链接，计数也不会递增。

当再次请求时，如果浏览器没有禁用 Cookie，容器可以从 Cookie(从 Cookie 标头)取得 Session ID，则 encodeURL()就只会输出 index.jsp。如果浏览器禁用 Cookie，由于无法从 Cookie 中取得 Session ID，此时 encodeURL()会在 URI 编上 Session ID。

总而言之，当容器尝试取得 HttpSession 对象时，无法从 Cookie 中取得 Session ID，

使用 `encodeURL()`就会产生有 Session ID 的 URI，以便于下次单击超链接时再次发送 Session ID。另一个 `HttpServletResponse` 上的 **`encodeRedirectURL()`**方法，可以为指定的复位向 URI 编上 Session ID。

注意》》 虽然用户为了隐私权等原因而禁用 Cookie，然而，在 URI 上直接出现 Session ID，反而会有安全上的隐忧，像是使得有心人士在指定特定 Session ID 变得容易，而造成 Session 固定攻击(Session Fixation)的可能性提高，或者在从目前网址链接至另一网址时，因为 HTTP 的 Referer 标头而泄漏了 Session ID。

4.3 综合练习

在第 3 章的“综合练习”中，实现了“微博”应用程序的“会员注册”与“会员登录”基本功能，不过会员登录部分并没有实现会话管理。在这一节中，将以本章介绍到的会话管理内容，进一步地改进微博应用程序。

这一节的综合练习成果：在查看会员网页时可以添加微博信息，微博信息将会写入文字文件，在观看会员网页时，可以看到目前已存储的微博信息，也可以删除指定的信息，会员网页上也会有注销的功能。

4.3.1 登录与注销

在第 3 章的练习中，用户登录后并没有加入会话管理功能，因此首先要对 Login.java 做个修改，在用户登录之后更改 Session ID，并设定登录凭据：

gossip Login.java

```
package cc.openhome.controller;

...略

@WebServlet("/login")
public class Login extends HttpServlet {
    private final String USERS = "c:/workspace/Gossip/users";
    private final String SUCCESS_PATH = "member";
    private final String ERROR_PATH = "index.html";

    protected void doPost(
            HttpServletRequest request, HttpServletResponse response)
                        throws ServletException, IOException {
        String username = request.getParameter("username");
        String password = request.getParameter("password");

        String page;
        if(login(username, password)) {
            if(request.getSession(false) != null) {
                request.changeSessionId();      ❶设定 login 属性
            }
            request.getSession().setAttribute("login", username);
```

```
            page = SUCCESS_PATH;
        } else {
            page = ERROR_PATH;
        }
        response.sendRedirect(page);
    }

    ...略
}
```

这个 Servlet 在用户名称与密码无误时，在 `HttpSession` 中设定 `login` 属性，属性值为用户名称❶。至于注销的 Servlet，则撰写在 Logout.java 之中：

gossip　Logout.java

```
package cc.openhome.controller;

...略

@
WebServlet("/logout")
public class Logout extends HttpServlet {
    private final String LOGIN_PATH = "index.html";

    protected void doGet(
            HttpServletRequest request, HttpServletResponse response)
                    throws ServletException, IOException {
        if(request.getSession().getAttribute("login") != null) {
            request.getSession().invalidate(); ←— 令目前 HttpSession 失效
        }
        response.sendRedirect(LOGIN_PATH);
    }
}
```

如果检查到有登录凭证，就令目前的 `HttpSession` 失效，最后一律重新定向至登录页面。

提示»» 注销应该是设计成 `GET` 还是 `POST` 呢？就 HTTP 等安全或等幂规范来看，使用 `GET` 没什么大问题，为了简化范例，这里也是设计为使用 `GET`；不过浏览器可能会为了提供用户更好的体验，预先运行既有页面中的链接以预先加载某些页面，若使用 `GET` 的话，可能会造成用户意外被注销。

4.3.2　会员信息管理

如果用户登录成功，会重新定向至会员信息管理页面，这个页面会列出已发表的信息，可以新增或删除信息，也有个链接可以进行注销，如图 4.9 所示。

从图 4.9 中可以看到，登录成功之后，重新定向时指定的路径其实是 `member`，这个 Servlet 会根据用户名称读取对应的信息，然而不处理画面显示。如：

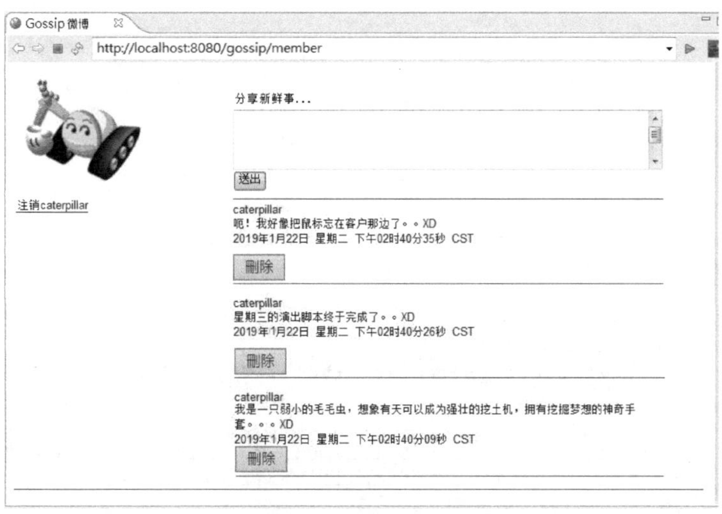

图 4.9　会员信息管理

gossip　Member.java

```
package cc.openhome.controller;

...略

@WebServlet("/member")
public class Member extends HttpServlet {
    private final String USERS = "c:/workspace/Gossip/users";
    private final String MEMBER_PATH = "member.view";
    private final String LOGIN_PATH = "index.html";

    protected void doGet(
            HttpServletRequest request, HttpServletResponse response)
                    throws ServletException, IOException {
        processRequest(request, response);
    }

    protected void doPost(
            HttpServletRequest request, HttpServletResponse response)
                    throws ServletException, IOException {
        processRequest(request, response);
    }

    protected void processRequest(
                HttpServletRequest request, HttpServletResponse response)
                        throws ServletException, IOException {
        if(request.getSession().getAttribute("login") == null) {
            response.sendRedirect(LOGIN_PATH);
            return;
        }

        Map<Long, String> messages = messages(getUsername(request));

        request.setAttribute("messages", messages);
        request.getRequestDispatcher(MEMBER_PATH).forward(request, response);
    }
```

❶ 若无 login 属性，直接重导向至登录页面

❷ 将取得的信息设为请求属性

❸ 转发处理画面的 Servlet

```
    private String getUsername(HttpServletRequest request) {
        return (String) request.getSession().getAttribute("login");
    }
                                        ↑
                                        ❹ 目前从 login 属性取得用户名称

              ❺ 信息存至.txt，并以时间毫秒
              ↓ 数为主文件名
    private Map<Long, String> messages(String username) throws IOException {
        Path userhome = Paths.get(USERS, username);

        Map<Long, String> messages = new TreeMap<>(Comparator.reverseOrder());
        try(DirectoryStream<Path> txts =
                Files.newDirectoryStream(userhome, "*.txt")) {

            for(Path txt : txts) {
                String millis = txt.getFileName().toString().replace(".txt", "");
                String blabla = Files.readAllLines(txt).stream()
                        .collect(
                            Collectors.joining(System.lineSeparator())
                        );
                messages.put(Long.parseLong(millis), blabla);
            }
        }

        return messages;
    }
}
```

会员页面必须是已登录的用户才可观看，在这里检查 `HttpSession` 中是否有 `login` 属性，若无就重新定向至登录页面❶；接着程序取得已发表的信息，并设定为请求范围属性❷，之后转发至真正呈现画面的 Servlet❸。因而，在这个 `member` 中，就不会出现 HTML 与 Java 程序代码夹杂的问题；取得信息时是根据用户名称，这是从 `HttpSession` 取得❹。

目前的范例会先将信息存储在文本文件之中，主文件名会是始于 1970 年 1 月 1 日 0 时 0 分 0 秒至今之时间毫秒数，因而 `messages()`方法主要就是读取用户文件夹中全部的.txt 文档，传回的 `Map<Long, String>`对象中，键就是时间毫秒数，值就是各个.txt 文档的内容❺。

真正处理页面呈现的是 MemberView.java：

gossip MemberView.java

```
package cc.openhome.view;

...略

@WebServlet("/member.view")
public class MemberView extends HttpServlet {
    private final String LOGIN_PATH = "index.html";

    protected void doGet(
            HttpServletRequest request, HttpServletResponse response)
                    throws ServletException, IOException {
        processRequest(request, response);
    }

    protected void doPost(
            HttpServletRequest request, HttpServletResponse response)
                    throws ServletException, IOException {
```

```
    processRequest(request, response);
}

protected void processRequest(HttpServletRequest request,
        HttpServletResponse response) throws ServletException, IOException {
    if(request.getSession().getAttribute("login") == null) {
        response.sendRedirect(LOGIN_PATH);
        return;
    }

    String username = getUsername(request);

    response.setContentType("text/html;charset=UTF-8");
    PrintWriter out = response.getWriter();
    out.println("<!DOCTYPE html>");
    out.println("<html>");

    ...略

    out.printf("<a href='logout'>注销 %s</a>", username);
    out.println("</div>");
    out.println("<form method='post' action='new_message'>");
    out.println("分享新鲜事...<br>");

    String preBlabla = request.getParameter("blabla");
    if(preBlabla == null) {
        preBlabla = "";
    }
    else {
        out.println("信息要 140 字以内<br>");
    }
    out.printf(
      "<textarea cols='60' rows='4' name='blabla'>%s</textarea><br>",
       preBlabla);

    out.println("<button type='submit'>送出</button>");
    ...略
    out.println("<tbody>");

    Map<Long, String> messages =
          (Map<Long, String>) request.getAttribute("messages");
    messages.forEach((millis, blabla) -> {
        LocalDateTime dateTime =
                Instant.ofEpochMilli(millis)
                       .atZone(ZoneId.of("Asia/Taipei"))
                       .toLocalDateTime();

        out.println("<tr><td style='vertical-align: top;'>");
        out.printf("%s<br>", username);
        out.printf("%s<br>", blabla);
        out.println(dateTime);

        out.println("<form method='post' action='del_message'>");
        out.printf(
          "<input type='hidden' name='millis' value='%s'>", millis);
        out.println("<button type='submit'>删除</button>");
        out.println("</form>");

        out.println("<hr></td></tr>");
    });

    ...略
```

❶ 若无 login 属性，直接重导向至登入页面

❷ 单击链接注销

❸ 新增信息的 Servlet

❹ 如果发送的信息超过 140 字，会转发回此页面回填

❺ 从请求范围取得信息逐一显示

```
        out.println("</html>");
    }

    private String getUsername(HttpServletRequest request) {
        return  (String) request.getSession().getAttribute("login");
    }
}
```

同样地，只有登录的用户才可请求页面，因而检查 HttpSession 中是否有 login 属性，若无就重新定向至登录页面❶；页面中有个注销链接，单击后会请求 logout 进行注销❷；如果要新增信息，填完窗体发送的请求路径是 new_message❸。

由于范例限制信息字数不得大于 140 字，若信息字数超过，则 new_message 的 Servlet 会转发回此页面，这时在同一请求周期中，因而可取得请求参数 blabla，由此判断是否信息字数过多，为了方便用户修改信息，将信息取出并填入信息字段之中❹。

在逐一显示信息时，先从请求范围取得信息，范例中会显示信息发表时间，这里使用了 JDK8 新日期时间 API，将毫秒数转为本地时间，除了显示用户名称、信息与时间之外，每条信息都会有个删除按钮，按下之后，会将隐藏域中的毫秒数送出，以便 del_message 取得 millis 请求参数，进行对应信息之删除❺。

4.3.3 新增与删除信息

若用户发送信息，由 new_message 的 Servlet 来处理，信息会是使用 blabla 请求参数发送：

gossip NewMessage.java

```
package cc.openhome.controller;

...略

@WebServlet("/new_message")
public class NewMessage extends HttpServlet {
    private final String USERS = "c:/workspace/Gossip/users";
    private final String LOGIN_PATH = "index.html";
    private final String MEMBER_PATH = "member";

    protected void doPost(
            HttpServletRequest request, HttpServletResponse response)
                    throws ServletException, IOException {

        if(request.getSession().getAttribute("login") == null) {   ← ❶ 若无 login 属性，直接重定向至登录页面
            response.sendRedirect(LOGIN_PATH);
            return;
        }

        request.setCharacterEncoding("UTF-8");
        String blabla = request.getParameter("blabla");

        if(blabla == null || blabla.length() == 0) {  ← ❷ 无信息时直接重新定向会员页面
            response.sendRedirect(MEMBER_PATH);
            return;
        }
```

```
        if(blabla.length() <= 140) {
            addMessage(getUsername(request), blabla);
            response.sendRedirect(MEMBER_PATH);          ← ❸ 信息字数未超过，进行信息新增
        }
        else {
            request.getRequestDispatcher(MEMBER_PATH)
                   .forward(request, response);          ← ❹ 信息字数超过，转发会员页面
        }
    }

    private String getUsername(HttpServletRequest request) {
        return  (String) request.getSession().getAttribute("login");
    }

    private void addMessage(String username, String blabla) throws IOException {
        Path txt = Paths.get(
                    USERS,
                    username,
                    String.format("%s.txt", Instant.now().toEpochMilli())
                );
        try(BufferedWriter writer = Files.newBufferedWriter(txt)) {
            writer.write(blabla);
        }
    }
}
```

目前有几个页面，都会在一开始检查 `HttpSession` 中是否有登录凭据❶，像这类动作，适合抽取出来设计为过滤器(Filter)，而不是写在各个 Servlet 之中，这是下一章要介绍的主题。

用户可能误操作发送，此时字段中没有信息，直接重新定向回会员页面❷；若信息未超过限制，进行信息新增，这时使用 JDK8 新日期时间 API 取得毫秒数，以毫秒数为.txt 的主文档名，将信息写入文本文件之中❸；如果信息字数超过限制，就转发回会员页面，供用户修改信息后重新发送❹。

接下来是删除信息时的 Servlet 操作，主要就是取得 `millis` 请求参数，将用户文件夹中对应的.txt 文件删除：

gossip DelMessage.java

```
package cc.openhome.controller;

...略

@WebServlet("/del_message")
public class DelMessage extends HttpServlet {
    private final String USERS = "c:/workspace/Gossip/users";
    private final String LOGIN_PATH = "index.html";
    private final String MEMBER_PATH = "member";

    protected void doPost(
            HttpServletRequest request, HttpServletResponse response)
                throws ServletException, IOException {
        if(request.getSession().getAttribute("login") == null) {
            response.sendRedirect(LOGIN_PATH);
            return;
        }

        String millis = request.getParameter("millis");
        if(millis != null) {
```

```
            deleteMessage(getUsername(request), millis);
        }

        response.sendRedirect(MEMBER_PATH);
    }

    private String getUsername(HttpServletRequest request) {
        return (String) request.getSession().getAttribute("login");
    }

    private void deleteMessage(
                String username, String millis) throws IOException {
        Path txt = Paths.get(
                USERS,
                username,
                String.format("%s.txt", millis)
            );
        Files.delete(txt);
    }
}
```

4.4 重点复习

HTTP 本身是无状态通信协议，要进行会话管理的基本原理，就是将需要维持的状态回应给浏览器，由浏览器在下次请求时主动发送状态信息，让 Web 应用程序“得知”请求之间的关联。

隐藏字段是将状态信息以窗体中看不到的输入字段回应给浏览器，在下次发窗体时一并发送这些隐藏的输入字段值。Cookie 是保存在浏览器上的一个小文件，可设定存活期限，在浏览器请求 Web 应用程序时，会一并将属于网站的 Cookie 发送给应用程序。URI 重写是使用超链接，并在超链接的 URI 地址附加信息，以 GET 的方式请求 Web 应用程序。

如果要创建 Cookie，可以使用 `Cookie` 类，创建时指定 Cookie 的名称与数值，并使用 `HttpServletResponse` 的 `addCookie()`方法在响应中新增 Cookie。可以使用 `setMaxAge()`来设定 `Cookie` 的有效期限，默认是关闭浏览器之后 Cookie 就失效。

执行 `HttpServletRequest` 的 `getSession()`可以取得 `HttpSession` 对象。在会话阶段，可以使用 `HttpSession` 的 `setAttribute()`方法来设定会话期间要保留的信息，利用 `getAttribute()`方法就可以取得信息。如果要让 `HttpSession` 失效，可以执行 `invalidate()`方法。

`HttpSession` 是 Web 容器中的一个 Java 对象，每个 `HttpSession` 实例都有个独特的 Session ID。容器默认使用 Cookie 于浏览器存储 Session ID，在下次请求时，浏览器将包括 Session ID 的 Cookie 送至应用程序，应用程序再根据 Session ID 取得相对应的 `HttpSession` 对象。

如果浏览器禁用 Cookie，无法使用 Cookie 在浏览器存储 Session ID，此时若仍打算运用 `HttpSession` 来维持会话信息，则可使用 URI 重写机制。`HttpServletResponse` 的 `encodeURL()`方法在容器无法从 Cookie 中取得 Session ID 时，会在指定的 URI 附上 Session ID，以便设定 URI 重写时的超链接信息。`HttpServletResponse` 的 `encodeRedirectURL()`方法，可以在指定的重定向 URI 附上 Session ID 的信息。

执行 `HttpSession` 的 `setMaxInactiveInterval()`方法，设定的是 `HttpSession` 对象在浏览器多久没活动就失效的时间，而不是存储 Session ID 的 Cookie 失效时间。`HttpSession`

是用于当次会话阶段的状态维持，如果有相关的信息，希望在关闭浏览器后，下次开启浏览器请求 Web 应用程序时，仍可以发送给应用程序，但要使用 Cookie。

4.5 课后练习

1. 请实现一个 Web 应用程序，可动态产生用户登录密码，送出窗体后必须通过密码验证才可观看到用户页面，如图 4.10 所示。

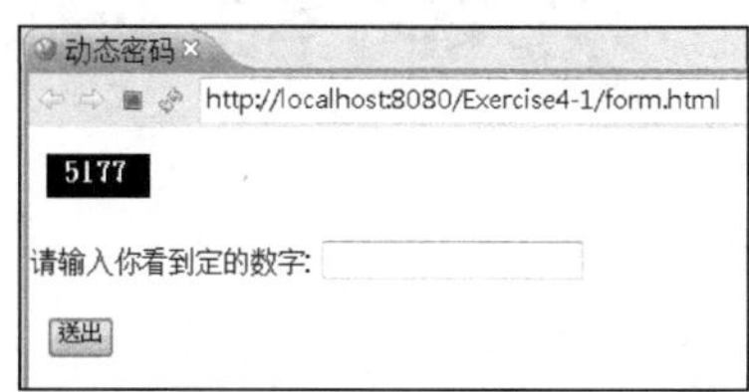

图 4.10 图片验证

提示 >>> 此题仍是第 3 章课后练习第 2 个练习题的延伸。

2. 实现一个购物车应用程序，可以在采购网页进行购物、显示目前采购项目数量，并可查看购物车内容，如图 4.11 和图 4.12 所示。

图 4.11 采购网页

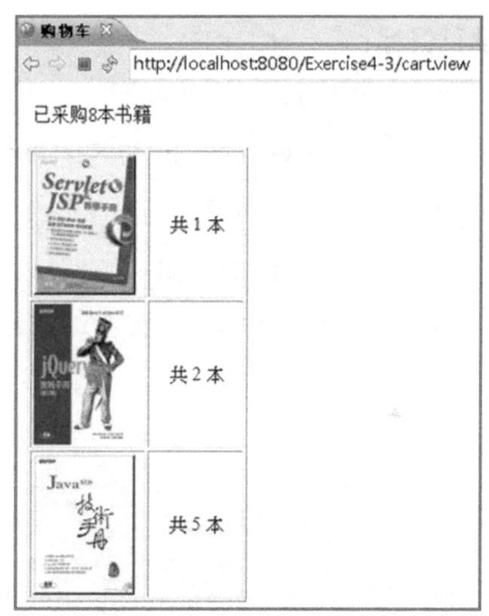

图 4.12 购物车网页

Servlet 进阶 API、过滤器与监听器

Chapter 5

学习目标：

- 了解 Servlet 生命周期
- 使用 ServletConfig 与 ServletContext
- 使用 PushBuilde
- 各种监听器的使用
- 继承 HttpFilter 实现过滤器

5.1 Servlet 进阶 API

每个 Servlet 都必须由 Web 容器读取 Servlet 设置信息(无论使用标注还是 web. xml)、初始化等，才可以真正成为一个 Servlet。对于每个 Servlet 的设置信息，Web 容器会生成一个 `ServletConfig` 作为代表对象，可以从该对象取得 Servlet 初始参数，以及代表整个 Web 应用程序的 `ServletContext` 对象。

本节将以讨论 Servlet 的生命周期作为开始，了解 `ServletConfig` 如何设置给 Servlet，如何设置为取得 Servlet 初始参数，以及如何使用 `ServletContext`。

5.1.1 Servlet、ServletConfig 与 GenericServlet

在 `Servlet` 接口上，定义了与 Servlet 生命周期及请求服务相关的 `init()`、`service()`与 `destroy()`三个方法。3.1.1 节曾经介绍，每一次请求来到容器时，会产生 `HttpServletRequest` 与 `HttpServletResponse` 对象，并在调用 `service()`方法时当作参数传入(参考图 3.4)。

在 Web 容器启动后，会读取 Servlet 设置信息，将 Servlet 类加载并实例化，并为每个 Servlet 设置信息产生一个 **`ServletConfig`** 对象，而后调用 `Servlet` 接口的 `init()`方法，将产生的 `ServletConfig` 对象当作参数传入，如图 5.1 所示。

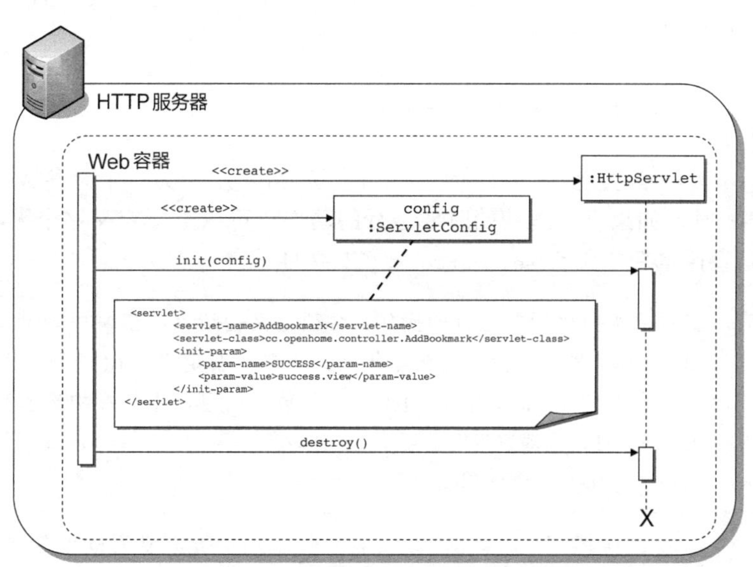

图 5.1　容器根据设置信息创建 Servlet 与 ServletConfig 实例

这个过程只在创建 Servlet 实例后发生一次，之后每次请求到来，就如第 3 章介绍的，调用 Servlet 实例的 `service()`方法进行服务。

`ServletConfig` 实例即每个 Servlet 设置的代表对象，容器为每个 Servlet 设置信息产生一个 `Servlet` 及 `ServletConfig` 实例。**`GenericServlet`** 同时实现了 `Servlet` 及 `ServletConfig`，如图 5.2 所示。

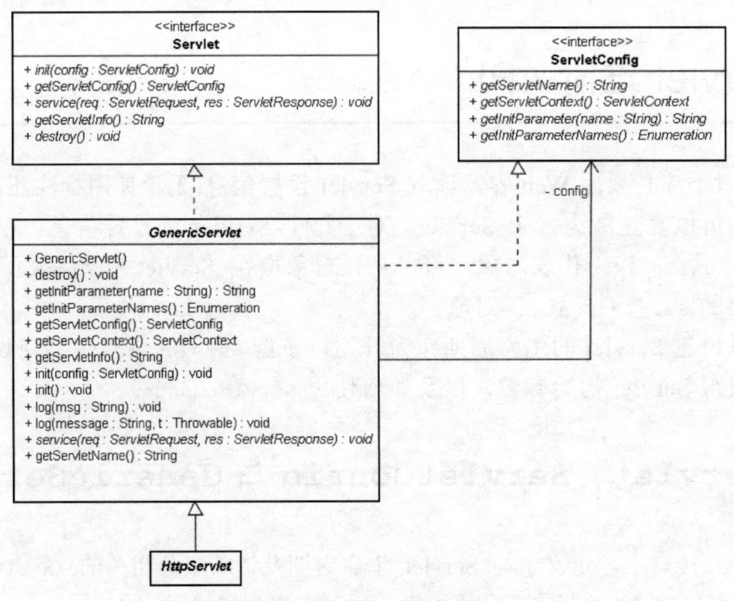

图 5.2　Servlet 类架构图

GenericServlet 的主要目的，是将初始 Servlet 调用 init()方法传入的 ServletConfig 封装起来：

```
private transient ServletConfig config;
public void init(ServletConfig config) throws ServletException {
    this.config = config;
    this.init();
}
public void init() throws ServletException {
}
```

GenericServlet 在实现 Servlet 的 init()方法时，调用了另一个无参数的 init()方法，在编写 Servlet 时，如果有一些初始时要运行的动作，可以重新定义这个无参数的 init()方法，而不是直接重新定义有 ServletConfig 参数的 init()方法。

注意 ››› 当有一些对象实例化后要运行的操作，必须定义构造器。在编写 Servlet 时，若想运行与 Web 应用程序资源相关的初始化动作，要重新定义 init()方法。举例来说，若要使用 ServletConfig 来取得 Servlet 初始参数等信息，不能在构造函数中定义，因为实例化 Servlet 时，容器还没有调用 init()方法传入 ServletConfig，构造函数并没有 ServletConfig 实例可以使用。

GenericServlet 也包括了 Servlet 与 ServletConfig 所定义方法的简单实现，实现内容主要是通过 ServletConfig 来取得一些相关信息。例如：

```
public ServletConfig getServletConfig() {
    return config;
}
public String getInitParameter(String name) {
    return getServletConfig().getInitParameter(name);
}
public Enumeration getInitParameterNames() {
    return getServletConfig().getInitParameterNames();
```

```
}
public ServletContext getServletContext() {
    return getServletConfig().getServletContext();
}
```

在继承 HttpServlet 实现 Servlet 时，就可以通过这些方法来取得必要的相关信息，而不是直接意识到 ServletConfig 的存在。

提示>>> GenericServlet 还定义了 log()方法。例如：

```
public void log(String msg) {
    getServletContext().log(getServletName() + ": "+ msg);
}
```

这个方法主要是通过 ServletContext 的 log()方法来运行日志功能。不过因为这个日志功能简单，实际上很少使用这个 log()方法，而会使用功能更强大的日志 API。

如果是使用 Tomcat，ServletContext 的 log()方法保存的日志文件，会存放在 Tomcat 目录的 logs 文件夹下。

5.1.2 使用 ServletConfig

ServletConfig 相当于个别 Servlet 的设置信息代表对象，这意味着可以从 ServletConfig 取得 Servlet 设置信息。ServletConfig 定义了 **getInitParameter()**、**getInitParameterNames()** 方法，可以取得设置 Servlet 时的初始参数。

若要使用标注设置个别 Servlet 的初始参数，可以在@WebServlet 中使用 **@WebInitParam** 设置 **initParams** 属性。例如：

```
...
@WebServlet(name="ServletConfigDemo", urlPatterns={"/conf"},
        initParams={
            @WebInitParam(name = "PARAM1", value = "VALUE1"),
            @WebInitParam(name = "PARAM2", value = "VALUE2")
        }
)
public class ServletConfigDemo extends HttpServlet {
    private String PARAM1;
    private String PARAM2;
    public void init() throws ServletException {
        PARAM1 = getServletConfig().getInitParameter("PARAM1");
        PARAM2 = getServletConfig().getInitParameter("PARAM2");
    }
    ...
}
```

若要在 web.xml 中设置个别 Servlet 的初始参数，可以在<servlet>标签中使用 **<init-param>** 等标签进行设置，web.xml 中的设置会覆盖标注的设置。例如：

```
...
<servlet>
    <servlet-name>ServletConfigDemo</servlet-name>
    <servlet-class>cc.openhome.ServletConfigDemo</servlet-class>
    <init-param>
```

```
        <param-name>PARAM1</param-name>
        <param-value>VALUE1</param-value>
    </init-param>
    <init-param>
        <param-name>PARAM2</param-name>
        <param-value>VALUE2</param-value>
    </init-param>
</servlet>
...
```

注意》》 若要用 web.xml 覆盖标注设置，web.xml 的<servlet-name>设置必须与@WebServlet 的 name 属性相同。

由于 ServletConfig 会在 Web 容器将 Servlet 实例化后，通过有参数的 init()方法传入，是与 Web 应用程序资源相关的对象，在继承 HttpServlet 后，通常会重新定义无参数的 init()方法以获取 Servlet 初始参数。之前也提到，GenericServlet 定义了一些方法，将 ServletConfig 封装起来，便于取得设置信息，取得 Servlet 初始参数的代码也可以改写为：

```
...
@WebServlet(name="ServletConfigDemo", urlPatterns={"/conf"},
        initParams={
            @WebInitParam(name = "PARAM1", value = "VALUE1"),
            @WebInitParam(name = "PARAM2", value = "VALUE2")
        }
)
public class AddMessage extends HttpServlet {
    private String PARAM1;
    private String PARAM2;
    public void init() throws ServletException {
        PARAM1 = getInitParameter("PARAM1");
        PARAM2 = getInitParameter("PARAM2");
    }
    ...
}
```

提示》》 Servlet 初始参数通常作为常数设置，可以将一些 Servlet 程序默认值使用标注设为初始参数，之后若想变更那些信息，可以创建 web.xml 进行设置，以覆盖标注设置，而不用进行修改源代码、重新编译、部署的操作。

下面这个范例简单地示范了如何设置、使用 Servlet 初始参数，其中登录成功与失败的网页，可以由初始参数设置来决定：

ServletAPI Login.java

```
package cc.openhome;

import java.io.*;
import javax.servlet.ServletException;
import javax.servlet.annotation.WebServlet;
import javax.servlet.http.HttpServlet;
import javax.servlet.http.HttpServletRequest;
import javax.servlet.http.HttpServletResponse;
import javax.servlet.annotation.WebInitParam;

@WebServlet(
```

```
    name="Login",        ← ❶ 设置 Servlet 名称
    urlPatterns = {"/login.do"},
    initParams = {
        @WebInitParam(name = "SUCCESS", value = "success.view"),
        @WebInitParam(name = "ERROR", value = "error.view")      ← ❷ 设置初始参数
    }
)
public class Login extends HttpServlet {
    private String SUCCESS_PATH;
    private String ERROR_PATH;

    @Override
    public void init() throws ServletException {
        SUCCESS_PATH = getInitParameter("SUCCESS");
        ERROR_PATH = getInitParameter("ERROR");      ← ❸ 取得初始参数
    }

    @Override
    protected void doPost(
            HttpServletRequest request, HttpServletResponse response)
                        throws ServletException, IOException {
        response.setContentType("text/html;charset=UTF-8");
        String name = request.getParameter("name");
        String passwd = request.getParameter("passwd");
        String path = login(name, passwd) ? SUCCESS_PATH : ERROR_PATH;
        response.sendRedirect(path);
    }

    private boolean login(String name, String passwd) {
        return "caterpillar".equals(name) && "123456".equals(passwd);
    }
}
```

注意@WebServlet 的 name 属性设置❶，如果 web.xml 中的设置要覆盖标注设置，<servlet-name>的设置必须与@WebServlet 的 name 属性相同，如果不设置 name 属性，默认是类完整名称。

程序中使用标注设置默认初始参数❷，并在 init()中读取❸，成功或失败时所发送的网页 URI 是由初始参数来决定的。如果想使用 web.xml 来覆盖这些初始参数设置，则可以如下编码：

ServletAPI web.xml

```
...
    <servlet>
        <servlet-name>Login</servlet-name>    ← 注意 Servlet 名称
        <servlet-class>cc.openhome.Login</servlet-class>
        <init-param>
            <param-name>SUCCESS</param-name>
            <param-value>success.html</param-value>
        </init-param>
        <init-param>
            <param-name>ERROR</param-name>
            <param-value>error.html</param-value>
        </init-param>
    </servlet>
    <servlet-mapping>
        <servlet-name>Login</servlet-name>
        <url-pattern>/login</url-pattern>
```

```
    </servlet-mapping>
...
```

以上设置 web.xml，成功与失败网页分别设置为 success.html 及 error.html。

5.1.3 使用 ServletContext

ServletContext 接口定义了运行 Servlet 的应用程序环境的一些行为与观点，可以使用 ServletContext 实现对象取得所请求资源的 URI、设置与存储属性、应用程序初始参数，甚至动态设置 Servlet 实例。

ServletContext 本身的名称令人困惑，因为它以 Servlet 名称作为开头，容易被误认为仅是单一 Servlet 的代表对象。事实上，当整个 Web 应用程序加载 Web 容器之后，容器会生成一个 ServletContext 对象，作为整个应用程序的代表，并设置给 ServletConfig，只要通过 ServletConfig 的 getServletContext()方法就可以取得 ServletContext 对象。以下则先简介几个需要注意的方法。

1. getRequestDispatcher()

用来取得 RequestDispatcher 实例，使用时路径的指定必须以“/”作为开头，这个斜杠代表应用程序环境根目录(Context Root)。正如 3.2.6 节中的说明，取得 RequestDispatcher 实例之后，就可以进行请求的转发(Forward)或包含(Include)。

```
context.getRequestDispatcher("/pages/some.jsp")
        .forward(request, response);
```

提示>>> 以“/”作为开头有时称为环境相对(Context-relative)路径，没有以“/”作为开头则称为请求相对(Request-relative)路径。实际上 HttpServletRequest 的 getRequestDispatcher()方法在实现时，若是环境相对路径，直接委托给 ServletContext 的 getRequestDispatcher()；若是请求相对路径，就转换为环境相对路径，再委托给 ServletContext 的 getRequestDispatcher()来取得 RequestDispatcher。

2. getResourcePaths()

如果想要知道 Web 应用程序的某个目录中有哪些文件，则可以使用 getResourcePaths()方法，它会传回 Set<String>实例，包含了指定文件夹中的文件。例如：

```
getServletContext().getResourcePaths("/")
                   .forEach(path -> out.println(path));
```

使用时指定路径必须以“/”作为开头，表示相对于应用程序环境根目录，返回的路径会如下所示。

```
/welcome.html
/catalog/
/catalog/index.html
/catalog/products.html
/customer/
/customer/login.jsp
```

```
/WEB-INF/
/WEB-INF/web.xml
/WEB-INF/classes/cc/openhome/Login.class
```

这个方法会连同 WEB-INF 的信息都列出来。如果是个目录信息，会以“/”结尾。以下范例利用了 `getResourcePaths()`方法，自动取得 avatars 目录下的图片路径，并通过`<img>`标签来显示图片。

ServletAPI Avatar.java

```
package cc.openhome;
import java.io.*;
import javax.servlet.*;
import javax.servlet.annotation.*;
import javax.servlet.http.*;

@WebServlet(
    urlPatterns = {"/avatar"},
    initParams = {
        @WebInitParam(name = "AVATAR_DIR", value = "/avatar")
    }
)
public class Avatar extends HttpServlet {
    private String AVATAR_DIR;

    @Override
    public void init() throws ServletException {
        AVATAR_DIR = getInitParameter("AVATAR_DIR");
    }



    protected void doGet(HttpServletRequest request,
            HttpServletResponse response)
            throws ServletException, IOException {
        response.setContentType("text/html;charset=UTF-8");
        PrintWriter out = response.getWriter();

        out.println("<!DOCTYPE html>");
        out.println("<html>");
        out.println("<body>");

        getServletContext().getResourcePaths(AVATAR_DIR)    ←— 取得头像路径
                    .forEach(avatar -> {
                        out.printf("<img src='%s'>%n",
                            avatar.replaceFirst("/", ""));
                    });
                                           ↑
        out.println("</body>");            设定<img>的 src 属性
        out.println("</html>");
    }
}
```

3. getResourceAsStream()

如果想读取 Web 应用程序中某个文件的内容，则可以使用 **getResourceAsStream()**方法，使用时指定路径必须以“/”作为开头，表示相对于应用程序环境根目录，或者相对是

/WEB-INF/lib 中 JAR 文件里 META- INF/resources 的路径，运行结果会返回 `InputStream` 实例，接着可以运用它来读取文件内容。

在 3.3.3 节中有个读取 PDF 的范例，其中示范过 `getResourceAsStream()`方法的使用，可以直接参考该范例，这里不再重复示范。

注意》》 你也许会想到使用 `java.io` 下的 `File`、`FileReader`、`FileInputStream` 等与文件读取相关的类。使用这些类时，可以指定绝对路径或相对路径。绝对路径自然是指文件在 Web 应用程序上的真实路径。必须注意的是，使用相对路径指定时，此时路径不是相对于 Web 应用程序根目录，而是相对于启动 Web 容器时的命令执行目录，这是许多初学者都会有的误解。

每个 Web 应用程序都有一个相对应的 `ServletContext`，针对“应用程序”初始化时需用到的一些参数，可以在 web.xml 中设置应用程序初始参数，结合 `ServletContextListener` 来做。关于监听器(Listener)的使用，会在 5.2 节进行说明。

5.1.4 使用 PushBuilder

在浏览器要请求服务器时，会经过握手协议(Handshaking)(en.wikipedia.org/wiki/Handshaking)建立 TCP 联机，默认情况下，该次联机进行一次 HTTP 请求与响应，然后关闭 TCP 联机。

因此，浏览器在某次 HTTP 请求得到了一个 HTML 响应后，若 HTML 中需要 CSS 文件，浏览器必须再度建立联机，发出 HTTP 请求取得 CSS 文件，然后联机关闭。若 HTML 中还需要有 JavaScript，浏览器又要建立联机，发出 HTTP 请求得到响应之后关闭联机……此过程重复直到必要的资源下载完成，每次的请求响应都需要一条联机，在需要对网站效能进行优化、对用户接口的高响应性场合上，着实是很大的负担。

虽然 HTTP 1.1 支持管线化(Pipelining)，可以在一次 TCP 联机中，多次对服务器端发出请求，不用等待服务器端响应。然而，服务器端必须按请求的顺序进行响应，如果有某个响应需时较久，之后的响应也就会被延迟，造成所谓 HOL(Head of line)阻塞的问题。

为了加快网页相关资源的下载，有许多减少请求的招式因应而生，如合并图片、CSS、JavaScript，直接将图片编码为 BASE64 内插至 HTML 之中，或者是 Domain Sharding 等……

HTTP 2.0 支持服务器推送(Server Push)，也就是在一次的请求中，允许服务器端主动推送必要的 CSS、JavaScript、图片等资源到浏览器，不用浏览器后续再对资源发出请求。

Servlet 4.0 规范中制订了对 HTTP 2.0 的支持，在服务器推送上，提供了 `PushBuilder`，让 Servlet 在必要的时候可以主动推送资源。例如：

ServletAPI Push.java

```
package cc.openhome;

import java.io.IOException;
import java.io.PrintWriter;
import java.util.Optional;
```

```
import javax.servlet.ServletException;
import javax.servlet.annotation.WebServlet;
import javax.servlet.http.HttpServlet;
import javax.servlet.http.HttpServletRequest;
import javax.servlet.http.HttpServletResponse;

@WebServlet("/push")
public class Push extends HttpServlet {
    private static final long serialVersionUID = 1L;

    protected void doGet(
        HttpServletRequest request, HttpServletResponse response)
                throws ServletException, IOException {
        Optional.ofNullable(request.newPushBuilder())
                .ifPresent(pushBuilder -> {
                    pushBuilder.path("avatar/caterpillar.jpg")
                               .addHeader("Content-Type", "image/jpg")
                               .push();
                });

        PrintWriter out = response.getWriter();
        out.println("<!DOCTYPE html>");
        out.println("<html>");
        out.println("<body>");
        out.println("<img src='avatars/caterpillar.jpg'>");
        out.println("</body>");
        out.println("</html>");
    }
}
```

可以通过 `HttpServletRequest` 的 `newPushBuilder()` 取得 `PushBuilder` 实例，如果 HTTP 2.0 不可用(浏览器或服务器不支持的情况)，那么 `newPushBuilder()` 会返回 `null`，若能取得 `PushBuilder`，就可以使用 `path()`、`addHeader()` 等方式，加入主动推送的资源，然后调用 `push()` 进行推送。

如果使用 Tomcat 9，要启用 HTTP 2.0 支持，必须在加密联机中进行，这可以在 server.xml 中设定 Connector。

如果是在 Eclipse 中，只要设定 Project Explorer 中 Servers 里的 server.xml 就可以了，但必须准备好凭证，找到 server.xml 中的这些批注：

```
<!-- Define a SSL/TLS HTTP/1.1 Connector on port 8443 with HTTP/2
     This connector uses the APR/native implementation which always uses
     OpenSSL for TLS.
     Either JSSE or OpenSSL style configuration may be used. OpenSSL style
     configuration is used below.
-->
<!--
<Connector port="8443" protocol="org.apache.coyote.http11.Http11AprProtocol"
           maxThreads="150" SSLEnabled="true" >
    <UpgradeProtocol className="org.apache.coyote.http2.Http2Protocol" />
    <SSLHostConfig>
        <Certificate certificateKeyFile="conf/localhost-rsa-key.pem"
                     certificateFile="conf/localhost-rsa-cert.pem"
                     certificateChainFile="conf/localhost-rsa-chain.pem"
                     type="RSA" />
    </SSLHostConfig>
</Connector>
-->
```

将<Connetor>的批注去除，设定好凭证相关信息，重新启动 Tomcat，就可以用支持 HTTP 2.0 的浏览器，请求 https://localhost:8443/ServletAPI/push 测试看看是否可取得 PushBuilder。例如，使用 Chrome 并开启“开发者工具”，可以在 Network 标签中看到主动推送的图片，如图 5.3 所示。

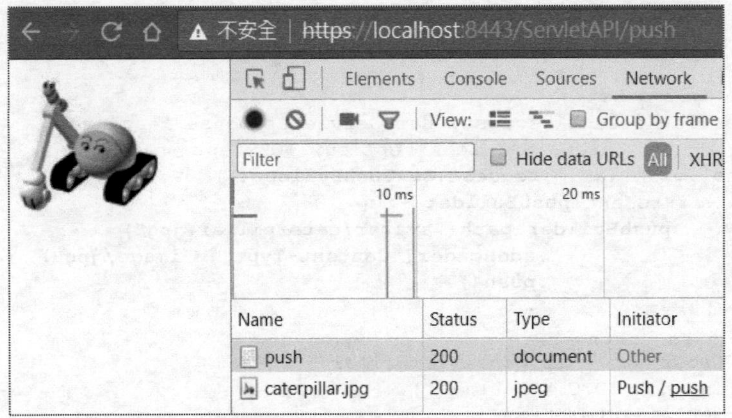

图 5.3 主动推送图片资源

提示》》》 在范例文档的 samples\CH05 中有 certificate.pem 与 localhost.key，是给本书范例用的凭证文件，这是自我签署凭证(Self-signed certificate)，因此如图 5.3 所示，浏览器会提出警告并显示不安全，可以将 certificate.pem 与 localhost.key 复制至 C:\workspace 中，然后在设定<Certificate>时撰写：

```
<Certificate
    certificateFile="c:/workspace/certificate.pem"
    certificateKeyFile="c:/workspace/localhost.key"
    type="RSA"/>
```

如果 Server 的控制台中显示没有 APR/native 链接库，那是因为 Java 执行环境的 java.library.path 中找不到链接库，解决的方式之一是将 Tomcat 文件夹的 bin/tcnative-1.dll 复制至正在使用的 JDK 的 bin 文件夹。

5.2 应用程序事件、监听器

Web 容器管理 Servlet/JSP 相关的对象生命周期，若对 HttpServletRequest 对象、HttpSession 对象、ServletContext 对象在生成、销毁或相关属性设置发生的时机点有兴趣，可以实现对应的监听器(Listener)，在对应的时机点发生时，Web 容器就会调用监听器上相对应的方法，让用户在对应的时机点做些处理。

5.2.1 ServletContext 事件、监听器

与 ServletContext 相关的监听器有 ServletContextListener 与 ServletContextAttributeListener。

1. ServletContextListener

ServletContextListener 是“生命周期监听器”，如果想要知道何时 Web 应用程序已经初始化或即将结束销毁，可以实现 ServletContextListener:

```
package javax.servlet;
import java.util.EventListener;
public interface ServletContextListener extends EventListener {
    public default void contextInitialized(ServletContextEvent sce) {}
    public default void contextDestroyed(ServletContextEvent sce) {}
}
```

在 Web 应用程序初始化后或即将结束销毁前，会调用 ServletContextListener 实现类相对应的 **contextInitialized()**或 **contextDestroyed()**。可以在 contextInitialized()中实现应用程序资源的准备动作，在 contextDestroyed()实现释放应用程序资源的动作。

在 Servlet 4.0 中，contextInitialized()与 contextDestroyed()都被标示为 **default**，然而操作方法为空，因此，在操作 ServletContextListener 时，只要针对感兴趣的方法定义就可以了。实际上，Servlet 4.0 相关应用程序事件的倾听器、相关方法都执行为默认方法，这省去了实作倾听器时的一些麻烦。

例如，要实现 ServletContextListener，则在应用程序初始过程中，准备好数据库连线对象、读取应用程序设置等动作，如放置使用头像的目录信息，就不宜将目录名称写死在应用程序，以免日后目录变动名称或位置时，所有相关的 Servlet 都需要进行源代码的修改，这时可以这么做：

ContextDemo2 ContextParameterReader.java

```
package cc.openhome;

import javax.servlet.ServletContext;
import javax.servlet.ServletContextEvent;
import javax.servlet.ServletContextListener;
import javax.servlet.annotation.WebListener;
                                                 ❷ 实现 ServletContextAttributes
@WebListener          ← ❶ 使用@WebListener 标注
public class ServletContextAttributes implements ServletContextListener {
    public void contextInitialized(ServletContextEvent sce) {
        ServletContext context = sce.getServletContext();      ← ❸ 取得 ServletContext
        String avatar = context.getInitParameter("AVATAR");   ← ❹ 取得初始参数
        context.setAttribute("avatar", avatar);     ← ❺ 设置 ServletContext 属性
    }

}
```

ServletContextListener 可以直接使用 **@WebListener** 标注❶，而且必须实现 ServletContextListener 接口❷，这样容器就会在启动时加载并运行对应的方法。当 Web 容器调用 contextInitialized()或 contextDestroyed()时，会传入 **ServletContext- Event**，其封装了 ServletContext，可以通过 ServletContextEvent 的 **getServletContext()**方法取得 ServletContext❸，通过 ServletContext 的 getInitParameter()方法来读取初始参数❹，因此 Web 应用程序初始参数常被称为 ServletContext 初始参数。

在整个 Web 应用程序生命周期，Servlet 需共享的资料可以设置为 ServletContext 属

性。由于 ServletContext 在 Web 应用程序存活期间都会一直存在，所以设置为 ServletContext 属性的数据，除非主动移除，否则会一直存活于 Web 应用程序中。

可以通过 ServletContext 的 **setAttribute()**方法设置对象为 ServletContext 属性❺，之后可通过 ServletContext 的 **getAttribute()**方法获取该属性。若要移除属性，可通过 ServletContext 的 removeAttribute()方法。

因为@WebListener 没有设置初始参数的属性，仅适用于无须设置初始参数的情况。如果需要设置初始参数，可以在 web.xml 中设置：

Listener web.xml

```
...
  <context-param>
     <param-name>AVATAR</param-name>
     <param-value>/avatar</param-value>
  </context-param>
...
```

在 web.xml 中，使用<context-param>标签来定义初始参数。由于先前的 ServletContextAttributes 读取的初始参数已设置为 ServletContext 属性，前面的头像范例，必须做点修改：

Listener Avatar.java

```
import java.io.*;

...略

@WebServlet("/avatar")  ← ❶ 仅设定 URI 模式
public class Avatar extends HttpServlet {
   private String AVATAR_DIR;

   @Override                                          ❷ 取得 ServletContext 属性
   public void init() throws ServletException {
      AVATAR_DIR = (String) getServletContext().getAttribute("avatar");
   }

   ...
}
```

程序中仅列出了改写后需要注意的部分。主要是不再需要设置 ServletConfig 初始参数❶，以及从 ServletContext 中取出先前设置的属性❷。

在 Servlet 3.0 之前，ServletContextListener 实现类必须在 web.xml 中设置。例如：

```
...
   <listener>
      <listener-class>cc.openhome.ServletContextAttributes</listener-class>
   </listener>
...
```

在 web.xml 中，使用**<listener>**与**<listener-class>**标签来定义实现了 ServletContextListener 接口的类名称。

有些应用程序的设置，必须在 Web 应用程序初始时进行，例如 4.2.2 节中介绍过，若要改变 HttpSession 的一些 Cookie 设置，可以在 web.xml 中定义。另一个方式，是取得 ServletContext 后，使用 **getSessionCookieConfig()** 取得 **SessionCookieConfig** 进行设置，不过这个动作必须在应用程序初始时进行。例如：

```
...
@WebListener()
public class CookieConfig implements ServletContextListener {
    @Override
    public void contextInitialized(ServletContextEvent sce) {
        ServletContext context = sce.getServletContext();
        context.getSessionCookieConfig()
               .setName("caterpillar-sessionId");
    }
}
```

在应用程序初始化时，也可以实现 ServletContextListener 进行 Servlet、过滤器等的建立、设定与注册，这么做的好处是给予 Servlet、过滤器等更多设定上的弹性，而不用受限于标注或 web.xml 的设定方式。

例如，刚才的 Avatar.java 中，如果想将 AVATAR_DIR 设定为 final 是没办法的，因为 final 值域必须在构造函数中明确设定初值，而 init() 方法是在构造函数执行过后才执行，如果确实存在着将 AVATAR_DIR 设定为 final 的需求，或者进一步地希望 AVATAR_DIR 的类型为 Path，那么可以如下操作。

Listener Avatar2.java

```
package cc.openhome;

import java.io.*;
import java.nio.file.Path;

import javax.servlet.*;
import javax.servlet.http.*;

public class Avatar2 extends HttpServlet {
    private final Path AVATAR_DIR;  ← ❶ final 值域

    public Avatar2(Path AVATAR_DIR) {
        this.AVATAR_DIR = AVATAR_DIR;  ← ❷ 通过构造函数设定
    }

    protected void doGet(
        HttpServletRequest request, HttpServletResponse response)
            throws ServletException, IOException {
        response.setContentType("text/html;charset=UTF-8");

        PrintWriter out = response.getWriter();
        out.println("<!DOCTYPE html>");
        out.println("<html>");
        out.println("<body>");

        String path = String.format("/%s", AVATAR_DIR.getFileName());
        getServletContext().getResourcePaths(path)
                        .forEach(avatar -> {
                            out.printf("<img src='%s'>%n",
                               avatar.replaceFirst("/", ""));
                        });
```

```
        out.println("</body>");
        out.println("</html>");
    }
}
```

这个 Servlet 的值域是 `final`❶，因此必须在构造函数中设定初值❷，通过标示 `@WebServlet` 或在 web.xml 中设定，无法令这个 Servlet 满足此需求，这时可以操作 `ServletContextListener`:

Listener Avatar2Initializer.java

```
package cc.openhome;

import java.nio.file.Paths;

import javax.servlet.ServletContext;
import javax.servlet.ServletContextEvent;
import javax.servlet.ServletContextListener;
import javax.servlet.ServletRegistration;
import javax.servlet.annotation.WebListener;

@WebListener
public class Avatar2Initializer implements ServletContextListener {
    @Override
    public void contextInitialized(ServletContextEvent sce)  {
        ServletContext context = sce.getServletContext();
        String AVATAR = context.getInitParameter("AVATAR");
        ServletRegistration.Dynamic servlet =
                context.addServlet(
                    "Avatar2",          ←── ❶ 设定 Servlet 的名称
                    new Avatar2(Paths.get(AVATAR))  ←── ❷ 建立 Servlet 实例
                );
        servlet.setLoadOnStartup(1);
        servlet.addMapping("/avatar2"); ←── ❸ 设定 URI 模式
    }
}
```

若想动态新增 Servlet，可以通过 `ServletContext` 的 `addServlet()`，此时指定 Servlet 名称❶，构造 Servlet 实例时就可以通过自行定义的构造函数❷，最后指定 Servlet 的 URI 模式，这是通过 `ServletRegistration.Dynamic` 的 `addMapping()`方法来指定❸。

2. ServletContextAttributeListener

`ServletContextAttributeListener` 是“属性变化监听器”，如果想要对象被设置、移除或替换 `ServletContext` 属性，则收到通知以进行一些操作，可以实现 `ServletContextAttributeListener`。

```
package javax.servlet;
import java.util.EventListener;
public interface ServletContextAttributeListener extends EventListener{
    public default void attributeAdded(ServletContextAttributeEvent scae) {}
    public default void attributeRemoved(ServletContextAttributeEvent scae) {}
    public default void attributeReplaced(ServletContextAttributeEvent scae) {}
}
```

在 `ServletContext` 中添加属性、移除属性或替换属性时，相对应的 **`attributeAdded()`**、**`attributeRemoved()`**与 **`attributeReplaced()`**方法就会被调用。

如果希望容器在部署应用程序时，实例化实现 ServletContextAttributeListener 的类并注册给应用程序，同样也是在实现类上标注@WebListener，并实现 ServletContext-AttributeListener 接口：

```
...
@WebListener()
public class SomeContextAttrListener
            implements ServletContextAttributeListener {
        ...
}
```

另一个方式是在 web.xml 中设置：

```
...
   <listener>
      <listener-class>cc.openhome.SomeContextAttrListener</listener-class>
   </listener>
...
```

5.2.2 HttpSession 事件、监听器

与 HttpSession 相关的监听器有 5 个：HttpSessionListener、HttpSessionAttributeListener、HttpSessionBindingListener、HttpSessionActivationListener 以及 Servlet 3.1 增加的 HttpSessionIdListener。

1. HttpSessionListener

HttpSessionListener 是“生命周期监听器”，如果想在 HttpSession 对象创建或结束时，做些相对应动作，可以实现 HttpSessionListener。

```
package javax.servlet.http;
import java.util.EventListener;
public interface HttpSessionListener extends EventListener {
   public default void sessionCreated(HttpSessionEvent se) {}
   public default void sessionDestroyed(HttpSessionEvent se) {}
}
```

在 HttpSession 对象初始化或结束前，会分别调用 **sessionCreated()**与 **session-Destroyed()**方法，可以通过传入的 **HttpSessionEvent**，使用 **getSession()**取得 HttpSession，以针对会话对象做相对应的创建或结束处理操作。

举个例子，有些网站为了防止用户重复登录，会在数据库中以某个字段代表用户是否登录，用户登录后，在数据库中设置该字段信息，代表用户已登录，而用户注销后，再重置该字段。如果用户已登录，在注销前尝试再用另一个浏览器进行登录，应用程序会检查数据库中代表登录与否的字段，如果发现已被设置为登录，则拒绝用户重复登录。

现在的问题在于，如果用户在注销前不小心关闭浏览器，没有确实运行注销操作，那么数据库中代表登录与否的字段就不会被重置。为此，可以实现 HttpSessionListener，由于 HttpSession 有其存活期限，当容器销毁某个 HttpSession 时，就会调用 sessionDestroyed()，此时可以在当中判断要重置哪个用户数据库中代表登录与否的字段。例如：

```
...
@WebListener()
```

```
public class LoginTokenRemover implements HttpSessionListener {
    @Override
    public void sessionCreated(HttpSessionEvent se) {}
    @Override
    public void sessionDestroyed(HttpSessionEvent se) {
        HttpSession session = se.getSession();
        String user = session.getAttribute("login");
        // 修改数据库字段为注销状态
    }
}
```

如果在实现 HttpSessionListener 的类上标注@WebListener，容器在部署应用程序时，会实例化并注册给应用程序。另一个方式是在 web.xml 中设置：

```
...
    <listener>
        <listener-class>cc.openhome.LoginTokenRemover</listener-class>
    </listener>
...
```

下面来看另一个 HttpSessionListener 的应用实例。假设有个应用程序在用户登录后会使用 HttpSession 对象来进行会话管理。例如：

Listener Login.java

```
package cc.openhome;

import java.util.*;
import java.io.IOException;
import javax.servlet.ServletException;
import javax.servlet.annotation.WebServlet;
import javax.servlet.http.HttpServlet;
import javax.servlet.http.HttpServletRequest;
import javax.servlet.http.HttpServletResponse;

@WebServlet("/login")
public class Login extends HttpServlet {
    private Map<String, String> users = new HashMap<String, String>() {{
        put("caterpillar", "123456");
        put("momor", "98765");
        put("hamimi", "13579");
    }};

    @Override
    protected void doPost(
        HttpServletRequest request, HttpServletResponse response)
                    throws ServletException, IOException {
        String name = request.getParameter("name");
        String passwd = request.getParameter("passwd");

        String page = "form.html";
       if(users.containsKey(name) && users.get(name).equals(passwd)) {
           request.getSession().setAttribute("user", name);
           page = "welcome.view";
       }
       response.sendRedirect(page);
    }
}
```

这个 Servlet 在用户验证通过后，会取得 HttpSession 实例并设置属性。如果想在应用程序中加上显示目前已登录在线人数的功能，则可以实现 HttpSessionListener 接口。例如：

Listener OnlineUsers.java

```
package cc.openhome;

import javax.servlet.annotation.WebListener;
import javax.servlet.http.HttpSessionEvent;
import javax.servlet.http.HttpSessionListener;

@WebListener
public class OnlineUsers implements HttpSessionListener {
    public static int counter;

    @Override
    public void sessionCreated(HttpSessionEvent se) {
        OnlineUsers.counter++;
    }

    @Override
    public void sessionDestroyed(HttpSessionEvent se) {
        OnlineUsers.counter--;
    }
}
```

OnlineUsers 中有个静态(static)变量，在每一次 HttpSession 创建时会递增，而销毁 HttpSession 时会递减，也就是通过统计 HttpSession 的实例，实现登录用户的计数功能。

接下来在想要显示在线人数的页面，使用 OnlineUserCounter.getCounter()就可以取得目前的在线人数并显示，如图 5.4 所示。例如，在登录成功的欢迎页面上，一并显示在线人数：

Listener Welcome.java

```
package cc.openhome;

import java.io.*;
import java.util.Optional;

import javax.servlet.ServletException;
import javax.servlet.annotation.WebServlet;
import javax.servlet.http.HttpServlet;
import javax.servlet.http.HttpServletRequest;
import javax.servlet.http.HttpServletResponse;

@WebServlet("/
welcome.view")
public class Welcome extends HttpServlet {
    @Override
    protected void doGet(
          HttpServletRequest request, HttpServletResponse response)
                      throws ServletException, IOException {
        response.setContentType("text/html;charset=UTF-8");
        PrintWriter out = response.getWriter();

        out.println("<!DOCTYPE html>");
        out.println("<html>");
        out.println("<head>");
```

```
        out.println("<meta charset='UTF-8'>");
        out.println("<title>欢迎</title>");
        out.println("</head>");
        out.println("<body>");
        out.printf("<h1>目前在线人数 %d 人</h1>", OnlineUsers.counter);

        Optional.ofNullable(request.getSession(false))
                .ifPresent(session -> {
                    String user = (String) session.getAttribute("user");
                    out.printf("<h1>欢迎：%s </h1>", user);
                    out.println("<a href='logout'>注销</a>");
                });

        out.println("</body>");
        out.println("</html>");
    }
}
```

图 5.4　在线人数统计

提示》》 可以把这个例子进一步扩充，不只统计在线人数，还可以实现一个查看在线用户信息的列表。本章课后练习中，有个实训题要求实现这个功能。

2. HttpSessionAttributeListener

HttpSessionAttributeListener 是“属性变化监听器”，当在会话对象中加入属性、移除属性或替换属性时，相对应的 **attributeAdded()**、**attributeRemoved()** 与 **attributeReplaced()** 方法就会被调用，并分别传入 **HttpSessionBindingEvent**。

```
package javax.servlet.http;
import java.util.EventListener;
public interface HttpSessionAttributeListener extends EventListener {
    public default void attributeAdded(HttpSessionBindingEvent se) {}
    public default void attributeRemoved(HttpSessionBindingEvent se) {}
    public default void attributeReplaced(HttpSessionBindingEvent se) {}
}
```

HttpSessionBindingEvent 有个 **getName()** 方法，可以取得属性设置或移除时指定的名称，而 **getValue()** 可以取得属性设置或移除时的对象。

如果希望容器在部署应用程序时，实例化实现 HttpSessionAttributeListener 的类并注册给应用程序，同样也是在实现类上标注 @WebListener：

```
...
@WebListener()
public class HttpSessionAttrListener
                  implements HttpSessionAttributeListener {
...
}
```

另一个方式是在 web.xml 下进行设置：

```
  ...
  <listener>
      <listener-class>cc.openhome.HttpSessionAttrListener</listener-class>
  </listener>
 ...
```

3. HttpSessionBindingListener

HttpSessionBindingListener 是“对象绑定监听器”，如果有个即将加入 HttpSession 的属性对象，希望在设置给 HttpSession 成为属性或从 HttpSession 中移除时，可以收到 HttpSession 的通知，则该对象实现 HttpSessionBindingListener 接口。

```
package javax.servlet.http;
import java.util.EventListener;
public interface HttpSessionBindingListener extends EventListener {
    public default void valueBound(HttpSessionBindingEvent event) {}
    public default void valueUnbound(HttpSessionBindingEvent event) {}
}
```

这个接口即实现加入 HttpSession 的属性对象，不需注释或在 web.xml 中设置。当实现此接口的属性对象被加入 HttpSession 或从中移除时，就会调用对应的 **valueBound()** 与 **valueUnbound()** 方法，并传入 **HttpSessionBindingEvent** 对象，可以通过该对象的 getSession()取得 HttpSession 对象。

下面介绍这个接口使用的一个范例。假设修改前一个范例程序的 Login.java 如下：

Listener Login2. java

```
package cc.openhome;

...略

@WebServlet("/login2")
public class Login2 extends HttpServlet {
    ...略

    @Override
    protected void doPost(HttpServletRequest request,
                          HttpServletResponse response)
                            throws ServletException, IOException {
        String name = request.getParameter("name");
        String passwd = request.getParameter("passwd");

        String page = "form2.html";
       if(users.containsKey(name) && users.get(name).equals(passwd)) {
           User user = new User(name);
           request.getSession().setAttribute("user", user);
           page = "welcome2.view";
       }
       response.sendRedirect(page);
    }
}
```

当用户输入正确的名称与密码时，会以用户名来创建 User 实例，然后加入 HttpSession 中作为属性。如果希望 User 实例被加入成为 HttpSession 属性时，可以自动从数据库中加载用户的其他数据，如地址、照片等，或是在日志中记录用户登录的信息，可以让 User 类实现 HttpSessionBindingListener 接口。例如：

Listener User.java

```
package cc.openhome;

import javax.servlet.http.HttpSessionBindingEvent;
import javax.servlet.http.HttpSessionBindingListener;

public class User implements HttpSessionBindingListener {
    private String name;
    private String data;
    public User(String name) {
        this.name = name;
    }

    public void valueBound(HttpSessionBindingEvent event) {
        this.data = name + " 来自数据库的数据...";
    }


    public String getData() {
        return data;
    }
    public String getName() {
        return name;
    }
}
```

在 valueBound()中，可以实现查询数据库的功能(也许是委托给一个负责查询数据库的服务对象)，并补齐 User 对象中的相关数据。在 HttpSession 失效前会先移除属性，或者在主动移除属性时，valueUnbound()方法会被调用。

4. HttpSessionActivationListener

HttpSessionActivationListener 是“对象迁移监听器”，其定义了两个方法 sessionWillPassivate()与 sessionDidActivate()。

```
package javax.servlet.http;
import java.util.EventListener;
public interface HttpSessionActivationListener extends EventListener {
    public default void sessionWillPassivate(HttpSessionEvent se) {}
    public default void sessionDidActivate(HttpSessionEvent se) {}
}
```

在很多情况下，几乎不会使用到 HttpSessionActivation- Listener。在使用到分布式环境时，应用程序的对象可能分散在多个 JVM 中。当 HttpSession 要从一个 JVM 迁移至另一个 JVM 时，必须先在原本的 JVM 上序列化(Serialize)所有的属性对象，在这之前若属性对象实现 HttpSession- ActivationListener，就会调用 sessionWillPassivate()方法，而 HttpSession 迁移至另一个 JVM 后，就会对所有属性对象作反序列化，此时会调用 sessionDidActivate()方法。

提示>>> 要可以序列化的对象必须实现 Serializable 接口。如果 HttpSession 属性对象中有些类成员无法作序列化，可以在 sessionWillPassivate()方法中做些替代处理来保存该成员状态，而在 sessionDidActivate()方法中做些恢复该成员状态的动作。

5. HttpSessionIdListener

Servlet 3.1 增加 `HttpSessionIdListener`，只有一个方法 `void sessionIdChanged (HttpSessionEvent event, String oldSessionId)` 需要实现，实现类可以标注`@WebListener`，或者在 web.xml 中设定，调用 `HttpServletRequest` 的 `changeSessionId()`方法而使得 `HttpSession` 的 Session ID 发生变化时，就会调用 `sessionIdChanged()`方法。

5.2.3 HttpServletRequest 事件、监听器

与请求相关的监听器有四个：`ServletRequestListener`、`ServletRequestAttributeListener`、`AsyncListener` 和 `ReadListener`。第三个是在 Servlet 3.0 中增加的监听器，第四个是 Servlet 3.1 增加的监听器，两者在之后谈到异步处理时还会说明。以下先说明前两个监听器。

1. ServletRequestListener

`ServletRequestListener` 是"生命周期监听器"，如果想在 `HttpServletRequest` 对象生成或结束时做些相对应的操作，可以实现 `ServletRequestListener`。

```
package javax.servlet;
import java.util.EventListener;
public interface ServletRequestListener extends EventListener {
    public default void requestDestroyed (ServletRequestEvent sre) {}
    public default void requestInitialized (ServletRequestEvent sre) {}
}
```

在 `ServletRequest` 对象初始化或结束前，会调用 **`requestInitialized()`** 与 **`requestDestroyed()`** 方法，可以通过传入的 **`ServletRequestEvent`** 来取得 `ServletRequest`，以针对请求对象做出相对应的初始化或结束处理动作。例如：

```
...
@WebListener()
public class SomeRequestListener implements ServletRequestListener {
    ...
}
```

如果在实现 `ServletRequestListener` 的类上标注`@WebListener`，容器在部署应用程序时，会实例化类并注册给应用程序。另一个方式是在 web.xml 中进行设置：

```
   ...
 <listener>
    <listener-class>cc.openhome.SomeRequestListener</listener-class>
 </listener>
  ...
```

2. ServletRequestAttributeListener

`ServletRequestAttributeListener` 是"属性变化监听器"，在请求对象中加入属性、移除属性或替换属性时，相对应的 **`attributeAdded()`**、**`attributeRemoved()`** 与 **`attributeReplaced()`** 方法就会被调用，并分别传入 **`ServletRequestAttributeEvent`**。

```
package javax.servlet;
import java.util.EventListener;
public interface ServletRequestAttributeListener extends EventListener {
```

```
    public default void attributeAdded(ServletRequestAttributeEvent srae) {}
    public default void attributeRemoved(ServletRequestAttributeEvent srae) {}
    public default void attributeReplaced(ServletRequestAttributeEvent srae) {}
}
```

ServletRequestAttributeEvent 有个 **getName()** 方法，可以取得属性设置或在移除时指定的名称，而 **getValue()** 可以取得属性设置或移除时的对象。

如果希望容器在部署应用程序时，实例化实现 ServletRequestAttributeListener 的类并注册给应用程序，同样也是在实现类上标注@WebListener：

```
...
@WebListener()
public class SomeRequestAttrListener
             implements ServletRequestAttributeListener {
    ...
}
```

另一个方式是在 web.xml 中进行设置：

```
    ...
 <listener>
    <listener-class>cc.openhome.SomeRequestListener</listener-class>
 </listener>
...
```

提示》》 生命周期监听器与属性改变监听器都必须使用@WebListener 或在 web.xml 中设置，容器才会知道要加载、读取监听器相关设置。

5.3 过滤器

在容器调用 Servlet 的 service()方法前，Servlet 并不会知道有请求的到来，而在 Servlet 的 service()方法运行后，容器真正对浏览器进行 HTTP 响应之前，浏览器也不会知道 Servlet 真正的响应是什么。过滤器(Filter)正如其名称所示，是介于 Servlet 之前，可拦截过滤浏览器对 Servlet 的请求，也可以改变 Servlet 对浏览器的响应。

本节将介绍过滤器的运用概念，认识 Filter 接口、Servlet 4.0 新增的 GenericFilter 和 HttpFilter，如何在 web.xml 中设置过滤器、改变过滤器的顺序等，以及如何使用请求封装器(Wrapper)和响应封装器，将容器产生的请求与响应对象加以包装，针对某些请求信息或响应进行加工处理。

5.3.1 过滤器的概念

想象已经开发好应用程序的主要商务功能了，但现在有几个需求出现：

(1) 针对所有的 Servlet，产品经理想要了解从请求到响应之间的时间差。

(2) 针对某些特定的页面，客户希望只有特定几个用户才可以浏览。

(3) 基于安全方面的考量，用户输入的特定字符必须过滤并替换为无害的字符。

(4) 请求与响应的编码从 Big5 改用 UTF-8。

以第一个需求而言，也许你的直觉就是，打开每个 Servlet，在 doXXX()开头与结尾取得系统时间，计算时间差，但如果页面有上百个或上千个，怎么完成这些需求？如果产品经理在你完成需求后，又要求拿掉计算时间差的功能，你怎么办？

收到这些需求之后，急忙打开相关源代码文档进行修改之前，请先分析一下这些需求：

(1) 运行 Servlet 的 service()方法“前”，记录起始时间，Servlet 的 service()方法运行“后”，记录结束时间并计算时间差。

(2) 运行 Servlet 的 service()方法“前”，验证是否为允许的用户。

(3) 运行 Servlet 的 service()方法“前”，对请求参数进行字符过滤与替换。

(4) 运行 Servlet 的 service()方法“前”，对请求与响应对象设置编码。

经过以上分析发现，这些需求可以在真正运行 Servlet 的 `service()`方法“前”与 Servlet 的 `service()`方法运行“后”中间进行实现，如图 5.5 所示。

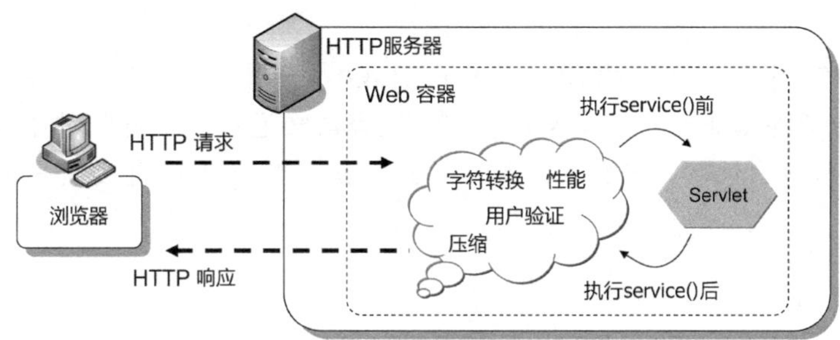

图 5.5　介于 `service()`方法运行前、后的需求

性能评测、用户验证、字符替换、编码设置等需求，基本上与应用程序的业务需求没有直接的关系，只是应用程序额外的元件服务之一。可能只是短暂需要它，或者需要整个系统应用相同设置，不应该为了一时的需要而修改代码强加入原有业务流程中。例如，性能的评测也许只是开发阶段才需要的，上线之后就要拿掉性能评测的功能，如果直接将性能评测的代码编写在业务流程中，那么要拿掉这个功能，就又得再修改一次源代码。

因此，如性能评测、用户验证、字符替换、编码设置这类的需求，应该设计为独立的元件，可以随时加入应用程序中，也可以随时移除，或可以随时修改设置而不用修改原有的程序。这类元件就像是一个过滤器，安插在浏览器与 Servlet 中间，可以过滤请求与响应，如图 5.6 所示。

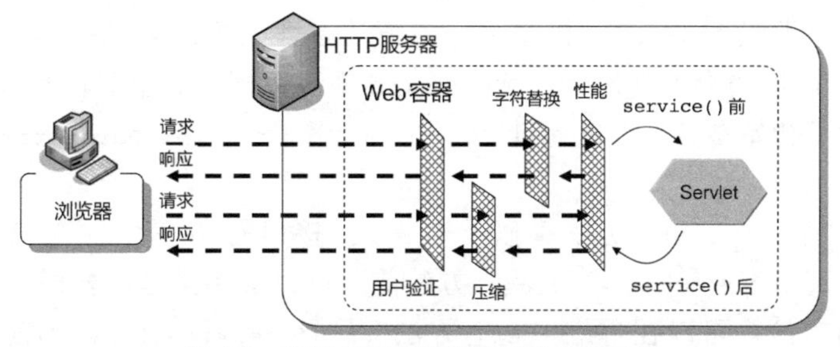

图 5.6　将服务需求设计为可抽换的元件

Servlet/JSP 提供了过滤器机制来实现这些元件服务，如图 5.6 所示，可以视需求抽换过滤器或调整过滤器的顺序，也可以针对不同的 URI 应用不同的过滤器。甚至在不同的

Servlet 间请求转发或包含时应用过滤器，如图 5.7 所示。

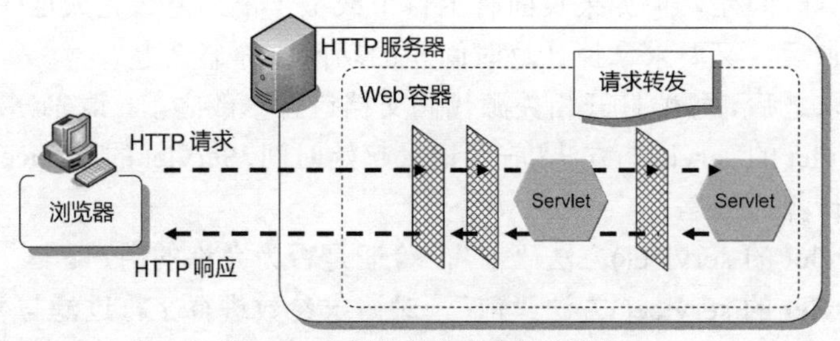

图 5.7　在请求转发时应用过滤器

5.3.2　实现与设置过滤器

在 Servlet/JSP 中要实现过滤器，在 Servlet 4.0 之前，必须实现 **Filter** 接口，并使用 **@WebFilter** 标注或在 web.xml 中定义过滤器，让容器知道该加载哪些过滤器类，在 Servlet 4.0 中，增加了 HttpFilter，它继承自 GenericFilter，现在可以直接继承 HttpFilter 来实现过滤器了。

1. Filter

Filter 接口有三个要实现的方法：**init()**、**doFilter()**与 **destroy()**。

```
package javax.servlet;
  import java.io.IOException;
  public interface Filter {
     public default void init(FilterConfig filterConfig) throws ServletException {}

   public void doFilter(ServletRequest request, ServletResponse response,
          FilterChain chain) throws IOException, ServletException;

   public default void destroy() {}
}
```

在 Servlet 4.0 中，由于是基于 Java SE 8，因此 Filter 的 init()与 destroy()运用了默认方法实现，然而方法内容为空，这省去在 Servlet 3.1 或更早版本中，实现 Filter 时，即使不需要定义初始或销毁动作，也必须定义 init()与 destroy()。

FilterConfig 类似于 Servlet 接口 init()方法参数上的 ServletConfig，FilterConfig 是在实现 Filter 接口的类上使用标注或 web.xml 中过滤器设置信息的代表对象。如果在定义过滤器时设置了初始参数，可以通过 FilterConfig 的 **getInitParameter()**方法来取得初始参数。

Filter 接口的 doFilter()方法类似于 Servlet 接口的 service()方法。当请求来到容器，而容器发现调用 Servlet 的 service()方法前，可以应用某过滤器时，就会调用该过滤器的 doFilter()方法。可以在 doFilter()方法中进行 service()方法的前置处理，然后决定是否调用 **FilterChain** 的 **doFilter()**方法。

如果调用了 FilterChain 的 doFilter()方法，就会运行下一个过滤器，如果没有下一个过滤器了，就调用请求目标 Servlet 的 service()方法。如果因为某个情况(如用户没有通过验证)而没有调用 FilterChain 的 doFilter()，则请求就不会继续交给接下来的过滤器或目标 Servlet，这时就是所谓的拦截请求(从 Servlet 的观点来看，根本不知道浏览器有发出请求)。FilterChain 的 doFilter()实现，概念上类似以下：

```
Filter filter = filterIterator.next();
if(filter != null) {
    filter.doFilter(request, response, this);
}
else {
    targetServlet.service(request, response);
}
```

在陆续调用完 Filter 实例的 doFilter()乃至 Servlet 的 service()之后，流程会以堆栈顺序返回，所以在 FilterChain 的 doFilter()运行完毕后，就可以针对 service()方法做后续处理。

```
// service()前置处理
chain.doFilter(request, response);
// service()后置处理
```

只需要知道 FilterChain 运行后会以堆栈顺序返回即可。在实现 Filter 接口时，不用理会这个 Filter 前后是否有其他 Filter，应该将之作为一个独立的元件设计。

如果在调用 Filter 的 doFilter()期间，因故抛出 UnavailableException，此时不会继续下一个 Filter，容器可以检验异常的 isPermanent()，如果不是 true，可以在稍后重试 Filter。

提示>>> Servlet/JSP 提供的过滤器机制，其实是 Java EE 设计模式中 Interceptor Filter 模式的实现。如果希望可以弹性地抽换某功能的前置与后置处理元件(例如 Servlet/JSP 中 Servlet 的 service()方法的前置与后置处理)，就可以应用 Interceptor Filter 模式。

2. GenericFilter 与 HttpFilter

在 Servlet 4.0 中，增加了 GenericFilter 类，目的类似于 GenericServlet，GenericFilter 将 FilterConfig 的设定、Filter 初始参数的取得做了封装。以下是它的源代码：

```
package javax.servlet;

import java.io.Serializable;
import java.util.Enumeration;
public abstract class GenericFilter
                    implements Filter, FilterConfig, Serializable {
    private static final long serialVersionUID = 1L;

    private volatile FilterConfig filterConfig;

    @Override
    public String getInitParameter(String name) {
        return getFilterConfig().getInitParameter(name);
    }

    @Override
    public Enumeration<String> getInitParameterNames() {
        return getFilterConfig().getInitParameterNames();
    }

    public FilterConfig getFilterConfig() {
        return filterConfig;
```

```
    }

    @Override
    public ServletContext getServletContext() {
        return getFilterConfig().getServletContext();
    }

    @Override
    public void init(FilterConfig filterConfig) throws ServletException {
        this.filterConfig  = filterConfig;
        init();
    }

    public void init() throws ServletException {
    }

    @Override
    public String getFilterName() {
        return getFilterConfig().getFilterName();
    }
}
```

若是 GenericFilter 的子类，要定义 Filter 的初始化，可以重新定义无参数 init()方法。在 Servlet 4.0 中，也增加了 **HttpFilter**，继承自 GenericFilter，对于 HTTP 方法的处理，增加了另一个版本的 doFilter()方法：

```
package javax.servlet.http;
import java.io.IOException;
import javax.servlet.FilterChain;
import javax.servlet.GenericFilter;
import javax.servlet.ServletException;
import javax.servlet.ServletRequest;
import javax.servlet.ServletResponse;

public abstract class HttpFilter extends GenericFilter {
    private static final long serialVersionUID = 1L;

    @Override
    public void doFilter(
      ServletRequest request, ServletResponse response, FilterChain chain)
         throws IOException, ServletException {
        if (!(request instanceof HttpServletRequest)) {
            throw new ServletException(request + " not HttpServletRequest");
        }
        if (!(response instanceof HttpServletResponse)) {
            throw new ServletException(request + " not HttpServletResponse");
        }
        doFilter(
            (HttpServletRequest) request,
            (HttpServletResponse) response,
            chain);
    }

    protected void doFilter(
      HttpServletRequest request, HttpServletResponse response,
         FilterChain chain) throws IOException, ServletException {
        chain.doFilter(request, response);
    }
}
```

因此，在 Servlet 4.0 中，若要定义过滤器，可以继承 HttpFilter，并重新定义 HttpServletRequest、HttpServletResponse 版本的 doFilter()方法，不用再自行将 ServletRequest、ServletResponse 转型为 HttpServletRequest、HttpServletResponse，也可以使用 getInitParameter()、getServletContext()等方法了。

以下实现一个简单的效能量测过滤器，可用来记录请求与响应的时间差，了解 Servlet 处理请求到响应需花费的时间。

Filters TimeIt.java

```
package cc.openhome;

import java.io.*;
import javax.servlet.*;
import javax.servlet.annotation.*;
import javax.servlet.http.*;

@WebFilter("/*")  ←— ❶使用@WebFilter 标注
public class TimeIt extends HttpFilter { ←— ❷继承 HttpFilter
    @Override
    protected void doFilter(
     HttpServletRequest request, HttpServletResponse response, FilterChain chain)
             throws IOException, ServletException {
        long begin = current();

        chain.doFilter(request, response);

        getServletContext().log(
           String.format("Request process in %d milliseconds", current() - begin)
        );
    }

    private long current() {
        return System.currentTimeMillis();
    }
}
```

在 doFilter()的实现中，先记录目前的系统时间，接着调用 FilterChain 的 doFilter()继续接下来的过滤器或 Servlet，当 FilterChain 的 doFilter()返回时，取得系统时间并减去先前记录的时间，就是请求与响应间的时间差。

过滤器的设置与 Servlet 的设置很类似。@WebFilter 中也可以使用 **filterName** 设置过滤器名称，**urlPatterns** 设置哪些 URI 请求必须应用哪个过滤器，或者仅设定 URI 模式❶，可套用的 URI 模式与 Servlet 基本上相同，而“/*”表示应用在所有的 URI 请求，过滤器还必须实现 Filter 接口，或者如此范例中继承 HttpFilter❷。

3. 过滤器的设定

如果要在 web.xml 中设置，则可以如下所示，标注的设置会被 web.xml 中的设置覆盖：

```
...
<filter>
    <filter-name>TimeIt</filter-name>
    <filter-class>cc.openhome.TimeIt</filter-class>
</filter>
<filter-mapping>
```

```
        <filter-name>TimeIt</filter-name>
        <url-pattern>/*</url-pattern>
    </filter-mapping>
...
```

<filter>标签中使用<filter-name>与<filter-class>设置过滤器名称与类名称。而在<filter-mapping>中，则用<filter-name>与<url-pattern>来设置哪些 URI 请求必须应用哪个过滤器。

在过滤器的请求应用上，除了指定 URI 模式之外，也可以指定 Servlet 名称，这可以通过@WebServlet 的 servletNames 来设置：

```
@WebFilter(filterName="TimeIt", servletNames={"SomeServlet"})
```

或在 web.xml 的<filter-mapping>中使用<servlet-name>来设置：

```
    ...
    <filter-mapping>
        <filter-name>TimeIt</filter-name>
        <servlet-name>SomeServlet</servlet-name>
    </filter-mapping>
...
```

如果想一次符合所有的 Servlet 名称，可以使用星号(*)。如果在过滤器初始化时，想要读取一些参数，可以在@WebFilter 中使用@WebInitParam 设置 initParams。例如：

```
    ...
@WebFilter(
   urlPatterns={"/*"},
    initParams={
        @WebInitParam(name = "PARAM1", value = "VALUE1"),
        @WebInitParam(name = "PARAM2", value = "VALUE2")
    }
)
public class TimeIt extends HttpFilter {
    private String PARAM1;
    private String PARAM2;

    @Override
    public void init() throws ServletException {
        PARAM1 = getInitParameter("PARAM1");
        PARAM2 = getInitParameter("PARAM2");
    }
   ...
}
```

若要在 web.xml 中设置过滤器的初始参数，可以在<filter>标签中使用<init-param>进行设置，如果过滤器名称相同，web.xml 中的设置会覆盖标注的设置。例如：

```
...
    <filter>
        <filter-name>cc.openhome.TimeIt</filter-name>
        <filter-class>cc.openhome.TimeIt</filter-class>
        <init-param>
            <param-name>PARAM1</param-name>
            <param-value>VALUE1</param-value>
        </init-param>
        <init-param>
            <param-name>PARAM2</param-name>
            <param-value>VALUE2</param-value>
        </init-param>
```

```
    </filter>
...
```

触发过滤器的时机，默认是由浏览器直接发出请求。如果是那些通过 `RequestDispatcher` 的 `forward()`或 `include()`的请求，设置`@WebFilter` 的 **dispatcherTypes**。例如：

```
    @WebFilter(
    filterName="some",
    urlPatterns={"/some"},
    dispatcherTypes={
        DispatcherType.FORWARD,
        DispatcherType.INCLUDE,
        DispatcherType.REQUEST,
        DispatcherType.ERROR,
        DispatcherType.ASYNC
    }
)
```

如果不设置任何 `dispatcherTypes`，则默认为 **REQUEST**。**FORWARD** 就是指通过 `Request-Dispatcher` 的 `forward()`而来的请求，可以套用过滤器。**INCLUDE** 就是指通过 `RequestDispatcher` 的 `include()`而来的请求，可以套用过滤器。**ERROR** 是指由容器处理例外而转发过来的请求，可以触发过滤器。**ASYNC** 是指异步处理的请求，可以触发过滤器(5.4 节会说明异步处理)。

若要在 web.xml 中设置，可以使用**<dispatcher>**标签。例如：

```
...
    <filter-mapping>
        <filter-name>SomeFilter</filter-name>
        <servlet-name>*.do</servlet-name>
        <dispatcher>REQUEST</dispatcher>
        <dispatcher>FORWARD</dispatcher>
        <dispatcher>INCLUDE</dispatcher>
        <dispatcher>ERROR</dispatcher>
        <dispatcher>ASYNC</dispatcher>
    </filter-mapping>
...
```

可以通过`<url-pattern>` 或`<servlet-name>`来指定，哪些 URI 请求或哪些 Servlet 可应用过滤器。如果同时具备`<url-pattern>`与`<servlet-name>`，先比对`<url-pattern>`，再比对`<servlet-name>`。如果有某个 URI 或 Servlet 会应用多个过滤器，根据`<filter- mapping>`在 web.xml 中出现的先后顺序，来决定过滤器的运行顺序。

5.3.3 请求封装器

接下来举两个实例，来说明请求封装器的实现与应用，分别是字符替换过滤器与编码设置过滤器。

1. 实现字符替换过滤器

假设有个留言板程序已经上线并正常运作中，但是现在发现，有些用户会在留言中输入一些 HTML 标签。基于安全性的考虑，不希望用户输入的 HTML 标签直接出现在留言中而被浏览器当作 HTML 的一部分。例如，不希望用户在留言中输入<a href="http://openhome.cc">OpenHome.cc</a>这样的信息，不想在留言显示中直接变成超链接，因为这样会让用户有机会在留言板中设置广告链接，如图 5.8 所示。

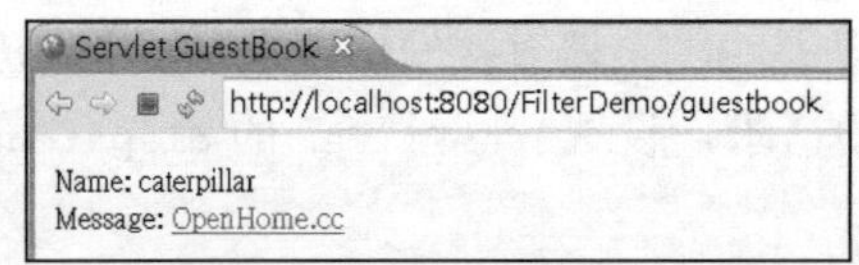

图 5.8　留言板被拿来打广告了

希望将一些 HTML 过滤掉，如将<、>角括号置换为 HTML 实体字符`<`与`>`。如果不想直接修改留言板程序，可以使用过滤器的方式，将用户请求参数中的角括号字符进行替换。但问题在于，虽然可以使用 `HttpServletRequest` 的 `getParameter()`取得请求参数值，但没有一个像 `setParameter()`的方法，可以将处理过后的请求参数重新设置给 `HttpServletRequest`。

对于容器产生的 `HttpServletRequest` 对象，无法直接修改某些信息，如请求参数值就是一个例子。你也许会想要亲自实现 `HttpServletRequest` 接口，让 `getParameter()`返回过滤后的请求参数值，但这么做的话，`HttpServletRequest` 接口定义的方法都要实现，实现所有方法非常麻烦。

所幸，有个 **`HttpServletRequestWrapper`** 实现了 `HttpServletRequest` 接口，只要继承 `HttpServletRequestWrapper` 类，并编写想要重新定义的方法即可。相对应于 `ServletRequest` 接口，也有个 **`ServletRequestWrapper`** 类可以使用，如图 5.9 所示。

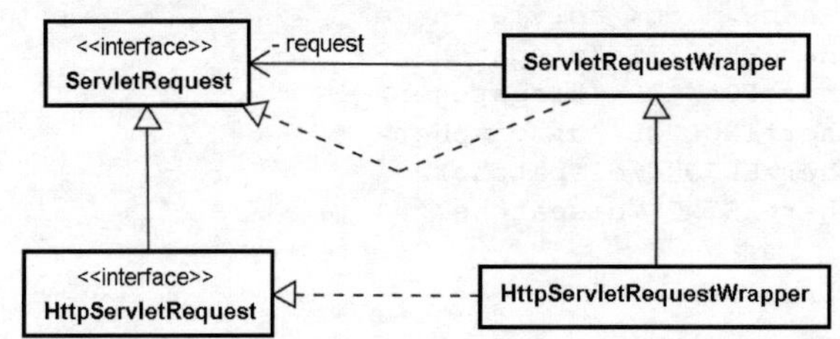

图 5.9　`ServletRequestWrapper` 与 `HttpServletWrapper`

以下的范例通过继承 `HttpServletRequestWrapper` 实现了一个请求封装器，可以将请求参数中的 HTML 符号替换为 HTML 实体字符。

Filters　EncoderWrapper.java

```
package cc.openhome;

import java.util.*;
import javax.servlet.http.*;

import org.owasp.encoder.Encode;                 ❶ 继承 HttpServletRequestWrapper

public class EncoderWrapper extends HttpServletRequestWrapper {
    public EncoderWrapper(HttpServletRequest request) {
        super(request);  ← ❷ 必须调用父类构造函数，传入 HttpServletRequest 实例
    }

    @Override                                    ❸ 重新定义 getParameter()方法
    public String getParameter(String name) {
```

```
        return Optional.ofNullable(getRequest().getParameter(name))
                       .map(Encode::forHtml)        ←── ❹ 将取得的请求参数值进行
                       .orElse(null);                     字符替换
    }
}
```

EncoderWrapper 类继承了 HttpServletRequestWrapper❶，并定义了一个接受 HttpServletRequest 的构造器函数，真正的 HttpServletRequest 将通过此构造器传入，必须使用 super() 调用 HttpServletRequestWrapper 接受 HttpServletRequest 的构造函数❷，之后如果要取得被封装的 HttpServletRequest，可以调用 getRequest()方法。

之后若有 Servlet 要取得请求参数值，都会调用 getParameter()，所以这里重新定义了 getParameter()方法❸，在此方法中，将真正从封装的 HttpServletRequest 对象上取得的请求参数值进行字符替换的动作❹。

实际上字符的过滤，要考虑的情况很多，这里直接使用了 OWASP Java Encoder 项目中的 Encode.forHtml()方法，可以在 Use the OWASP Java Encoder(goo.gl/mYksM7)中查看更多的 API 使用方式。

使用这个请求封装器类搭配过滤器，可以进行字符过滤的服务。例如：

Filters　Encoder.java

```
package cc.openhome;

import java.io.IOException;
import javax.servlet.*;
import javax.servlet.annotation.WebFilter;
import javax.servlet.http.*;

@WebFilter("/*")
public class Encoder extends HttpFilter {
    public void doFilter(HttpServletRequest request,
     HttpServletResponse response, FilterChain chain)
                      throws IOException, ServletException {
                           ┌── 将原请求对象包裹在 EncoderWrapper 之中
                           ↓
        chain.doFilter(new EncoderWrapper(request), response);
    }
}
```

在 Filter 的 doFilter()中，创建 EscapeWrapper 实例，并将原请求对象传入构造器进行封装。然后将 EscapeWrapper 实例传入 FilterChain 的 doFilter()中作为请求对象。之后的 Filter 或 Servlet 实例不需要也不会知道请求对象已经被封装，在必须取得请求参数时，同样调用 getParameter()即可。

将这个过滤器挂上去之后，如果有用户试图输入 HTML 标签，由于角括号都被替换为实体字符，所以出现如图 5.10 所示的留言。

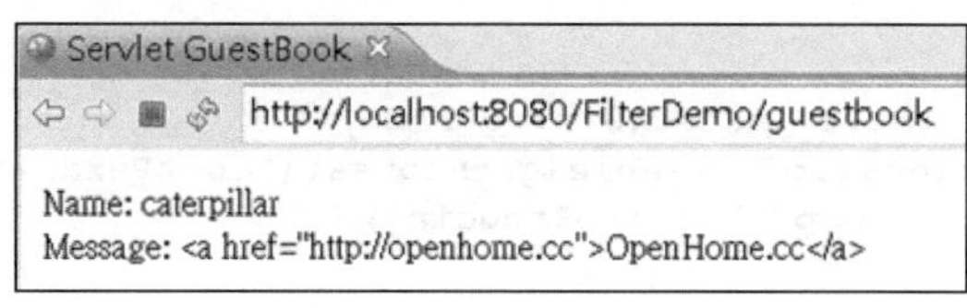

图 5.10　挂上过滤器并输入 HTML 标签后的留言信息

实际上输入的<a href="http://openhome.cc">OpenHome.cc</a>会被替换为“<a href="http://openhome.cc">Openhome.cc</a>”，浏览器会显示<a href="http://openhome.cc">OpenHome.cc</a>，但这些语句不会被当作 HTML 标签语法来解释。

2. 实现编码设置过滤器

在先前的范例中，如果要设置请求字符编码，都是在个别的 Servlet 中处理。在 Servlet 4.0 之前，可以在过滤器中进行字符编码设置，如果日后要改变编码，就不用每个 Servlet 逐一修改设置。例如：

```
package cc.openhome;

...略

@WebFilter(
    urlPatterns = { "/*" },
    initParams = { @WebInitParam(name = "ENCODING", value = "UTF-8") }
)
public class Encoding extends HttpFilter {
    public void doFilter(
     HttpServletRequest request, HttpServletResponse response, FilterChain chain)
           throws IOException, ServletException {
          String encoding = getInitParameter("ENCODING");
          request.setCharacterEncoding(encoding);
          response.setCharacterEncoding(encoding);
    }
}
```

在 Servlet 4.0 之后，若是整个 Web 应用程序都要采用的默认编码，可以在 web.xml 中设定<request-character-encoding>、<response-character-encoding>，不过若有特定几个页面必须设定特定编码，必要时仍以过滤器的方式来处理。

在 3.2.3 节字符编码设置中介绍过，HttpServletRequest 的 setCharacterEncoding()方法是针对请求 Body 内容，对于 Tomcat 7 或前面版本附带的 HTTP 服务器来说，处理 URI 时使用的默认编码是 ISO-8859-1，因而处理 GET 请求时，必须取得请求参数的字节阵列后，重新指定编码建构字符串。这个需求与上一个范例类似，可搭配请求封装器来实现。

```
package cc.openhome;

...略

public class EncodingWrapper extends HttpServletRequestWrapper {
    private String ENCODING;

    public EncodingWrapper(HttpServletRequest request, String ENCODING) {
        super(request);
        this.ENCODING = ENCODING;
    }

    @Override
    public String getParameter(String name) {
        return Optional.ofNullable(getRequest().getParameter(name))
                    .map(this::toEncoding)
                    .orElse(null);
    }
```

```
    private String toEncoding(String original) {
        String value;
        try {
            byte[] b = original.getBytes("ISO-8859-1");
            value = new String(b, ENCODING);
        } catch (UnsupportedEncodingException e) {
            throw new RuntimeException(e);
        }
        return value;
    }
}
```

ncodingWrapper 类的实现与上一个范例类似，其继承了 HttpServletRequest- Wrapper，并定义了一个接受 HttpServletRequest 的构造器，真正的 HttpServletRequest 将通过此构造器传入，必须使用 super()调用 HttpServletRequestWrapper 接受 HttpServletRequest 的构造器，之后如果要取得被封装的 HttpServletRequest，可以调用 getRequest()方法。

若有 Servlet 要取得请求参数值，都会调用 getParameter()，所以这里重新定义了 getParameter()方法。在此方法中，将真正从封装的 HttpServletRequest 对象上取得请求参数值，进行编码替换的动作。

至于编码过滤器的实现，如下所示：

```
package cc.openhome;

...略

@WebFilter(
     urlPatterns = { "/*" },
     initParams = { @WebInitParam(name = "ENCODING", value = "UTF-8") }
)
public class Encoding extends HttpFilter {
    public void doFilter(
     HttpServletRequest request, HttpServletResponse response, FilterChain chain)
            throws IOException, ServletException {
        String encoding = getInitParameter("ENCODING");

    HttpServletRequest req = request;
        if ("GET".equals(request.getMethod())) {
           req = new EncodingWrapper(req, encoding);
        } else {
            req.setCharacterEncoding(encoding);
        }
        chain.doFilter(req, response);
    }

}
```

请求参数的编码设置是通过过滤器初始参数来设置的，过滤器仅在 GET 请求时创建 EncodingWrapper 实例，其他 HTTP 请求则通过 HttpServletRequest 的 setCharacterEncoding() 设置编码，最后都调用 FilterChain 的 doFilter()方法传入 EncodingWrapper 实例或原请求对象。

5.3.4 响应封装器

在 Servlet 中，是通过 HttpServletResponse 对象来对浏览器进行响应的。如果想对响应的内容进行压缩处理，就要想办法让 HttpServletResponse 对象具有压缩处理的功能。先前介绍过请求封装器的实现，而在响应封装器的部分，可以继承 HttpServletResponseWrapper 类(父类 ServletResponseWrapper)来对 HttpServletResponse 对象进行封装，如图 5.11 所示。

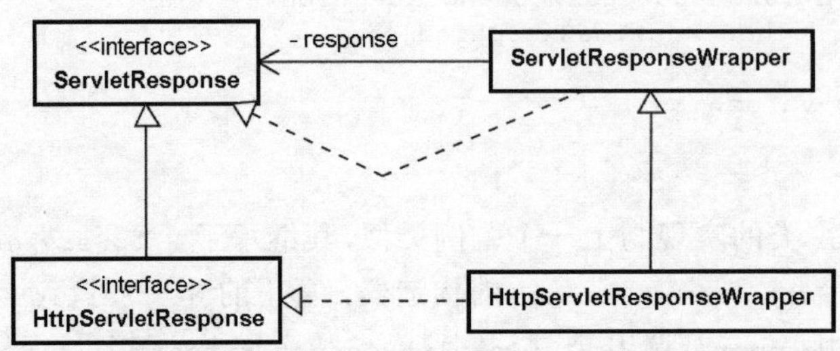

图 5.11 ServletResponseWrapper 与 HttpServletResponseWrapper

若要对浏览器进行输出响应，必须通过 getWriter()取得 PrintWriter，或是通过 getOutputStream()取得 ServletOutputStream。针对压缩输出的需求，主要就是在继承 HttpServletResponseWrapper 之后，通过重新定义这两个方法来达成。

在这里，压缩的功能将采用 GZIP 格式，这是浏览器可以接受的压缩格式，可以使用 GZIPOutputStream 类来实现。由于 getWriter()的 PrintWriter 在创建时，也是必须使用到 ServletOutputStream，在这里先扩展 ServletOutputStream 类，让它具有压缩的功能。

Filters GZipServletOutputStream.java

```
package cc.openhome;

import java.io.IOException;
import java.util.zip.GZIPOutputStream;
import javax.servlet.ServletOutputStream;
import javax.servlet.WriteListener;

public class GZipServletOutputStream extends ServletOutputStream {
    private ServletOutputStream servletOutputStream;
    private GZIPOutputStream gzipOutputStream;

    public GZipServletOutputStream(
            ServletOutputStream servletOutputStream) throws IOException {
        this.servletOutputStream = servletOutputStream;
        this.gzipOutputStream = new GZIPOutputStream(servletOutputStream);
    }

    public void write(int b) throws IOException {
        this.gzipOutputStream.write(b);
    }

    public GZIPOutputStream getGzipOutputStream() {
        return this.gzipOutputStream;
    }

    @Override
```

❶ 继承 ServletOutputStream 来进行扩充

❷ 使用 GZIPOutputStream 来增加压缩功能

❸ 输出时通过 GZIPOutputStream 的 write()来压缩输出

```
    public boolean isReady() {
        return this.servletOutputStream.isReady();
    }

    @Override
    public void setWriteListener(WriteListener writeListener) {
        this.servletOutputStream.setWriteListener(writeListener);
    }

    @Override
    public void close() throws IOException {
        this.gzipOutputStream.close();
    }

    @Override
    public void flush() throws IOException {
        this.gzipOutputStream.flush();
    }

    public void finish() throws IOException {
        this.gzipOutputStream.finish();
    }
}
```

GzipServletOutputStream 继承 ServletOutputStream 类❶，使用时必须传入 Servlet-OutputStream 类，由 GZIPOutputStream 来增加压缩输出串流的功能❷。范例中重新定义 write()方法，并通过 GZIPOutputStream 的 write()方法串流输出❸，GZIPOutputStream 的 write()方法实现了压缩的功能。

在 HttpServletResponse 对象传入 Servlet 的 service()方法前，必须封装它，使得调用 getOutputStream()时，可以取得这里实现的 GZipServletOutputStream 对象，而调用 getWriter()时，也可以利用 GZipServletOutputStream 对象来构造 PrintWriter 对象。

Filters　CompressionWrapper.java

```
package cc.openhome;

import java.io.*;
import javax.servlet.*;
import javax.servlet.http.*;

public class CompressionWrapper extends HttpServletResponseWrapper {
    private GZipServletOutputStream gzServletOutputStream;
    private PrintWriter printWriter;

    public CompressionWrapper(HttpServletResponse response) {
        super(response);
    }

    @Override
    public ServletOutputStream getOutputStream() throws IOException {
        if(printWriter != null) {                    ❶ 已调用过 getWriter()，再调用
            throw new IllegalStateException();         getOutputStream()就抛出例外
        }
        if (gzServletOutputStream == null) {
```

```
            gzServletOutputStream =
               new GZipServletOutputStream(getResponse().getOutputStream());
        }
        return gzServletOutputStream;
    }

    @Override
    public PrintWriter getWriter() throws IOException {
        if(gzServletOutputStream != null) {
            throw new IllegalStateException();
        }
        if (printWriter == null) {
            gzServletOutputStream =
                new GZipServletOutputStream(
                        getResponse().getOutputStream());
            OutputStreamWriter osw =
              new OutputStreamWriter(gzServletOutputStream,
                    getResponse().getCharacterEncoding());
            printWriter = new PrintWriter(osw);
        }
        return printWriter;
    }

    @Override
    public void flushBuffer() throws IOException {
        if(this.printWriter != null) {
            this.printWriter.flush();
        }
        else if(this.gzServletOutputStream != null) {
            this.gzServletOutputStream.flush();
        }
        super.flushBuffer();
    }

    public void finish() throws IOException {
        if(this.printWriter != null) {
            this.printWriter.close();
        }
        else if(this.gzServletOutputStream != null) {
            this.gzServletOutputStream.finish();
        }
    }

    @Override
    public void setContentLength(int len) {}

    @Override
    public void setContentLengthLong(long length) {}
}
```

❷ 创建有压缩功能的 GzipServletOutputStream 对象

❸ 已调用过 getOutputStream()，再调用 getWriter()就抛出异常

❹ 创建 GzipServletOutputStream 对象，供构造 PrintWriter 时使用

❺ 不实现方法内容，因为真正的输出会被压缩

在上例中要注意，由于 Servlet 规格书中规定，在同一个请求期间，getWriter ()与 getOutputStream()只能择一调用，否则必须抛出 IllegalStateException，因此建议在实现响应封装器时，也遵循这个规范。在重新定义 getOutputStream()与 getWriter()方法时，分别要检查是否已存在 PrintWriter❶与 ServletOutputStream 实例❷。

在 getOutputStream()中，会创建 GZipServletOutputStream 实例并返回。在 getWriter()中调用 getOutputStream()取得 GZipServletOutputStream 对象，作为构造 PrintWriter 实

例时使用❹，这样创建的 PrintWriter 对象也具有压缩功能。由于真正的输出会被压缩，所以忽略原来的内容长度设置❺。

接下来可以实现一个压缩过滤器，使用上面开发的 CompressionWrapper 来封装原 HttpServletResponse。

Filters CompressionFilter.java

```
package cc.openhome;

import java.io.*;
import javax.servlet.*;
import javax.servlet.http.*;
import javax.servlet.annotation.WebFilter;

@WebFilter("/*")
public class Compression extends HttpFilter {
    protected void doFilter(
      HttpServletRequest request, HttpServletResponse response,
          FilterChain chain) throws IOException, ServletException {

        String encodings = request.getHeader("Accept-Encoding");
        if (encodings != null && encodings.contains("gzip")) {  ← ❶ 检查是否接受 gzip 压缩格式

            CompressionWrapper responseWrapper =
                   new CompressionWrapper(response);  ← ❷ 创建响应封装器
            responseWrapper.setHeader("Content-Encoding", "gzip");  ← ❸ 设置响应内容编码为 gzip 格式
            chain.doFilter(request, responseWrapper);  ← ❹ 下一个过滤器
            responseWrapper.finish();  ← ❺ 调用 GZIPOutputStream 的 finish() 方法完成压缩输出
        }
        else {
            chain.doFilter(request, response);  ← ❻ 不接受压缩，直接进行下一个过滤器
        }
    }
}
```

浏览器是否接受 GZIP 压缩格式，可以通过检查 Accept-Encoding 请求标头中是否包括 gzip 字符串来判断❶。如果可以接受 GZIP 压缩，创建 CompressionWrapper 封装原响应对象❷，并设置 Content-Encoding 响应标头为 gzip，这样浏览器就会知道响应内容是 GZIP 压缩格式❸。接着调用 FilterChain 的 doFilter()时，传入的响应对象为 CompressionWrapper 对象❹。当 FilterChain 的 doFilter()结束时，必须调用 GZIPOutputStream 的 finish()方法，这才会将 GZIP 后的资料从缓冲区中全部移出并进行响应❺。

如果浏览器不接受 GZIP 压缩格式，直接调用 FilterChain 的 doFilter()❻，这样就可以让不接受 GZIP 压缩格式的浏览器也可以收到原有的响应内容。

5.4 异步处理

Web 容器会为每个请求分配一个线程，默认情况下，响应完成前，该线程占用的资源不会被释放。若有些请求需要长时间处理(例如长时间运算、等待某个资源)，就会长时间

占用 Web 容器分配的线程，令这些线程无法服务其他请求，从而影响 Web 应用程序的请求承载能力。

Servlet 3.0 增加了异步处理，可以先释放容器分配给请求的线程，令其能服务其他请求，原先释放了容器所分配线程的请求，可交由应用程序本身分配的线程来处理，在完成(例如长时间运算完成、所需资源已获得)时再对浏览器进行响应。

提示>>> 异步请求本身就是个进阶话题，常需搭配其他技术来完成，如 JavaScript，初学者可先略过此节内容。

5.4.1 AsyncContext 简介

为了支持异步处理，在 Servlet 3.0 的 `ServletRequest` 上提供了 **`startAsync()`** 方法：

```
AsyncContext startAsync() throws java.lang.IllegalStateException;
AsyncContext startAsync(ServletRequest servletRequest,
                        ServletResponse servletResponse)
                        throws java.lang.IllegalStateException
```

这两个方法都会返回 `AsyncContext` 接口的实现对象，前者会直接利用原有的请求与响应对象来创建 `AsyncContext`，后者可以传入自行创建的请求、响应封装对象。在调用了 `startAsync()`方法取得 `AsyncContext` 对象之后，此次请求的响应会被延后，Servlet 的 `service()`方法执行过后就释放容器分配的线程。

可以通过 `AsyncContext` 的 **`getRequest()`**、**`getResponse()`**方法取得请求、响应对象，此次对浏览器的响应将暂缓至调用 `AsyncContext` 的 **`complete()`**或 **`dispatch()`**方法为止，前者表示响应完成，后者表示将调派指定的 URI 进行响应。

若要调用 `ServletRequest` 的 `startAsync()`以取得 `AsyncContext`，必须告知容器此 Servlet 支持异步处理，如果使用`@WebServlet` 来标注，可以设置其 **`asyncSupported`** 为 `true`。例如：

```
@WebServlet(urlPatterns = "/asyncXXX", asyncSupported = true)
public class AsyncServlet extends HttpServlet {
...
```

如果使用 web.xml 设置 Servlet，可以在`<servlet>`中设置**`<async-supported>`**标签为 `true`：

```
...
<servlet>
   <servlet-name>AsyncXXX</servlet-name>
   <servlet-class>cc.openhome.AsyncXXX</servlet-class>
   <async-supported>true</async-supported>
</servlet>
...
```

如果 Servlet 会进行异步处理，而在这之前有过滤器，过滤器亦需标示其支持异步处理，如果使用`@WebFilter`，同样可以设置 **`asyncSupported`** 为 `true`。例如：

```
@WebFilter(urlPatterns = "/asyncXXX", asyncSupported = true)
public class AsyncFilter extends HttpFilter{
...
```

如果使用 web.xml 设置过滤器，可以设置**<async-supported>**标签为 true：

```
...
<filter>
    <filter-name>AsyncFilter</filter-name>
    <filter-class>cc.openhome.AsyncFilter</filter-class>
    <async-supported>true</async-supported>
</filter>
...
```

下面示范一个异步处理的简单例子，对于收到的请求，Servlet 取得 AsyncContext，并释放容器分配的线程，响应被延后，对于这些被延后响应的请求，在 Java SE 8 中，可以建立一个 CompletableFuture 对象，使用默认的线程池进行异步处理，使用 CompletableFuture 的另一好处是，撰写程序时可以是同步的流程风格。

Async AsyncServlet.java

```
package cc.openhome;

import java.io.*;
import java.util.concurrent.*;
import javax.servlet.*;
import javax.servlet.annotation.*;
import javax.servlet.http.*;

@WebServlet(
    urlPatterns={"/async"},
    asyncSupported = true  ←── ❶标注 Servlet 支持异步处理
)
public class AsyncServlet extends HttpServlet {

    protected void doGet(
      HttpServletRequest request, HttpServletResponse response)
                    throws ServletException, IOException {
        response.setContentType("text/html; charset=UTF8");
        AsyncContext ctx = request.startAsync(); ←── ❷ 开始异步处理，会在 service()
                                                       完成后释放线程

            ❸ 建立 CompletableFuture
            ↓
        doAsync(ctx).thenApplyAsync(String::toUpperCase) ←── ❹ 处理结果转大写
                    .thenAcceptAsync(resource -> {        ❺ 输出结果
                        try {                              ↓
                            ctx.getResponse().getWriter().println(resource);
                            ctx.complete(); ←── ❻ 对浏览器完成回应
                        } catch (IOException e) {
                            throw new UncheckedIOException(e);
                        }
                    });
    }

    private CompletableFuture<String> doAsync(AsyncContext ctx) {
        return CompletableFuture.supplyAsync(() -> {
            try {
                String resource = ctx.getRequest().getParameter("resource");
                Thread.sleep(10000); ←── ❼ 模拟冗长请求
                return String.format("%s back finally...XD", resource);
            } catch (InterruptedException e) {
                throw new RuntimeException(e);
```

```
            }
        });
    }
}
```

此例中首先告诉容器，这个 Servlet 支持异步处理❶，对于每个请求，Servlet 会取得其 AsyncContext❷，并在 service()方法执行完毕后释放容器所分配的线程，响应被延后，对于这些被延后响应的请求，建立 CompletableFuture 来进行异步处理❸，CompletableFuture 被指定的任务中仿真了冗长请求❼，任务结果会被转换为大写❹，然后输出结果❺，最后必须结束此异步请求，才会对浏览器真正进行响应❻。

可以开启浏览器，请求此 Servlet 时附上请求参数 resource=value，浏览器会持续处于等待状态，在 10 秒钟之后才会显示结果，当然，像这个特意仿真冗长处理的范例，实际的应用必须搭配前端 JavaScript 的异步请求，就算请求的处理本身不至于冗长，提前释放容器分配之线程，也可能有助于提高请求的承载能力。

5.4.2 异步 Long Polling

HTTP 是基于请求、响应模型，Web 应用程序无法直接对浏览器传送信息，因为没有请求就不会有响应。在这种请求、响应模型下，如果浏览器想要获得 Web 应用程序的最新状态，必须以定期(或不定期)方式发送请求，查询 Web 应用程序的最新状态。

持续发送请求以查询 Web 应用程序最新状态，这种方式的问题在于耗用网络流量，如果多次请求过程后，Web 应用程序状态并没有变化，那这多次的请求耗用的流量就是浪费的。

一个解决的方式是，Web 应用程序将每次请求的响应延后，直到 Web 应用程序状态有变化时再进行响应。当然这样的话，浏览器会处于等待响应状态，如果可以搭配 Ajax 异步请求技术，用户将不会因此而被迫停止网页的操作。然而 Web 应用程序延后请求的话，若是 Servlet/JSP 技术，等于该请求占用一个线程，若浏览器很多，每个请求都占用线程，将会使得 Web 应用程序的性能负担很重。

Servlet 3.0 中提供的异步处理技术，可以解决每个请求占用线程的问题，若搭配前端 Ajax 异步请求技术，就可达到类似 Web 应用程序主动通知浏览器的行为。

提示»» 接下来的范例中会用到 Ajax，但本书不讨论 Ajax。若对 JavaScript 与 Ajax 有兴趣研究，可以参考《ECMAScript 本质部分》(openhome.cc/Gossip/ECMAScript/)。

以下是实际的例子，模拟应用程序不定期产生最新数据。这个部分由实现 ServletContextListener 的类负责，在应用程序启动时进行。

Async WebInitListener.java

```
package cc.openhome;

import java.io.IOException;
import java.io.UncheckedIOException;
import java.util.*;
import javax.servlet.*;
```

```
import javax.servlet.annotation.WebListener;

@WebListener()
public class WebInitListener implements ServletContextListener {

    private List<AsyncContext> asyncs = new ArrayList<>();
                                  ❶ 所有异步请求的 AsyncContext 将存储至这个 List
    @Override
    public void contextInitialized(ServletContextEvent sce) {
        sce.getServletContext().setAttribute("asyncs", asyncs);

        new Thread(() -> {
                while (true) {        ❷ 仿真不定时随机产生数字
                    try {
                        Thread.sleep((int) (Math.random() * 5000));
                        response(Math.random() * 10);
                    } catch (Exception e) {
                        throw new RuntimeException(e);
                    }
                }
            }
        ).start();
    }

    private void response(double num) {
        synchronized(asyncs) {
            asyncs.forEach(ctx -> {                    ❸ 逐一完成异步请求
                try {
                    ctx.getResponse().getWriter().println(num);
                    ctx.complete();
                } catch (IOException e) {
                    throw new UncheckedIOException(e);
                }
            });
            asyncs.clear();
        }
    }
}
```

在这个 ServletContextListener 中，有个 List<AsyncContext>会存储所有异步请求的 AsyncContext❶，在不定时产生数字后❷，逐一对浏览器响应，并调用 AsyncContext 的 complete()来完成请求❸。

负责接受请求的 Servlet，一收到请求，就将之加入 List<AsyncContext>中：

Async AsyncNumber.java

```
package cc.openhome;

import java.io.*;
import java.util.*;
import javax.servlet.*;
import javax.servlet.annotation.*;
import javax.servlet.http.*;

@WebServlet(
    urlPatterns={"/asyncNumber"},
    asyncSupported = true
```

```
)
public class AsyncNumber extends HttpServlet {
   private List<AsyncContext>  asyncs;

   @Override
   public void init() throws ServletException {       ❶取得 List<AsyncContext>
      asyncs =
        (List<AsyncContext>) getServletContext().getAttribute("asyncs");
   }

   @Override
   protected void doGet(
       HttpServletRequest request, HttpServletResponse response)
                   throws ServletException, IOException {
      synchronized(asyncs) {
         asyncs.add(request.startAsync());  ←❷开始异步处理并加入
      }                                          List<AsyncContext>
   }
}
```

由于 List<AsyncContext>存储为 ServletContext 属性，在这个 Servlet 中，必须从 ServletContext 中取出❶，在每次请求来到时，调用 HttpServletRequest 的 startAsync() 进行异步处理，将取得的 AsyncContext 加入 List<AsyncContext>❷。

可以使用一个简单的 HTML，其中使用 Ajax 技术，发送异步请求至 Web 应用程序，这个请求会被延迟，直到 Web 应用程序完成响应后，更新网页上对应的资料，并再度发送异步请求：

Async asyncNumber.html

```
<!DOCTYPE html>
<html>
  <head>
    <title>即时资料</title>
    <meta charset="UTF-8">
  </head>
  <body>
    即时资料：<span id="data">0</span>

    <script type="text/javascript">
        function asyncUpdate() {
            let request = new XMLHttpRequest();
            request.onload = function() {
                if(request.status === 200) {
                    document.getElementById('data').innerHTML =
                                                  request.responseText;
                    asyncUpdate();
                }
            };
            request.open('GET', 'asyncNumber?timestamp=' + new Date().getTime());
            request.send(null);
        }

        asyncUpdate();
    </script>

  </body>
</html>
```

浏览器中的数字会不定时地更新，也可以试着使用多个浏览器窗口来请求这个页面，会看到每个浏览器窗口的数据都是相同的。

5.4.3 更多 AsyncContext 细节

如果 Servlet 或过滤器的 asyncSupported 被标示为 true，才能支持异步请求处理，在不支持异步处理的 Servlet 或过滤器中调用 startAsync()，会抛出 IllegalStateException。

在支持异步处理的 Servlet 或过滤器中调用请求对象的 startAsync()方法，完成 service()方法后，若有过滤器，也会依序返回(也就是各自完成 FilterChain 的 doFilter()方法)，之后释放容器分配的线程。

可以调用 AsyncContext 的 complete()方法完成响应，或是调用 forward()方法，将响应转发给其他 Servlet/JSP 处理，AsyncContext 的 forward()就如同 3.2.6 节中介绍的功能，将请求的响应权转发给别的页面来处理，给定的路径是相对于 ServletContext 的路径。不可以自行在同一个 AsyncContext 上同时调用 complete()与 forward()，这会引发 IllegalStateException。

在两个异步处理的 Servlet 间转发前，不能连续调用两次 startAsync()，否则会引发 IllegalStateException。

将请求从支持异步处理的 Servlet(asyncSupported 被标示为 true)转发至一个同步处理的 Servlet 是可行的(asyncSupported 被标示为 false)，此时，容器会负责调用 AsyncContext 的 complete()。

如果从一个同步处理的 Servlet 转发至一个支持异步处理的 Servlet，在异步处理的 Servlet 中调用 AsyncContext 的 startAsync()，将会抛出 IllegalStateException。

如果对 AsyncContext 的起始、完成、超时或错误发生等事件有兴趣，可以实现 AsyncListener。其定义如下：

```
package javax.servlet;
import java.io.IOException;
import java.util.EventListener;
public interface AsyncListener extends EventListener {
    void onComplete(AsyncEvent event) throws IOException;
    void onTimeout(AsyncEvent event) throws IOException;
    void onError(AsyncEvent event) throws IOException;
    void onStartAsync(AsyncEvent event) throws IOException;
}
```

AsyncContext 有个 addListener()方法，可以加入 AsyncListener 的实现对象，在对应事件发生时会调用 AsyncListener 实现对象的对应方法。

如果调用 AsyncContext 的 dispatch()，将请求调派给别的 Servlet，则可以通过请求对象的 getAttribute()取得以下属性：

- javax.servlet.async.request_uri
- javax.servlet.async.context_path
- javax.servlet.async.servlet_path

- javax.servlet.async.path_info
- javax.servlet.async.query_string
- javax.servlet.async.mapping(Servlet 4.0 新增)

类似 3.2.6 节中曾经讨论过的，会需要这些请求属性的原因在于，在 AsyncContext 的 dispatch()时，AsyncContext 持有的 request、response 对象是来自于最前端的 Servlet，后续的 Servlet 若使用 request、response 对象，也就会是一开始最前端 Servlet 收到的两个对象，此时尝试在后续的 Servlet 中使用 request 对象的 getRequestURI()等方法，得到的信息跟第一个 Servlet 中执行 getRequestURI()等方法是相同的。

然而，有时必须取得 dispatch()时传入的路径信息，而不是第一个 Servlet 的路径信息，这时候就必须通过方才的几个属性名称来取得。

不用记忆这些属性名称，可以通过 AsyncContext 定义的常数来取得：

- AsyncContext.ASYNC_REQUEST_URI
- AsyncContext.ASYNC_CONTEXT_PATH
- AsyncContext.ASYNC_SERVLET_PATH
- AsyncContext.ASYNC_PATH_INFO
- AsyncContext.ASYNC_QUERY_STRING
- AsyncContext.ASYNC_MAPPING(Servlet 4.0 新增)

5.4.4 异步 Server-Sent Event

HTML5 支持 Server-Sent Event，在请求发送至 Web 应用程序后，Web 应用程序的响应会一直持续(始终处于“下载”状态)。例如，将 5.4.2 中节的 HTML 改写为使用 Server-Sent Event：

Async asyncNumber2.html

```
<!DOCTYPE html>
<html>
  <head>
    <title>实时数据</title>
    <meta charset="UTF-8">
  </head>
  <body>
    实时数据：<span id="data">0</span>

    <script type="text/javascript">
      new EventSource("asyncNumber2")
              .addEventListener("message",
                    e => document.getElementById('data').innerHTML = e.data
              );
    </script>
  </body>
</html>
```

在 5.4.2 节中，只是请求被延迟至 Web 应用程序有数据，在响应之后当次联机就关闭，浏览器再次发送请求，重复此过程，如果使用 Server-Sent Event，浏览器只需要发送一次请求，之后 Web 应用程序可以在持续的响应中一直输出，联机也就不会中断。

因此，Web 应用程序需要一个循环之类的重复结构。而为了能尽快让容器分配的线程释放，可以在异步 Servlet 中进行，例如：

Async AsyncNumber2.java

```
package cc.openhome;

import java.io.*;
import java.util.*;
import javax.servlet.*;
import javax.servlet.annotation.*;
import javax.servlet.http.*;

@WebServlet(
    urlPatterns={"/asyncNumber2"},
    asyncSupported = true
)
public class AsyncNumber2 extends HttpServlet {
    private Queue<AsyncContext> asyncs;

    @Override
    public void init() throws ServletException {      ❶ 取得 Queue<AsyncContext>
        asyncs =
         (Queue<AsyncContext>) getServletContext().getAttribute("asyncs2");
    }

    @Override
    protected void doGet(
            HttpServletRequest request, HttpServletResponse response)
                    throws ServletException, IOException {

        response.setContentType("text/event-stream");          ❷ 必须是 text/event-stream、
        response.setHeader("Cache-Control", "no-cache");          UTF-8
        response.setCharacterEncoding("UTF-8");

        AsyncContext ctx = request.startAsync();
        ctx.setTimeout(30 * 1000);

        ctx.addListener(new AsyncListener() {
          @Override
          public void onComplete(AsyncEvent event) throws IOException {
              asyncs.remove(ctx);
          }

          @Override
          public void onTimeout(AsyncEvent event) throws IOException {
              asyncs.remove(ctx);
          }

          @Override
          public void onError(AsyncEvent event) throws IOException {
              asyncs.remove(ctx);
          }

          @Override
          public void onStartAsync(AsyncEvent event) throws IOException {}
        });
```

```
        asyncs.add(ctx);
    }
}
```

每个 AsyncContext 都会被加入 Queue<AsyncContext>，这来自 ServletContext 属性❶，在搭配 Server-Sent Event 时，Web 应用程序响应的 Content-Type 标头必须是 text/event-stream，编码必须是 UTF-8❷，而发送的响应，必须有个 data:，而且最后必须有两个换行\n\n。例如：

Async WebInitListener2.java

```
package cc.openhome;

import java.io.IOException;
import java.io.PrintWriter;
import java.io.UncheckedIOException;
import java.util.*;
import java.util.concurrent.ConcurrentLinkedQueue;

import javax.servlet.*;
import javax.servlet.annotation.WebListener;

@WebListener()
public class WebInitListener2 implements ServletContextListener {
    private Queue<AsyncContext> asyncs = new ConcurrentLinkedQueue<>();

    @Override
    public void contextInitialized(ServletContextEvent sce) {
        sce.getServletContext().setAttribute("asyncs2", asyncs);

        new Thread(() -> {
            while (true) {
                try {
                    // 模拟不定时
                    Thread.sleep((int) (Math.random() * 5000));
                    // 随机产生数字
                    response(Math.random() * 10);
                } catch (Exception e) {
                    throw new RuntimeException(e);
                }
            }
        }).start();
    }

    private void response(double num) {
        // 逐一完成异步请求
        asyncs.forEach(ctx -> {
            try {
                PrintWriter out = ctx.getResponse().getWriter();
                out.printf("data: %s\n\n", num);
                out.flush();
            } catch (IOException e) {
                throw new UncheckedIOException(e);
            }
        });
    }
}
```

接着试着浏览刚才的 HTML，一样也能看到 Web 应用程序的即时消息，如果浏览器上有开发者工具的话，试着打开，比较 5.4.2 节的范例与这个范例，在请求响应联机上有何不同。

5.4.5 使用 ReadListener

可以试着使用 AsyncContext 来改写一下 3.2.5 节里的文件上传范例，好处是在上传的文件容量较大时，可令容器分配的线程尽快地释放，由 Web 应用程序建立的线程来处理文件上传：

```
package cc.openhome;

…略

@MultipartConfig
@WebServlet(
    urlPatterns={"/asyncUpload"},
    asyncSupported = true
)
public class AsyncUpload extends HttpServlet {
    @Override
    protected void doPost(
         HttpServletRequest request, HttpServletResponse response)
            throws ServletException, IOException {
        AsyncContext ctx = request.startAsync();
        doAsyncUpload(ctx).thenRun(() -> {
            try {
                ctx.getResponse().getWriter().println("Upload Successfully");
                ctx.complete();
            } catch (IOException e) {
                throw new UncheckedIOException(e);
            }
        });
    }

    private CompletableFuture<Void> doAsyncUpload(AsyncContext ctx)
                throws IOException, ServletException {
        Part photo = ((HttpServletRequest) ctx.getRequest()).getPart("photo");
        String filename = photo.getSubmittedFileName();

        return CompletableFuture.runAsync(() -> {
            // 读取是阻断式
            try(InputStream in = photo.getInputStream();
                OutputStream out =
                  new FileOutputStream("c:/workspace/" + filename)) {
                byte[] buffer = new byte[1024];
                int length = -1;
                while ((length = in.read(buffer)) != -1) {
                    out.write(buffer, 0, length);
                }
            } catch (IOException e) {
                throw new UncheckedIOException(e);
            }
        });
    }
}
```

然而，输入的读取是阻断式，如果因为网络状况不佳，许多时间会耗费在等待数据来到，这表示 CompletableFuture 处理时的线程必须等待，无法尽早回到线程池中。

在 Servlet 3.1 中，ServletInputStream 可以实现非阻断输入，这可以通过对 ServletInputStream 注册一个 ReadListener 实例来达到：

```
package javax.servlet;
import java.io.IOException;
public interface ReadListener extends java.util.EventListener{
  public abstract void onDataAvailable() throws IOException;
  public abstract void onAllDataRead() throws IOException;
  public abstract void onError(Throwable throwable);
}
```

在 ServletInputStream 有数据的时候，会调用 onDataAvailable()方法，而全部数据读取完毕后会调用 onAllDataRead()，若发生例外的话，会调用 onError()，要注册 ReadListener 实例，必须在异步 Servlet 中进行。

为了配合在 ServletInputStream 上注册 ReadListener，可以使用 ServletInputStream 的非阻断功能改写 3.2.4 节中文件上传的范例：

Async AsyncUpload.java

```
package cc.openhome;

import java.io.*;
import java.util.regex.Matcher;
import java.util.regex.Pattern;

import javax.servlet.*;
import javax.servlet.annotation.*;
import javax.servlet.http.*;

@WebServlet(
    urlPatterns = { "/asyncUpload" },
    asyncSupported = true
)
public class AsyncUpload extends HttpServlet {
    private final Pattern fileNameRegex =
            Pattern.compile("filename=\"(.*)\"");

    private final Pattern fileRangeRegex =
            Pattern.compile("filename=\".*\"\\r\\n.*\\r\\n\\r\\n(.*+)");

    @Override
    protected void doPost(
          HttpServletRequest request, HttpServletResponse response)
            throws ServletException, IOException {
        AsyncContext ctx = request.startAsync();

        ServletInputStream in = request.getInputStream();

        in.setReadListener(new ReadListener() {
            ByteArrayOutputStream out = new ByteArrayOutputStream();

            @Override
            public void onDataAvailable() throws IOException {
                byte[] buffer = new byte[1024];
                int length = -1;
```

```
                while(in.isReady() && (length = in.read(buffer)) != -1) {
                    out.write(buffer, 0, length);
                }
            }

            @Override
            public void onAllDataRead() throws IOException {
                byte[] content = out.toByteArray();
                String contentAsTxt = new String(content, "ISO-8859-1");

                String filename = filename(contentAsTxt);
                Range fileRange =
                        fileRange(contentAsTxt, request.getContentType());
                write(content,
                    contentAsTxt.substring(0, fileRange.start)
                                .getBytes("ISO-8859-1")
                                .length,
                    contentAsTxt.substring(0, fileRange.end)
                                .getBytes("ISO-8859-1")
                                .length,
                    String.format("c:/workspace/%s", filename)
                );

                response.getWriter().println("Upload Successfully");
                ctx.complete();
            }

            @Override
            public void onError(Throwable throwable) {
                ctx.complete();
                throw new RuntimeException(throwable);
            }
        });
    }

    ...余同 3.2.4 节的范例，故略...
}
```

在这个例子中，每次有数据可以读取时，会调用 onDataAvailable()，在 ServletInputStream 准备好可读取时，将读取的数据放到 ByteArrayOutputStream，而全部数据都读取完成之后，于 onAllDataRead() 进行文件写出的动作。

5.4.6 使用 WriteListener

可以试着使用 AsyncContext 来改写 3.3.3 节里的电子书下载范例，好处在于，若文件很大而需耗费多长的下载时间的话，可以令容器分配的线程尽快释放，由 Web 应用程序建立之线程来处理下载。如：

```
package cc.openhome;

…略

@WebServlet(
    urlPatterns = { "/ebook" },
    initParams = {
    @WebInitParam(name = "PDF_FILE", value = "/WEB-INF/jdbc.pdf") },
```

```
    asyncSupported = true
)
public class Ebook extends HttpServlet {
    private String PDF_FILE;

    @Override
    public void init() throws ServletException {
        super.init();
        PDF_FILE = getInitParameter("PDF_FILE");
    }

    protected void doGet(
          HttpServletRequest request, HttpServletResponse response)
            throws ServletException, IOException {

        String coupon = request.getParameter("coupon");

        if ("123456".equals(coupon)) {
            AsyncContext ctx = request.startAsync();
            CompletableFuture.runAsync(() -> {
                response.setContentType("application/pdf");

                // 输出是阻断式
                try (InputStream in =
                        getServletContext().getResourceAsStream(PDF_FILE)) {
                    OutputStream out = response.getOutputStream();
                    byte[] buffer = new byte[1024];
                    int length = -1;
                    while ((length = in.read(buffer)) != -1) {
                        out.write(buffer, 0, length);
                    }
                } catch (IOException ex) {
                    throw new UncheckedIOException(ex);
                } finally {
                    ctx.complete();
                }
            });
        }
    }
}
```

然而，响应时的 ServletOutputStream 是阻断式，如果网络状况不佳，许多时间会耗费在等待资料输出，这表示 CompletableFuture 处理时的线程必须等待，无法尽早回到线程池中。

在 Servlet 3.1 中，ServletOutputStream 可以实现非阻断输出，通过对 ServletOutputStream 注册一个 WriteListener 实例来达到：

```
package javax.servlet;
import java.io.IOException;
public interface WriteListener extends java.util.EventListener{
    public void onWritePossible() throws IOException;
    public void onError(Throwable throwable);
}
```

在 ServletOutputStream 写出的时候，会调用 onWritePossible()方法，若发生例外，会调用 onError()，要注册 WriteListener 实例，必须在异步 Servlet 中进行。

例如，可以使用 ServletOutputStream 的非阻断功能改写 3.3.3 节里的电子书下载范例：

Async Ebook.java

```
package cc.openhome;

import java.io.*;
import javax.servlet.*;
import javax.servlet.annotation.*;
import javax.servlet.http.*;

@WebServlet(
    urlPatterns = { "/ebook" },
    initParams = {
    @WebInitParam(name = "PDF_FILE", value = "/WEB-INF/jdbc.pdf") },
    asyncSupported = true
)
public class Ebook extends HttpServlet {
    private String PDF_FILE;

    @Override
    public void init() throws ServletException {
        super.init();
        PDF_FILE = getInitParameter("PDF_FILE");
    }

    protected void doGet(
        HttpServletRequest request, HttpServletResponse response)
            throws ServletException, IOException {

        String coupon = request.getParameter("coupon");

        if ("123456".equals(coupon)) {
            AsyncContext ctx = request.startAsync();

            ServletOutputStream out = response.getOutputStream();

            out.setWriteListener(new WriteListener() {
                InputStream in =
                     getServletContext().getResourceAsStream(PDF_FILE);

                @Override
                public void onError(Throwable t) {
                    try {
                        in.close();
                    }
                    catch(IOException ex) {
                        throw new UncheckedIOException(ex);
                    }
                    throw new RuntimeException(t);
                }

                @Override
                public void onWritePossible() throws IOException {
                    byte[] buffer = new byte[1024];
                    int length = 0;
                    while (out.isReady() && (length = in.read(buffer)) != -1) {
                        out.write(buffer, 0, length);
                    }
                    if(length == -1) {
                        in.close();
                        ctx.complete();
```

```
                }
            }
        });
    }
}
}
```

在这个例子中，每次 `ServletOutputStream` 可以写出数据时，会调用 `onWritePossible()`，在文件读不到数据时，`length` 会是-1，这时完成异步请求。

5.5 综合练习

接下来要进行综合练习，不过不会立即在当前的微博应用程序中新增任何的功能，而是先停下来检查当前的应用程序，有哪些维护上的问题，在不改变当前应用程序的功能下，代码必须做出哪些调整，让每个代码职责上变得更为清晰，对于将来的维护更有帮助。

另外，本章介绍了一些 Servlet、`ServletContext` 初始参数设置，可用来设置一些共享的常数，过滤器用来过滤特殊字符以提升应用程序安全性等，这些都可以应用在当前的微博应用程序中。

5.5.1 创建 UserService

本书以微博应用程序作为综合练习，第 3 章先实现了基本的会员注册与登录功能，其中会员注册时，会通过检查用户目录是否存在，确定新注册的用户名称是否存在，若不存在，可以创建用户目录与相关文件。这些代码位于 `cc.openhome.controller. Register`。

```
...
    private void tryCreateUser(
          String email, String username, String password) throws IOException {
        Path userhome = Paths.get(USERS, username);

        if(Files.notExists(userhome)) {
            createUser(userhome, email, password);
        }
    }

    private void createUser(Path userhome, String email, String password)
                              throws IOException {
        Files.createDirectories(userhome);

        int salt = (int) (Math.random() * 100);
        String encrypt = String.valueOf(salt + password.hashCode());

        Path profile = userhome.resolve("profile");
        try(BufferedWriter writer = Files.newBufferedWriter(profile)) {
            writer.write(String.format("%s\t%s\t%d", email, encrypt, salt));
        }
    }
...
```

第 4 章使用 `HttpSession` 进行用户登录会话管理，其中在登录检查时，通过检查用户目录是否存在，并且以文件 I/O 读取用户密码确认登录密码是否正确，来判断用户登录是否成功。这些代码实现在 cc.openhome.controller.Login 这个 Servlet 中：

```
...
    private boolean login(String username, String password)
                        throws IOException {

        if(username != null && username.trim().length() != 0 &&
              password != null) {
            Path userhome = Paths.get(USERS, username);
            return Files.exists(userhome) &&
                    isCorrectPassword(password, userhome);
        }
        return false;
    }

    private boolean isCorrectPassword(
            String password, Path userhome) throws IOException {
        Path profile = userhome.resolve("profile");


try(

BufferedReader reader = Files.newBufferedReader(profile)) {
            String[] data = reader.readLine().split("\t");
            int encrypt = Integer.parseInt(data[1]);
            int salt = Integer.parseInt(data[2]);
            return password.hashCode() + salt == encrypt;
        }
    }

...
```

信息的新增，是以文件 I/O 在用户目录中创建文件以存储信息。这实现在 cc.openhome.controller.NevMessage 这个 Servlet 中：

```
...
    private void addMessage(String username, String blabla) throws IOException
    {
        Path txt = Paths.get(
                USERS,
                username,
                String.format("%s.txt", Instant.now().toEpochMilli())
            );
        try(BufferedWriter writer = Files.newBufferedWriter(txt)) {
            writer.write(blabla);
        }
    }
...
```

信息的删除，是以文件 I/O 在用户目录中创建文件以存储信息。这实现在 cc.openhome.controller.DelMessage 这个 Servlet 中：

```
...
    private void deleteMessage(
                String username, String millis) throws IOException {
        Path txt = Paths.get(
              USERS,
              username,
              String.format("%s.txt", millis)
```

```
        );
        Files.delete(txt);
    }
...
```

信息的显示，是以文件 I/O 读取用户目录中的信息文件。这实现在 cc.openhome.view.Member 这个 Servlet 中：

```
...
    private Map<Long, String> messages(String username) throws IOException {
        Path userhome = Paths.get(USERS, username);

        Map<Long, String> messages = new TreeMap<>(Comparator.reverseOrder());
        try(DirectoryStream<Path> txts =
                Files.newDirectoryStream(userhome, "*.txt")) {

            for(Path txt : txts) {
                String millis = txt.getFileName().toString().replace(".txt", "");
                String blabla = Files.readAllLines(txt).stream()
                        .collect(
                            Collectors.joining(System.lineSeparator())
                        );

                messages.put(Long.parseLong(millis), blabla);
            }
        }

        return messages;
    }
...
```

到这里为止发现了什么？从会员注册开始、会员登录、信息新增、读取、显示等，相关程序代码都与文件 I/O 读取有关，这些代码散落在各个 Servlet 中，造成了维护上的麻烦。何谓维护上的麻烦？想象一下，如果将来会员相关信息不再以文件存储，而要改为数据库存储，那要修改几个 Servlet 中的代码？会员信息处理相关程序代码继续散落在各个对象中，造成了所谓职责分散的问题，任何将来会员信息处理的相关程序代码就会越来越难以维护。

提示>>> 接下来的练习重点在重构(Refactor)，主要是在不改变应用程序现有功能的情况下，调整应用程序架构与对象职责，练习过程可用复制现有代码、粘贴到新类的方式来完成，因此请直接使用上一章的综合练习成果来作为以下练习的开始。

为了解决以上所谈到的问题，这里将以上提到的相关代码集中在一个 cc.openhome.model.UserService 类中，若有需要会员注册开始、会员登录、信息新增、读取、显示等需求，都由 UserService 类提供。UserService 类如下所示：

gossip UserService.java

```
package cc.openhome.model;

import java.io.BufferedReader;
import java.io.BufferedWriter;
import java.io.IOException;
import java.nio.file.DirectoryStream;
import java.nio.file.Files;
import java.nio.file.Path;
```

```
import java.nio.file.Paths;
import java.
time.Instant;
import java.util.Comparator;
import java.util.Map;
import java.util.TreeMap;
import java.util.stream.Collectors;

public class UserService {
    private final String USERS;

    public UserService(String USERS) {  ←── ❶ 设定用户目录
        this.USERS = USERS;
    }

    public void tryCreateUser(  ←── ❷ 尝试创建用户
      String email, String username, String password) throws IOException {
        Path userhome = Paths.get(USERS, username);

        if (Files.notExists(userhome)) {
            createUser(userhome, email, password);
        }
    }

    private void createUser(
          Path userhome, String email, String password) throws IOException {
        Files.createDirectories(userhome);

        int salt = (int) (Math.random() * 100);
        String encrypt = String.valueOf(salt + password.hashCode());

        Path profile = userhome.resolve("profile");
        try (BufferedWriter writer = Files.newBufferedWriter(profile)) {
             writer.write(String.format("%s\t%s\t%d", email, encrypt, salt));
        }
    }
                                                  ❸ 检查登录用户名称与密码
                                                  ↓
    public boolean login(String username, String password) throws IOException {

        if (username != null && username.trim().length() != 0
                             && password != null) {
            Path userhome = Paths.get(USERS, username);
            return Files.exists(userhome)
                  && isCorrectPassword(password, userhome);
        }
        return false;
    }

    private boolean isCorrectPassword(
                     String password, Path userhome) throws IOException {
        Path profile = userhome.resolve("profile");
        try (BufferedReader reader = Files.newBufferedReader(profile)) {
            String[] data = reader.readLine().split("\t");
            int encrypt = Integer.parseInt(data[1]);
            int salt = Integer.parseInt(data[2]);
            return password.hashCode() + salt == encrypt;
        }
    }
                                      ❹ 读取用户的信息
                                      ↓
    public Map<Long, String> messages(String username) throws IOException {
```

```
        Path userhome = Paths.get(USERS, username);

        Map<Long, String> messages = new TreeMap<>(Comparator.reverseOrder());
        try(DirectoryStream<Path> txts =
                Files.newDirectoryStream(userhome, "*.txt")) {

            for(Path txt : txts) {
                String millis = txt.getFileName().toString().replace(".txt", "");
                String blabla = Files.readAllLines(txt).stream()
                        .collect(
                            Collectors.joining(System.lineSeparator())
                        );
                messages.put(Long.parseLong(millis), blabla);
            }
        }

        return messages;       ❺ 新增信息
    }

    public void addMessage(String username, String blabla) throws IOException {
        Path txt = Paths.get(
                    USERS,
                    username,
                    String.format("%s.txt", Instant.now().toEpochMilli())
                );
        try(BufferedWriter writer = Files.newBufferedWriter(txt)) {
            writer.write(blabla);
        }
    }

    public void deleteMessage(  ←❻ 删除信息
                String username, String millis) throws IOException {
        Path txt = Paths.get(
                USERS,
                username,
                String.format("%s.txt", millis)
            );
        Files.delete(txt);
    }
}
```

由于用户的相关数据存储在与用户名称相同的目录中，所有用户目录位于指定的文件夹，这个文件夹可以在构造 UserService 时指定❶。尝试创建用户目录与基本资料❷、检查登录用户名称与密码❸、读取用户的信息❹、新增信息❺、删除信息❻等功能，都改以 UserService 的公开方法来提供，将来若要改变这几个功能的文件存储来源，只需要修改 UserService 的源代码，这就是集中相关职责于同一对象的好处。

提示»» 将分散各处的职责集中于单一或某几个对象，是改善可维护性的一种设计方式，但并不是集中职责就一定具有可维护性，有时对象本身所负担的职责过于庞大，也有可能将某些职责分割，再分散于不同的专职对象。最主要的是要记得，设计是一个不断检查改进的过程。

稍后会利用这个 UserService 来修改当前的微博应用程序，先来看看过滤器要如何应用在这个应用程序中。

5.5.2 设置过滤器

在当前的微博应用程序中，有些功能必须在用户登录之后才可使用。为了确认用户是否登录，经常会在 Servlet 中看到类似以下的代码：

```
if(request.getSession().getAttribute("login") != null) {
    // 做一些登录用户可以做的事
}
```

这样的代码在数个 Servlet 中重复出现，重复出现的代码在设计上不是好事。这个检查用户是否登录的动作，其实可以在过滤器中进行。为此，可以设计以下的过滤器：

gossip AccessController.java

```
package cc.openhome.web;

...略

@WebFilter(
    urlPatterns = {
        "/member", "/member.view",
        "/new_message", "/del_message",
        "/logout"
    },
    initParams = {
        @WebInitParam(name = "LOGIN_PATH", value = "index.html")
    }
)
public class AccessController extends HttpFilter {
    private String LOGIN_PATH;

    public void init() throws ServletException {
        this.LOGIN_PATH = getInitParameter("LOGIN_PATH");  ← ❶ 设定登录页面
    }

    public void doFilter(HttpServletRequest request,
                HttpServletResponse response, FilterChain chain)
                  throws IOException, ServletException {

        if(request.getSession().getAttribute("login") == null) {
            response.sendRedirect(LOGIN_PATH);  ← ❷ 重新定向至登录页面
        }
        else {
            chain.doFilter(request, response);  ← ❸ 只有在具备"login"属性
        }                                            时，才调用 doFilter()
    }
}
```

如果用户未登录，必须重定向到登录页面，登录页面可通过初始参数来设置❶。登录成功的用户，`HttpSession` 中会有 login 属性，所以只有在具备 login 属性时，才调用 `doFilter()`❸，让请求可以往后由 Servlet 处理，没有 `login` 属性时重新定向至登录页面，让用户可以进行窗体登录❷。

在 5.3.3 节中曾经示范过字符替换过滤器，将<、>角括号等置换为 HTML 实体字符，

以避免个别用户故意输入 HTML 的恶意行为。如果这是你要的功能，可以将 5.3.3 节中的过滤器范例，放到微博中使用。另一个处理方式则是，只允许用户输入特定的 HTML，如粗体(<b>)、斜体(<i>)、删除线(<del>)等，让进阶用户可以拥有一些格式设定上的弹性。

如果想要能限制用户可输入的 HTML，除了自行撰写之外，也可以利用 OWASP Java HTML Sanitizer(github.com/OWASP/java-html-sanitizer)，自定义允许(或不允许)的 HTML 卷标策略，通过策略对象可以将不在规则内的卷标(或字眼)滤除。例如：

gossip HtmlSanitizer.java

```
package cc.openhome.web;

...略

import org.owasp.html.HtmlPolicyBuilder;
import org.owasp.html.PolicyFactory;

@WebFilter("/new_message")
public class HtmlSanitizer extends HttpFilter {
    private PolicyFactory policy;

    @Override                                        ❶ 创建策略
    public void init() throws ServletException {
        policy = new HtmlPolicyBuilder()
                    .allowElements("a", "b", "i", "del", "pre", "code")
                    .allowUrlProtocols("http", "https")
                    .allowAttributes("href").onElements("a")
                    .requireRelNofollowOnLinks()
                    .toFactory();
    }                                        ❷ 请求封装器，会对请求
                                               参数进行过滤
    private class SanitizerWrapper extends HttpServletRequestWrapper {
        public SanitizerWrapper(HttpServletRequest request) {
            super(request);
        }

        @Override
        public String getParameter(String name) {
            return Optional.ofNullable(getRequest().getParameter(name))
                           .map(policy::sanitize)
                           .orElse(null);
        }
    }

    @Override
    protected void doFilter(HttpServletRequest request,
            HttpServletResponse response, FilterChain chain)
                throws IOException, ServletException {
                          ❸ 封装原请求对象

        chain.doFilter(new SanitizerWrapper(request), response);
    }
}
```

在建立策略时，使用 HtmlPolicyBuilder，可以采用流畅风格来逐一建构，只有程序代码中指定的 HTML 标签，才能在发表微博信息时使用，最后通过 toFactory()传回 PolicyFactory❶，为了使用 PolicyFactory 来过滤请求参数，范例中定义了请求包裹器❷，

最后在过滤器的 `doFilter()` 方法中，建立请求包裹器来包裹原请求对象❸。

> **提示>>>** 使用特定的表示法，允许用户在撰写信息时可以设定格式的其他方式，例如 BBCode (wikipedia.org/wiki/BBCode)或 Markdown(markdown.tw)等，在本章最后就有个 BBCode 的课后练习可以练习。

5.5.3 重构微博

由于先前将一些用户信息 I/O 的职责集中在 `UserService` 对象，原先几个自行负责用户信息 I/O 的 Servlet，将改用 `UserService` 对象的公开方法，但在这之前必须先想想，各个 Servlet 如何取得 `UserService` 对象？何时产生 `UserService`？

由于 `UserService` 是数个 Servlet 都会使用到的对象，而且本身不具备状态，可考虑将 `UserService` 作为整个应用程序都会使用的服务对象。因此可将 `UserService` 对象存放在 `ServletContext` 属性中，在应用程序初始时，创建 `UserService` 对象，存放在 `ServletContext` 中作为属性，这个需求可通过实现 `ServletContextListener` 来实现：

gossip GossipInitializer.java

```
package cc.openhome.web;

import javax.servlet.ServletContext;
import javax.servlet.ServletContextEvent;
import javax.servlet.ServletContextListener;
import javax.servlet.annotation.WebListener;
import cc.openhome.model.UserService;

@WebListener
public class GossipInitializer implements ServletContextListener {
    public void contextInitialized(ServletContextEvent sce) {
        ServletContext context = sce.getServletContext();
        String USERS = sce.getServletContext().getInitParameter("USERS");
        context.setAttribute("userService", new UserService(USERS));
    }
}
```

用户根目录可通过 `ServletContext` 初始参数设置，因此创建 web.xml 设置如下：

gossip web.xml

```
<?xml version="1.0" encoding="UTF-8"?>
<web-app ...略>

    <context-param>
        <param-name>USERS</param-name>
        <param-value>c:/workspace/gossip/users</param-value>
    </context-param>

</web-app>
```

接下来就是调整各 Servlet 的源代码，最主要的修改是删除原本在各 Servlet 中负责用户信息处理的 I/O 代码，改从 `ServletContext` 取得 `UserService`，并调用所需的公开方法，删除检查用户是否登录的代码，因为这个部分已经由 5.5.2 节设计的 MemberFilter 负责。另外，一些页面路径信息改从 Servlet 初始参数取得。

为了节省篇幅，以下范例仅列出一些修改后有差异的部分代码，详细代码请参考范例文件。首先是注册时的 Servlet：

gossip Register.java

```
package cc.openhome.controller;
...
@WebServlet(
    urlPatterns={"/register"},
    initParams={
        @WebInitParam(name = "SUCCESS_PATH", value = "register_success.view"),
        @WebInitParam(name = "ERROR_PATH", value = "register_error.view")
    }
)
    public class Register extends HttpServlet {
    ...
    protected void doPost(HttpServletRequest request,
                          HttpServletResponse response)
                throws ServletException, IOException {
        ...
        String path;
        if(errors.isEmpty()) {
            path = getInitParameter("SUCCESS_PATH");

            UserService userService =
              (UserService) getServletContext().getAttribute("userService");
            userService.tryCreateUser(email, username, password);
        } else {
            path = getInitParameter("ERROR_PATH");
            request.setAttribute("errors", errors);

        }

        request.getRequestDispatcher(path).forward(request, response);
    }
    ...
}
```

以下是登录用的 Servlet：

gossip Login.java

```
package cc.openhome.controller;
...
@WebServlet(
    urlPatterns={"/login"},
    initParams={
        @WebInitParam(name = "SUCCESS_PATH", value = "member"),
        @WebInitParam(name = "ERROR_PATH", value = "index.html")
    }
)
public class Login extends HttpServlet {
```

```
protected void doPost(HttpServletRequest request,
                      HttpServletResponse response)
                       throws ServletException, IOException {
        ...
        UserService userService =
          (UserService) getServletContext().getAttribute("userService");

        String page;
        if(userService.login(username, password)) {
            if(request.getSession(false) != null) {
                request.changeSessionId();
            }
            request.getSession().setAttribute("login", username);
            page = getInitParameter("SUCCESS_PATH");
        } else {
            page = getInitParameter("ERROR_PATH");
        }

        response.sendRedirect(page);
    }
}
```

进行注销的 Servlet 主要是改用 Servlet 初始参数设置登录窗体的 URI，去掉检查 `HttpSession` 中是否有 login 属性的代码。

gossip Logout.java

```
package cc.openhome.controller;
...
@WebServlet(
    urlPatterns={"/logout"},

    initParams={
        @WebInitParam(name = "LOGIN_PATH", value = "index.html")
    }
)
public class Logout extends HttpServlet {
    protected void doGet(HttpServletRequest request,
                         HttpServletResponse response)
                          throws ServletException, IOException {
        request.getSession().invalidate();
        response.sendRedirect(getInitParameter("LOGIN_PATH"));
    }
}
```

新增信息的 Servlet 修改后的重点部分如下：

gossip NewMessage.java

```
package cc.openhome.controller;
...
@WebServlet(
    urlPatterns={"/new_message"},
    initParams={

        @WebInitParam(name = "MEMBER_PATH", value = "member")
```

```
    }
)
public class NewMessage extends HttpServlet {
    protected void doPost(HttpServletRequest request,
                    HttpServletResponse response)
                        throws ServletException, IOException {
        ...
        if(blabla == null || blabla.length() == 0) {
            response.sendRedirect(getInitParameter("MEMBER_PATH"));
            return;
        }

        if(blabla.length() <= 140) {
            UserService userService =
              (UserService) getServletContext().getAttribute("userService");
            userService.addMessage(getUsername(request), blabla);
            response.sendRedirect(getInitParameter("MEMBER_PATH"));
        }
        else {
            request.getRequestDispatcher(getInitParameter("MEMBER_PATH"))
                    .forward(request, response);
        }
    }
    ...
}
```

删除信息的 Servlet 如下所示：

gossip DelMessage.java

```
package cc.openhome.controller;
...
@WebServlet(
    urlPatterns={"/del_message"},
    initParams={
        @WebInitParam(name = "MEMBER_PATH", value = "member")
    }
)
public class DelMessage extends HttpServlet {

    protected void doGet(HttpServletRequest request,
                    HttpServletResponse response)
                        throws ServletException, IOException {
        String millis = request.getParameter("millis");

        if(millis != null) {
            UserService userService =
              (UserService) getServletContext().getAttribute("userService");
            userService.deleteMessage(getUsername(request), millis);
        }
            response.sendRedirect(getInitParameter("MEMBER_PATH"));
    }
    ...
}
```

会员网页的 Servlet 如下所示：

gossip Member.java

```
package cc.openhome.view;
...
@WebServlet(
    urlPatterns={"/member"},
    initParams={
        @WebInitParam(name = "MEMBER_PATH", value = "member.view")
    }
)
public class Member extends HttpServlet {
    protected void processRequest(HttpServletRequest request,
                              HttpServletResponse response)
                                  throws ServletException, IOException {
        UserService userService =
                (UserService) getServletContext().getAttribute("userService");
        Map<Long, String> messages = userService.messages(getUsername(request));

        request.setAttribute("messages", messages);
        request.getRequestDispatcher(getInitParameter("MEMBER_PATH"))
               .forward(request, response);
    }
    ...
}
```

原本未修改前，只有控制器与视图，也因此一些非控制器负责的代码散落在各控制器中，在相关职责集中至 `UserService` 后，`UserService` 就担任模型的角色，而各 Servlet 专心负责取得请求参数、验证请求参数、转发请求等职责，担任视图的 `Member`，也从 `UserService` 中取得信息资料并加以显示。

在经过这些修改后，已经可以略为看出 MVC/Model 2 的雏形与流程。由于目前视图的部分，依旧由 Servlet 来负责，还无法完全看出 MVC/Model 2 的好处，在之后学到 JSP、JSTL 之后，会用 JSP 与 JSTL 等来改写目前负责画面显示的部分，就可以更加深刻地看到 MVC/Model 2 的样子与好处，之后改用支持 MVC/Model 2 的 Web 框架时，迁移上也会容易得多。

5.6 重点复习

Servlet 接口上，与生命周期及请求服务相关的三个方法是 `init()`、`service()` 与 `destroy()` 方法。当 Web 容器加载 Servlet 类并实例化之后，会生成 `ServletConfig` 对象并调用 `init()` 方法，将 `ServletConfig` 对象当作参数传入。`ServletConfig` 相当于 Servlet 在 web.xml 中的设置代表对象，可以利用它来取得 Servlet 初始参数。

`GenericServlet` 同时实现了 `Servlet` 及 `ServletConfig`。其主要的目的是将初始 Servlet 调用 `init()` 方法传入的 `ServletConfig` 封装起来。

希望编写代码在 Servlet 初始化时运行，要重新定义无参数的 `init()` 方法，而不是有 `ServletConfig` 参数的 `init()` 方法或构造器。

`ServletConfig` 上还定义了 `getServletContext()` 方法，可以取得 `ServletContext` 实例，这个对象代表了整个 Web 应用程序，可以从这个对象取得 `ServletContext` 初始参数，或是设置、取得、移除 `ServletContext` 属性。

每个 Web 应用程序都会有一个相对应的 ServletContext，针对应用程序初始化时所需用到的一些参数资料，可以在 web.xml 中设置应用程序初始参数，设置时使用<context-param>标签来定义。每一对初始参数要使用一个<context-param>来定义。

在整个 Web 应用程序生命周期，Servlet 所需共享的资料可以设置为 ServletContext 属性。由于 ServletContext 在 Web 应用程序存活期间都会一直存在，所以设置为 ServletContext 属性的资料，除非主动移除，否则也是一直存活于 Web 应用程序中。

监听器，顾名思义，就是可监听某些事件的发生，然后进行一些想做的事情。在 Servlet/JSP 中，如果想在 ServletRequest、HttpSession 与 ServletContext 对象创建、销毁时收到通知，则可以实现以下相对应的监听器：

- ServletRequestListener
- HttpSessionListener
- ServletContextListener

Servlet/JSP 中可以设置属性的对象有 ServletRequest、HttpSession 与 Servlet- Context。如果想在这些对象被设置、移除、替换属性时收到通知，可以实现以下相对应的监听器：

- ServletRequestAttributeListener
- HttpSessionAttributeListener
- ServletContextAttributeListener

Servlet/JSP 中如果某个对象即将加入 HttpSession 中成为属性，而你想要该对象在加入 HttpSession、从 HttpSession 移除、HttpSession 对象在 JVM 间迁移时收到通知，则可以在将成为属性的对象上，实现以下相对应的监听器：

- HttpSessionBindingListener
- HttpSessionActivationListener

在 Servlet/JSP 中要实现过滤器，必须实现 Filter 接口，并在 web.xml 中定义过滤器，让容器知道加载哪个过滤器类。Filter 接口有三个要实现的方法，init()、doFilter()与 destroy()，三个方法的作用和 Servlet 接口的 init()、service()与 destroy()类似。

Filter 接口的 init()方法的参数是 FilterConfig，FilterConfig 为过滤器定义的代表对象，可以通过 FilterConfig 的 getInitParameter()方法来取得初始参数。

当请求来到过滤器时，会调用 Filter 接口的 doFilter()方法，doFilter()上除了 ServletRequest 与 ServletResponse 之外，还有一个 FilterChain 参数。如果调用了 FilterChain 的 doFilter()方法，就会运行下一个过滤器，如果没有下一个过滤器了，就调用请求目标 Servlet 的 service()方法。如果因为某个条件(例如用户没有通过验证)而不调用 FilterChain 的 doFilter()，请求就不会继续至目标 Servlet，这就是所谓的拦截请求。

在实现 Filter 接口时，不用理会这个 Filter 前后是否有其他 Filter，完全作为一个独立的元件进行设计。

在 Servlet 4.0 中，新增了 GenericFilter 类，目的类似于 GenericServlet，GenericFilter 将 FilterConfig 的设定、Filter 初始参数的取得做了封装，也新增了 HttpFilter，继承自 GenericFilter，对于 HTTP 方法的处理，新增了另一个版本的 doFilter()方法等。

对于容器产生的 HttpServletRequest 对象，无法直接修改某些信息，如请求参数值。可以继承 HttpServletRequestWrapper 类(父类 ServletRequestWrapper)，并编写想要重新定义的方法。对于 HttpServletResponse 对象，可以继承 HttpServletResponse- Wrapper

类(父类 ServletResponseWrapper)来对 HttpServletResponse 对象进行封装。

5.7 课后练习

1. 扩充 5.2.2 节中的范例，不仅统计在线人数，还可以在页面上显示目前登录用户的名称、浏览器信息、最后活动时间，如图 5.12 所示。

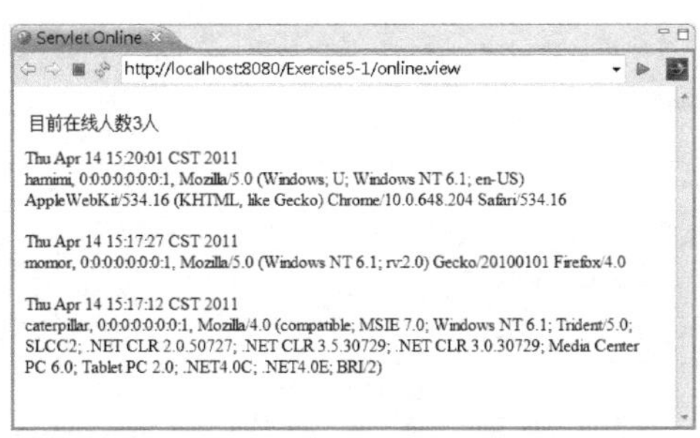

图 5.12 在线用户信息

2. 在 5.2.2 节中，使用 HttpSessionBindingListener 在用户登录后进行数据库查询功能，请改用 HttpSessionAttributeListener 来实现这个功能。

3. 你的应用程序不允许用户输入 HTML 标签，但允许用户输入一些代码做些简单的样式。例如：

- [b]粗体[/b]
- [i]斜体[/i]
- [big]放大字体[/big]
- [small]缩小字体[/small]

HTML 的过滤功能，可以直接使用 5.3.3 节开发的字符过滤器，并基于该字符过滤器进行扩充。

4. 在 5.3.3 节开发的字符替换过滤器，继承 HttpServlet- RequestWrapper 后仅重新定义了 getParameter()方法。事实上，为了完整性，getParameterValues()、getParameterMap()等方法也要重新定义，请加强 5.3.3 节的字符替换过滤器，针对 getParameterValues()、getParameterMap()重新定义。

使 用 JSP

Chapter 6

学习目标：

- 了解 JSP 生命周期
- 使用 JSP 语法元素
- 使用 JSP 标准标签
- 了解何谓 Model 1 架构
- 使用表达式语言(EL)
- 自定义 EL 函数

6.1 从 JSP 到 Servlet

在 Servlet 中编写 HTML 实在太麻烦了，实际上应该使用 JSP(JavaServer Pages)。尽管 JSP 中可以直接编写 HTML，使用了指示、声明、脚本(scriptlet)等许多元素来堆砌各种功能，但 JSP 最后还会成为 Servlet。只要对 Servlet 的各种功能及特性有所了解，编写 JSP 时就不会被这些元素所迷惑。

本小节将介绍 JSP 的生命周期，了解各种元素的作用和使用方式，以及一些元素与 Servlet 中各对象的对应。

6.1.1 JSP 生命周期

JSP 与 Servlet 是一体的两面。基本上 Servlet 能实现的功能，使用 JSP 也都做得到，因为 JSP 最后还是会被容器转译为 Servlet 源代码、自动编译为.class 文件、载入.class 文件，然后生成 Servlet 对象，如图 6.1 所示。

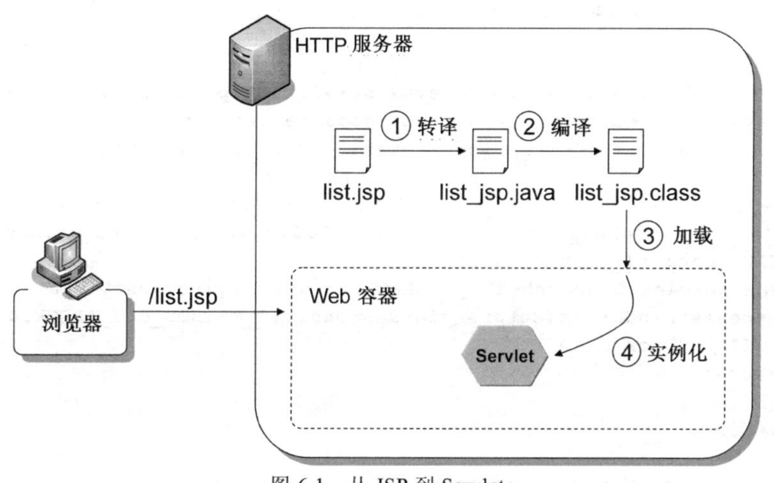

图 6.1 从 JSP 到 Servlet

在 1.2.2 节曾经稍微提过 JSP 与 Servlet 的关系，这里再以下面这个简单的 JSP 作为范例来介绍：

```
<%@page import="java.time.LocalDateTime"%>
<%@page contentType="text/html; charset=UTF-8" pageEncoding="UTF-8"%>
<!DOCTYPE html>
<html>
    <head>
        <meta charset="UTF-8">
        <title>JSP 范例文件</title>
    </head>
    <body>
        <!-- 这里会按 Web 网站的时间而产生不同的响应 -->
        <%= LocalDateTime.now() %>
```

```
    </body>
</html>
```

JSP 网页最后还是会转化成为 Servlet，在第一次请求 JSP 时，容器会进行转译、编译与加载的操作(因此第一次请求 JSP 页面会慢一些才得到响应)。以上面这个 JSP 为例，若使用 Tomcat 9 作为 Web 容器，最后由容器转译后的 Servlet 类如下所示：

```
package org.apache.jsp;

import javax.servlet.*;
import javax.servlet.http.*;
import javax.servlet.jsp.*;
import java.time.LocalDateTime;

public final class time_jsp extends org.apache.jasper.runtime.HttpJspBase
    implements org.apache.jasper.runtime.JspSourceDependent,
                org.apache.jasper.runtime.JspSourceImports {

    // 略...

  public void _jspInit() {
  }


  public void _jspDestroy() {
  }

  public void _jspService(final javax.servlet.http.HttpServletRequest request,
final javax.servlet.http.HttpServletResponse response)
      throws java.io.IOException, javax.servlet.ServletException {

    final java.lang.String _jspx_method = request.getMethod();
    if (!"GET".equals(_jspx_method) && !"POST".equals(_jspx_method)
&& !"HEAD".equals(_jspx_method)
&& !javax.servlet.DispatcherType.ERROR.equals(request.getDispatcherType())) {
      response.sendError(HttpServletResponse.SC_METHOD_NOT_ALLOWED, "JSPs only
permit GET POST or HEAD");
      return;
    }
    // 略...
    try {
      response.setContentType("text/html; charset=UTF-8");
      pageContext = _jspxFactory.getPageContext(this, request, response,
              null, true, 8192, true);
      // 略...
      out = pageContext.getOut();
      _jspx_out = out;

      out.write("\r\n");
      out.write("\r\n");
      out.write("<!Doctype html>\r\n");
      out.write("<html>\r\n");
      out.write("    <head>\r\n");
      out.write("        <meta charset=\"UTF-8\">\r\n");
      out.write("        <title>JSP 范例文件</title>\r\n");
      out.write("    </head>\r\n");
      out.write("    <body>\r\n");
      out.write("        ");
```

```
        out.print( LocalDateTime.now() );
        out.write("\r\n");
        out.write("    </body>\r\n");
        out.write("</html>");
      } catch (java.lang.Throwable t) {
          // 略...
      } finally {
        _jspxFactory.releasePageContext(_jspx_page_context);
      }
    }
  }
```

基于篇幅限制，仅列出重要的代码，请将目光集中在_jspInit()、_jspDestroy()与_jspService()三个方法。

从 Java EE 7 的 JSP 2.3 开始，JSP 只接受 **GET**、**POST**、**HEAD** 请求，这在_jspService()一开头就看得到：

```
...
    if (!"GET".equals(_jspx_method) && !"POST".equals(_jspx_method)
&& !"HEAD".equals(_jspx_method)
&& !javax.servlet.DispatcherType.ERROR.equals(request.getDispatcherType())) {
      response.sendError(HttpServletResponse.SC_METHOD_NOT_ALLOWED, "JSPs only
permit GET POST or HEAD");
      return;
    }
...
```

在编写 Servlet 时，可以重新定义 init()方法进行 Servlet 的初始化，重新定义 destroy()进行 Servlet 销毁前的收尾工作。JSP 在转译为 Servlet 并载入容器生成对象之后，会调用_jspInit()方法进行初始化工作，而销毁前调用_jspDestroy()方法进行善后工作。在 Servlet 中，每个请求到来时，容器会调用 service()方法，而在 JSP 转译为 Servlet 后，请求的到来是调用_jspService()方法，如图 6.2 所示。

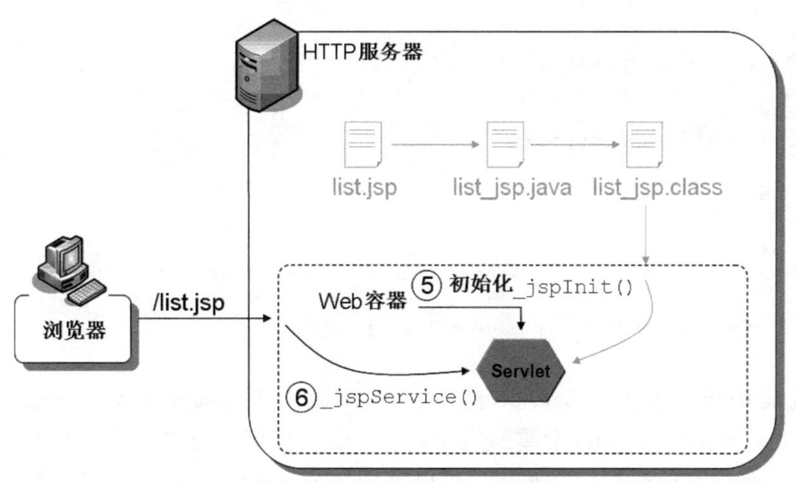

图 6.2 JSP 的初始化与服务方法

至于为什么是分别调用_jspInit()、_jspDestroy()与_jspService()这三个方法，如果是在 Tomcat 或 Glassfish 中，由于转译后的 Servlet 是继承自 HttpJspBase 类，打开该类的源代码，就可以发现为什么。

```
package org.apache.jasper.runtime;
...略
public abstract class HttpJspBase extends HttpServlet implements HttpJspPage {

    ...略

    @Override
    public final void init(ServletConfig config)
        throws ServletException
    {
        super.init(config);
        jspInit();
        _jspInit();
    }

    @Override
    public String getServletInfo() {
        return Localizer.getMessage("jsp.engine.info");
    }

    @Override
    public final void destroy() {
        jspDestroy();
        _jspDestroy();
    }

    @Override
    public final void service(HttpServletRequest request, HttpServletResponse
response)
        throws ServletException, IOException
    {
        _jspService(request, response);
    }

    @Override
    public void jspInit() {}

    public void _jspInit() {}

    @Override
    public void jspDestroy() {}

    protected void _jspDestroy() {}

    @Override
    public abstract void _jspService(HttpServletRequest request,
                                     HttpServletResponse response)
        throws ServletException, IOException;
}
```

从源代码中可以看到，Servlet 的 `init()`中调用了 **`jspInit()`**与`_jspInit()`，其中`_jspInit()`是转译后的 Servlet 会重新定义，之后会学到如何在 JSP 中定义方法，如果想在 JSP 网页载入执行时做些初始化操作，可以重新定义 **`jspInit()`**方法。同样地，Servlet 的`destroy()`中调用了 **`jspDestroy()`**与`_jspDestroy()`方法，其中`_jspDestroy()`方法是转译后的 Servlet 会重新定义，如果想要做一些收尾操作，可以重新定义 **`jspDestroy()`**方法。

当请求到来而容器调用 `service()`方法时，其中又调用了`_jspService()`方法，因此在 JSP 转译后的 Servlet 源代码中，会看到所定义的代码转译在了`_jspService()`中。

注意>>> 之后就会学到如何在 JSP 中定义方法。注意到_jspInit()、_jspDestroy()与_jspService()方法名称字母前有个下划线，表示这些方法是由容器转译时维护，不应该重新定义这些方法。如果要做些 JSP 初始化或收尾动作，应定义 jspInit()或 jspDestroy()方法。

在先前转译过后的 hello_jsp 中，还可以看到 request、response、pageContext、session、application、config、out、page 等变量，目前只要先知道，这些变量对应于 JSP 中的隐式对象(Implicit object)，之后还会加以说明。

6.1.2 Servlet 至 JSP 的简单转换

Servlet 与 JSP 是一体的两面，JSP 会转换为 Servlet，Servlet 可实现的功能也可以用 JSP 实现，通常 JSP 会作为画面显示用。在这里，有一个显示画面的 Servlet，将之转换为 JSP，从中了解各元素的对照。

假设原本有个 Servlet 负责画面显示如下：

```
package cc.openhome.view;

import cc.openhome.model.Bookmark;
import cc.openhome.model.BookmarkService;
import java.io.*;
import java.util.*;
import javax.servlet.*;
import javax.servlet.http.*;

public class ListBookmark extends HttpServlet {
    @Override
    protected void doGet(HttpServletRequest request,
                     HttpServletResponse response)
                   throws ServletException, IOException {
        response.setContentType("text/html;charset=UTF-8");
        PrintWriter out = response.getWriter();
        out.println("<!DOCTYPE html>");
        out.println("<html>");
        out.println("<head>");
        out.println("<meta charset='UTF-8'>");
        out.println("<title>观看在线书签</title>");
        out.println("</head>");
        out.println("<body>");
        out.println("<table style='text-align: left; width: 100%;' border='0' >");
        out.println("  <tbody>");
        out.println("  <tr>");
        out.println(
         "  <td style='background-color: rgb(51, 255, 255); '>网页</td>");
        out.println(
         "  <td style='background-color: rgb(51, 255, 255); '>分类</td>");
        out.println("  </tr>");

        BookmarkService bookmarkService = (BookmarkService)
                getServletContext().getAttribute("bookmarkService");
        for(Bookmark bookmark : bookmarkService.getBookmarks()) {
            out.println("    <tr>");
            out.println("      <td><a href='http://" + bookmark.getUrl() +
```

```
            "'>" + bookmark.getTitle() + "</a></td>");
            out.println("      <td>" + bookmark.getCategory() + "</td>");
            out.println("    </tr>");
        }
        out.println("  </tbody>");
        out.println("</table>");
        out.println("</body>");
        out.println("</html>");
        out.close();
    }
}
```

可以创建一个文件，后缀为.jsp。首先把 doGet()中所有的代码粘贴上去，接着看到第一行：

```
response.setContentType("text/html;charset=UTF-8");
```

使用 JSP 的指示(Directive)元素在 JSP 页面的第一行写下：

```
<%@page contentType="text/html" pageEncoding="UTF-8"%>
```

这告诉容器在将 JSP 转换为 Servlet 时，使用 UTF-8 读取.jsp 转译为.java，然后编译时使用 UTF-8，并设置内容类型为 text/html。

接着看到以下这行：

```
PrintWriter out = response.getWriter();
```

这行可以直接删除，因为 JSP 中有隐式对象(Implicit object)，out 这个名称就是一个隐式对象名称。所以原先 out.println()的部分，可以仅保留字符串值，修改如下：

```
<!DOCTYPE html>
<html>
    <head>
        <meta charset='UTF-8'>
        <title>观看在线书签</title>
    </head>
    <body>
        <table style='text-align: left; width: 100%;' border='0'>
            <tbody>
                <tr>
                    <td style='background-color: rgb(51, 255, 255); '>网页</td>
                    <td style='background-color: rgb(51, 255, 255); '>分类</td>
            </tr>
```

这就用 JSP 处理画面的原因——不必用""包括字符串来做那些 HTML 的输出了。接下来这个部分：

```
BookmarkService bookmarkService =
   (BookmarkService) getServletContext().getAttribute("bookmarkService");
for(Bookmark bookmark : bookmarkService.getBookmarks()) {
```

可以直接用 Scriptlet 元素，也就是用<% 与 %>包括起来。在 JSP 中要编写 Java 代码，就是这么做的：

```
<%
    BookmarkService bookmarkService =
       (BookmarkService) application.getAttribute("bookmarkService");
    for(Bookmark bookmark : bookmarkService.getBookmarks()) {
%>
```

可以看到，ServletContext 的取得，在 JSP 中是通过 application 隐式对象，而

BookmarkService 与 Bookmark，其完整名称其实必须包括 cc.openhome.model 包名。在 JSP 中，若要做到与 Servlet 中 import 同样的目的，可以使用指示元素，告诉容器转译时，必须包括的 import 语句，也就是在 JSP 的开头写下：

```
<%@page import="cc.openhome.model.*, java.util.*" %>
```

接下来的这些代码：

```
out.println("    <tr>");
out.println("      <td><a href='http://" +
  bookmark.getUrl() + "'>" + bookmark.getTitle() + "</a></td>");
out.println("      <td>" + bookmark.getCategory() + "</td>");
out.println("    </tr>");
```

其中夹杂了 HTML 与 Java 对象取值的操作，这可以转换如下：

```
<tr>
    <td><a href='http://<%= bookmark.getUrl() %>'>
            <%= bookmark.getTitle() %></a></td>
     <td><%= bookmark.getCategory() %></td>
</tr>
```

HTML 的部分直接编写即可，至于 Java 对象取值的操作，可以通过运算(Expression)元素，也就是<%= 与 %>来包括。请注意，之前用<% 与 %>包括的部分，for 循环的区块语法并没有完成，因为还少了个 }，所以必须再补上：

```
<%
    }
%>
```

最后看到的代码：

```
out.println("  </tbody>");
out.println("</table>");
out.println("</body>");
out.println("</html>");
out.close();
```

可以在 JSP 中直接写下：

```
            </tbody>
        </table>
    </body>
</html>
```

完成的 JSP 页面完整结果如下：

```
<%@page contentType="text/html" pageEncoding="UTF-8"%>
<%@page import="cc.openhome.model.*, java.util.*" %>
<!DOCTYPE html>
<html>
    <head>
        <meta charset='UTF-8'>
        <title>在线查看</title>
    </head>
    <body>
        <table style='text-align: left; width: 100%;' border='0'>
            <tbody>
                <tr>
                    <td style='background-color: rgb(51, 255, 255);'>网页</td>
                    <td style='background-color: rgb(51, 255, 255);'>分类</td>
                </tr>
```

```
    <%
        BookmarkService bookmarkService =
            (BookmarkService) application.getAttribute("bookmarkService");
        for(Bookmark bookmark : bookmarkService.getBookmarks()) {
    %>
                <tr>
                    <td><a href='http://<%= bookmark.getUrl()%>'>
                        <%= bookmark.getTitle()%></a></td>
                    <td><%= bookmark.getCategory()%></td>
                </tr>
    <%
        }
    %>
            </tbody>
        </table>
    </body>
</html>
```

虽然 HTML 与 Java 代码夹杂的情况仍在，但至少 HTML 编写的部分轻松多了。如果想要进一步消除 Java 代码，可以尝试使用 JSTL 之类的自定义标签(这在第 7 章还会说明)。

每个 JSP 中的元素，都可以对照至 Servlet 中某个元素或代码，如指示元素、隐式元素、Scriptlet 元素、操作数元素等，都与 Servlet 有实际的对应，所以读者要了解 JSP，必先了解 Servlet，有机会的话，尝试查看 JSP 转译后的 Servlet 代码，就更能了解两者之间的关系。

6.1.3 指示元素

JSP 指示(Directive)元素的主要目的，在于指示容器将 JSP 转译为 Servlet 源代码时，一些必须遵守的信息。指示元素的语法如下所示：

```
<%@ 指示类型 [属性="值"]* %>
```

在 JSP 中有三种常用的指示类型：**page**、**include** 与 **taglib**。page 指示类型告知容器如何转译目前的 JSP 网页。include 指示类型告知容器，将指定的 JSP 页面包括进来进行转译。taglib 指示类型告知容器如何转译这个页面中的标签库(Tag Library)。在这里将先说明 page 与 include 指示类型的使用，taglib 则会在第 7 章进行说明。

指示元素中可以有多对的属性/值，必要时，同一个指示类型可以用数个指示元素来设置。直接以实际的例子来说明比较清楚。首先说明 page 指示类型：

JSP page.jsp

```
<%@page import="java.time.LocalDateTime"%>
<%@page contentType="text/html" pageEncoding="UTF-8"%>
<!DOCTYPE html>
<html>
    <head>
        <meta charset="UTF-8">
        <title>Page 指示元素</title>
    </head>
    <body>
        <h1>现在时间: <%= LocalDateTime.now() %> </h1>
    </body>
</html>
```

上例使用了 page 指示类型的 **import**、**contentType** 与 **pageEncoding** 三个属性。

page 指示类型的 import 属性告知容器转译 JSP 时，必须在源代码中包括的 import 陈述，范例中的 import 属性在转译后的 Servlet 源代码中会产生：

```
import java.time.LocalDateTime;
```

也可以在同一个 import 属性中，使用逗号分隔数个 import 的内容：

```
<%@page import="java.time.LocalDateTime,cc.openhome.*" %>
```

page 指示类型的 contentType 属性告知容器转译 JSP 时，必须使用 HttpServletRequest 的 setContentType()，调用方法时传入的参数就是 contentType 的属性值。pageEncoding 属性告知这个 JSP 网页中的文字编码，以及内容类型附加的 charset 设置。如果 JSP 文件中包括非 ASCII 编码范围中的字符(如中文)，就要指定正确的编码格式，才不会出现乱码。根据范例中 contentType 与 pageEncoding 属性的设置，转译后的 Servlet 源代码必须包括这行代码：

```
response.setContentType("text/html;charset=UTF8");
```

可以在使用 page 类型时一行一行地编写，也可以编写在同一个元素中。例如：

```
<%@page import="java.time.LocalDateTime"
        contentType="text/html" pageEncoding="UTF-8" %>
```

import、contentType 与 pageEncoding 大概是最常用到的三个属性。page 指示类型还有一些可以设置的属性，以下稍微做个说明，不一定会全部用到，大致了解有这些属性的存在即可。

- info 属性：用于设置目前 JSP 页面的基本信息，这个信息最后会转换为 Servlet 程序中使用 getServletInfo()取得的信息。
- autoFlush 属性：用于设置输出串流是否要自动清除，默认是 true。如果设置为 false，而缓冲区满了却还没调用 flush()数据送出至浏览器，则会引发异常。
- buffer 属性：用于设置至浏览器的输出串流缓冲区大小，设置时必须指定单位，例如 buffer="16kb"。默认是 8kb。
- errorPage 属性：用于设置当 JSP 执行错误而产生异常时，该转发哪一个页面处理这个异常，这在 6.1.7 节中会加以说明。
- extends 属性：用来指定 JSP 网页转译为 Servlet 程序之后，该继承哪一个类。以 Tomcat 为例，默认是继承自 HttpJspBase(HttpJspBase 又继承自 HttpServlet)。但几乎不会使用到这个属性。
- isErrorPage 属性：设置 JSP 页面是否为处理异常的页面，这个属性要与 errorPage 配合使用，这在 6.1.7 节中会加以说明。
- language 属性：指定容器使用哪种语言的语法来转译 JSP 网页，言下之意是 JSP 可使用其他语言来转译，不过事实上目前只能使用 Java 的语法(默认使用 java)。
- session 属性：设置是否在转译后的 Servlet 源代码中具有创建 HttpSession 对象的语句。默认是 true，若某些页面不需作进程跟踪，可以设成 false。
- isELIgnored 属性：设置 JSP 网页中是否忽略表达式语言(Expression Language)，默认是 false，如果设置为 true，不转译表达式语言。这个设置会覆盖 web.xml 中的<el-ignored>设置，表达式语言将在 6.3 节介绍。

- isThreadSafe 属性：告知容器编写 JSP 时是否注意到线程安全，默认值是 true。如果设置为 false，转译之后的 Servlet 会实现 SingleThreadModel 接口，每次请求时将创建一个 Servlet 实例来服务请求。虽然可以避免线程安全问题，然而会引起性能问题，不建议设置为 false。

接着介绍 include 指示类型，它用来告知容器包括另一个网页的内容进行转译。来看个范例：

JSP main.jsp

```
<%@page contentType="text/html" pageEncoding="UTF-8"%>
<%@include file="/WEB-INF/jspf/header.jspf"%>
    <h1>include 示范本体</h1>
<%@include file="/WEB-INF/jspf/footer.jspf"%>
```

上面这个程序在第一次执行时，会把 header.jspf 与 foot.jspf 的内容包括进来作转译。假设这两个文件的内容分别是：

JSP header.jspf

```
<%@page pageEncoding="UTF-8" %>
<!DOCTYPE html>
<html>
    <head>
        <meta charset="UTF-8">
        <title>include 示范开头</title>
    </head>
    <body>
```

JSP foot.jspf

```
<%@page pageEncoding="UTF-8" %>
    </body>
</html>
```

在实际执行时，容器会组合 main.jsp、header.jspf 与 footer.jspf 的内容后，再转译为 Servlet，也就是说，相当于转译这个 JSP：

```
<%@page contentType="text/html" pageEncoding="UTF-8"%>
<!DOCTYPE html>
<html>
    <head>
        <meta charset="UTF-8">
        <title>include 示范开头</title>
    </head>
    <body>
    <h1>include 示范本体</h1>
    </body>
</html>
```

所以最后会生成一个 Servlet(而不是三个)，也就是说，使用指令元素 include 来包括其他网页内容时，会在转译时期就决定转译后的 Servlet 内容，这是一种静态的包括方式。之后会介绍<jsp:include>标签的使用，这是运行时动态包括别的网页执行流程进行响应的方式，使用<jsp:include>的网页与被<jsp:include>包括的网页，各自都生成一个独立的 Servlet。

可以在 web.xml 中统一默认的网页编码、内容类型、缓冲区大小等。例如：

```
<web-app ...>
    ...
    <jsp-config>
        <jsp-property-group>
            <url-pattern>*.jsp</url-pattern>
            <page-encoding>UTF-8</page-encoding>
            <default-content-type>text/html</default-content-type>
            <buffer>16kb</buffer>
        </jsp-property-group>
    </jsp-config>
</web-app>
```

也可以声明指定的 JSP 开头与结尾要包括的网页：

```
<web-app ...>
    ...
    <jsp-config>
        <jsp-property-group>
            <url-pattern>*.jsp</url-pattern>
            <include-prelude>/WEB-INF/jspf/pre.jspf</include-prelude>
            <include-coda>/WEB-INF/jspf/coda.jspf</include-coda>
        </jsp-property-group>
    </jsp-config>
</web-app>
```

另外，注意到指示元素编写如下：

```
<%@page import="java.time.LocalDateTime" %>

<%@page contentType="text/html" pageEncoding="UTF-8"%>
Hello!
```

因为在编写 JSP 指示元素时，换行了两次，这两次换行的字符也会输出，最后产生的 HTML 会有两个换行字符，接着才是“Hello!”字符串的输出。一般来说，这不会有什么问题，但如果想要忽略这样的换行，可以在 web.xml 中设置：

```
<web-app ...>
    ...
    <jsp-config>
        <jsp-property-group>
            <url-pattern>*.jsp</url-pattern>
            <trim-directive-whitespaces>true</trim-directive-whitespaces>
        </jsp-property-group>
    </jsp-config>
</web-app>
```

6.1.4 声明、Scriptlet 与表达式元素

JSP 网页会转译为 Servlet 类，转译后的 Servlet 类应该包括哪些类成员、哪种方法声明或哪些语句，在编写 JSP 时，可以使用声明(Declaration)元素、Scriptlet 元素及表达式(Expression)元素来指定。

首先来看声明元素的语法：

```
<%! 类成员声明或方法声明 %>
```

在`<%!`与`%>`之间声明的代码，都将转译为 Servlet 中的类成员或方法，之所以称为声明元素，是指它用来声明类成员与方法。举个例子来说，如果在 JSP 中编写以下片段：

```
<%!
    String name = "caterpillar";
    String password = "123456";
    boolean checkUser(String name, String password) {
        return this.name.equals(name) &&
                 this.password.equals(password);
    }
%>
```

则转译后的Servlet代码，将会有以下内容：

```
package org.apache.jsp;
...略
public final class index_jsp ...略 {
    String name = "caterpillar";
    String password = "123456";

    boolean checkUser(String name, String password) {
        return this.name.equals(name) &&
                 this.password.equals(password);
    }
    ... 略
}
```

所以使用`<%!`与`%>`声明变量时，必须小心数据共享与线程安全的问题。先前曾经谈过，容器默认会使用同一个 Servlet 实例来服务不同用户的请求，每个请求是一个线程，而`<%!`与`%>`间声明的变量对应至类变量成员，因此会有线程共享访问的问题。

如果有一些初始化操作，想要在 JSP 载入时执行，可以重新定义 `jspInit()`方法，或在 `jspDestroy()`中定义结尾动作。定义 `jspInit()`与 `jspDestroy()`的方法，就在`<%!`与`%>`之间进行，这样转译后的 Servlet 源代码，会有相对应的方法片段出现。例如：

```
<%!
    public void jspInit() {
        // 初始化动作
    }
    public void jspDestroy() {
        // 结尾动作
    }
%>
```

再来介绍 Scriptlet 元素。先看看其语法：

```
<% Java 语句 %>
```

注意，`<%`后没有惊叹号(!)。在声明元素中可以编写 Java 语句，就如同在 Java 的方法中编写语句一样。事实上，`<%`与`%>`之间包括的内容，将被转译为 Servlet 源代码`_jspService()`方法中的内容。举个例子：

```
<%
    String name = request.getParameter("name");
    String password = request.getParameter("password");
    if(checkUser(name, password)) {
%>
    <h1>登录成功</h1>
<%
    }
    else {
%>
    <h1>登录失败</h1>
```

```
<%
    }
%>
```

这段 JSP 中的 Scriptlet，在转译为 Servlet 后，会有以下对应的源代码：

```
package org.apache.jsp;
...略
public final class login_jsp ...略 {
    // 略...
  public void _jspService(HttpServletRequest request,
                          HttpServletResponse response)
        throws java.io.IOException, ServletException {
    // 略...
    String name = request.getParameter("name");
    String password = request.getParameter("password");
    if(checkUser(name, password)) {
        out.write("\n");
        out.write("    <h1>登录成功</h1>\n");
    }
    else {
        out.write("\n");
        out.write("    <h1>登录失败</h1>\n");
    }
    ...略
  }
}
```

直接在 JSP 中编写的 HTML，都会变成 out 对象输出的内容。Scriptlet 出现的顺序，也就是在转译为 Servlet 后，语句出现在_jspService()中的顺序。

再来介绍表达式元素。其语法如下：

```
<%= Java 表达式 %>
```

可以在表达式元素中编写 Java 表达式，表达式的运算结果将直接输出为网页的一部分。例如之前看过的范例中，使用到一段表达式元素：

```
现在时间：<%= LocalDateTime.now() %>
```

注意，表达式元素中不用加上分号(;)。这个表达式元素在转译为 Servlet 之后，会在_jspService()中产生以下语句：

```
out.print(LocalDateTime.now());
```

简单地说，表达式元素中的表达式，会直接转译为 out 对象输出时的指定内容(这也是为什么表达式元素中不用加上分号的原因)。

下面这个范例综合了以上的说明，实现了一个简单的登录程序，其中使用了声明元素、Scriptlet 元素与表达式元素。

JSP login.jsp

```
<%@page contentType="text/html" pageEncoding="UTF-8"%>
<%!
    String name = "caterpillar";
    String password = "123456";

    boolean checkUser(String name, String password) {
        return this.name.equals(name) &&
               this.password.equals(password);
    }
%>
```

使用声明元素声明类成员

```
<!DOCTYPE html>
<html>
    <head>
        <meta charset="UTF-8">
        <title>登入页面</title>
    </head>
    <body>
<%
    String name = request.getParameter("name");
    String password = request.getParameter("password");
    if(checkUser(name, password)) {
%>
    <h1><%= name %> 登录成功</h1>  ← 使用表达式元素输出运算结果
<%
    } else {
%>
    <h1>登录失败</h1>
<%
    }
%>
    </body>
</html>
```

（使用 Scriptlet 撰写 Java 代码段）

如果请求参数验证无误就会显示用户名称及登录成功的字样，否则显示登录失败。一个执行时的参考界面如图 6.3 所示。

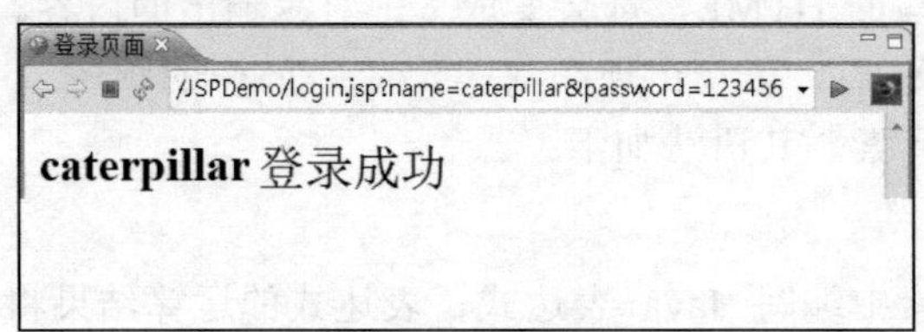

图 6.3　JSP 范例运行界面

`<%`与`%>`在 JSP 中会用来作为一些元素的开头与结尾符号，如果要在 JSP 网页中输出`<%`符号或`%>`符号，不能直接写下`<%`或`%>`，以免转译时被误为是某个元素的起始或结尾符号。例如，若 JSP 网页中包括下面这段，就会发生错误：

```
<%
    out.println("JSP 中 Java 语法结束符号%>");
%>
```

如果要在 JSP 中输出`<%`或`%>`符号，要将角括号置换为其他字符。例如，想在输出`<%`时可使用`<%`；而在输出`%>`时，可以使用`%>`或使用`%\>`。例如：

```
<%
    out.println("&lt;%与%\>被用来作为 JSP 中 Java 语法的部分");
%>
```

如果想禁用 JSP 上的 Scriptlet，可以在 web.xml 中设置：

```
<web-app …>
    ...
    <jsp-config>
        <jsp-property-group>
            <url-pattern>*.jsp</url-pattern>
            <scripting-invalid>true</scripting-invalid>
        </jsp-property-group>
```

```
    </jsp-config>
</web-app>
```

禁用 Scriptlet 是在不想让 Java 代码与 HTML 标记混合的时候。若想切割业务逻辑与呈现逻辑的话，JSP 网页可以通过标准标签、EL 或 JSTL 自定义标签等，消除网页上的 Scriptlet。

6.1.5 注释元素

在 JSP 网页中，可以在`<%`与`%>`之间直接使用 Java 语法编写程序，因此可在其中使用 Java 的注释方式来编写注释文件，也就是可以使用`//`或`/*`与`*/`来编写注释。例如：

```
<%
    // 单行注释
    out.println("随便显示一段文字");
    /* 多行注释 */
%>
```

在转译为 Servlet 源代码之后，`<%`与`%>`之间设置的注释，在 Servlet 源代码中对应的位置也会有对应的注释文字。若想观察 JSP 转换为 Servlet 后的某段特定源代码，可以使用这种注释方式当作一种标记，方便直接看到转换后的代码位于哪一行。

另一个是 HTML 网页使用的注释方式`<!--`与`-->`，这并不是 JSP 的注释。例如，下面这段网页中的注释：

```
<!-- 网页注释 -->
```

在转译为 Servlet 之后，只是产生这样的一行语句：

```
out.write("<!-- 网页注释 -->");
```

这个注释文字也会输出至浏览器成为 HTML 注释，在查看 HTML 源代码时，也就可以看到注释文字。

JSP 有一个专用的注释，即`<%--`与`--%>`。例如：

```
<%-- JSP 注释 --%>
```

容器在转译 JSP 至 Servlet 时，会忽略`<%--`与`--%>`之间的文字，生成的 Servlet 中不包括注释文字，也不会输出至浏览器。

6.1.6 隐式对象

在之前的范例中，曾经在 Scriptlet 中写下 `out` 与 `request` 等字眼，然后直接操作一些方法。如 `out`、`request` 这样的字眼，在转译为 Servlet 之后，会对应于`_jspService()`中的某个局部变量，例如 `request` 就引用到 `HttpServletRequest` 对象。`out`、`request` 这样的字眼，称为隐式对象(Implicit Object)或隐式变量(Implicit Variable)。

以下先列表对照 JSP 中的隐式对象与转译后的类型(见表 6.1)，有一些类型也许是第一次看到，将在稍后详加说明。

表 6.1 JSP 隐式对象

隐式对象	说　明
out	转译后对应 JspWriter 对象，其内部关联一个 PrintWriter 对象
request	转译后对应 HttpServletRequest 对象
response	转译后对应 HttpServletResponse 对象
config	转译后对应 ServletConfig 对象
application	转译后对应 ServletContext 对象
session	转译后对应 HttpSession 对象
pageContext	转译后对应 PageContext 对象，它提供了 JSP 页面资源的封装，并可设置页面范围属性
exception	转译后对应 Throwable 对象，代表由其他 JSP 页面抛出的异常对象，只会出现于 JSP 错误页面(isErrorPage 设置为 true 的 JSP 页面)
page	转译后对应 this

注意》》 隐式对象只能在<%与%>之间或<%=与%>之间使用，正如前面所说，隐式对象在转译为 Servlet 后，是_jspService()中的局部变量，因此无法在<%!与%>之间使用隐式对象。

大部分的隐式对象，在转译后对应的 Servlet 相关对象，前面讲解 Servlet 的文件都做过介绍。page 隐式对象则是对应于转译后 Java 类中的 this 对象，主要是让不熟悉 Java 的网页设计师，在必要时可以凭直觉以 page 名称来存取。exception 隐式对象将在之后谈到 JSP 错误处理时再加以介绍。

至于 out、pageContext、exception 这些隐式对象，转译后的类型可能是第一次看到，以下先针对这些隐式对象进行介绍。

out 隐式对象不直接对应于先前说明 Servlet 时，由 HttpServletResponse 取得的 PrintWriter 对象。out 隐式对象在转译之后，对应于 **javax.servlet.jsp.JspWriter** 类的实例，JspWriter 直接继承 java.io.Writer 类。JspWriter 主要模拟了 BufferedWriter 与 PrintWriter 的功能。

JspWriter 在内部也是使用 PrintWriter 来进行输出，但 JspWriter 具有缓冲区功能。当使用 JspWriter 的 print()或 println()进行响应输出时，如果 JSP 页面没有缓冲，直接创建 PrintWriter 来输出响应，如果 JSP 页面有缓冲，只有在清除(flush)缓冲区时，才会真正创建 PrintWriter 对象进行输出。

对页面进行缓冲处理，表示在缓冲区满的时候，可能有两种处理方式：

- 累积缓冲区的容量后再一次输出响应，所以缓冲区满了就直接清除。
- 也许是想控制输出的量在缓冲区容量之内，所以缓冲区满了表示有错误，此时要抛出异常。

在编写 JSP 页面时，可以通过 page 指示元素的 **buffer** 属性来设置缓冲区的大小，默认值是 8kb。缓冲区满了之后该采取哪种行为，是由 **autoFlush** 属性决定值，默认值是 true，表示满了就直接清除。如果设置为 false，要自行调用 JspWriter 的 flush()方法来清除缓冲区，如果缓冲区满了却还没调用 flush()送出数据，调用 println()时将会抛出 IOException 异常。

接着说明 pageContext 隐式对象。pageContext 隐式对象转译后对应于 **javax.servlet.jsp.PageContext** 类型的对象，这个对象将所有 JSP 页面的信息封装起来，转译后的 Servlet 可通过 pageContext 来取得所有的 JSP 页面信息。例如在转译后的 Servlet 代码中，要取得对应 JSP 页面的 ServletContext、ServletConfig、HttpSession 与 JspWriter 对象，可以通过以下的代码：

```
application = pageContext.getServletContext();
config = pageContext.getServletConfig();
session = pageContext.getSession();
out = pageContext.getOut();
```

所有的隐式对象都可以通过 pageContext 来取得。除了封装所有的 JSP 页面信息之外，还可以使用 pageContext 来设置页面范围属性。在先前的文件中，你知道了 Servlet 中可以设置属性的对象有 HttpServletRequest、HttpSession 与 ServletContext，可分别用来设置请求范围、会话范围与应用程序范围属性。在学到 JSP 时，会多认识一个用 pageContext 来设置的页面范围属性，同样是使用 setAttribute()、getAttribute()与 removeAttribute() 来进行设置。默认是可设置或取得页面范围属性，页面范围属性表示作用范围仅限于同一页面。

下面举一个自行设置页面范围属性的例子。想要先检查页面范围属性中，是否曾被设置过某个属性，如果有就直接取用，如果没有就直接生成，且设置为页面属性。例如：

```
<%
    Some some = pageContext.getAttribute("some");
    if(some == null) {
        some = new Some();
        pageContext.setAttribute("some", some);
    }
%>
```

事实上，可以通过 pageContext 设置四种范围属性，而不必使用个别的 pageContext、request、session、application 来进行设置。以 pageContext 提供单一的 API 来管理属性作用范围，可以使用以下方法来进行设置：

```
getAttribute(String name, int scope)
setAttribute(String name, Object value, int scope)
removeAttribute(String name, int scope)
```

其中的 scope 可以使用以下的常数来进行指定：**PageContext.PAGE_SCOPE**、**PageContext.REQUEST_SCOPE**、**PageContext.SESSION_SCOPE**、**PageContext.APPLICATION_SCOPE**。分别表示页面、请求、会话与应用程序范围。例如，要设置会话范围的属性：

```
pageContext.setAttribute("login",
             "caterpillar",PageContext.SESSION_SCOPE);
```

要取得会话范围的属性时，可以使用以下方式：

```
String attr = (String) pageContext.getAttribute("login",
                                 PageContext.SESSION_SCOPE);
```

当不知道属性的范围时，也可以使用 pageContext 的 findAttribute()方法来找出属性，只要指定属性名称即可。findAttribute()会依序从页面、请求、会话、应用程序范围寻找看看有无对应的属性，先找到就返回。例如：

```
Object attr = pageContext.findAttribute("attr");
```

6.1.7 错误处理

刚开始编写 JSP 时，初学者总是会被 JSP 的调试信息困扰。如果不了解 JSP 与 Servlet 之间运作关系，看到的只是一堆转译、编译，甚至执行时的异常信息，这些信息虽然包括详细的错误信息，但对于初学者而言在阅读上却是不友好、不易理解的。其实，只要了解 JSP 与 Servlet 之间的运作关系，并了解 Java 编译信息与异常处理，要掌握在编写 JSP 网页时，因错误而产生的错误报告页面就不是件难事。

JSP 终究会转译为 Servlet，错误可能发生在三个时候。

- JSP 转换为 Servlet 源代码时。如果在 JSP 页面中编写了一些错误语法，而使得容器在转译 JSP 时不知道该怎么将那些语法转译为 Servlet 的.java 文件，就会发生错误。例如，在 `page` 指令元素中指定了错误的选项，如 `buffer` 属性指定错误：

```
<%@page contentType="text/html" buffer="16"%>
```

实际上指定 `buffer` 属性时必须指定单位，如"`16kb`"。如果直接将这个 JSP 文件放到容器上，在请求 JSP 时容器无法转译，在 Tomcat 下就会出现如图 6.4 所示的错误页面。

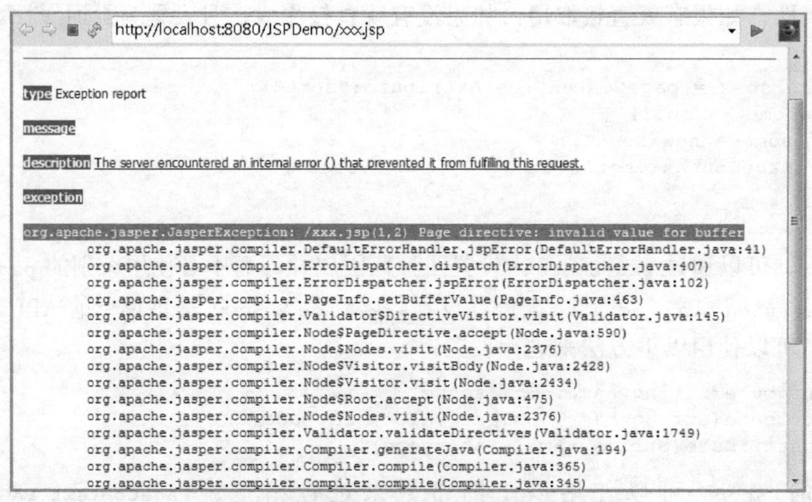

图 6.4　JSP 转译为 Servlet 时的错误范例

容器通常会提示无法转译的原因。确定是否为这类错误的一个原则，就是查看图 6.4 中反白区域字段，会告知语法不合法的信息。

提示>>> 如果使用的集成开发工具(IDE)有检查 JSP 语法的功能，在编辑器上就可以直接看到错误语法的提示。若初学者在没有 JSP 语法检查功能的编辑器上编写 JSP，就很容易遇到这类错误。

- Servlet 源代码进行编译时。如果 JSP 语法没有问题，容器可以将 JSP 转译为 Servlet 的.java 程序，接着就会尝试将.java 编译为.class 文件。如果此时编译器因为某个原因而无法完成编译，则会出现编译错误。例如，JSP 中使用了某些类，但部署至服务器时，忘了将相关的类也部署上去，使得初次请求 JSP 时，虽然转译可以完成，但编译时就会出错，此时(在 Tomcat 下)就会出现如图 6.5 所示的错误页面。

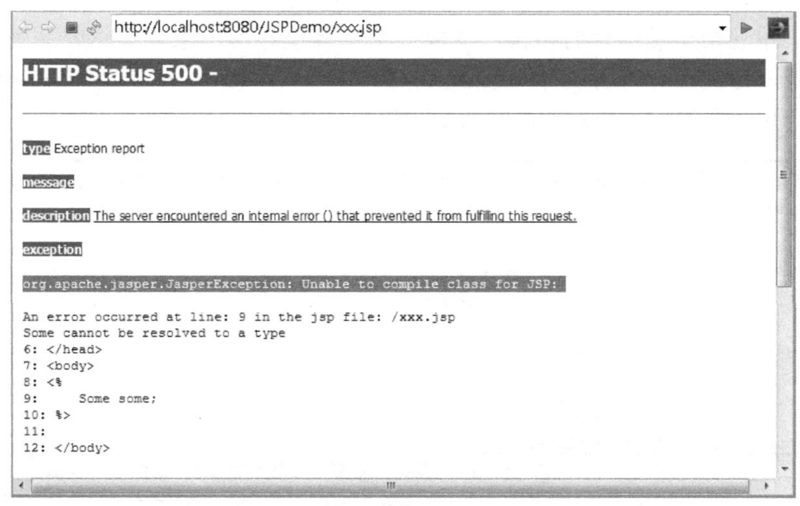

图 6.5　Servlet 进行编译时的错误范例

这个错误信息比较容易确认，例如使用 Tomcat 容器的话，若出现 Unable to compile 之类的信息，通常就是在编译阶段发生了错误。

提示 >>> 如果使用的集成开发工具(IDE)有检查 JSP 语法的功能，在编辑器上可能会看到编译方面的错误提示，然而有时会像这里举的例子，开发阶段与部署阶段的运行环境不同，在找不到类的情况发生时，使得部署后请求 JSP 时出现这类错误。

- Servlet 载入容器进行服务但发生运行错误时。如果 Servlet 进行编译成功，接下来就可以载入容器开始执行，但仍有可能在运行时因找不到某个资源、程序逻辑上的问题而发生错误。例如最常见的 `NullPointerException` 就是一个例子。
  运行时的错误信息也较容易确认，如使用 Tomcat 容器的话，出现 An exception occurred processing JSP page 之类的信息，通常就是运行时发生了错误，如图 6.6 所示。

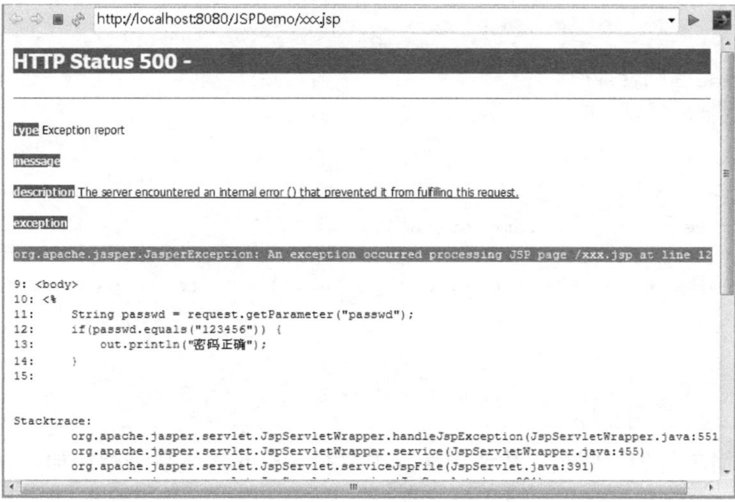

图 6.6　Servlet 进行编译时的错误范例

这类错误由于是运行时错误，集成开发工具检查不出来。虽然容易确认是运行时错误，但运行时的错误可能原因就非常多了，在 IDE 的主控台(Console)中，通常也会出现异常的堆栈跟踪(Stacktrace)信息，如图 6.7 所示。

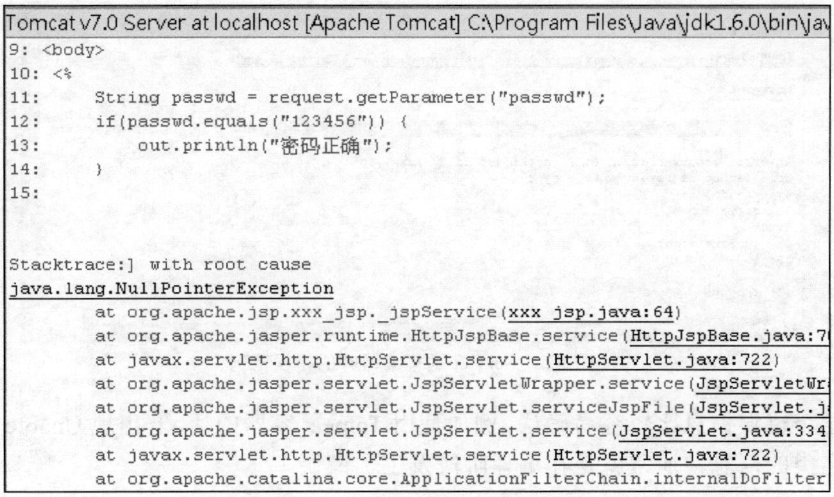

```
Tomcat v7.0 Server at localhost [Apache Tomcat] C:\Program Files\Java\jdk1.6.0\bin\jav
9: <body>
10: <%
11:     String passwd = request.getParameter("passwd");
12:     if(passwd.equals("123456")) {
13:         out.println("密码正确");
14:     }
15:


Stacktrace:] with root cause
java.lang.NullPointerException
        at org.apache.jsp.xxx_jsp._jspService(xxx_jsp.java:64)
        at org.apache.jasper.runtime.HttpJspBase.service(HttpJspBase.java:7(
        at javax.servlet.http.HttpServlet.service(HttpServlet.java:722)
        at org.apache.jasper.servlet.JspServletWrapper.service(JspServletWr
        at org.apache.jasper.servlet.JspServlet.serviceJspFile(JspServlet.j
        at org.apache.jasper.servlet.JspServlet.service(JspServlet.java:334
        at javax.servlet.http.HttpServlet.service(HttpServlet.java:722)
        at org.apache.catalina.core.ApplicationFilterChain.internalDoFilter
```

图 6.7　运行时异常的堆栈跟踪信息

提示》》》 此时对异常继承架构与处理方式是否了解，以及如何善用异常的堆栈跟踪来找出原因，就非常重要了(这是学习 Java SE 应创建的基础)。

可以自定义运行过程中异常发生时的处理页面，只要使用 page 指示元素时，设置 errorPage 属性来指定错误处理的 JSP 页面。例如：

JSP　add.jsp

```
<%@page contentType="text/html"
    pageEncoding="UTF-8" errorPage="error.jsp"%>  ←—— 设定 errorPage 属性
<!DOCTYPE html>
<html>
<head>
  <meta charset="UTF-8">
  <title>加法网页</title>
</head>
<body>
<%
  String a = request.getParameter("a");
  String b = request.getParameter("b");
  out.println("a + b = " + (Integer.parseInt(a) + Integer.parseInt(b))
       );
%>
</body>
</html>
```

这是一个简单的加法网页，从请求参数中取得 a 与 b 的值后进行相加。有错误时，想要直接转发至 error.jsp 显示错误，该 JSP 页面将 isErrorPage 属性设置为 true 即可。例如：

JSP error.jsp

```
<%@page contentType="text/html" pageEncoding="UTF-8"
      isErrorPage="true"%>  ←— 设定 isErrorPage 属性
<%@page import="java.io.PrintWriter"%>
<!DOCTYPE html>
<html>
<head>
   <meta charset="UTF-8">
   <title>错误</title>
</head>
<body>
  <h1>网页发生错误：</h1><%= exception %>
  <h2>显示异常堆栈追踪：</h2>
<%
   exception.printStackTrace(new PrintWriter(out));
%>
</body>
</html>
```

exception 对象是 JSP 的隐式对象，由 add.jsp 抛出的异常对象信息就包括在 exception 中，而且只有 isErrorPage 设置为 true 的页面，才可以使用 exception 隐式对象。在这个 error.jsp 中的标题上，只是简单地显示 exception 调用 toString()之后的信息，也就是 <%=exception%>显示的内容；另外也可将异常堆栈跟踪显示出来。printStackTrace()接受一个 PrintWriter 对象作为参数，所以使用 out 隐式对象构造 PrintWriter 对象，然后再使用 exception 的 printStackTrace()方法来显示异常堆栈跟踪。

图 6.8 所示为请求参数 b 无法剖析为整数，add.jsp 因而发生 NumberFormatException 而将响应转发 error.jsp 时的一个结果页面。

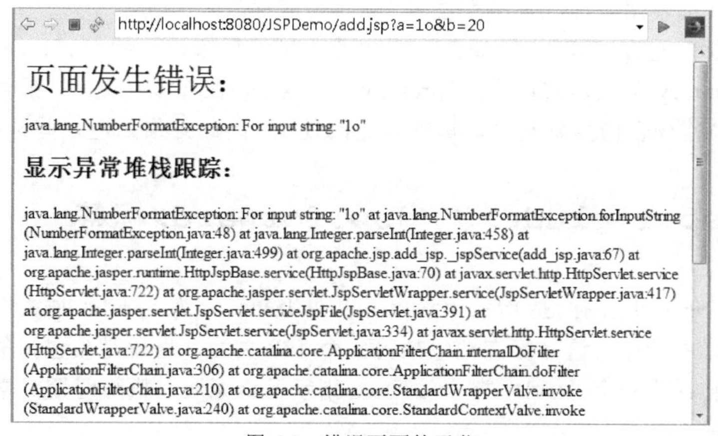

图 6.8 错误页面的示范

如果在存取应用程序的时候发生了异常或错误，而没有在 Servlet/JSP 中处理这个异常或错误，最后会由容器加以处理，容器就是直接显示异常信息与堆栈跟踪信息。如果希望容器发现这类异常或错误时，可以自动转发至某个 URI，则可以在 web.xml 中使用 **<error-page>**进行设置。

例如，想要在容器收到某个类型的异常对象时进行转发，可以在<error-page>中使用 **<exception-type>**指定：

```
<web-app …>
    <error-page>
        <exception-type>java.lang.NullPointerException</exception-type>
        <location>/report.view</location>
    </error-page>
</web-app>
```

如果在**<location>**中设置的是 JSP 页面，该页面必须设置 isErrorPage 属性为 true，才可以使用 exception 隐式对象。

如果想要基于 HTTP 错误状态码转发至处理页面，则是搭配**<error-code>**来设置。例如，在找不到文件而发出 404 状态码时，希望都交由某个页面处理：

```
<web-app …>
    <error-page>
        <error-code>404</error-code>
        <location>/404.jsp</location>
    </error-page>
</web-app>
```

这个设置，在自行使用 HttpServletResponse 的 sendError()送出错误状态码时也有作用，因为 sendError()只是告知容器，以容器的默认方式或 web.xml 中的设置来产生错误状态码的信息。

6.2 标准标签

JSP 规范提供了一些标准标签(Standard Tag)，容器都支持这些标签，可协助编写 JSP 时减少 Scriptlet 的使用。标准标签都使用 jsp:作为前置。

这些标准标签是在 JSP 早期规范中提出的，虽然后来提出的 JSTL(JavaServer Pages Standard Tag Library)与表达式语言(Expression Language)在许多功能上，都可以取代原有的标准标签，但某些场合仍会见到这些标准标签的使用，因此必须知道这些标准标签的存在。

6.2.1 <jsp:include>、<jsp:forward>标签

在 6.1.3 节介绍过 include 指示元素，可以在 JSP 转译为 Servlet 时，将另一个 JSP 包括进来进行转译的动作，这是静态地包括另一个 JSP 页面，也就是被包括的 JSP 与原 JSP 合并在一起，转译为一个 Servlet 类，include 指示元素无法在执行时期，根据条件动态地调整想要包括的 JSP 页面。

如果要在运行时，根据条件动态地调整想要包括的 JSP 页面，可以使用**<jsp:include>**标签。例如：

```
<jsp:include page="add.jsp">
    <jsp:param name="a" value="1" />
    <jsp:param name="b" value="2" />
</jsp:include>
```

在这个片段中使用了**<jsp:param>**标签，指定了动态包括 add.jsp 时要给该页面的请求参数。如果在 JSP 页面中包括以上的标签，则会将 add.jsp 动态包含进来。目前的页面会自

己生成一个 Servlet 类，而被包括的 add.jsp 也会自己独立生成一个 Servlet 类。事实上，目前页面转译而成的 Servlet 中，会取得 RequestDispatcher 对象，并执行 include()方法，也就是将请求时转交给另一个 Servlet，然后再回到目前的 Servlet。

如果想将请求转发给另一个 JSP 页面处理，可以使用标准标签**<jsp:forward>**。例如：

```
<jsp:forward page="add.jsp">
   <jsp:param name="a" value="1" />
   <jsp:param name="b" value="2" />
</jsp:forward>
```

同样地，目前页面会生成一个 Servlet，而被转发的 add.jsp 也是生成一个 Servlet。目前页面转译而成的 Servlet 中，会取得 RequestDispatcher 对象，并执行 forward()方法，也就是将请求时转发给另一个 Servlet，然后再回到目前的 Servlet。

<jsp:include>或<jsp:forward>标签，在转译为 Servlet 源代码之后，底层也是取得 RequestDispatcher 对象，并执行对应的 forward()或 include()方法，因此在使用时的作用和注意事项与 3.2.6 节中介绍的如何使用 RequestDispatcher 对象进行请求转发时的作用和注意事项是相同的。

提示››› pageContext 隐式对象其实也具有 forward()与 include()方法，使用的时机是方便在 Scriptlet 中编写。

6.2.2 <jsp:useBean>、<jsp:setProperty>与<jsp:getProperty>简介

<jsp:useBean>标签是用来搭配 JavaBean 元件的标准标签，这里指的 JavaBean 并非桌面系统或 EJB(Enterprise JavaBeans)中的 JavaBean 元件，而是只要满足以下条件的纯粹 Java 对象：

- 必须实现 java.io.Serializable 接口
- 没有公开(public)的类变量
- 具有无参数的构造器
- 具有公开的设值方法(Setter)与取值方法(Getter)

以下的类就是一个 JavaBean 元件：

JSP User.java

```
package cc.openhome;

import java.io.Serializable;

public class User implements Serializable {
   private String name;
   private String password;

   public String getName() {
      return name;
   }
   public void setName(String name) {
      this.name = name;
   }
```

```
    public String getPassword() {
        return password;
    }
    public void setPassword(String password) {
        this.password = password;
    }

    public boolean isValid() {
        return "caterpillar".equals(name) && "123456".equals(password);
    }
}
```

提示>>> 没有定义任何构造器时，编译器会自动加上一个无自变量没有任何内容的构造器。

虽然可以在 JSP 页面上编写 Scriptlet 来直接使用这个 JavaBean，如以下代码段：

```
<%@page import="cc.openhome.*"
        contentType="text/html" pageEncoding="UTF-8"%>
<%
    User user = (User) request.getAttribute("user");
    if(user == null) {
        user = new User();
        request.setAttribute("user", user);
    }
    user.setName(request.getParameter("name"));
    user.setPassword(request.getParameter("password"));
%>
    // 略...
    <body>
<%
    if(user.isValid()) {
%>
    <h1><%= user.getName() %> 登录成功</h1>
<%
    }
    else {
%>
    <h1>登录失败</h1>
<%
    }
%>
    </body>
</html>
```

然而，使用 JavaBean 的目的在于减少 JSP 页面上 Scriptlet 的使用。应该搭配 <jsp:useBean>来使用这个 JavaBean，并使用**<jsp:setProperty>**与**<jsp:getProperty>**来对 JavaBean 进行设值与取值的动作。例如：

JSP login2.jsp

```
<%@page contentType="text/html" pageEncoding="UTF-8"%>
<jsp:useBean id="user" class="cc.openhome.User" scope="request"/>  ❶ 使用<jsp:useBean>
<jsp:setProperty name="user" property="*"/>  ❷ 使用<jsp:setProperty>
<!DOCTYPE html>
<html>
    <head>
```

```
        <meta charset="UTF-8">
        <title>登录页面</title>
    </head>
    <body>
<%
    if(user.isValid()) { ←—— ❸ user 名称是根据<jsp:useBean>上的 id 名称而来
%>
    <h1><jsp:getProperty name="user" property="name"/> 登录成功</h1>
<%
    }                    ↑
    else {               └— ❹ 使用<jsp:getProperty>
%>
    <h1>登录失败</h1>
<%
    }
%>
    </body>
</html>
```

<jsp:useBean>标签用来取得或创建 JavaBean。**id** 属性用于指定 JavaBean 实例的参考名称，之后在使用<jsp:setProperty>或<jsp:getProperty>标签时，可以根据这个名称来取得所创建的 JavaBean 名称。**class** 属性用以指定实例化哪一个类。**scope** 指定可先查找看看某个属性范围是否有 JavaBean 的属性存在。

<jsp:setProperty>标签用于设置 JavaBean 的属性值。**name** 属性用于指定要使用哪个名称取得 JavaBean 实例。在 **property** 属性设置为*时，表示将自动寻找符合 JavaBean 中设值方法名称的请求参数值。如果请求参数名称为 XXX，就将请求参数值使用 setXXX()方法设置给 JavaBean 实例。

<jsp:getProperty>用来取得 JavaBean 的属性值。**name** 属性用于指定要使用哪个名称取得 JavaBean 实例。**property** 属性指定要取得哪一个属性值。如果指定为 XXX，则使用 getXXX()方法取得 JavaBean 属性值并显示在网页上。

在上面这个 JSP 中，首先使用<jsp:useBean>创建 User 类的实例❶，然后使用<jsp:setProperty>来设置 JavaBean 的值❷，由于 property 属性设置为*，所以会自动寻找请求参数中是否有 name 与 password 参数。如果有的话，将请求参数值通过 setName()及 setPassword()方法设置给 JavaBean 实例。

由于使用<jsp:useBean>时，指定了 id 属性为 user 名称，在接下来的页面中若有 Scriptlet，也可以使用 user 名称来操作 JavaBean 实例。程序中调用了 isValid()方法❸，看看用户的名称及密码是否正确。如果正确，<jsp:getProperty>指定 property 属性为 name 以取得 JavaBean 中存储的用户名称❹，并显示“登录成功”字样。

6.2.3 深入<jsp:useBean>、<jsp:setProperty>与<jsp:getProperty>

JSP 网页最终将转换为 Servlet。所谓的 JavaBean，实际上也是 Servlet 中的一个对象实例。当使用<jsp:useBean>时，就是在声明一个 JavaBean 的对象，id 属性用以指定参考名称与属性名称，而 class 属性则是类型名称。例如在 JSP 的页面中编写以下内容：

```
<jsp:useBean id="user" class="cc.openhome.User" />
```

在转译为 Servlet 之后，会产生以下代码段：

```
cc.openhome.User user = null; // id="user" 就是产生这里的 user 参考名称
synchronized (request) {
    user = (cc.openhome.User) _jspx_page_context.getAttribute(
        "user", PageContext.PAGE_SCOPE); // 以及属性名称
    if (user == null){
        user = new cc.openhome.User();
        _jspx_page_context.setAttribute(
                "user", user, PageContext.PAGE_SCOPE);
    }
}
```

其中_jspx_page_context 引用至 PageContext 对象，也就是说，使用<jsp:useBean>标签时，会在属性范围(默认是 page 范围)中寻找有无 id 名称指定的属性。如果找到就直接使用，如果没有找到就创建新的对象。

可以在使用<jsp:useBean>标签时，使用 scope 属性指定存储的属性范围，可以指定的值有 **page**(默认)、**request**、**session** 与 **application**。例如：

```
<jsp:useBean id="user" class="cc.openhome.User" scope="session"/>
```

转译后的 Servlet 中将会有以下的代码段，也就是改为从会话范围中寻找指定的属性：

```
cc.openhome.User user = null;
synchronized (request) {
    user = (cc.openhome.User) _jspx_page_context.getAttribute(
            "user", PageContext.SESSION_SCOPE);
    if (user == null){
        user = new cc.openhome.User();
        _jspx_page_context.setAttribute(
                "user", user, PageContext.SESSION_SCOPE);
    }
}
```

注意>>> 如果使用<jsp:useBean>标签时没有指定 scope，默认“只”在 page 范围中寻找 JavaBean，找不到就创建新的 JavaBean 对象(不会再到 request、session 与 application 中寻找)。

在转译后的 Servlet 代码中，如果想指定声明 JavaBean 时的类型，可以使用 **type** 属性。例如：

```
<jsp:useBean id="user"
        type="cc.openhome.BaseUser"
        class="cc.openhome.User"
        scope="session"/>
```

这样产生的 Servlet 代码中，会有以下片段：

```
cc.openhome.BaseUser user = null;
synchronized (request) {
    user = (cc.openhome.BaseUser) _jspx_page_context.getAttribute(
            "user", PageContext.SESSION_SCOPE);
    if (user == null){
        user = new cc.openhome.User();
        _jspx_page_context.setAttribute(
                "user", user, PageContext.SESSION_SCOPE);
    }
}
```

type 属性的设置可以是一个抽象类，也可以是一个接口。如果只设置 type 而没有设置 class 属性，必须确定在某个属性范围中已经存在所要的对象，否则会发生 InstantiationException 异常。

标签的目的是减少 JSP 中 Script 的使用，反过来说，如果发现 JSP 中有 Scriptlet，编写的是从某个属性范围中取得的对象，则思考一下，是否可以用<jsp:useBean>来消除 Scriptlet 的使用。

在使用<jsp:useBean>标签取得或创建 JavaBean 实例之后，若要设值给 JavaBean，可以使用<jsp:setProperty>标签，可以使用几个方式来进行设置。例如：

```
<jsp:setProperty name="user" property="password" value="123456" />
```

这会在产生的 Servlet 代码中，使用 PageContext 的 findAttribute()，从 page、request、session、application 依序查找看看有无 name 指定的属性名称，找到的话，再通过反射(Reflection)机制找出 JavaBean 上的 setPassword()方法，调用并将 value 的指定值设置给 JavaBean。

如果想要将请求参数的值设置给 JavaBean 的某个属性，以下是个范例：

```
<jsp:setProperty name="user" param="password" property="password" />
```

如果请求参数中包括 password，会通过 JavaBean 的 setPassword()方法设置给 JavaBean 实例。也可以不指定请求参数名称，由 JSP 的自省(Introspection)机制来判断是否有相同的请求参数名称，如果有的话就自动找出对应的设值方法并调用以设值给 JavaBean。例如，以下会查找看看有无 password 请求参数，有的话就设置给 JavaBean：

```
<jsp:setProperty name="user" property="password" />
```

<jsp:setProperty>有个最有弹性的写法，就是将请求参数名称与 JavaBean 的属性名称交给自省机制来自动匹配。例如：

```
<jsp:setProperty name="user" property="*" />
```

如果 JavaBean 属性是整数、浮点数之类的基本类型，自省机制可以自动转换请求参数字符串为对应属性的基本资料类型。

也可以在使用<jsp:useBean>时一并设置属性值。例如：

```
<jsp:useBean id="user" class="cc.openhome.User" scope="session">
    <jsp:setProperty name="user" property="*" />
</jsp:useBean>
```

这样，如果在属性范围中找不到 user，会新建一个对象并设置其属性值；如果可以找到对象，就直接使用。也就是转译后产生以下代码：

```
cc.openhome.User user = null;
synchronized (request) {
    user = (cc.openhome.User) _jspx_page_context.getAttribute(
              "user", PageContext.SESSION_SCOPE);
    if (user == null){
        user = new cc.openhome.User();
        _jspx_page_context.setAttribute(
                  "user", user, PageContext.SESSION_SCOPE);
        org.apache.jasper.runtime.JspRuntimeLibrary.introspect(
            _jspx_page_context.findAttribute("user"), request);
    }
}
```

这与以下内容的写法有点不同：

```
<jsp:useBean id="user" class="cc.openhome.User" scope="session"/>
<jsp:setProperty name="user" property="*" />
```

如果使用以上写法，无论找到还是新建 JavaBean 对象，都会使用内省机制来设值，也就是转译的 Servlet 代码中会有以下片段：

```
cc.openhome.User user = null;
synchronized (request) {
    user = (cc.openhome.User) _jspx_page_context.getAttribute(
                "user", PageContext.SESSION_SCOPE);
    if (user == null){
        user = new cc.openhome.User();
        _jspx_page_context.setAttribute(
                "user", user, PageContext.SESSION_SCOPE);
    }
}
org.apache.jasper.runtime.JspRuntimeLibrary.introspect(
        _jspx_page_context.findAttribute("user"), request);
```

标签的目的是减少 JSP 中 Scriptlet 的使用，反过来说，如果发现 JSP 中有 Scriptlet，有通过设值方法(Setter)对 JavaBean 进行设值的动作，可考虑使用`<jsp:setProperty>`来消除 Scriptlet 的使用。

`<jsp:getProperty>`的使用比较单纯，在使用`<jsp:useBean>`标签取得或创建 JavaBean 实例之后，基本上就只有一种用法：

```
<jsp:getProperty name="user" property="name"/>
```

这会使用通过 `PageContext` 的 `findAttribute()`找出 `user` 属性，并通过 `getName()`方法取得值并显示在网页上，也就是转译后的 Servlet 源代码中会有以下片段：

```
out.write(org.apache.jasper.runtime.JspRuntimeLibrary.toString(((
    (cc.openhome.User)_jspx_page_context.findAttribute("user"))
                                .getName()
)));
```

在使用`<jsp:useBean>`标签取得或创建 JavaBean 实例之后，由于`<jsp:setProperty>`与`<jsp:getProperty>`转译后，都是使用 `PageContext` 的 `findAttribute()`来寻找属性，因此寻找的顺序是页面、请求、会话、应用程序范围。

标签的目的是减少 JSP 中 Script 的使用，反过来说，如果发现 JSP 中有 Scriptlet，有通过取值方法(Getter)对 JavaBean 进行取值的动作，可考虑使用`<jsp:getProperty>`来消除 Scriptlet 的使用。

6.2.4 谈谈 Model 1

在 1.2.3 节曾经简介过 MVC/Model 2 架构，而在之前章节的综合练习中，也一直朝着 Model 2 架构来设计一个微博应用程序。为了比较 Model 2 与本节要介绍的 Model 1，再将图 1.17 放到这里来，如图 6.9 所示。

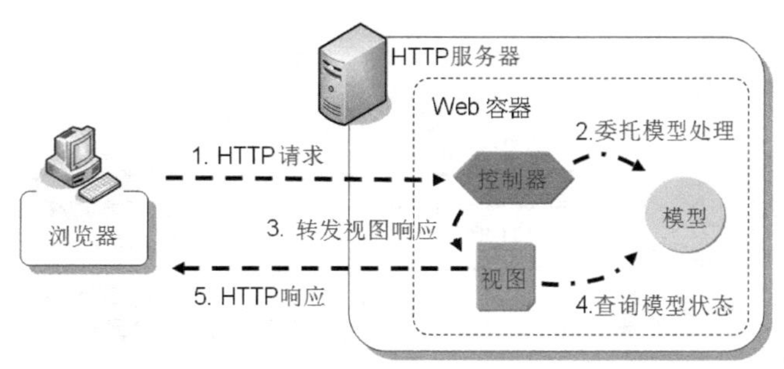

图 6.9 基于请求/响应修正 MVC 而产生 Model 2 架构

在 1.2.3 节中介绍过在 Model 2 架构中，请求处理、业务逻辑以及画面呈现被区分为三个不同的角色职责，在应用程序庞大而需要不同团队分工并互相合作时，使用 Model 2 架构可理清职责界限。例如，让网页设计人员专心设计网页，而不用担心如何编写 Java 代码或处理请求；让 Java 程序设计人员专心设计商务模型元件，而不用理会页面上如何显示。

在前一章的微博应用程序综合练习中，已经可以看出 Model 2 架构的流程与实现基本样貌。先前为了练习 Servlet，视图部分都由 Servlet 来实现页面输出，在本章的综合练习中，会将视图部分改为使用 JSP，也就是各角色将会分别由如图 6.10 所示的技术来实现，其中 POJO 全名为 Plain Old Java Object，也就是纯粹的 Java 对象，相当于第 5 章微博应用程序中 `UserService` 担负的角色。

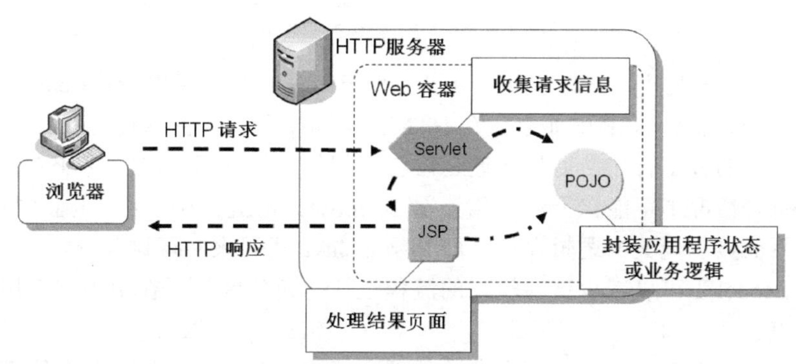

图 6.10 Servlet/JSP 的 Model 2 架构实现

然而使用 Model 2 架构，代表了更多的请求转发流程控制、更多的元件设计和更多的代码。对于中小型应用程序来说，前期必须花费更多的时间与设计成本，在开发上不见得划算。(有时该思考一下，是否真的需要使用到 Model 2 架构所带来的弹性？)

在 6.2.2 节示范的登录程序中，使用了 JSP 结合 JavaBean，其实就是 Model 1 架构的一个简单范例。如图 6.11 所示。

在 Model 1 架构上，用户会直接请求某个 JSP 页面(而非通过控制器的转发)，JSP 会收集请求参数并调用 JavaBean 来处理请求。业务逻辑的部分封装至 JavaBean 中，JavaBean 也许还会调用一些后端的元件(如操作数据库)。JavaBean 处理完毕后，JSP 会再从 JavaBean 中提取结果，进行页面显示处理，如图 6.12 所示。

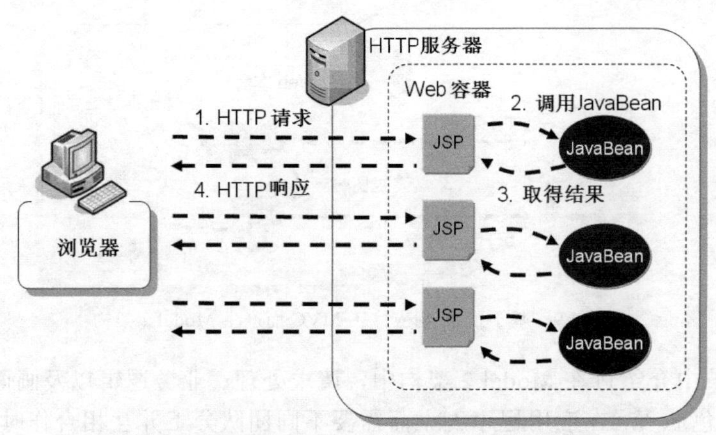

图 6.11 JSP 与 JavaBean 的 Model 1 架构实现

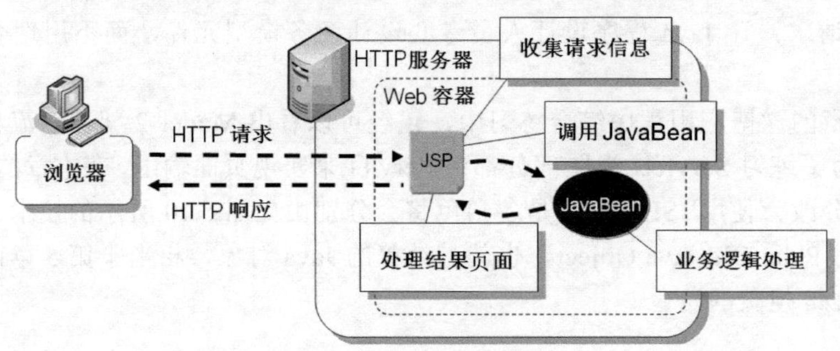

图 6.12 Model 1 架构的职责分工

由于 Model 1 架构中，JSP 页面还负责了收集请求参数与调用 JavaBean 的职责，维护 JSP 的开发者工作加重。JSP 中如果夹杂 HTML 与 Java 程序，也不利于 Java 程序设计人员与网页设计人员的分工合作。即使通过之后将介绍的表达式语言(EL)及 JSTL 标签来处理页面逻辑，有些情况下可能仍无法避免使用 Scriptlet。也就是说，JSP 页面中有些情况下，仍不免有与页面显示无关的逻辑存在，而必须靠 Java 代码来实现这部分。

但使用 Model 1 可以减少请求转发的流程设计与角色区隔，在中小型应用程序快速开发上有其优点。

若使用 Model 2 架构，由于请求参数处理、请求转发、页面显示转发等都放在控制器中，因此在页面部分可以做到只存在与页面相关的逻辑，而这些页面相关逻辑，可以使用 EL、JSTL 或其他自定义标签来完全处理掉，也就是可以做到页面设计时完全不出现 Scriptlet。EL、JSTL 或其他自定义标签对于网页设计人员来说，相对比较容易学习与使用，因此对于严格界定职责与分工合作的应用程序来说，一般都鼓励使用 Model 2 架构。

6.2.5 XML 格式标签

可以使用 XML 格式标签来编写 JSP，每个 JSP 元素都有其对应的 XML 标签。绝大多数情况不会使用这种格式，除非想要某个 XML 工具可以了解 JSP 内容。读者只要知道有这些标签的存在即可，如表 6.2 所示。

表 6.2 JSP 的 XML 格式标签

JSP 语法	XML 格式语法
`<%@page import="java.util.*" %>`	`<jsp:directive.page import="java.util.*"/>`
`<%! String name; %>`	`<jsp:declaration> String name; </jsp:declaration>`
`<% name = "caterpillar"; %>`	`<jsp:scriptlet> name = "caterpillar"; </jsp:scriptlet>`
`<%= name %>`	`<jsp:expression> name </jsp:expression>`
网页文字	<jsp:text> 网页文字 </jsp:text>

举个例子，6.1.3 节中的 page.jsp，若改用 XML 格式标签来编写，则如以下所示：

JSP xml.jspx

```
<?xml version="1.0" encoding="UTF-8"?>
<jsp:root xmlns:jsp="http://java.sun.com/JSP/Page" version="2.0">
   <jsp:directive.page import="java.time.LocalDateTime"/>
   <jsp:directive.page contentType="text/html" pageEncoding="UTF-8"/>
   <jsp:element name="text">
      <jsp:body>
<html>
   <head>
      <meta charset="UTF-8"/>
      <title>Page 指示元素</title>
   </head>
   <body>
      <h1>现在时间<jsp:expression>LocalDateTime.now()</jsp:expression></h1>
   </body>
</html>
      </jsp:body>
   </jsp:element>
</jsp:root>
```

还有一些 JSP 标准标签尚未介绍，如<jsp:doBody>、<jsp:invoke>等，它们与自定义标签的使用有关，这将在第 7 章中介绍。

6.3 表达式语言(EL)

可以将业务逻辑编写在 JavaBean 元件中，然后搭配<jsp:useBean>、<jsp:setProperty>、

<jsp:getProperty>来取得、生成 JavaBean 对象，设置或取得 JavaBean 的值，这样有助于减少页面上 Scriptlet 的分量。

对于 JSP 中一些简单的属性、请求参数、标头与 Cookie 等信息的取得，一些简单的运算或判断，可以试着使用表达式语言(EL)来处理，也可以将一些常用的公用函数编写为 EL 函数，或甚至使用 EL 3.0 直接调用静态变量等进阶功能，这又可以减少网页上的 Scriptlet。

6.3.1 EL 简介

JSP 中若有用 Scriptlet 编写 Java 代码，以进行属性、请求参数、标头与 Cookie 等信息的取得，或一些简单的运算或判断，可以试着使用 EL 来取代，以减少 JSP 页面上 Scriptlet 的使用。

直接来改写 6.1.7 节中使用到的 add.jsp 范例页面，当时的 JSP 页面中，编写了以下 Scriptlet：

```
<%
    String a = request.getParameter("a");
    String b = request.getParameter("b");
    out.println("a + b = " +
              (Integer.parseInt(a) + Integer.parseInt(b))
          );
%>
```

如果使用 EL，可以用一行代码来改写，甚至加强这段 Scriptlet。例如：

JSP add2.jsp

```
<%@page contentType="text/html"
    pageEncoding="UTF-8" errorPage="error.jsp"%>
<!DOCTYPE html>

<html>
<head>
    <meta charset="UTF-8">
    <title>加法网页</title>
</head>
    <body>
        ${param.a} + ${param.b} = ${param.a + param.b}  ← 使用 EL
    </body>
</html>
```

在这个简单的例子中可以看到几个 EL 元素。EL 是使用${与}来包括要进行处理的表达式，可使用点运算符(.)指定要存取的属性，使用加号(+)运算符进行加法运算。param 是 EL 隐式对象之一，表示用户的请求参数，param.a 表示取得用户所发出的请求参数 a 的值。

可以试着执行这个网页以查看结果，如图 6.13 所示。

在结果画面中可以看到，输入的请求参数自动转换为基本类型并进行运算，在结果中还增加了显示操作数的功能。原来的 add.jsp 要有这样的结果，还得再增加 Java 代码。再来看另一个运行结果，如图 6.14 所示。

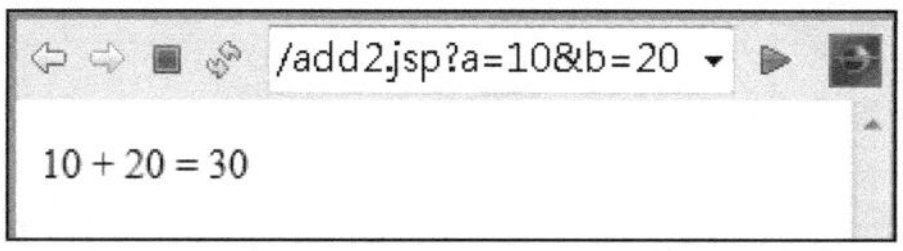

图 6.13 范例运行结果之一

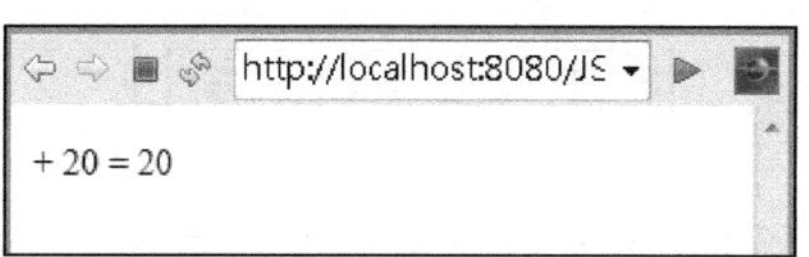

图 6.14 范例运行结果之二

EL 优雅地处理了 null 值的情况，对于 null 值直接以空字符串加以显示，而不是直接显示 null 值，在进行运算时，也不会因此发生错误而抛出异常。

EL 的点运算符还可以连续存取对象，就如同在 Java 代码中一般。例如，原先需要这么编写：

```
方法：<%= ((HttpServletRequest) pageContext.getRequest()).getMethod() %><br>
参数：<%= ((HttpServletRequest) pageContext.getRequest()).getQueryString()
%><br>
IP：<%= ((HttpServletRequest) pageContext.getRequest()).getRemoteAddr() %><br>
```

若是使用 EL，可以这么编写：

```
方法：${pageContext.request.method}<br>
参数：${pageContext.request.queryString}<br>
IP：${pageContext.request.remoteAddr}<br>
```

pageContext 也是 EL 的隐式对象之一，通过点运算符之后接上 XXX 名称，表示调用 getXXX()方法。如果必须转换类型，EL 也会自行处理，而不用像编写 JSP 表达式元素时，必须自行做转换类型的动作。

可以使用 page 指示元素的 **isELIgnored** 属性(默认是 false)，来设置 JSP 网页是否使用 EL。这么做的原因在于，网页中已含有与 EL 类似的${}语法功能存在，例如使用了某个模板(Template)框架之类。

也可以在 web.xml 中设置**<el-ignored>**标签为 true 来决定不使用 EL。例如：

```
<web-app …>
    ...
    <jsp-config>
        <jsp-property-group>
            <url-pattern>*.jsp</url-pattern>
            <el-ignored>true</el-ignored>
        </jsp-property-group>
    </jsp-config>
</web-app>
```

web.xml 中的<el-ignored>是用来设定符合<url-pattern>的 JSP 网页是否使用 EL。

如果 web.xml 中的<el-ignored>与 page 指令元素的 isELIgnored 设置都没有设置，在 web.xml 是 2.3 或以下的版本，则不会执行 EL，如果是 2.4 或以上的版本，则会执行 EL。

如果设置 web.xml 中的<el-ignored>为 false，但不设置 page 指令元素的 isELIgnored，会执行 EL。如果设置 web.xml 中的<el-ignored>为 true，但不设置 page 指令元素的 isELIgnored，不会执行 EL。

如果 JSP 网页使用 page 指令元素的 isELIgnored 设置是否支持 EL，则以 page 指令元素的设置为主，不管 web.xml 中的<el-ignored>的设置是什么。

6.3.2 使用 EL 取得属性

可以在 JSP 中将对象设置至 page、request、session 或 application 范围中作为属性，基本上是通过 setAttribute()方法设置属性，使用 getAttribute()取得属性，但这些方法调用必须在 Scriptlet 中进行。如果不想编写 Scriptlet，可以考虑使用<jsp:useBean>、<jsp:setProperty>与<jsp:getProperty>。

不过<jsp:getProperty>在使用上，语法仍是较为冗长。如果只是要“取得”属性，使用 EL 可以更为简洁。例如：

```
<h1><jsp:getProperty name="user" property="name"/>登录成功</h1>
```

如果使用 EL 来编写，可以修改如下：

```
<h1>${user.name}登录成功</h1>
```

在 EL 中，可以使用 EL 隐式对象指定范围来存取属性，EL 隐式对象将稍后介绍。若不指定属性的存在范围，默认是以 page、request、session、application 的顺序来寻找 EL 中所指定的属性。以上例而言，就是在 page 范围中找到了 user 属性，点运算符后跟随着 name，表示利用对象的 getName()方法取得值，然后显示在网页上。

如果 EL 访问的对象是个数组对象，可以使用[]运算符来指定索引以存取数组中的元素。例如，网页的某处在请求范围中设置了数组作为属性：

```
<%
    String[] names = {"caterpillar", "momor", "hamimi"};
    request.setAttribute("array", names);
%>
```

如果现在打算取出属性，并访问数组中的每个元素，可以如下使用 EL：

```
名称一:${array[0]} <br>
名称二:${array[1]} <br>
名称三:${array[2]} <br>
```

不仅数组对象可以在[]中指定索引来访问元素，如果属性是个 List 类型的对象，还可以使用[]运算符指定索引来进行访问元素。

点运算符(.)与[]运算符需要特别说明。在某些情况下，可以使用点运算符(.)的场合，也可以使用[]运算符。以下先进行归纳：

- 如果使用点(.)运算符，左边可以是 JavaBean 或 Map 对象。
- 如果使用[]运算符，左边可以是 JavaBean、Map、数组或 List 对象。

因此，不只可以使用点(.)运算符来取得 JavaBean 属性，也可以使用[]运算符。例如，可以用点(.)运算符取得 User 的 name 属性：

```
${user.name}
```

也可以使用[]运算符来取得 User 的 name 属性：

```
${user["name"]}
```

如果想取得 Map 对象中的值，点(.)运算符或[]运算符都可以使用。例如，网页中有以下代码：

```
<%
    Map<String, String> map = new HashMap<>();
```

```
    map.put("user", "caterpillar");
    map.put("role", "admin");
    request.setAttribute("login", map);
%>
```

可以在网页此处使用点运算符取得 Map 中的值：

```
User: ${login.user}<br>
Role: ${login.role}<br>
```

也可以在网页此处使用[]运算符取得 Map 中的值：

```
User: ${login["user"]}<br>
Role: ${login["role"]}<br>
```

当左边是 Map 对象时，建议使用[]运算符，因为如果设置 Map 时的键名称有空白或点字符时，这是可以正确取得值的方式。例如：

```
<%
    Map<String, String> map = new HashMap<>();
    map.put("user name", "caterpillar");
    map.put("local.role", "admin");
    request.setAttribute("login", map);
%>
...
User: ${login["user name"]}<br>
Role: ${login["local.role"]}<br>
```

[]运算符的左边，除了可以是 JavaBean、Map 外，也可以是数组或 List 类型的对象。之前示范过数组的例子，以下是一个 List 的例子：

```
<%
    List<String> names = new ArrayList<>();
    names.add("caterpillar");
    names.add("momor");
    request.setAttribute("names", names);
%>
...
User 1: ${names[0]}<br>
User 2: ${names[1]}<br>
```

虽然可以在指定索引时使用双引号，如${names["0"]}，不过一般指定索引不会这么特别写。事实上，当[]运算符中使用双引号("")指定时，就是作为键名或索引来使用。如果[]运算符中不是使用双引号，会尝试做运算，结果再给[]来使用。例如：

```
%
    List<String> names = new ArrayList<>();
    names.add("caterpillar");
    names.add("momor");
    request.setAttribute("names", names);
%>
...
User : ${names[param.index]}<br>
```

在这个范例的 EL 中，使用了 param.index，param 是 EL 隐式对象，表示请求参数，这个范例会先寻找请求参数中 index 的值，然后再作为索引值给[]使用。如果请求时使用了 index=0，则显示 caterpillar；若使用 index=1，则显示 momor。所以，[]中也可以进行嵌套。例如：

```
<%
    List<String> names = new ArrayList<>();
```

```
    names.add("caterpillar");
    names.add("momor");
    request.setAttribute("names", names);
    Map<String, String> datas = new HashMap<>();
    datas.put("caterpillar", "caterpillar's data");
    datas.put("momor", "momor's data");
    request.setAttribute("datas", datas);
%>
// ...
User data: ${datas[names[param.index]]}<br>
```

根据 EL，如果请求时使用了 index=0，会取得 names 中索引 0 的值 caterpillar，然后用取得的值作为键，再从 datas 中取得对应的 caterpillar's data。

6.3.3 EL 隐式对象

在 EL 中提供有 11 个隐式对象，其中除了 pageContext 隐式对象对应 PageContext 之外，其他隐式对象都是对应 Map 类型。

- pageContext 隐式对象：对应于 PageContext 类型，PageContex 本身就是个 JavaBean，只要是 getXXX()方法，就可以用${pageContext.xxx}来取得。
- 属性范围相关隐式对象：与属性范围相关的 EL 隐式对象有 pageScope、requestScope、sessionScope 与 applicationScope，分别可以取得 JSP 隐式对象 pageContext、request、session 与 application 的 setAttribute()方法设置的属性对象。如果不使用 EL 隐式对象指定作用范围，默认从 pageScope 的属性开始寻找。

注意»» EL 隐式对象 pageScope、requestScope、sessionScope 与 applicationScope 不等同于 JSP 隐式对象 pageContext、request、session 与 application。EL 隐式对象 pageScope、requestScope、sessionScope 与 applicationScope 仅仅代表作用范围。

- 请求参数相关隐式对象：与请求参数相关的 EL 隐式对象有 param 与 paramValues。举例来说，${param.user}作用相当于<%= request.getParameter ("user") %>。paramValues 相当于 request.getParameterValues()，可以取得窗体复选项的值，由于返回的是多个值，可以使用[]运算符来指定取得哪个元素，例如${paramValues.favorites[0]}就相当于<%= request.getParameterValues ("favorites")[0] %>。
- 标头(Header)相关隐式对象：如果要取得用户请求的标头数据，可以使用 header 或 headerValues 隐式对象。例如，${header["User-Agent"]}相当于<%= request.getHeader("User-Agent") %>，headerValues 作用相当于 request.getHeaders()方法。
- cookie 隐式对象：cookie 隐式对象可以用来取得用户的 Cookie 设置值。如果在 Cookie 中设置了 username 属性，可以使用${cookie.username}来取得值。
- 初始参数隐式对象：initParam 可以取得 web.xml 中设置的 ServletContext 初始参数，也就是在<context-param>中设置的初始参数。例如，${initParam.initCount}的作用相当于<%= servletContext.getInitParameter("initCount") %>。

6.3.4 EL 运算符

使用 EL 可以直接进行一些算术运算、逻辑运算与关系运算，如同在一般常见的程序语言中的运算。

算术运算符有加法(+)、减法(-)、乘法(*)、除法(/或 div)与求模(%或 mod)。表 6.3 所示是算术运算的一些例子。

表 6.3 EL 算术运算符范例

表达式	结果
${1}	1
${1 + 2}	3
${1.2 + 2.3}	3.5
${1.2E4 + 1.4}	120001.4
${-4 - 2}	-6
${21 * 2}	42
${3/4}或${3 div 4}	0.75
${3/0}	Infinity
${10%4}或${10 mod 4}	2
${(1==2) ? 3 : 4}	4

?:是个三元运算符，如表 6.3 所示最后一个例子，?前为 true 就返回:前的值，若为 false 就返回:后的值。

逻辑运算符有 and、or、not，如表 6.4 所示。

表 6.4 EL 逻辑运算符范例

表达式	结果
${true and false}	false
${true or false}	true
${not true}	false

关系运算符有表示“小于”的<及 lt(Less-than)，表示“大于”的>及 gt(Greater-than)，表示“小于或等于”的<=及 le(Less-than-or-equal)，表示“大于或等于”的>=及 ge(Greater-than-or-equal)，表示“等于”的==及 eq(Equal)，表示“不等于”的!=及 ne(Not-equal)。关系运算符也可以用来比较字符或字符串，而==、eq 与!=、ne 也可以用来判断取得的值是否为 null。表 6.5 所示是一些实际的例子。

表 6.5　EL 关系运算符范例

表 达 式	结　果
`${1 < 2}` 或 `${1 lt 2}`	true
`${1 > (4/2)}` 或 `${1 gt (4/2)}`	false
`${4.0 >= 3}` 或 `${4.0 ge 3}`	true
`${4 <= 3}` 或 `${4 le 3}`	false
`${100.0 == 100}` 或 `${100.0 eq 100}`	true
`${(10*10) != 100}` 或 `${(10*10) ne 100}`	false
`${'a' < 'b'}`	true
`${"hip" > "hit"}`	false
`${'4' > 3}`	true

其中比较运算用于字符比较时，是根据字符编码表的编码数字进行比较的。例如`${'a' < 'b'}`时，由于 ASCII 编码表中'a'编码为 97，'b'编码为 98，结果会是 `true`。如果比较运算用于字符串比较，逐位依据编码表进行比较，直到某个位可确定 `true` 或 `false` 为止。例如`${"hip" > "hit"}`，由于前两个字符相同，在比较第三个字符时，'p'编码为 112，'t'编码为 116，结果会是 `false`。

如果操作数是一个代表数字的字符串，会尝试剖析为数值再进行运算。例如`${'4' > 3}`，'4'会剖析为数值 4，再与 3 进行比较运算，结果就是 `true`。

EL 运算符的执行优先级与 Java 运算符对应，也可以使用括号`()`来自行决定先后顺序。

6.3.5　自定义 EL 函数

如果设计了一个 `Util` 类，其中有个 `length()`静态方法可以将传入的 `Collection` 长度返回。例如，原先可能这么使用它：

```
<%= Util.length(reqeust.getAttribute("someList")) %>
```

如果 `someList` 实际上是个 `List` 界面实现，而其长度为 10，则会返回结果 10。但是这样要编写 Scriptlet，如果函数的部分也可以使用 EL 来调用，以下也许是想要的编写方式之一：

```
${ util:length(requestScope.someList) }
```

这样的写法简洁许多，如果这是想要的需求，可以自定义 EL 函数来满足这项需求。

自定义 EL 函数的第一步是编写类，它必须是个公开(`public`)类，而想要调用的方法必须是公开且为静态方法。例如，`Util` 类可能是这么编写的：

JSP Util.java

```
package cc.openhome;

import java.util.Collection;

public class Util {
    public static int length(Collection collection) {
        return collection.size();
```

```
    }
}
```

Web 容器必须知道如何将这个类中的 `length()` 方法当作 EL 函数来使用，必须编写一个标签程序库描述(Tag Library Descriptor, TLD)文件，这个文件是个 XML 文件，后缀为.tld。例如：

JSPDemo openhome.tld

```
<?xml version="1.0" encoding="UTF-8"?>
<taglib version="2.1" xmlns="http://java.sun.com/xml/ns/javaee"
    xmlns:xsi="http://www.w3.org/2001/XMLSchema-instance"
    xsi:schemaLocation="http://java.sun.com/xml/ns/javaee
    http://java.sun.com/xml/ns/javaee/web-jsptaglibrary_2_1.xsd">
  <tlib-version>1.0</tlib-version>
  <short-name>openhome</short-name>
  <uri>https://openhome.cc/util</uri>  ←— 设置 uri 对应名称
  <function>
    <description>Collection Length</description>
    <name>length</name>  ←— 自定义的 EL 函数名称
    <function-class>
        cc.openhome.Util  ←— 对应的哪个类
    </function-class>
    <function-signature>
        int length(java.util.Collection)  ←— 对应至该类的哪个方法
    </function-signature>
  </function>
</taglib>
```

在 TLD 文件中，重要的部分已在代码中直接标示。`${util.length(...)}`的例子中，`length` 名称就对应于**<name>**标签的设置，而实际上 `length` 名称背后执行的类与真正的静态方法，分别由**<function-class>**与**<function-signature>**来设置。至于**<uri>**标签则在 JSP 网页中会使用到，稍后就会介绍其作用。

可以将这个 TLD 文件直接放在 WEB-INF 文件夹下，这样容器会自动找到 TLD 文件并载入。如果要放在 JAR 文件中，设置的方式在第 8 章介绍如何自定义标签库时还会介绍。在这里为了简化，先将 TLD 文件放在 WEB-INF 文件夹下。接着编写一个 JSP 来使用这个自定义 EL 函数。例如：

JSPDemo elfunction.jsp

```
<%@page contentType="text/html" pageEncoding="UTF-8"%>
<%@taglib prefix="util" uri="https://openhome.cc/util"%> ←— 使用 taglib 指示元素
<!DOCTYPE html>
<html>
    <head>
        <meta charset="UTF-8">
        <title>自定义 EL 函数</title>
    </head>
    <body>
        ${ util:length([100, 95, 88, 75]) }  ←— 使用自定义 EL
    </body>
</html>
```

在这里使用 `taglib` 指示元素告诉容器，在转译这个 JSP 时，会用到对应 `uri` 属性的自定义 EL 函数，容器会寻找读入的 TLD 中，`<uri>`标签设置中有对应 uri 属性的名称，这就是刚才在 openhome.tld 中定义`<uri>`标签的目的。至于 prefix 属性是设置前置名称，这样若 JSP 中有多个来自不同设计者的 EL 自定义函数，就可以避免名称冲突的问题。所以要使用这个自定义 EL 函数时，可以用`${util:length(...)}`的方式。

在这个范例中，还使用了 EL 3.0 建立 List 的语法，因此页面上最后会显示 4。

提示>>> 在 JSTL 中包括 EL 函数库，它提供一些常用的 EL 函数，在 JSTL 的 EL 函数库不再使用时，可以用这里的方式来自定义 EL 函数。JSTL 是标准自定义标签库，这会在第 7 章中介绍如何使用。至于在 JSTL 不再使用时如何自定义标签，会在第 8 章中介绍。

6.3.6 EL 3.0

在 Java EE 7 之后，发布了 Expression Language 3.0。成为一个独立的规格(JSR 341)。在 EL 3.0 中，允许指定变量，例如，想要将 a 指定为 10，b 指定为 20：

```
${a = "10"}
${b = "20"}
```

被指定值之后，EL 3.0 会将 a、b 的值输出至页面。实际上，变量会被指定为页面范围属性，可以使用 pageContext.getAttribute("a")取得，上面的例子中相当于：

```
<% pageContext.setAttribute("a", "10") %><%= pageContext.getAttribute("a") %>
<% pageContext.setAttribute("b", "10") %><%= pageContext.getAttribute("b") %>
```

如果在 EL 表达式中加上分号，可以继续执行指定的 EL 表达式，而最后一个表达式的结果会显示在页面上，例如下面代码会显示 20：

```
${a = "10"; b = "20"}
```

而下面代码会显示 0：

```
${a = "10"; b = "20"; 0}
```

如果想建立 List、Set 或 Map，可以如下编写：

```
${scores = [100, 95, 88, 75]}
${names = {"Justin", "Monica", "Irene"}}
${passwords={"Admin" : "123456", "Manager" : "654321"}}
```

如果想串接字符串，可以使用+=，例如：

```
${firstName = "Justin"}
${lastName = "Lin"}
${firstName += lastName}
```

注意，这跟一般程序语言中，a += b 相当于 a = a + b 不同，在`${firstName += lastName}`时，只是用+=来区别+，以便表示字符串串接，执行过后显示出串接结果为"JustinLin"，然而 firstName 仍然是 Justin，如果想要 firstName 被指定为串接后的结果，必须撰写`${firstName = firstName += lastName}`。

+仍然是用在数字运算，例如以下运算的结果会是 30：

```
${a = "10"}
${b = "20"}
${a + b}
```

如果 a、b 无法被剖析为数值，就会引发 NumberFormatException。然而，以下运算的结果会是"1020"，因为+=会串接字符串：

```
${a = "10"}
${b = "20"}
${a += b}
```

例如将字符串转大写，可以直接呼叫对象：

```
${name = "Justin"}
${name.toUpperCase()}
```

如果调用的方法没有传回值，那么就不会显示结果，例如：

```
${pageContext.setAttribute("token", "123")}
```

甚至可以直接调用静态方法或取用静态成员，默认 java.lang 中的类是可以直接调用其静态方法或取用静态成员的：

```
${Integer.parseInt("123")}
${Math.round(1.6)}
${Math.PI}
```

其他套件中的类，可以通过 pageContext.getELContext().getImportHandler().importClass(".....")来追加，例如：

```
${pageContext.ELContext.importHandler.importClass("java.time.LocalTime")}
${LocalTime.now()}
```

除了 importClass()之外，也可以使用 importPackage()、importStatic()等方法，如果要调用构造函数的话，直接在类名称之后接上()就可以了，不用加上 new。例如：

```
${String("Justin")}
```

EL 也支持 Lambda 表达式，例如：

```
${plus = (x, y) -> x + y}
${plus(10, 20)}
${() -> plus(10, 20) + plus(30, 40)}
```

如果 Lambda 表达式有参数的话，可以使用()指定自变量来运算，若没有参数，那么会立即运算。

既然 EL 3.0 中，可以调用方法，也可以使用 Lambda 表达式，也就可以形成 Java SE 8 那种流畅的 Stream 风格：

```
${names = ["Justin", "Monica", "Irene"]}
${names.stream().filter(name -> name.length() == 5).toList()}
```

6.4 综合练习

无论如何，在 Servlet 中编写 HTML 是件很麻烦且痛苦的事(在 JSP 中 HTML 夹杂 Java 代码也是)。在这一节中，将使用 JSP 改写前面综合练习中使用 Servlet 所实现的视图网页。

由于还没有介绍到 JSTL 与自定义标签，这节的综合练习完成后，JSP 中仍有 HTML 夹杂 Java 代码的情况，在第 7 章的综合练习中会应用 JSTL 来解决这个问题。

6.4.1 改用 JSP 实现视图

在先前的综合练习中，负责页面输出的三个 Servlet 分别是 cc.openhome.view.RegisterSuccess、cc.openhome.view.RegisterError 与 cc.openhome.view.Member，分别负责注册成功、注册失败与会员页面三个页面。这里不急着新增或修改功能，而是先让这三个 Servlet 改为 JSP 来实现。

提示>>> 接下来的练习重点是将 Servlet 改写为 JSP，因此请直接使用上一章的综合练习成果来作为以下练习的开始。

1. 设置内容类型

在开始实现各个 JSP 之前，先注意到，原先三个 Servlet 中，都有这么一行代码指定内容类型信息：

```
response.setContentType("text/html;charset=UTF-8");
```

这原本可在实现各个 JSP 时，在每个 JSP 页面上使用 page 指示元素：

```
<%@page contentType="text/html" pageEncoding="UTF-8"%>
```

在每个 JSP 页面中都编写相同的设置，也有点麻烦，因此这里在 web.xml 中指定内容类型信息：

gossip web.xml

```
<?xml version="1.0" encoding="UTF-8"?>
<web-app ...>
   ...
   <jsp-config>
       <jsp-property-group>
           <url-pattern>*.jsp</url-pattern>
           <page-encoding>UTF-8</page-encoding>
           <default-content-type>text/html</default-content-type>
       </jsp-property-group>
   </jsp-config>
 </web-app>
```

2. 用 JSP 实现注册成功网页

接下来要将 cc.openhome.view.Success 改用 JSP 实现，这是最容易改写为 JSP 的 Servlet。可以根据 6.1.2 节的说明进行修改，结果如下所示：

gossip register_success.jsp

```
<!DOCTYPE html>
<html>
<head>
<meta charset='UTF-8'>
<title>会员注册成功</title>
</head>
<body>
    <h1>${param.username} 会员注册成功</h1>
```

```
    <a href='index.html'>回首页</a>
</body>
</html>
```

若根据 6.1.2 节的说明，其中`${param.username}`的部分，原本会使用以下表达式元素：

```
<%= request.getParameter("username") %>
```

在练习时，可以先根据 6.1.2 节的说明进行各个 JSP 的改写，再看看哪些元素可以使用 EL 更简洁地表示。

3. 用 JSP 实现注册失败网页

接下来要将 cc.openhome.view.RegisterError 改用 JSP 实现，如下所示：

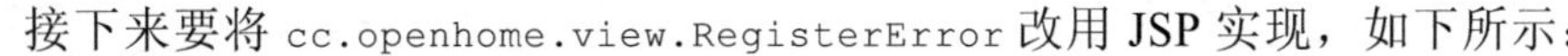

gossip register_error.jsp

```
<%@page import="java.util.List" %>
<!DOCTYPE html>
<html>


<head>
<meta charset='UTF-8'>
<title>新增会员失败</title>
</head>
<body>
    <h1>新增会员失败</h1>
    <ul style='color: rgb(255, 0, 0);'>
        <%
            List<String> errors = (List<String>) request.getAttribute("errors");
            for(String error : errors) {
        %>
            <li><%= error %></li>
        <%
            }
        %>
    </ul>
    <a href='register.html'>返回注册页面</a>
</body>
</html>
```

相对于 register success.jsp，这里的 register error.jsp 呈现了 HTML 与 Java 代码夹杂的情况，虽然还不是最复杂的页面，但已经可以看出会带来维护上的麻烦。

4. 用 JSP 实现会员网页

接下来要将 cc.openhome.view.Member 改用 JSP 实现，如下所示：

gossip member.jsp

```
<%@page import="java.util.*,java.time.*"%>
<!DOCTYPE html>

<html>
<head>
<meta charset='UTF-8'>
<title>Gossip 微博/title>
```

```
<link rel='stylesheet' href='css/member.css' type='text/css'>
</head>
<body>

    <div class='leftPanel'>
        <img src='images/caterpillar.jpg' alt='Gossip 微博' /><br>
        <br> <a href='logout'>注销 ${sessionScope.login}</a>
    </div>
    <form method='post' action='new_message'>
        分享新鲜事...<br>
        <%
            String preBlabla = request.getParameter("blabla");
            if (preBlabla != null) {
        %>
        信息要 140 字以内<br>
        <%
            }
        %>

        <textarea cols='60' rows='4' name='blabla'>${param.blabla}</textarea>
        <br>
        <button type='submit'>发送</button>
    </form>
    <table border='0' cellpadding='2' cellspacing='2'>
        <thead>
            <tr>
                <th><hr></th>
            </tr>
        </thead>
        <tbody>

            <%
                Map<Long, String> messages =
                    (Map<Long, String>) request.getAttribute("messages");

                for(Map.Entry<Long, String> message : messages.entrySet()) {
                    Long millis = message.getKey();
                    String blabla = message.getValue();

                    LocalDateTime dateTime =
                            Instant.ofEpochMilli(millis)
                                .atZone(ZoneId.of("Asia/Taipei"))
                                .toLocalDateTime();
            %>

            <tr>
                <td style='vertical-align: top;'>${sessionScope.login}<br>
                    <%= blabla %><br> <%= dateTime %>
                    <form method='post' action='del_message'>
                        <input type='hidden' name='millis' value='<%= millis %>'>
                        <button type='submit'>删除</button>
                    </form>
                    <hr>
                </td>
            </tr>

            <%
                }
            %>
```

```
        </tbody>
    </table>
    <hr>
</body>
</html>
```

这是目前综合练习程序中最复杂的 JSP 页面，呈现出 HTML 与 Java 程序代码夹杂时难以维护的状况。在第 7 章介绍 JSTL 后，会尝试将 Java 代码的部分使用 JSTL 的标签库来实现，届时整个页面就会只剩下标签，维护上就会方便许多。

由于 JSP 的 HTML 等输出，由 `JspWriter` 的相关方法处理，而这些方法会抛出 `IOException` 受检异常，这会使得运用 Java SE 8 的 Lambda 相关 API 与语法时，必须使用程序代码明确处理异常，为了避免 JSP 页面更为复杂，这边暂时改用增强式 `for` 循环(粗体字部分)来迭代 `Map` 中的信息。

这三个 JSP 页面，不打算被浏览器直接请求，必须通过控制器转发，为此，可以将这三个 JSP 页面放到/WEB-INF/jsp 文件夹中，接着，将 `cc.openhome.view` 这个包及其下的三个 Servlet 删除，并将 `cc.openhome.controller` 中有设置.view 的 URI 模式，改设置为/WEB-INF/jsp 中对应的.jsp 路径。修改完成后，就可以试着运行应用程序，看看结果显示是否正确。

6.4.2 重构 **UserService** 与 member.jsp

至此已经将 `cc.openhome.view` 的所有 Servlet 改用 JSP 实现，在继续之前，先注意到最后 member.jsp 中的以下片段：

```
<%
    Map<Long, String> messages =
          (Map<Long, String>) request.getAttribute("messages");

    for(Map.Entry<Long, String> message : messages.entrySet()) {
        Long millis = message.getKey();
        String blabla = message.getValue();

        LocalDateTime dateTime = Instant.ofEpochMilli(millis)
                                     .atZone(ZoneId.of("Asia/Taipei"))
                                     .toLocalDateTime();
%>
<tr>
    <td style='vertical-align: top;'>${sessionScope.login}<br>
        <%= blabla %><br> <%= dateTime %>
        <form method='post' action='del_message'>
            <input type='hidden' name='millis' value='<%= millis %>'>
            <button type='submit'>删除</button>
        </form>
        <hr>
    </td>
</tr>
<%
    }
%>
```

在传递用户的信息时，使用了 `Map<Long, String>`，这会是个好主意吗？你要记住 `Long`

与 String 各代表了什么，若要令程序代码意图明确，使用一个 Message 对象来封装这些信息，会是比较好的做法。

另一方面，在 JSP 页面中有程序代码在处理毫秒数转本地时间，这应该是 JSP 的职责吗？这类程序代码显然可以封装到某处，而不是在 JSP 页面中撰写。

为了封装信息，也为了处理毫秒数转本地时间，来定义一个新的 Message 类别：

gossip Message.java

```
package cc.openhome.model;

import java.time.*;

public class Message {
    private String username;
    private Long millis;
    private String blabla;

    public Message(String username, Long millis, String blabla) {
        this.username = username;
        this.millis = millis;
        this.blabla = blabla;
    }

    public String getUsername() {
        return username;
    }

    public Long getMillis() {
        return millis;
    }

    public String getBlabla() {
        return blabla;
    }

    public LocalDateTime getLocalDateTime() {
        return Instant.ofEpochMilli(millis)
                .atZone(ZoneId.of("Asia/Taipei"))
                .toLocalDateTime();
    }
}
```

Message 最主要封装了用户名称、信息建立时的毫秒数与文字内容，并提供了对应的取值方法，以及一个可取得本地时间的 getLocalDateTime()方法。接着重构 UserService 的 messages()方法：

gossip UserService.java

```
package cc.openhome.model;
...
public class UserService {
    ...

                             ┌─❶ 改传回 List
                             ↓
    public List<Message> messages(String username) throws IOException {
        Path userhome = Paths.get(USERS, username);
```

```
        List<Message> messages = new ArrayList<>();

        try(DirectoryStream<Path> txts =
                Files.newDirectoryStream(userhome, "*.txt")) {

            for(Path txt : txts) {
                String millis = txt.getFileName().toString().replace(".txt", "");
                String blabla = Files.readAllLines(txt).stream()
                        .collect(
                            Collectors.joining(System.lineSeparator())
                        );

                messages.add( ←— ❷ 使用 List 收集信息
                    new Message(username, Long.parseLong(millis), blabla));
            }
        }

        messages.sort(Comparator.comparing(Message::getMillis).reversed());

        return messages;
    }
    ...
}
```

messages()方法现在传回 List<Message>❶，在方法实现中，会将信息封装为 Message 实例并收集在 List<Message>中❷。原先负责提取信息新增的 Servlet 为 Member，必须配合 UserService 而做出对应的修改：

gossip Member.java

```
package cc.openhome.controller;
...略
@WebServlet(
    urlPatterns={"/member"},
    initParams={
        @WebInitParam(name = "MEMBER_PATH", value = "/WEB-INF/jsp/member.jsp")
    }
)
public class Member extends HttpServlet {
    ...略

    protected void processRequest(
            HttpServletRequest request, HttpServletResponse response)
                throws ServletException, IOException {

        UserService userService =
            (UserService) getServletContext().getAttribute("userService");
                  ┌─ 改为 List<Message>
                  ↓
        List<Message> messages = userService.messages(getUsername(request));

        request.setAttribute("messages", messages);
        request.getRequestDispatcher(getInitParameter("MEMBER_PATH"))
             .forward(request, response);
    }

    private String getUsername(HttpServletRequest request) {
        return (String) request.getSession().getAttribute("login");
```

```
    }
}
```

接着来重构 member.jsp:

gossip member.jsp

```
<%@page import="java.util.List,cc.openhome.model.Message"%>

...略
        <tbody>

            <%
                List<Message> messages =
                    (List<Message>) request.getAttribute("messages");
                for(Message message : messages) {
            %>

 <tr>
    <td style='vertical-align: top;'><%= message.getUsername() %><br>
      <%= message.getBlabla() %><br> <%= message.getLocalDateTime() %>
      <form method='post' action='del_message'>
         <input type='hidden' name='millis' value='<%= message.getMillis()  %>'>
                <button type='submit'>删除</button>
      </form>
      <hr>
    </td>
 </tr>

            <%
                }
            %>

        </tbody>
    ...略
```

member.jsp 最主要的修改，是从请求范围中取得信息列表，直接使用 `for` 循环逐一取得 `Message` 实例，通过对应的取值方法来取得想要的数据并加以显示，在程序代码上，会比先前使用 `Map<Long, String>`时更能显现意图。

6.4.3 创建 register.jsp、index.jsp、user.jsp

再回头看看会员注册的功能。先前注册失败时，会发送至 register error.jsp 并显示错误信息，用户必须单击超链接回到注册窗体网页，重新填写注册信息，这是因为前面注册网页是使用静态 HTML。可以将其改用 JSP，在注册失败时返回注册网页直接显示错误信息:

gossip register.jsp

```
<%@page import="java.util.List" %>
<!DOCTYPE html>
<html>
    <head>
        <meta charset="UTF-8">
```

```
        <link rel="stylesheet" href="css/gossip.css" type="text/css">
        <title>会员申请</title>
    </head>
    <body>
        <h1>会员申请</h1>              ❶ 如果有错误信息
                                        列表则显示
       <%
          List<String> errors = (List<String>) request.getAttribute("errors");
          if(errors != null) {
       %>
          <ul style='color: rgb(255, 0, 0);'>
       <%
              for(String error : errors) {
       %>
                  <li><%= error %></li>
       <%
              }
       %>
          </ul>
       <%
          }
       %>

<form method='post' action='register'>
    <table>
        <tr>
            <td>邮件地址：</td>
            <td><input type='text' name='email'
                    value='${param.email}' size='25' maxlength='100'></td>
        </tr>                                   ❷ 填写字段值
        <tr>
            <td>名称(最大 16 字符)：</td>
            <td><input type='text' name='username'
                    value='${param.username}' size='25' maxlength='16'></td>
        </tr>
        ...略                              ❸ 填写字段值
    </table>
</form>

     </body>
</html>
```

如果因填写错误而回到 register.jsp，请求范围中就会有 errors 属性，此时将信息逐一取出并显示出来❶，并在邮件与用户名称字段填写字段值❷❸。

原先负责注册的 Register 中，注册申请失败的页面现在改设置为 register.jsp，原先 register error.jsp 与 register.html 两个文件已没有作用，可以删除。首页链接注册网页的 register.html 也要改为 register.jsp，因为单击链接，浏览器会发出 GET 请求，因此，要在 Register 中加上 doGet()的定义：

gossip Register.java

```
package cc.openhome.controller;

...略

@WebServlet(
    urlPatterns={"/register"},
    initParams={
```

```
        @WebInitParam(name = "SUCCESS_PATH",
                value = "/WEB-INF/jsp/register_success.jsp"),
        @WebInitParam(name = "FORM_PATH",
                value = "/WEB-INF/jsp/register.jsp")
    }                                              ↑
)                                                  ❶ 注册网页路径
public class Register extends HttpServlet {
    ...略
    protected void doGet(
            HttpServletRequest request, HttpServletResponse response)
                throws ServletException, IOException {
        request.getRequestDispatcher(getInitParameter("FORM_PATH"))
              .forward(request, response);           ↑
    }                                                ❷ 直接转发注册申请网页

    protected void doPost(
            HttpServletRequest request, HttpServletResponse response)
                throws ServletException, IOException {

        ...略

        String path;
        if(errors.isEmpty()) {
            path = getInitParameter("SUCCESS_PATH");

            UserService userService =
                (UserService) getServletContext().getAttribute("userService");
            userService.tryCreateUser(email, username, password);
        } else {
            path = getInitParameter("FORM_PATH");  ←— ❸ 设定注册申请失败时
            request.setAttribute("errors", errors);      的转发网页
        }

        request.getRequestDispatcher(path).forward(request, response);
    }
    ...略
}
```

注册申请网页路径与申请注册失败的网页路径是相同的，因此初始参数的部分改为 FORM_PATH 而不是 ERROR_PATH❶，如果是 GET 请求的话，直接转发注册申请网页❷，在申请失败时，会转发至注册网页❸。

图 6.15 所示为注册失败的画面示范。

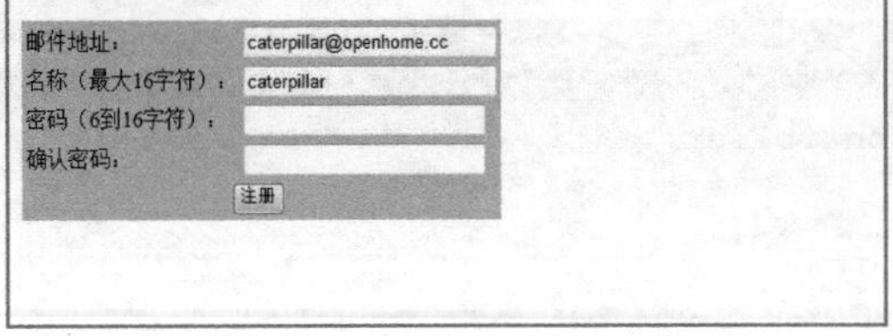

图 6.15　注册失败的画面参考

同样地，首页目前是 index.html，如果登录失败回到首页，无法显示登录失败的原因，也无法填写字段值，因此这里也将首页改为 index.jsp。

gossip index.jsp

```
<%@page import="java.util.List" %>
<!DOCTYPE html>
<html>
    <head>
        <meta charset="UTF-8">
        <title>Gossip 微博</title>
        <link rel="stylesheet" href="css/gossip.css" type="text/css">
    </head>
    <body>

        <div id="login">
            <div>
                <img src='images/caterpillar.jpg' alt='Gossip 微博'/>
            </div>
            <a href='register'>还不是会员？</a>  ←── ❶注册链接修改为 register
            <p></p>

        <%
            List<String> errors = (List<String>) request.getAttribute("errors");
            if(errors != null) {  ←── ❷如果有错误信息列表则显示
        %>
            <ul style='color: rgb(255, 0, 0);'>
        <%
                for(String error : errors) {
        %>
                    <li><%= error %></li>
        <%
                }
        %>
            </ul>
        <%
            }
        %>

    <form method='post' action='login'>
        <table>
            <tr>
                <td colspan='2'>会员登录</td>
            <tr>
                <td>名称：</td>                          ┌─ ❸填写字段值
                <td><input type='text' name='username'  ↓
                                    value='${param.username}'></td>
            </tr>
            <tr>
                <td>密码：</td>
                <td><input type='password' name='password'></td>
            </tr>
            <tr>
                <td colspan='2' align='center'>
                    <input type='submit' value='登录'>
                </td>
            </tr>
            <tr>
                <td colspan='2'><a href='forgot.html'>忘记密码？</a></td>
            </tr>
```

```
        </table>
    </form>
            </div>
            <div>
                <h1>Gossip ... XD</h1>
                <ul>
                    <li>谈天说地不奇怪
                    <li>分享信息也可以
                    <li>随意写写表心情
                </ul>
            </div>
        </body>
</html>
```

注册链接修改为 register❶，如果登录失败，请求范围中会有 error 属性，此时将之显示出来❷，若请求参数中有使用者名称，也填写至用户字段❸。注册成功时的 register_success.jsp 页面中，返回首页的链接，也记得修改为/gossip，这样就可以回到首页。

在严谨的 MVC/Model 2 模式中，任何页面的呈现之前，都必须经过控制器的处理转发，是否严格遵守实际上是视需求而定，由于 index.jsp 后续还会增加新的功能(可以显示最新的用户信息)，为此，建立一个 Index 作为控制器，目前只是单纯地转发请求至 index.jsp。

gossip Index.java

```
package cc.openhome.controller;

import java.io.IOException;
import javax.servlet.ServletException;
import javax.servlet.annotation.WebServlet;
import javax.servlet.http.HttpServlet;
import javax.servlet.http.HttpServletRequest;
import javax.servlet.http.HttpServletResponse;

@WebServlet("")     ←── ❶ URI 模式为""
public class Index extends HttpServlet {
    protected void doGet(
            HttpServletRequest request, HttpServletResponse response)
                    throws ServletException, IOException {
        request.getRequestDispatcher("/WEB-INF/jsp/index.jsp")
                .forward(request, response);
    }
}
```

由于 URI 模式设定为""❶，因此请求 http://localhost:8080/gossip/时，就会转发至 index.jsp。

原先处理登录的 Login，在登录失败时，会设定请求范围的 errors 属性，并转发至 index.jsp，修改的程序代码如下：

gossip Login.java

```
package cc.openhome.controller;

...略

@WebServlet(
    urlPatterns={"/login"},
    initParams={
```

```
        @WebInitParam(name = "SUCCESS_PATH", value = "member"),
        @WebInitParam(name = "ERROR_PATH", value = "/WEB-INF/jsp/index.jsp")
    }
)                                                      ↑
public class Login extends HttpServlet {               ❶ 修改路径至 index.jsp

    protected void doPost(
            HttpServletRequest request, HttpServletResponse response)
                    throws ServletException, IOException {
        ...略
        if(userService.login(username, password)) {
            if(request.getSession(false) != null) {
                request.changeSessionId();
            }
            request.getSession().setAttribute("login", username);
            response.sendRedirect(getInitParameter("SUCCESS_PATH"));
        } else {                               ❷ 设定失败信息
                                               ↓
            request.setAttribute("errors", Arrays.asList("登录失败"));
            request.getRequestDispatcher(getInitParameter("ERROR_PATH"))
                  .forward(request, response);
        }
                                  ↑
    }                             ❸ 登录失败转发至 index.jsp
}
```

登录失败的页面现在是 index.jsp 了❶，为了要能取得设定在请求范围的错误信息❷，登录失败时改为转发而不是重新定向❸。一个登录错误参考画面如图 6.16 所示。

图 6.16　登录失败的界面参考

在注销之后，必须回到首页，因此修改一下 Logout 的初始参数：

gossip　Logout.java

```
package cc.openhome.controller;

...略

@WebServlet(
    urlPatterns={"/logout"},
    initParams={
        @WebInitParam(name = "LOGIN_PATH", value = "/gossip")
    }
)
```

```
public class Logout extends HttpServlet {
    ...略
}
```

写微博当然不能只是孤芳自赏，接下来要增加一个新功能，可以指定查看哪个用户的微博。例如，若链接以下网址：

```
http://localhost:8080/gossip/user/caterpillar
```

则可查看用户 caterpillar 的微博。为此，编写以下 Servlet：

gossip User.java

```
package cc.openhome.controller;

...略

@WebServlet(
    urlPatterns={"/user/*"},  ←── ❶ 处理/user/开头的请求
    initParams={
        @WebInitParam(name = "USER_PATH", value = "/WEB-INF/jsp/user.jsp")
    }
)
public class User extends HttpServlet {
    protected void doGet(
            HttpServletRequest request, HttpServletResponse response)
                throws ServletException, IOException {

        String username = getUsername(request);

        UserService userService =
           (UserService) getServletContext().getAttribute("userService");

        List<Message> messages = userService.messages(username);  ←── ❷ 取得信息

        request.setAttribute("messages", messages);  ┐
        request.setAttribute("username", username);  ┘←── ❸ 设为请求范围属性

        request.getRequestDispatcher(getInitParameter("USER_PATH"))
             .forward(request, response);
    }

    private String getUsername(HttpServletRequest request) {
        return request.getPathInfo().substring(1);  ←── ❹ 从路径信息取得用户名称
    }
}
```

这个 Servlet 会处理所有 URI 为/user/开头的请求❶，用户名称则是通过 URI 上的路径信息得知❸，取得用户名称之后，用来取得对应的信息❷，并设置为请求范围属性❹，最后转发至显示用户的页面：

gossip user.jsp

```
<%@page import="java.util.List,cc.openhome.model.Message"%>
```

```
<!DOCTYPE html>
<html>
<head>
<meta charset='UTF-8'>
<title>Gossip 微博</title>
<link rel='stylesheet' href='../css/member.css' type='text/css'>
</head>
<body>

   <div class='leftPanel'>
      <img src='../images/caterpillar.jpg' alt='Gossip 微博' /><br>
      <br>${requestScope.username} 的微博
   </div>
   <table border='0' cellpadding='2' cellspacing='2'>
      <thead>
         <tr>
            <th><hr></th>
         </tr>
      </thead>
      <tbody>
                                逐一从信息列表中取得每个信息并加以显示
  <%                            ↓
     List<Message> messages = (List<Message>) request.getAttribute("messages");
     for(Message message : messages) {
  %>

  <tr>
     <td style='vertical-align: top;'><%= message.getUsername() %><br>
        <%= message.getBlabla() %><br> <%= message.getLocalDateTime() %>
        <hr>
     </td>
  </tr>

  <%
     }
  %>

      </tbody>
   </table>
   <hr>
</body>
</html>
```

在用户页面中，取得信息之后，使用 for 循环逐一取得信息并显示出来。一个执行时的参考页面如图 6.17 所示。

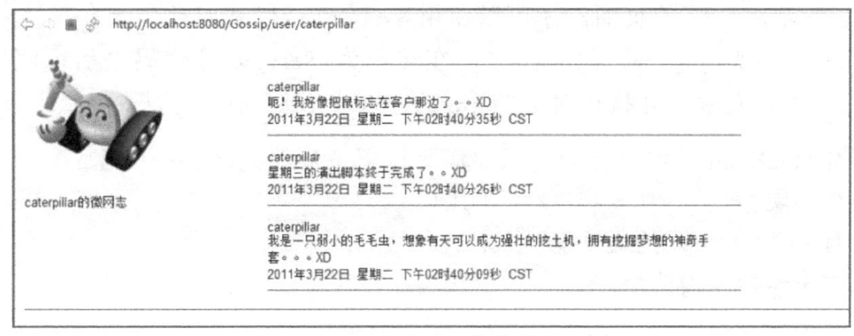

图 6.17　查看用户的微博

6.5 重点复习

JSP 最后还是会被容器转译为 Servlet 源代码、自动编译为.class 文件、加载.class 文件，然后生成 Servlet 对象。JSP 在转译为 Servlet 并载入容器生成对象之后，会调用_jspInit()方法进行初始化工作，而销毁前调用_jspDestroy()方法进行善后工作。在 Servlet 中，每个请求到来时，容器会调用 service()方法，而在 JSP 转译为 Servlet 后，请求的到来则是调用_jspService()方法。

如果想在 JSP 网页载入执行时做些初始化操作，可以重新定义 jspInit()方法。如果在 JSP 实例从容器移除前想要做一些收尾动作，可以重新定义 jspDestroy()方法。

JSP 指示(Directive)元素的主要目的，在于指示容器将 JSP 转译为 Servlet 源代码时，必须遵守一些信息。page 指示类型的 import 属性告知容器转译 JSP 时，必须在源代码中包括的 import 语句。contentType 属性告知容器转译 JSP 时，必须使用 HttpServletRequest 的 setContentType()，调用方法时传入的参数就是 contentType 的属性值。pageEncoding 属性告知容器转译和编译如何处理这个 JSP 网页中的文字编码，以及内容类型附加的 charset 设置。include 指示类型用来告知容器包括另一个网页的内容进行转译。

JSP 转译后的 Servlet 类应该包括哪些类成员、哪种方法声明或哪些语句，在编写 JSP 时，可以使用声明(Declaration)元素、Scriptlet 元素及表达式(Expression)元素来指定。在<%!与%>之间声明的代码，都将转译为 Servlet 中的类成员或方法。<%与%>之间包括的内容，将被转译为 Servlet 源代码_jspService()方法中的内容。在<%=与%>表达式元素中编写 Java 表达式，表达式的运算结果将直接输出为网页的一部分。

JSP 中像 out、request 这样的字眼，在转译为 Servlet 之后，对应于 Servlet 中的某个对象，例如 request 就对应 HttpServletRequest 对象。像 out、request 这样的字眼，称为隐式对象(Implicit Object)或隐式变量(Implicit Variable)。

out 隐式对象在转译之后，对应于 javax.servlet.jsp.JspWriter 类的实例。JspWriter 在内部也是使用 PrintWriter 来进行输出，但 JspWriter 具有缓冲区功能。当使用 JspWriter 的 print()或 println()进行响应输出时，如果 JSP 页面没有缓冲，直接创建 PrintWriter 来输出响应，如果 JSP 页面有缓冲，只有在清除缓冲区时，才会真正创建 PrintWriter 对象进行输出。

JSP 终究会转译为 Servlet，错误可能发生在三个时候：JSP 转换为 Servlet 源代码时、Servlet 源代码进行编译时，以及 Servlet 载入容器进行服务但发生运行时错误时。只有 isErrorPage 设置为 true 的页面，才可以使用 exception 隐式对象。

<jsp:include>或<jsp:forward>标签，在转译为 Servlet 源代码之后，底层也是获取 RequestDispatcher 对象，并执行对应的 forward()或 include()方法。

JSP 中的 JavaBean 元件，指的是只要满足以下条件的纯粹 Java 对象：

- 必须实现 java.io.Serializable 接口
- 没有公开(public)的类变量
- 具有无参数的构造器
- 具有公开的设值方法(Setter)与取值方法(Getter)

使用 JavaBean 的目的，基本上是在于减少 JSP 页面上 Scriptlet 的使用。可以搭配

<jsp:useBean>来使用 JavaBean，并使用<jsp:setProperty>与<jsp:getProperty>存取 JavaBean 的属性。

对于 JSP 中一些简单的属性、请求参数、标头与 Cookie 等信息的取得，一些简单的运算或判断，可以试着使用表达式语言来处理，甚至可以将一些常用的公用函数编写为 EL 函数，这可以减少网页上的 Scriptlet。

EL 在某些情况下，可以使用点运算符(.)的场合，也可以使用[]运算符：

- 如果使用点(.)运算符，则左边可以是 JavaBean 或 Map 对象。
- 如果使用[]运算符，则左边可以是 JavaBean、Map、数组或 List 对象。

在 Java EE 7 之后，发布了 Expression Language 3.0，成为一个独立的规格(JSR 341)，具有直接调用静态成员等进阶功能。

6.6 课后练习

JSP 终究会转译为 Servlet，Servlet 做得到的事，JSP 都做得到，试着将本章节微博综合练习中，cc.openhome.controller 套件所有的 Servlet 全使用 JSP 来改写。注意，需要在 web.xml 中设置初始参数、URI 模式等。

使 用 JSTL

Chapter 7

学习目标：

- 了解何谓 JSTL
- 使用 JSTL 核心标签库
- 使用 JSTL 格式标签库
- 使用 JSTL XML 标签库
- 使用 JSTL 函数标签库

7.1 JSTL 简介

在 Servlet 中编写 HTML 进行页面输出是件麻烦的事，第 6 章介绍过 JSP 后，终于可以在 JSP 中直接写 HTML。然而，在 JSP 中写 Scriptlet 放入 Java 程序代码也不是什么好主意，这跟在 Servlet 中编写 HTML 相比是半斤八两。

JSP 提供了<jsp:xxx>开头的标准标签及 EL，可以减少 JSP 页面上的 Scriptlet 使用，将请求处理与业务逻辑封装至 Servlet 或 JavaBean 中，网页中仅留下与页面相关的呈现逻辑。然而即使只留下页面逻辑，就目前介绍到的技术，还是得在 JSP 中使用 Scriptlet 编写 Java 代码，才可以让页面显示出想要的结果。

例如，需要按某个条件来决定显示某个网页片段，或是需要使用循环来显示表格内容。然而，HTML 或 JSP 本身并没有什么`<if>`标签，更没有什么`<for>`标签达到这个目的。

这些跟页面显示相关的逻辑判断标签在 Java EE 技术中是存在的，可由 Java EE 平台中的 JSTL 提供。JSTL 提供了条件判断的逻辑标签，以及对应 JSP 标准标签的扩展标签与更多的功能标签。JSTL 提供的标签库分为五个大类。

- 核心标签库：提供条件判断、属性访问、URI 处理及错误处理等标签。
- I18N 兼容格式标签库：提供数字、日期等的格式化功能，以及区域(Locale)、信息、编码处理等国际化功能的标签。
- SQL 标签库：提供基本的数据库查询、更新、设置数据源(DataSource)等功能的标签，这会在第 9 章说明 JDBC 时再介绍。
- XML 标签库：提供 XML 解析、流程控制、转换等功能的标签。
- 函数标签库：提供常用字串处理的自定义 EL 函数标签库。

JSTL 是另一个标准规范，并非在 JSP 的规范中，可以通过 avaServer Pages Standard Tag Library(www.oracle.com/technetwork/java/index-jsp-135995.html)找到 JSTL 的源代码。如果想直接取得 JSTL 的 JAR 文件，使用 Tomcat 9 作为 Web 容器，在 Tomcat 的范例 webapps\examples 中的 WEB-IN\lib，可以找到 JSTL 1.2.5，有两个文件 taglibs-standard-spec-1.2.5.jar 与 taglibs-standard-impl-1.2.5.jar，前者是 JSTL 标准接口与类，后者是实现。

将上述 JSTL 的两个 JAR 文件，放置到 Web 应用程序的 WEB-INF/lib 目录中。如果需要 API 文件说明，可以在 JavaServer Pages Standard Tag Library 1.1 Tag Reference (goo.gl/uZWHAo)找到。

在 Eclipse 中，虽然可以直接将 JAR 文件复制至项目的/WEB-INF/lib 目录中，不过项目各自拥有自己的 JAR 文件，管理上会很麻烦。可以将 JAR 文件统一放置在某个目录中，再通过 Eclipse 的 Deployment Assembly 设置使用 JAR 文件，在创建新的项目后，请按照以下步骤进行操作：

(1) 在项目上右击，从弹出的快捷菜单中选择 Properties 命令，在出现的项目属性对话框中，选择 Deployment Assembly。

(2) 单击 Web Deployment Assembly 右边的 Add 按钮，在出现的 New Assembly Directive 对话框中，选择 Archives from File System 后单击 Next 按钮。

(3) 单击 Add 按钮，选择文件系统中的 JAR 文件来源后，单击 Finish 按钮。

(4) 单击 Web Deployment Assembly 中的 OK 按钮。

(5) 在项目的 Java Resources/Libraries 节点中，可以发现 Web App Libraries 下已设置了 JAR 文件。

JSTL 从 Java EE 5 开始就没有什么显著的特性变更，以今天的眼光来说，只能说是提供了基本功能，部分卷标也显得过时，例如格式标签无法处理 Java SE 8 新日期时间 API，有许多开放源代码自定义标签库可以取代 JSTL；然而，在某些场合，可能还是会遇到 JSTL，而在学习自定义标签库时，JSTL 也会是个可模仿的练习对象，因此，在本书中仍保留对 JSTL 的介绍。

JSTL 的标签种类也蛮多的，本章将先说明 JSTL 核心标签库、格式标签库 XML 标签库与函数标签库，第 9 章介绍 JDBC 后再说明 SQL 标签库。

要使用 JSTL 标签库，必须在 JSP 网页上使用 **taglib** 指示元素定义前置名称与 `uri` 参考。例如，要使用核心标签库，可以如下定义：

```
<%@taglib prefix="c" uri="http://java.sun.com/jsp/jstl/core"%>
```

前置名称设置了这个标签库在 JSP 网页中的名称空间，以避免与其他标签库的标签名称发生冲突，惯例上使用 JSTL 核心标签库时，会使用 `c` 作为前置名称。`uri` 引用则告知容器，如何引用 JSTL 标签库实现(如 6.3.5 节定义 TLD 时的作用，可先参考该节内容，第 8 章说明自定义标签时还会看到相关说明)。

注意 >>> 如果必须使用 JSTL 1.0(适用于 JSP 1.2、J2EE 1.3 环境)，除了要将 JAR 复制至 WEB- INF/lib 文件夹，还需复制 TLD 文件，并在 web.xml 中设置 TLD 文件的位置。例如，若要使用核心标签库，需在 web.xml 中设置：

```
<taglib>
    <taglib-uri>http://java.sun.com/jstl/core</taglib-uri>
    <taglib-location>/WEB-INF/tlds/c.tld</taglib-uri>
</taglib>
```

注意 `uri` 名称与 JSTL 1.1 之后不一样(1.1 之后的 `uri` 是 http://java.sun.com/jsp/ jstl/core)。在 JSP 网页上，同样也要使用 `taglib` 指示元素定义前置文字与 `uri`。

```
<%@taglib prefix="c" uri="http://java.sun.com/jstl/core"%>
```

7.2 核心标签库

JSTL 核心标签库主要包括流程处理标签，如`<c:if>`、`<c:forEach>`等，可处理页面显示逻辑。错误处理标签可捕捉异常，网页导入、重定向标签提供比原有`<jsp:include>`、`<jsp:forward>`更强的功能，属性处理标签可提供比原有`<jsp:setProperty>`更多的设置，其他还有输出处理标签、URI 处理标签等，可用于处理页面逻辑。

7.2.1 流程处理标签

当 JSP 网页必须根据某个条件来安排输出时，可以使用流程标签。例如，想根据用户输入的名称、密码请求参数，来决定是否显示某个页面，或是想用表格输出 10 个数据等。

首先介绍**<c:if>**标签的使用(假设标签前置使用 c)，这个标签可根据某个表达式的结果，决定是否显示 Body 内容。来看个范例：

JSTL login.jsp

```
<%@page contentType="text/html" pageEncoding="UTF-8"%>
<%@taglib prefix="c" uri="http://java.sun.com/jsp/jstl/core"%>
<!DOCTYPE html">
<html>
    <head>
        <meta charset="UTF-8">
        <title>登录页面</title>
    </head>
    <body>
        <c:if test="${param.name == 'momor' && param.password == '1234'}">
            <h1>${param.name} 登录成功</h1>
        </c:if>
    </body>
</html>
```

<c:if>标签的 **test** 属性中可以放置 EL 表达式，如果表达式结果是 true，会将<c:if>Body 输出。就上面这个范例来说，如果用户发送的请求参数中，用户名与密码正确，就会显示用户名称与登录成功的信息。

提示>>> 为了避免流于语法说明的琐碎细节，本章不会试图说明 JSTL 标签上所有属性，这些属性都不难，可以在需要的时候，参考 JSTL 的在线文件说明或 JSTL 规格书 JSR52。

<c:if>标签仅在 test 的结果为 true 时显示 Body 内容，不过并没有相对应的<c:else>标签。使用**<c:choose>**、**<c:when>**及**<c:otherwise>**标签，在某条件式成立时显示某些内容，不成立时显示另一内容。同样以实例来说明：

JSTL login2.jsp

```
<%@page contentType="text/html" pageEncoding="UTF-8"%>
<%@taglib prefix="c" uri="http://java.sun.com/jsp/jstl/core"%>
<jsp:useBean id="user" class="cc.openhome.User"  />
<jsp:setProperty name="user" property="*" />
<!DOCTYPE html>
<html>
    <head>
        <meta charset="UTF-8">
        <title>登录页面</title>
    </head>
    <body>
        <c:choose>
            <c:when test="${user.valid}">
                <h1>
                    <jsp:getProperty name="user" property="name"/>登录成功
                </h1>
            </c:when>
            <c:otherwise>
                <h1>登录失败</h1>
            </c:otherwise>
        </c:choose>
    </body>
</html>
```

这个范例改写自 6.2.2 节的用户登录网页范例。在 6.2.2 节时，使用了 Scriptlet 编写 Java 代码，判断用户是否发送正确的名称和密码，以分别显示登录成功或失败的画面。读者在学到<c:choose>、<c:when>及<c:otherwise>标签之后，不使用 Scriptlet 也可以实现这个需求。

<c:when> 及<c:otherwise>必须放在<c:choose>中。当<c:when>的 **test** 运算结果为 true 时，会输出<c:when>的 Body 内容，而不理会<c:otherwise>的内容。<c:choose>中可以有多个<c:when>标签，此时会从上往下进行测试。如果有个<c:when>标签的 test 运算结果为 true 就输出其 Body 内容，并忽略之后的其他<c:when>与<c:otherwise>。如果所有<c:when>测试都不成立，会输出<c:otherwise>的内容。

如果打算使用循环来产生一连串的数据输出，例如有个简单的留言板程序，使用 JavaBean 从数据库中取得留言，留言可能有数十则，以数组方式返回：

JSTL MessageService.java

```
package cc.openhome;

public class MessageService {
    // 放些假数据，假装这些数据是来自数据库
    private Message[] fakeMessages = {

 new Message("caterpillar", "caterpillar's message!"),
        new Message("momor", "momor's message!"),
        new Message("hamimi", "hamimi's message!")
    }

    public Message[] getMessages() {
        return fakeMessages;
    }
}
```

Message 对象有 name 与 text 属性，分别表示留言者名称与留言文字。在网页上使用表格来显示每一则留言，若不想使用 Scriptlet 编写 Java 代码的 for 循环，可以使用 JSTL 的 **<c:forEach>**标签来实现这项需求。例如：

JSTL message.jsp

```
<%@page contentType="text/html" pageEncoding="UTF-8"%>
<%@taglib prefix="c" uri="http://java.sun.com/jsp/jstl/core"%>
<!DOCTYPE html>
<jsp:useBean id="messageService" class="cc.openhome.MessageService"/>
<html>
    <head>
        <meta charset="UTF-8">
        <title>留言板</title>
    </head>
    <body>
        <table style="text-align: left; width: 100%;" border="1">
            <tr>
                <td>名称</td><td>信息</td>
            </tr>
            <c:forEach var="message" items="${messageService.messages}">
                <tr>
                    <td>${message.name}</td><td>${message.text}</td>
                </tr>
            </c:forEach>
```

```
        </table>
    </body>
</html>
```

<c:forEach>标签的 **items** 属性可以是数组、Collection、Iterator、Enumeration、Map 与字符串，每次依序从 items 指定的对象中取出一个元素，指定给 **var** 属性设置的变量，接着就可以在<c:forEach>标签 Body 中使用 var 属性设置的变量来取得该元素。这个范例的运行页面如图 7.1 所示。

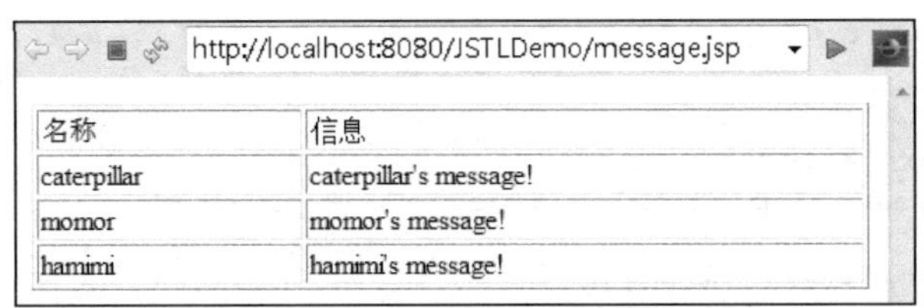

图 7.1　<c:forEach>范例网页运行结果

如果 items 指定的是 Map，设置给 var 的对象会是 Map.Entry，这个对象有 getKey()与 getValue()方法，可以取得键与值。例如：

```
<c:forEach var="item" items="${someMap}">
    Key: ${item.key}<br>
    Value: ${item.value}<br>
</c:forEach>
```

如果 items 指定的是字符串，必须是个以逗号区隔的值，<c:forEach>会自动以逗号来切割字符串，每个切割出来的字符串指定给 var。例如：

```
<c:forEach  var="token"  items="Java,C++,C,JavaScript">
    ${token} <br>
</c:forEach>
```

以上会显示"Java"、"C++"、"C"与"JavaScript"四个字符串，如果希望自行指定切割依据，可以使用**<c:forTokens>**。例如：

```
<c:forTokens  var="token"  delims=":"  items="Java:C++:C:JavaScript">
    ${token} <br>
</c:forTokens>
```

这个简单的片段，会将"Java:C++:C:JavaScript"这个字符串，根据指定的 **delims** 进行切割，因此分出来的字符分别是"Java"、"C++"、"C"与"JavaScript"四个字符串。

7.2.2　错误处理标签

在 6.3.1 节介绍 EL 时，曾使用一个简单的加法网页来示范。在该范例中使用了 errorPage="error.jsp"设置当错误发生时，转发至 error.jsp 显示错误，若用户输入非数字时，EL 无法解析进行加法时，就会发生错误，而转发 error.jsp。

如果不想在错误发生时，转发其他网页显示错误信息，而打算在目前网页捕捉异常，并显示相关信息，那该如何进行？

这个问题的答案似乎很简单，编写 Scriptlet，在其中使用 Java 的 try-catch 语法捕捉异常就可以解决这个需求。但若实在不希望再出现 Scriptlet，那该怎么办？

可以使用 JSTL 的<c:catch>标签。直接来看如何改写 6.3.1 节的加法网页，再进行说明：

JSTL add.jsp

```
<%@page contentType="text/html" pageEncoding="UTF-8"%>
<%@taglib prefix="c" uri="http://java.sun.com/jsp/jstl/core"%>
<!DOCTYPE html>
<html>
    <head>
        <meta charset="UTF-8">
        <title>加法网页</title>
    </head>
    <body>
        <c:catch var="error">
            ${param.a} + ${param.b} = ${param.a + param.b}
        </c:catch>
        <c:if test="${error != null}">
            <br><span style="color: red;">${error.message}</span>
            <br>${error}
        </c:if>
    </body>
</html>
```

如果要在发生异常的网页直接捕捉异常对象，可以使用**<c:catch>**将可能产生异常的网页段落包起来。若异常真的发生，异常对象会设置给 **var** 属性指定的名称，这样才有机会使用这个异常对象。在范例中，使用了<c:if>标签测试 error 是否参考至异常对象。如果是的话，由于异常都是 Throwable 的子类，都拥有 getMessage() 方法，才能通过${error.message}取得异常相关信息。

注意»» 只有设置 isErrorPage="true"的 JSP 网页才会有 exception 隐式对象，代表错误发生的来源网页传进来的 Throwable 对象，所以不可以在上面的范例中，直接使用 exception 隐式对象。

这个范例执行时如果发生异常，结果页面如图 7.2 所示。

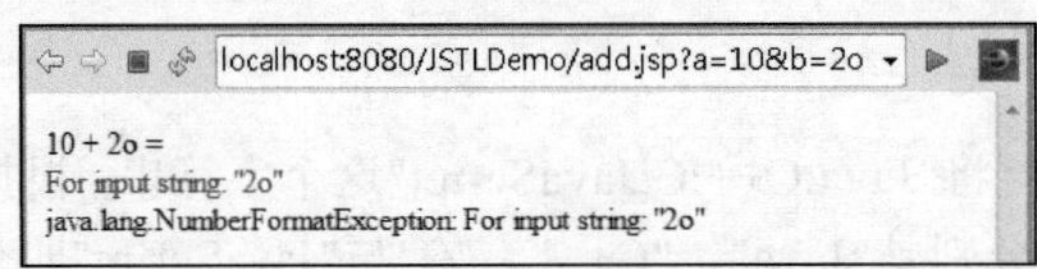

图 7.2 <c:catch>范例网页运行结果

7.2.3 网页导入、重定向、URI 处理标签

到目前为止介绍了两种包括其他 JSP 网页至目前网页的方式。一个是通过 include 指示元素，它直接将指定的 JSP 网页合并至目前网页进行转译。例如：

```
<%@include file="/WEB-INF/jspf/header.jspf"%>
```

另一个方式是通过<jsp:include>标签，可在运行时按条件，动态决定是否包括另一 JSP 网页，该网页执行完毕后，再回到目前网页流程。在包括另一网页时还可以带有参数。例如：

```
<jsp:include page="add.jsp">
    <jsp:param name="a" value="1" />
    <jsp:param name="b" value="2" />
</jsp:include>
```

在 JSTL 中，有个**<c:import>**标签，可以视作是<jsp:include>的加强版，在运行时动态导入另一个网页，也可以搭配**<c:param>**在导入另一网页时带有参数。例如上面的<jsp:include>范例片段，也可以改写为以下使用 JSTL 的版本：

```
<c:import url="add.jsp">
    <c:param name="a" value="1" />
    <c:param name="b" value="2" />
</c:import>
```

除了可以导入目前 Web 应用程序中的网页之外，<c:import>标签还可以导入非目前 Web 应用程序中的网页。如：

```
<c:import url="https://openhome.cc" charEncoding="UTF-8"/>
```

其中，**charEncoding** 属性用来指定要导入的网页的编码，如果被导入的网页编码与目前网页编码不同，就必须使用 charEncoding 属性加以指定，导入的网页才不至于产生乱码。

再来介绍**<c:redirect>**标签。在 Servlet/JSP 中，如果要以编程的方式进行重定向，必须使用 HttpServletResponse 的 sendRedirect()方法。<c:redirect>标签的作用，就如同 sendRedirect()方法，这样不用编写 Scriptlet 来使用 sendRedirect()方法，也可以达到重定向的作用。如果重定向时需要参数，也可以通过<c:param>来设置。

```
<c:redirect url="add.jsp">
    <c:param name="a" value="1"/>
    <c:param name="b" value="2"/>
</c:redirect>
```

4.2.3 节曾经介绍过使用 response 的 encodeURL()方法来进行 URI 重写，以在用户关闭 Cookie 功能时，仍可以继续利用 URI 重写来维持使用 session 进行会话管理。

如果不想使用 Scriptlet 编写 response 的 encodeURL()方法来进行 URI 重写，可以使用 JSTL 的**<c:url>**，它会在用户关闭 Cookie 功能时，自动用 Session ID 作 URI 重写。例如以下范例改写自 4.2.3 节的计数程序，把 Servlet 改为 JSP 实现，并使用 JSTL：

JSTL count.jsp

```
<%@page contentType="text/html" pageEncoding="UTF-8"%>
<%@taglib prefix="c" uri="http://java.sun.com/jsp/jstl/core"%>
<!DOCTYPE html>
<c:set var="count" value="${sessionScope.count + 1}" scope="session"/>
<html>
   <head>
      <meta charset="UTF-8">
      <title>JSP Count</title>
   </head>
   <body>
      <h1>JSP Count ${sessionScope.count} </h1>
      <a href="<c:url value='count.jsp'/>">递增</a>
   </body>
</html>
```

在上面的范例中，使用到<c:set>标签，这是属性设置标签，稍后就会说明，目前先注意到<c:url>的使用即可。在关闭浏览器 Cookie 功能时，这个 JSP 网页仍有计数功能。

如果需要在 URI 上携带参数，则可以搭配<c:param>标签，参数将被编码后附加在 URI 上。例如就以下这个片段而言，最后的 URI 将成为 some.jsp?name= Justin+Lin：

```
<c:url value="some.jsp">
   <c:param name="name" value="Justin Lin"/>
</c:url>
```

7.2.4 属性处理与输出标签

JSP 的<jsp:setProperty>功能有限，只能用来设置 JavaBean 的属性。如果想在 page、request、session、application 等范围设置属性，或者想要设置 Map 对象的键与值，可以使用<c:set>标签。

例如用户登录后，想要在 session 范围中设置一个 login 属性，代表用户已经登录，可以如下编写：

```
<c:set var="login" value="caterpillar" scope="session"/>
```

var 用来设置属性名称，而 **value** 用来设置属性值。这段标签设置的作用相当于：

```
<% session.setAttribute("login", "caterpillar"); %>
```

也可以使用 EL 来进行设置。例如：

```
<c:set var="login" value="${user}" scope="session"/>
```

如果${user}运算的结果是 User 类的实例，保存的属性就是 User 对象，也就是相当于以下这段代码：

```
<%
    // user 是 User 所声明的指针名称，引用至 User 对象
    session.setAttribute("login", user);
%>
```

<c:set>标签也可以将 value 的设置改为 Body 的方式，在设置的属性值过于冗长时，采用 Body 的方式会比较容易编写。例如：

```
<c:set var="details" scope="session">
   caterpillar,openhome.cc,caterpillar.onlyfun.net
</c:set>
```

<c:set> 不设置 scope 时，会以 page、request、session、application 的范围寻找属性名称，如果在某个范围找到属性名称，则在该范围设置属性。如果所有范围都没有找到属性名称，会在 page 范围中新增属性。如果要移除某个属性，可以使用**<c:remove>**标签。例如：

```
<c:remove var="login" scope="session"/>
```

<c:set>也可以用来设置 JavaBean 的属性或 Map 对象的键/值，要设置 JavaBean 或 Map 对象，必须使用 **target** 属性进行设置。例如：

```
<c:set target="${user}" property="name" value="${param.name}"/>
```

如果${user}运算出来的结果是个 JavaBean，上例就如同调用 setName()并将请求参数 name 的值传入。如果${user}运算出来的结果是个 Map，则上例就是以 property 属性作为

键，而 value 属性作为值来调用 Map 对象的 put()方法。

Lab 下面这个范例改写自 4.2.1 节的问卷网页，把 Servlet 改为 JSP 实现，并且使用 JSTL 来设置属性。

JSTL question.jsp

```
<%@page contentType="text/html" pageEncoding="UTF-8"%>
<%@taglib prefix="c" uri="http://java.sun.com/jsp/jstl/core"%>
<!DOCTYPE html>
<c:set target="${pageContext.request}"
      property="characterEncoding" value="UTF-8"/>   ← ❶ 设置 request 的字符编码
<html>
   <head>
      <meta charset="UTF-8">
      <title>Questionnaire</title>
   </head>
   <body>
      <form action="question.jsp" method="post">
         <c:choose>
            <c:when test="${param.page == 'page1'}">
               问题一：<input type="text" name="p1q1"><br>
               问题二：<input type="text" name="p1q2"><br>
               <input type="submit" name="page" value="page2">
            </c:when>
            <c:when test="${param.page == 'page2'}">
               <c:set var="p1q1"
                     value="${param.p1q1}" scope="session"/>
               <c:set var="p1q2"
                     value="${param.p1q2}" scope="session"/>   ❷ 设置 session 范围属性
               问题三：<input type="text" name="p2q1"><br>
               <input type="submit" name="page" value="finish">
            </c:when>
            <c:when test="${param.page == 'finish'}">
               ${sessionScope.p1q1}<br>
               ${sessionScope.p1q2}<br>
               ${param.p2q1}<br>
            </c:when>
         </c:choose>
      </form>
   </body>
</html>
```

因为问卷的答案可能是用中文填写，为了顺利取得中文，必须设置 request 的字符编码处理方式，也就是调用 setCharacterEncoding()方法设置编码。在这里使用${pageContext.request}取得 request 对象，并通过<c:set>来进行设置❶。程序中需要判断显示哪些问题时，使用之前学习过的<c:choose>与<c:when>标签。问卷过程中需存储至 session 的答案，使用<c:set>来进行设置❷。

再来介绍<c:out>对象。它可以输出指定的文字。例如：

```
<c:out value="${param.message}"/>
```

你也许会想这有什么意思？为什么不直接写${param.message}，还要加上<c:out>标签，这不是多此一举吗？如果${param.message}是来自用户在留言板所发送的信息，而用户故意打了 HTML 在信息，则<c:out>会自动将角括号、单引号、双引号等字符用替代字符取代。这个功能是由<c:out>的 **escapeXml** 属性来控制，默认是 true，如果设置为 false，就不会作字符的取代。

EL 运算结果为 null 时，并不会显示任何值，这原本是使用 EL 的好处，如果希望在 EL 运算结果为 null 时，可以显示一个默认值，就目前学习到的 JSTL 标签，你可能会这么做：

```
<c:choose>
    <c:when test="${param.a != null}">
        ${param.a}
    </c:when>
    <c:otherwise>
        0
    </c:otherwise>
</c:choose>
```

如果使用<c:out>，可以更简洁地达到这个目的。可以使用 **default** 属性设置 EL 运算结果为 null 时的默认显示值：

```
<c:out value="${param.a}" defalut="0"/>
```

7.3 I18N 兼容格式标签库

应用程序根据不同国家的用户，显示不同的语言、数字格式、日期格式等，这称为本地化(Localization)。例如，345 987.246 这个数字，针对法国的用户显示 345 987 246 的格式，针对德国的用户显示 345.987 246，而针对美国的用户显示 345 987.246。

如果应用程序在设计时，可以在不修改应用程序的情况下，根据不同的用户直接采用不同的语言、数字格式、日期格式等，这样的设计考量称为国际化(internationalization)，简称 I18N(因为 Internationalization 有 18 个字母)。

JSTL 提供了 I18N 兼容格式标签库，可协助 Web 应用程序完成国际化功能，提供数字、日期等格式功能，以及区域(Locale)、信息、编码处理等国际化功能的标签。

7.3.1 I18N 基础

在正式介绍 JSTL 对 I18N 的支持之前，先来介绍应该知道的一些基础，首先从 Java 的字符串开始谈起。

1. 关于 Java 字符串

任何一本 Java 入门的书都会介绍，Java 的字符串是 Unicode，那么你是否想过，明明 Windows 中的记事本默认编码是 MS950，为什么写下的字符串在 JVM 中会是 Unicode？在一个 Main.java 中写下以下代码并编译：

```
public class Main {
    public static void main(String[] args) {
        System.out.println("Hello");
        System.out.println("哈喽");
    }
}
```

如果操作系统默认编码是 MS950，而文本编辑器是使用 MS950 编码，那么执行编译：

```
> javac Main.java
```

生成的.class 文件，使用任何的反编译工具还原回来的代码中，可能会看到以下内容：

```
public class Main {
    public static void main(String args[]) {
        System.out.println("Hello");
        System.out.println("\u54C8\u56C9");
    }
}
```

其中"\u54C8\u56C9"就是“哈喽”的 Unicode 编码表示，JVM 在载入.class 之后，就是读取 Unicode 编码并产生对应的字符串对象，而不是最初在源代码中写下的“哈喽”。

那么编译器怎么知道要将中文字符转为哪个 Unicode 编码？当使用 javac 指令没有指定-encoding 选项时，会使用操作系统默认编码。如果文本编译器是使用 UTF-8 编码，那么编译时就要指定-encoding 为 UTF-8，编译器才会知道用何种编译读取.java 的内容。例如：

```
> javac -encoding UTF-8 Main.java
```

2. 关于 ResourceBundle

在程序中有很多字符串信息会被写死在程序中，如果想改变某个字符串信息，必须修改代码然后重新编译。例如，简单显示 Hello!World!的程序：

```
public class Hello {
    public static void main(String[] args) {
        System.out.println("Hello!World!");
    }
}
```

就这个程序来说，如果日后想要改变 Hello!World!为 Hello!Java!，就要修改代码中的文字信息并重新编译。

对于日后可能变动的文字信息，可以考虑将信息移至程序之外，方法是使用 java.util.ResourceBundle 来绑定信息。首先要准备一个.properties 文件，例如 messages.properties，文件内容如下：

```
cc.openhome.welcome=Hello
cc.openhome.name=World
```

.properties 文件必须放置在类路径(Classpath)设置下，文件中编写的是键(Key)、值(Value)配对，之后在程序中可以使用键来取得对应的值。例如：

```
import java.util.ResourceBundle;
public class Hello {
    public static void main(String[] args) {
        ResourceBundle res = ResourceBundle.getBundle("messages");
        System.out.printf("%s!", res.getString("cc.openhome.welcome"));
        System.out.printf("%s!%n", res.getString("cc.openhome.name"));
    }
}
```

ResourceBundle 的静态 getBundle()方法会取得一个 ResourceBundle 的实例，给定的

自变量名称是信息文件的主文件名，getBundle()会自动找到对应的.properties 文件，取得 ResourceBundle 实例后，可以使用 getString()指定键来取得文件中对应的值。如果日后想要改变显示的信息，只要改变.properties 文件的内容就可以了。

3. 关于国际化

国际化的三个重要概念是地区(Locale)信息、资源包(Resource bundle)与基础名称(Base name)。

地区信息代表了特定的地理、政治或文化区，地区信息由一个语言编码(Language code)与可选的地区编码(Country code)来指定。其中语言编码是 ISO-639(zh.wikipedia.org/wiki/ISO_639)定义，由两个小写字母代表。例如，ca 表示加拿大文(Catalan)，zh 表示中文(Chinese)。地区编码则由两个大写字母表示，定义在 ISO-3166(zh.wikipedia.org/ wiki/ISO_3166)。例如，IT 表示意大利(Italy)、UK 表示英国(United Kingdom)。

在 3.3.2 节曾提过地区(Locale)信息的对应类 Locale，在创建 Locale 时，可以指定语言编码与地区编码。例如，创建代表中国的 Locale，可以如下：

```
Locale locale = new Locale("zh", "CN");
```

资源包中包括了特定地区的相关信息，前面所介绍的 ResourceBundle 对象，就是 JVM 中资源包的代表对象。代表同一组信息但不同地区的各个资源包共享相同的基础名称，使用 ResourceBundle 的 getBundle()时指定的名称，就是在指定基础名称。

ResourceBundle 的 getBundle()时若指定 messages，则尝试用默认的 Locale(由 Locale.getDefault()取得的值)取得.properties 文件。例如，默认的 Locale 代表 zh_CN，则 ResourceBundle 的 getBundle()时若指定 messages，则会尝试取得 messages_zh_CN.properties 文件中的信息，若找不到，再尝试找 messages.properties 文件中的信息。

前面介绍过 Java 中字符串的处理，如果希望创建一个 messages_zh_CN. properties，在其中创建中文的信息，并在 messages_zh_CN.properties 中编写中文，且必须使用 Unicode 编码表示，则可以通过 JDK 工具程序 native2ascii 来协助转换。例如，可以在 messages_zh_CN.txt 中编写以下内容：

```
cc.openhome.welcome=哈喽
cc.openhome.name=世界
```

如果编辑器使用 MS950 编码，那么可以如下执行 native2ascii 程序：

```
> native2ascii -encoding MS950 messages_zh_CN.txt messages_zh_CN.properties
```

这样就会生成 messages_zh_CN.properties 文件。内容如下：

```
cc.openhome.welcome=\u54c8\u56c9
cc.openhome.name=\u4e16\u754c
```

也就是 native2ascii 程序会将非 ASCII 字符转换为 Unicode 编码表示，如果想将 Unicode 编码表示的.properties 转回中文，可以使用-reverse 自变量。例如，将上面的程序转回中文，并使用 UTF-8 编码文件保存：

```
> native2ascii -reverse -encoding UTF-8 messages_zh_CN.properties messages_zh_CN.txt
```

如果执行前面的 Hello 类，而系统默认 Locale 为 zh_CN，则会显示“哈喽!世界!”的结果。如果提供 messages_en_US.properties：

```
cc.openhome.welcome=Hello
cc.openhome.name=World
```

ResourceBundle 的 getBundle()可以指定 Locale 对象。如果如下编写程序：

```
Locale locale = new Locale("en", "US");
ResourceBundle res = ResourceBundle.getBundle("messages", locale);
System.out.print(res.getString("cc.openhome.welcome") + "!");
System.out.println(res.getString("cc.openhome.name") + "!");
```

ResourceBundle 会尝试取得 messages_en_US.properties 中的信息，结果显示 Hello!World!。

提示》》 在 Java SE 9 中支持 UTF-8 编码的.properties 文件，如果希望建立一个 messages_zh_CN.properties，并在其中建立中文的信息，从 JDK9 开始，只要 messages_zh_CN.properties 使用 UTF-8 编码就可以了，因而 native2ascii 工具程序也就从 JDK9 中移除了，由于 Java EE 8 是基于 Java SE 8，本书也采用 Java SE 8 作为基础，因此仍介绍 native2ascii 工具程序的使用方式。

7.3.2 信息标签

要使用 JSTL 的 I18N 兼容格式标签库，必须在 JSP 网页上使用 taglib 指示元素定义前置名称与 uri 引用。惯例上使用 I18N 兼容格式标签库时，会使用 fmt 作为前置名称，JSTL 1.1 格式标签库的 uri 引用为 http://java.sun.com/jsp/jstl/fmt。例如：

```
<%@taglib prefix="fmt" uri="http://java.sun.com/jsp/jstl/fmt"%>
```

首先来看最基本的 **<fmt:bundle>**、**<fmt:message>** 如何使用。假设准备了一个 messages1.properties 文件如下：

JSTL messages1.properties

```
cc.openhome.title=Welcome
cc.openhome.forGuest=Hello! Guest!
```

这个.properties 文件必须放在 Web 应用程序的/WEB-INF/classes 中，在 Eclipse 中，可以在项目的 Java Resources/src 下新建文件。接着创建 JSP 文件：

JSTL fmt1.jsp

```
<%@page contentType="text/html; charset=UTF-8" pageEncoding="UTF-8"%>
<%@taglib prefix="fmt" uri="http://java.sun.com/jsp/jstl/fmt"%>  ←❶ 定义前置名称与 uri
<!DOCTYPE html>
<fmt:bundle basename="messages1">  ←❷ 使用<fmt:bundle>
<html>
    <head>
        <meta charset="UTF-8">
        <title><fmt:message key="cc.openhome.title" /></title>  ←❸ 使用<fmt:message>
    </head>
    <body>
         <h1><fmt:message key="cc.openhome.forGuest" /></h1>  ←
    </body>
```

```
</html>
</fmt:bundle>
```

首先使用taglib指示元素定义前置名称与uri❶，然后使用<fmt:bundle>指定**basename**属性为messages1❷，这表示默认的信息文件为messages1.properties，国际化的问题稍后再讨论，使用<fmt:message>的**key**属性指定信息文件中的哪条信息❸。图7.3所示为运行时的一个参考页面。

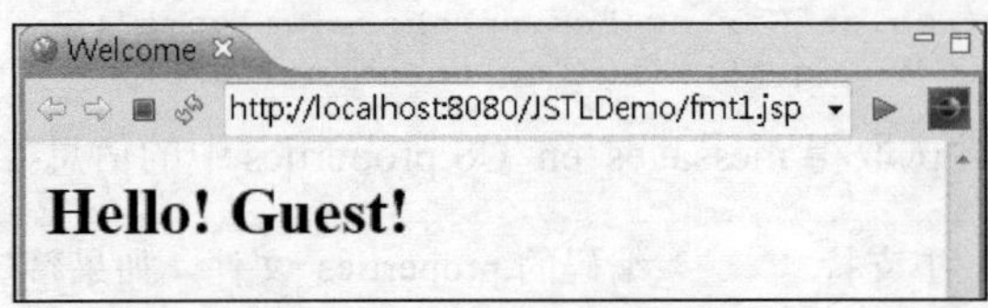

图7.3 范例网页运行结果

如果将<fmt:bundle>的basename设置为messages2，并且另外准备一个messages2.properties：

JSTL messages2.properties

```
cc.openhome.title=Aloha
cc.openhome.forGuest=Hi! New Guest!
```

那么显示出来的画面中，信息内容就是来自messages2.properties，如图7.4所示。

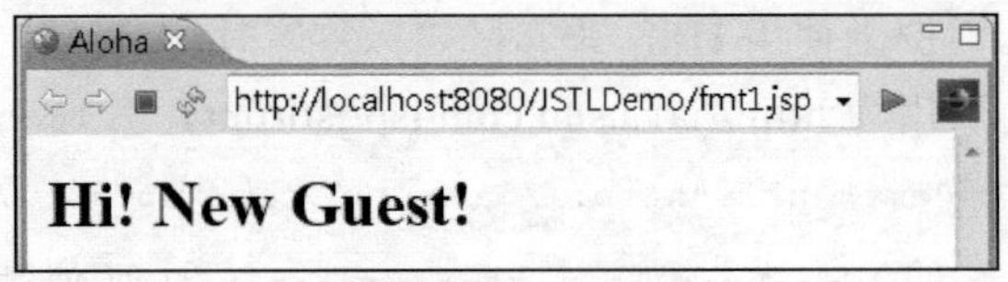

图7.4 范例网页运行结果

也可以使用**<fmt:setBundle>**标签设置**basename**属性，设置的作用域默认是对整个页面都有作用。如果额外有<fmt:bundle>设置，会以<fmt:bundle>的设置为主。例如：

JSTL fmt2.jsp

```
<%@page contentType="text/html; charset=UTF-8" pageEncoding="UTF-8"%>
<%@taglib prefix="fmt" uri="http://java.sun.com/jsp/jstl/fmt"%>
<!DOCTYPE html>
<fmt:setBundle basename="messages1"/>  ← ❶ 使用<fmt:setBundle>
<html>
  <head>
    <meta charset="UTF-8">
    <title><fmt:message key="cc.openhome.title" /></title>
  </head>
  <body>
    <h1><fmt:message key="cc.openhome.forGuest" /></h1>
    <fmt:bundle basename="messages2">  ← ❷ 使用<fmt:bundle>
      <h1><fmt:message key="cc.openhome.forGuest" /></h1>
    </fmt:bundle>
  </body>
</html>
```

这个JSP一开始使用<fmt:setBundle>设置basename为messages1❶，第一个

<fmt:message>取得的信息来自 messages1.properties，另一个被<fmt:bundle>包括的<fmt:message>，取得的信息来自 messages2.properties❷。

如果信息中有些部分必须动态决定，可以使用占位字符先代替。例如：

JSTL messages3.properties

```
cc.openhome.title=Hello
cc.openhome.forUser=Hi! {0}! It is {1, date, long} and {2, time ,full}.
```

在上面的信息文件中，粗体字部分就是占位字符，号码从 0 开始，分别代表第几个占位字符。在指定时可以指定类型与格式，使用的格式是由 java.text.MessageFormat 定义，可参考 java.text.MessageFormat 的 API 文件说明。

如果想设置占位字符的真正内容，则使用**<fmt:param>**标签。例如：

JSTL fmt3.jsp

```
<%@page contentType="text/html; charset=UTF-8" pageEncoding="UTF-8"%>
<%@taglib prefix="fmt" uri="http://java.sun.com/jsp/jstl/fmt"%>
<jsp:useBean id="now" class="java.util.Date"/> ←— ❶ 建立 Date 取得目前时间
<!DOCTYPE html>
<fmt:setBundle basename="messages3"/> ←— ❷ 指定信息文件
<html>
    <head>
        <meta charset="UTF-8">
        <title><fmt:message key="cc.openhome.title" /></title>
    </head>
    <body>
        <fmt:message key="cc.openhome.forUser">
            <fmt:param value="${param.username}"/>
            <fmt:param value="${now}"/>              ❸ 逐一设置占位字符
            <fmt:param value="${now}"/>
        </fmt:message>
    </body>
</html>
```

在这个 JSP 中，使用<jsp:useBean>创建 Date 对象以取得目前系统时间，并设置为属性，信息文件的基础名称设置为 messages3，而信息文件中每个占位字符，使用<fmt:param>逐一设置。执行的结果页面如图 7.5 所示。

http://localhost:8080/JSTL/fmt3.jsp?username=caterpillar
Hi! caterpillar! It is 2018年2月12日 and 上午09时26分26秒 CST.

图 7.5 范例网页运行结果

7.3.3 地区标签

之前的范例示范了如何设置信息文件基础名称、取得信息文件中的各个信息，以及如何设置占位字符，但还没有涉及处理国际化的问题。在正式开始介绍之前，先看看 Java SE 中，使用 ResourceBundle 时，如何根据基础名称取得对应的信息文件：

(1) 使用指定的 Locale 对象取得信息文件。

(2) 使用 Locale.getDefault()取得对象的信息文件。

(3) 使用基础名称取得信息文件。

在 JSTL 中略有不同，简单地说，JSTL 的 I18N 兼容性标签，会尝试从属性范围中取得 **javax.servlet.jsp.jstl.fmt.LocalizationContext** 对象，借以决定资源包与地区信息。具体来说，决定信息文件的顺序如下：

(1) 使用指定的 Locale 对象取得信息文件。

(2) 根据浏览器 Accept-Language 标头指定的偏好地区(Prefered locale)顺序，这可以使用 HttpServletRequest 的 getLocales()来取得。

(3) 根据后备地区(fallback locale)信息取得信息文件。

(4) 使用基础名称取得信息文件。

例如，先前的范例并没有指定 Locale，而浏览器指定的偏好地区为 zh_CN，所以会尝试寻找 messages3_zh_CN.properties 文件，结果没有找到，而范例并没有设置偏好地区，所以才寻找 messages.properties 文件。

<fmt:message>标签有个 **bundle** 属性，可用以指定 LocalizationContext 对象，可以在创建 LocalizationContext 对象时指定 ResourceBundle 与 Locale 对象。例如，下面的代码会尝试从四个不同的信息文件中取得信息并显示出来：

JSTL fmt4.jsp

```
<%@page contentType="text/html; charset=UTF-8" pageEncoding="UTF-8"%>
<%@page import="java.util.*, javax.servlet.jsp.jstl.fmt.*"%>
<%@taglib prefix="fmt" uri="http://java.sun.com/jsp/jstl/fmt"%>
<!DOCTYPE html>
<%
    // 假设这边的 Java 程序代码是在另一个控制器中完成的
    ResourceBundle zh_TW =
        ResourceBundle.getBundle("hello", new Locale("zh", "TW"));
    ResourceBundle zh_CN =
        ResourceBundle.getBundle("hello", new Locale("zh", "CN"));
    ResourceBundle ja_JP =
        ResourceBundle.getBundle("hello", new Locale("ja", "JP"));
    ResourceBundle en_US =
        ResourceBundle.getBundle("hello", new Locale("en", "US"));

    pageContext.setAttribute("zh_TW", new LocalizationContext(zh_TW));
    pageContext.setAttribute("zh_CN", new LocalizationContext(zh_CN));
    pageContext.setAttribute("ja_JP", new LocalizationContext(ja_JP));
    pageContext.setAttribute("en_US", new LocalizationContext(en_US));
%>                                            ❶创建 LocalizationContext
<html>
    <head>
        <meta charset="UTF-8">
    </head>
    <body>
                        ❷指定 LocalizationContext
        <fmt:message bundle="${zh_TW}" key="cc.openhome.hello"/><br>
        <fmt:message bundle="${zh_CN}" key="cc.openhome.hello"/><br>
        <fmt:message bundle="${ja_JP}" key="cc.openhome.hello"/><br>
        <fmt:message bundle="${en_US}"  key="cc.openhome.hello"/>
    </body>
</html>
```

在这个 JSP 中，分别使用四个不同的 ResourceBundle 创建了四个 LocalizationContext，

并指定 page 属性范围❶，而在使用<fmt:message>时，指定 bundle 属性为不同的 LocalizationContext❷。范例还准备了四个不同的.properties，分别代表简体中文的 hello_zh_CN.properties、繁体中文的 hello_zh_TW.properties、日文的 hello_ ja_JP.properties 及美式英文的 hello_en_US.properties，内容是通过 native2ascii 工具转换过后的 Unicode 编码表示。结果如图 7.6 所示。

```
http://localhost:8080/JSTLDemo/fmt4.jsp

哈囉
哈喽
こんにちは
Hello
```

图 7.6　显示不同信息文件的信息

如果要共享 Locale 信息，可以使用<fmt:setLocale>标签，在 **value** 属性上指定地区信息，这是最简单的方式。例如：

JSTL　fmt5.jsp

```
<%@page contentType="text/html; charset=UTF-8" pageEncoding="UTF-8"%>
<%@taglib prefix="fmt" uri="http://java.sun.com/jsp/jstl/fmt"%>
<fmt:setLocale value="zh_CN"/>
<fmt:setBundle basename="hello"/>
<!DOCTYPE html>
<html>
    <head>
        <meta charset="UTF-8">
    </head>
    <body>
        <fmt:message key="cc.openhome.hello"/>
    </body>
</html>
```

这个 JSP 会使用 hello_zh_CN.properties 网页，结果就是显示“哈喽”文字。

<fmt:setLocale>会调用 HttpServletResponse 的 setLocale()设置响应编码。事实上，<fmt:bundle>、<fmt:setBundle>或<fmt:message>也会调用 HttpServletResponse 的 setLocale()设置响应编码。不过要注意的是，正如 3.3.2 节提到的，在 Servlet 规范中，如果使用了 setCharacterEncoding()或 setContentType()时指定了 charset，setLocale()就会被忽略。

<fmt:requestEncoding>用来设置请求对象的编码处理，它会调用 HttpServletRequest 的 setCharacterEncoding()，所以必须在取得任何请求参数之前使用。

提示»» 对于初学者，使用<fmt:setLocale>与<fmt:setBundle>来设置地区与信息文件基础名称就足够了，不过 JSTL I18N 的功能与弹性较大。接下来要说明的内容比较进阶，初学者可以暂时忽略。

<fmt::message>等标签会使用 LocalizationContext 取得地区与资源包信息，<fmt:setLocale>其实就会在属性范围中设置 LocalizationContext，如果想使用代码设置 LocalizationContext 对象，可以通过 javax.servlet.jsp.jstl.core.Config 的 set()方法来设置。例如：

JSTL fmt6.jsp

```
<%@page contentType="text/html; charset=UTF-8" pageEncoding="UTF-8"%>
<%@page import="java.util.*,javax.servlet.jsp.jstl.core.*"%>
<%@page import="javax.servlet.jsp.jstl.fmt.*"%>
<%@taglib prefix="fmt" uri="http://java.sun.com/jsp/jstl/fmt"%>
<%
    Locale locale = new Locale("ja", "JP");
    ResourceBundle res = ResourceBundle.getBundle("hello", locale);
    Config.set(pageContext, Config.FMT_LOCALIZATION_CONTEXT,
        new LocalizationContext(res), PageContext.PAGE_SCOPE);
%>
<!DOCTYPE html>
<html>
    <head>
        <meta charset="UTF-8">
    </head>
    <body>
        <fmt:message key="cc.openhome.hello"/>
    </body>
</html>
```

在这个 JSP 中，并没有使用<fmt:setLocale>也没有指定<fmt:message>的 bundle 属性，所以会使用默认的 LocalizationContext，如粗体字的程序所示。在设置 LocalizationContext 时可以指定属性范围，<fmt:message>会自动在四个属性范围中依次搜寻 LocalizationContext，找到的话就使用，如果后续有使用<fmt:setLocale>或指定<fmt:message>的 bundle 属性，以后续指定为主。

另一个指定默认 LocalizationContext 的方式，就是直接指定属性名称。例如，在 ServletContextListener 中如下指定：

```
...
    public void contextInitialized(ServletContextEvent sce) {
        Locale locale = new Locale("ja", "JP");
        ResourceBundle res = ResourceBundle.getBundle("hello", locale);
        ServletContext context = sce.getServletContext();
        context.setAttribute(
         "javax.servlet.jsp.jstl.fmt.LocalizationContext.application",
         new LocalizationContext(res));
    }
...
```

属性名称开头是 javax.servlet.jsp.jstl.fmt.localizationContext 并加上一个范围后缀，四个范围的后缀是.page、.request、.session 与.application。事实上，若使用<fmt:setBundle>，就会设置这个属性，范围可由 scope 属性来决定，默认值是 page。

<fmt:setLocale>可以设置地区信息，如果想使用代码来设置地区信息，可以使用 Config 的 set()进行设置：

```
<%
    ...
    Config.set(pageContext, Config.FMT_LOCALE,
        new Locale("ja", "JP"), PageContext.PAGE_SCOPE);
%>
```

或者直接指定属性名称。例如，在 ServletContextListener 中进行指定：

```
...
```

```
    public void contextInitialized(ServletContextEvent sce) {
        ServletContext context = sce.getServletContext();
        context.setAttribute(
         " javax.servlet.jsp.jstl.fmt.locale.application",
         new Locale("ja", "JP"));
    }
...
```

属性名称开头是 javax.servlet.jsp.jstl.fmt.locale 并加上一个范围后缀，四个范围的后缀是.page、.request、.session 与.application。若使用<fmt:setLocale>时，就会设置这个属性，范围可由 scope 属性来决定，默认值是 page。

如果想要设置后备地区信息，可以使用 Config 的 set()进行设置：

```
<%
    ...
    Config.set(pageContext, Config.FMT_FALLBACK_LOCALE,
         new Locale("ja", "JP"), PageContext.PAGE_SCOPE);
%>
```

或者直接指定属性名称。例如，在 ServletContextListener 中进行指定：

```
...
    public void contextInitialized(ServletContextEvent sce) {
        ServletContext context = sce.getServletContext();
        context.setAttribute(
         " javax.servlet.jsp.jstl.fmt.fallbackLocale.application",
         new LocalizationContext(new Locale("ja", "JP")));
    }
...
```

属性名称开头是 javax.servlet.jsp.jstl.fmt.fallbackLocale 并加上一个范围后缀字，四个范围的后缀是.page、.request、.session 与.application。

Locale、LocalizationContext 或后备地区信息会分别被哪个标签所使用或设置，在 JSTL 的规格书 JSR52 中做了整理，如表 7.1～表 7.3 所示。

表 7.1　Locale 的设置与使用

隐 式 对 象	说　　明
属性名称前置	javax.servlet.jsp.jstl.fmt.locale
Java 常数	Config.FMT_LOCALE
设置类型	Locale 或 String
由哪个标签设置	<fmt:setLocale>
被哪些标签使用	<fmt:bundle>、<fmt:setBundle>、<fmt:message>、<fmt:formatNumber>、<fmt:parseNumber>、<fmt:formatDate>、<fmt:parseDate>

表 7.2　后备地区的设置与使用

隐 式 对 象	说　　明
属性名称前置	javax.servlet.jsp.jstl.fmt.fallbackLocale
Java 常数	Config.FMT_FALLBACK_LOCALE
设置类型	Locale 或 String
由哪个标签设置	无

(续表)

隐 式 对 象	说　明
被哪些标签使用	<fmt:bundle>、<fmt:setBundle>、<fmt:message>、<fmt:formatNumber>、<fmt:parseNumber>、<fmt:formatDate>、<fmt:parseDate

表 7.3 LocalizationContext 的设置与使用

隐 式 对 象	说　明
属性名称前置	javax.servlet.jsp.jstl.fmt.localizationContext
Java 常数	Config.FMT_LOCALIZATION_CONTEXT
设置类型	LocalizationContext 或 String
由哪个标签设置	<fmt:setBundle>
被哪些标签使用	<fmt:message>、<fmt:formatNumber>、<fmt:parseNumber>、<fmt:formatDate>、<fmt:parseDate>

提示>>> I18N 本身就是个很复杂的议题，JSR 52 中第 8 单元是个不错的参考文件，建议阅读。其中对于各标签的属性使用也有相关说明。

7.3.4 格式标签

JSTL 的格式标签可以针对数字、日期与时间，搭配地区设置或指定的格式来进行格式化，也可以进行数字、日期与时间的解析。以日期、时间格式化为例：

JSTL　fmt7.jsp

```
<%@page contentType="text/html; charset=UTF-8" pageEncoding="UTF-8"%>
<%@taglib prefix="fmt" uri="http://java.sun.com/jsp/jstl/fmt"%>
<jsp:useBean id="now" class="java.util.Date"/>
<!DOCTYPE html>
<html>
    <head>
        <meta charset="UTF-8">
    </head>
    <body>
        <fmt:formatDate value="${now}"/><br>
        <fmt:formatDate value="${now}" dateStyle="full"/><br>
        <fmt:formatDate value="${now}"
                        type="time" timeStyle="full"/><br>
        <fmt:formatDate value="${now}" pattern="dd.MM.yy"/><br>
        <fmt:timeZone value="GMT+1:00">
            <fmt:formatDate value="${now}" type="both"
                            dateStyle="full" timeStyle="full"/><br>
        </fmt:timeZone>
    </body>
</html>
```

<fmt:formatDate>默认用来格式化日期，可根据不同的地区设置来呈现不同的格式。这个范例并没有指定地区设置，会根据浏览器的 Accept-Language 标头来决定地区。

dateStyle 属性用来指定日期的详细程度，可设置的值有 default、short、medium、long、full。如果想显示时间，则要在 type 属性上指定 time 或 both，默认是 date。timeStyle 属性用来指定时间的详细程度，可设置的值同样有 default、short、medium、long、full。

pattern 属性可自定义格式，格式的指定方式与 java.text.SimpleDateFormat 的指定方式相同，可参考 SimpleDateFormat 的 API 文件说明。

<fmt:timeZone>可指定时区，可使用字符串或 java.util.TimeZone 对象指定，字符串指定的方式可参考 TimeZone 的 API 文件说明。如果需要全局的时区指定，可以使用<fmt:setTimeZone>标签。<fmt:formatDate>本身也有个 timeZone 属性可以进行时区设置，可以通过属性范围或 Config 对象来设置。属性名称、常数名称与会应用时区设置的标签如表 7.4 所示。

表 7.4 timeZone 的设置与使用

隐 式 对 象	说 明
属性名称前置	javax.servlet.jsp.jstl.fmt.timeZone
Java 常数	Config.FMT_TIMEZONE
设置类型	java.util.TimeZone 或 String
由哪个标签设置	<fmt:setTimeZone>
被哪些标签使用	<fmt:formatDate>、<fmt:parseDate>

图 7.7 所示为范例的运行结果。

http://localhost:8080/JSTL/fmt7.jsp

2018-2-12
2018年2月12日 星期一
上午09时38分32秒 CST
12.02.18
2018年2月12日 星期一 上午02时38分32秒 GMT+01:00

图 7.7 不同的日期、时间格式设置范例

接着来看一些数字格式化的例子：

JSTL fmt8.jsp

```
<%@page contentType="text/html; charset=UTF-8" pageEncoding="UTF-8"%>
<%@taglib prefix="fmt" uri="http://java.sun.com/jsp/jstl/fmt"%>
<jsp:useBean id="now" class="java.util.Date"/>
<!DOCTYPE html>
<html>
    <head>
        <meta charset="UTF-8">
    </head>
    <body>
        <fmt:formatNumber value="12345.678"/><br>
        <fmt:formatNumber value="12345.678" type="currency"/><br>
        <fmt:formatNumber value="12345.678"
                          type="currency" currencySymbol="新台币"/><br>
        <fmt:formatNumber value="12345.678" type="percent"/><br>
        <fmt:formatNumber value="12345.678" pattern="#,#00.0#"/>
    </body>
</html>
```

<fmt:formatNumber>默认用来格式化数字，可根据不同的地区设置来呈现不同的格式。这个范例并没有指定地区配置，所以会根据浏览器的 Accept-Language 标头来决定地区。

type 属性可设置的值有 number(默认)、currency、percent，指定 currency 时会将数字按货币格式进行格式化，currencySymbol 属性可指定货币符号。type 指定为 percent 时，会以百分比格式进行格式化。也可以指定 pattern 属性，指定格式的方式与 java.text.DecimalFormat 的说明相同，可参考 DecimalFormat 的 API 文件说明。

图 7.8 所示为范例的运行结果。

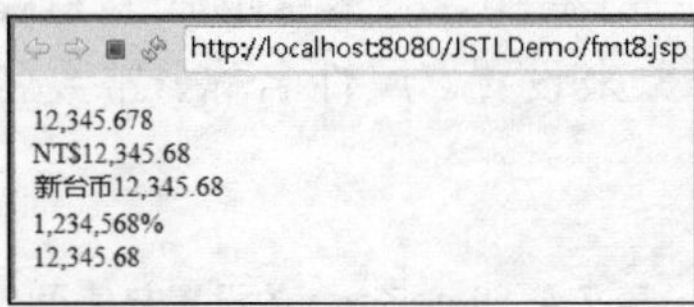

图 7.8 不同的数字格式设置范例

<fmt:parseDate>与<fmt:parseNumber>是用来解析日期，可以在 value 属性上指定要被解析的数值，可以根据指定的格式将数值解析为原有的日期、时间或数字类型。

格式化标签会使用<fmt:bundle>标签指定的地区信息，格式化标签也会设法在可取得的 LocalizationContext 中寻找地区信息(如使用<fmt:setLocale>设置)。如果格式化标签无法从 LocalizationContext 取得地区信息，会自行创建地区信息。具体来说，格式化标签寻找地区信息的顺序是：

(1) 使用<fmt:bundle>指定的地区信息。

(2) 寻找 LocalizationContext 中的地区信息，也就是属性范围中有无 javax.servlet.jsp.jstl.fmt.localizationContext 属性(参考 7.3.2 节与表 7.3 及相关说明)。

(3) 使用浏览器 Accept-Language 标头指定的偏好地区。

(4) 使用后备地区信息(参考 7.3.2 节与表 7.2 及相关说明)。

接着来看一些搭配地区设置的例子：

JSTL fmt9.jsp

```
<%@page contentType="text/html; charset=UTF-8" pageEncoding="UTF-8"%>
<%@taglib prefix="fmt" uri="http://java.sun.com/jsp/jstl/fmt"%>
<jsp:useBean id="now" class="java.util.Date"/>
<!DOCTYPE html>
<html>
    <head>
        <meta charset="UTF-8">
    </head>
    <body>
        <fmt:setLocale value="zh_TW"/>
        <fmt:formatDate value="${now}" type="both"/><br>
        <fmt:formatNumber value="12345.678" type="currency"/><br>
        <fmt:setLocale value="en_US"/>
        <fmt:formatDate value="${now}" type="both"/><br>
        <fmt:formatNumber value="12345.678" type="currency"/><br>
        <fmt:setLocale value="ja_JP"/>
        <fmt:formatDate value="${now}" type="both"/><br>
        <fmt:formatNumber value="12345.678" type="currency"/><br>
    </body>
</html>
```

图 7.9 所示为范例的运行结果。

```
http://localhost:8080/JSTL/fmt9.jsp
2018/2/12 上午 09:44:00
NT$12,345.68
Feb 12, 2018 9:44:00 AM
$12,345.68
2018/02/12 9:44:00
￥12,346
```

图 7.9 不同地区设置下的格式范例

7.4 XML 标签库

若要直接使用 Java 处理 XML，会有一定的复杂度。JSTL 提供了 XML 标签库，让你无须了解 DOM 或 SAX 等 XML 相关 API，也可以进行简单的 XML 文件解析、输出等动作。

7.4.1 XPath、XSLT 基础

XML 格式标签库主要搭配 XPath 及 XSLT。这里先针对 XPath 与 XSLT 做些基本介绍，以作为后续了解 XML 格式标签库的基础。

1. XPath 路径表示

简单来说，XPath 是用来寻找 XML 文件中特定信息的语言，它使用路径表示来定义 XML 文件中的特定位置，以取得想要的信息。JSTL 中就是搭配 XPath 路径表示来进行相关操作。XPath 最常用的几个路径表示符号如表 7.5 所示。

表 7.5 XPath 常用路径表示

路 径 表 示	说 明
节点名称	选择指定名称节点的所有子节点
/	从根节点开始选择
//	从符合选择的目前节点开始选择节点，无论其出现位置在哪
.	选择目前节点
..	选择目前节点的父节点
@	选择属性

以上的路径表示符号可以彼此搭配使用。例如，有份 XML 文件如下：

```
<?xml version="1.0" encoding="UTF-8"?>
<bookmarks>
    <bookmark id="1">
        <title encoding="UTF-8">良葛格网站</title>
        <url>https://openhome.cc</url>
        <category>程序设计</category>
    </bookmark>
    <bookmark id="2">
        <title encoding="UTF-8">JWorld@TW</title>
```

```
        <url>https://www.javaworld.com.tw</url>
        <category>技术论坛</category>
    </bookmark>
</bookmarks>
```

表 7.6 所示是一些路径选择的范例。

表 7.6　XPath 常用路径表示范例

路径表示	说　明
bookmarks	选择<bookmarks>所有子节点
/bookmarks	选择<bookmarks>根节点
//bookmark	选择所有<bookmark>节点
/bookmarks/bookmark/title	选择第一个<bookmark>下的<title>节点
//@id	选择属性名称为 id 的所有属性值

可以在路径表示上加上谓语(Predicate)，指定寻找特定位置、属性、值的节点，谓语是用`[]`来表示。表 7.7 所示是一些加上谓语的范例。

表 7.7　XPath 谓语表示范例

路径表示	说　明
//bookmark[2]	选择第二个<bookmark>节点
//bookmark[last()]	选择最后一个<bookmark>节点
//bookmark[last() - 1]	选择倒数第二个<bookmark>节点
//title[position() < 3]	选择倒数第三个节点前的所有<title>节点
//title[@encoding]	选择具有 encoding 属性的<title>节点
//title[@encoding='UTF-8']	选择 encoding 属性值为 UTF-8 的<title>节点
//bookmark[category]	选择具<category>子元素的<bookmark>元素

若不指定节点名称或属性名称，也可以使用`*`万用字符(Wildcard)。例如，`title[@*]`表示有任意属性的`<title>`元素。`/bookmarks/*`表示选择`<bookmarks>`节点下的所有子元素。若要同时使用两个不同的表示式，可以使用|符号。例如，`//bookmark/title | //bookmark/url`表示选择`<bookmark>`中`<title>`元素与`<url>`元素。

提示 »»　这里的介绍已足够了解 XPath 的作用是什么，更多 XPath 的语法说明，可以参考 XPath Tutorial(www.w3schools.com/xml/xpath_intro.asp)。

2. XSLT 基础

XSLT 是指 XSL 转换(T 就是指 Transformation)，主要是将 XML 文件转换为另一份 XML 文件、HTML 或 XHTML 的语言。举个例子，若要将刚才看到的 XML 文件，根据某个模板转换为 HTML，可以定义以下的 XSLT 文件：

JSTL bookmarks.xsl

```
<?xml version="1.0" encoding="UTF-8"?>
<xsl:stylesheet version="1.0"
    xmlns:xsl="http://www.w3.org/1999/XSL/Transform">
   <xsl:template match="/">

     <html>
        <head>
           <meta charset="UTF-8"/>
        </head>
        <body>
          <h2>在线书签</h2>
          <table border="1">
             <tr bgcolor="#00ff00">
                <th align="left">名称</th>
                <th align="left">网址</th>
                <th align="left">分类</th>
             </tr>
             <xsl:for-each select="bookmarks/bookmark">
             <tr>
                <td><xsl:value-of select="title"/></td>
                <td><xsl:value-of select="url"/></td>
                <td><xsl:value-of select="category"/></td>
             </tr>
             </xsl:for-each>
          </table>
       </body>
     </html>
   </xsl:template>
</xsl:stylesheet>
```

XSLT 在选择元素时，使用 XPath 表示式。上面这个 XSLT 文件，使用**<xsl:template>**定义模板，使用**<xsl:for-each>**逐一选择先前范例 XML 文件的<bookmark>节点，使用**<xsl:value-of>**取出其中的<title>、<url>与<category>节点。

先前的 XML 文件，可以链接 XSLT 文件。例如：

JSTL bookmarks.xml

```
<?xml version="1.0" encoding="UTF-8"?>
<?xml-stylesheet type="text/xsl" href="bookmarks.xsl"?>
<bookmarks>
   <bookmark id="1">
      <title encoding="UTF-8">良葛格网站</title>
      <url>https://openhome.cc</url>
      <category>程序设计</category>
   </bookmark>
   <bookmark id="2">
      <title encoding="UTF-8">JWorld@TW</title>
      <url>https://www.javaworld.com.tw</url>
      <category>技术论坛</category>
   </bookmark>
</bookmarks>
```

如果使用浏览器查看这份 XML 文件，将会根据 bookmarks.xsl 定义的模板，如图 7.10 所示的显示网页。

图 7.10　利用 XSLT 转换 XML

提示 >>> 完整说明 XSLT 语法已超出本书范围，读者可以参考 XSLT Introduction(www.w3schools.com/xml/xsl_intro.asp)

7.4.2　解析、设置与输出标签

若要使用 JSTL 的 XML 标签库，必须使用 taglib 指示元素进行定义：

```
<%@taglib prefix="x" uri="http://java.sun.com/jsp/jstl/xml"%>
```

提示 >>> 在 Tomcat 中，若要使用 XML 标签库，还必须使用 Xalan-Java(xml.apache.org/xalan-j/index.html)。

要使用 XML 标签库处理 XML 文件，必须先解析 XML 文件。这通过**<x:parse>**标签来完成，解析的文件来源可以是字符串或 Reader 对象。例如：

```
<c:import var="xml" url="bookmarks.xml" charEncoding="UTF-8"/>
<x:parse var="bookmarks" doc="${xml}"/>
```

若要指定 String 或 Reader 作为 XML 文件来源，必须使用<x:parse>的 **doc** 属性，**var** 属性指定了解析结果要存储的属性名称，默认会存储在 page 属性范围，可以使用 **scope** 来指定保存范围。也可以在<x:parse>的 Body 放置 XML 进行解析。例如：

```
<x:parse var="bookmarks" >
    <bookmarks>
        <bookmark id="1">
            <title encoding="UTF-8">良葛格网站</title>
            <url>https://openhome.cc</url>
            <category>程序设计</category>
        </bookmark>
    </bookmarks>
</x:parse>
```

或者是：

```
<x:parse var="bookmarks" >
    <c:import url="bookmarks.xml" charEncoding="UTF-8"/>
</x:parse>
```

完成 XML 文件的解析后，若要取得 XML 文件中的某些信息并输出，可以使用**<x:out>**标签。例如：

```
<x:out select="$bookmarks//bookmark[2]/title"/>
```

select 属性必须指定 XPath 表示式，以$作为开头，后面接着<x:parse>解析结果存储时的属性名称，默认会从 page 范围取得解析结果。以上例而言，会取得第二个<bookmark>

节点下的<title>节点并显示其值。如果想指定从某个属性范围取得解析结果，可以使用 XPath 隐式变量绑定语法。例如：

```
<x:out select="$pageScope:bookmarks//bookmark[2]/title"/>
```

XPath 隐式变量绑定语法中的隐式变量名称，不仅可使用 pageScope、requestScope、sessionScope 与 applicationScope，还可以使用其他 EL 隐式变量名称。例如，希望通过请求参数来指定选择哪一个<bookmark>节点，可以如下编写代码：

```
<x:out select="$bookmarks//bookmark[@id=$param:id]/title"/>
```

如果只是要取得值并存储至某个属性范围，可以使用**<x:set>**标签，使用方式与**<x:out>**是类似的。例如：

```
<x:set var="title" select="$bookmarks//bookmark[2]/title"/>
<x:set var="title" select="$bookmarks//bookmark[@id=$param:n]/title"
      scope="session"/>
```

<x:set>默认将取得的结果存储至 page 属性范围，可以使用 scope 来指定为其他属性范围。

7.4.3 流程处理标签

JSTL 核心标签库为了协助处理页面逻辑，提供了<c:if>、<c:forEach>、<c:choose>、<c:when>、<c:otherwise>等标签。类似地，XML 标签库为了方便直接根据 XML 来处理页面逻辑，提供了**<x:if>**、**<x:forEach>**、**<x:choose>**、**<x:when>**、**<x:otherwise>**等标签。

<x:if>标签类似<c:if>在条件成立时会执行，只不过<x:if>是在 select 属性指定选择的元素存在时执行。例如，若根据请求参数 id 来选择想显示的书签名称，只在指定的书签存在时予以显示，才不会发生错误，那就可以这么编写：

```
<x:if select="$bookmarks//bookmark[@id=$param:id]/title">
    <x:out select="$bookmarks//bookmark[@id=$param:id]/title"/>
</x:if>
```

如果想要有 Java 语法中 if...else 的类似作用，可以使用<x:choose>、<x:when>、<x:otherwise>，使用上与<c:choose>、<c:when>、<c:otherwise>类似。例如：

```
<x:choose>
   <x:when select="$bookmarks//bookmark[@id=$param:id]/title">
      <x:out select="$bookmarks//bookmark[@id=$param:id]/title"/>
   </x:when>
   <x:otherwise>
      指定的书签 id = ${param.id} 不存在
   </x:otherwise>
</x:choose>
```

如果选择的元素不只有一个，想要逐一取出元素做某些处理，可以使用<x:forEach>标签。例如，下面这个 JSP 使用<x:forEach>与<x:out>。

JSTL bookmarks.jsp

```
<%@page contentType="text/html; charset=UTF-8" pageEncoding="UTF-8"%>
<%@taglib prefix="c" uri="http://java.sun.com/jsp/jstl/core"%>
<%@taglib prefix="x" uri="http://java.sun.com/jsp/jstl/xml"%>
```

```
<!DOCTYPE html>
<html>
  <head>
    <meta charset="UTF-8">
    <title>在线书签</title>
  </head>
  <body>
   <c:import var="xml" url="bookmarks.xml" charEncoding="UTF-8" />
   <x:parse var="bookmarks" doc="${xml}" />
   <h2>在线书签</h2>
   <table border="1">
      <tr bgcolor="#00ff00">
         <th align="left">名称</th>
         <th align="left">网址</th>
         <th align="left">分类</th>
      </tr>
    <x:forEach var="bookmark" select="$bookmarks//bookmark">
       <tr>
          <td><x:out select="$bookmark/title"/></td>
          <td><x:out select="$bookmark/url"/></td>
          <td><x:out select="$bookmark/category"/></td>
       </tr>
    </x:forEach>
   </table>
  </body>
</html>
```

7.4.4 文件转换标签

如果已经定义好 XSLT 文件，可以使用`<x:transform>`、`<x:param>`直接进行 XML 文件转换。例如有两份 XSLT，分别定义如下：

JSTL bookmarksTable.xsl

```
<?xml version="1.0" encoding="UTF-8"?>
<xsl:stylesheet version="1.0"
  xmlns:xsl="http://www.w3.org/1999/XSL/Transform">
  <xsl:param name="headline"/>
  <xsl:template match="/">
      <h2><xsl:value-of select="$headline"/></h2>
      <table border="1">
         <tr bgcolor="#00ff00">
            <th align="left">名称</th>
            <th align="left">网址</th>
            <th align="left">分类</th>
         </tr>
         <xsl:for-each select="bookmarks/bookmark">
         <tr>
            <td><xsl:value-of select="title"/></td>
            <td><xsl:value-of select="url"/></td>
            <td><xsl:value-of select="category"/></td>
         </tr>
         </xsl:for-each>
      </table>
  </xsl:template>
</xsl:stylesheet>
```

JSTL bookmarksBulletin.xsl

```
<?xml version="1.0" encoding="UTF-8"?>
<xsl:stylesheet version="1.0"
     xmlns:xsl="http://www.w3.org/1999/XSL/Transform">
   <xsl:param name="headline"/>
   <xsl:template match="/">
      <h2><xsl:value-of select="$headline"/></h2>
      <ul>
         <xsl:for-each select="bookmarks/bookmark">
         <li><xsl:value-of select="title"/></li>
         <ul>
            <li><xsl:value-of select="url"/></li>
            <li><xsl:value-of select="category"/></li>
         </ul>
         </xsl:for-each>
      </ul>
   </xsl:template>
</xsl:stylesheet>
```

这两份 XSLT 文件可用来转换先前定义过的 bookmarks.xml。若 JSP 打算通过请求参数决定使用哪一份 XSLT 文件，可以如下编写：

JSTLDemo bookmarks2.jsp

```
<%@page contentType="text/html; charset=UTF-8" pageEncoding="UTF-8"%>
<%@taglib prefix="c" uri="http://java.sun.com/jsp/jstl/core"%>
<%@taglib prefix="x" uri="http://java.sun.com/jsp/jstl/xml"%>
<html>
   <head>
      <meta charset="UTF-8"/>
   </head>
   <body>
      <c:import var="xml" url="bookmarks.xml" charEncoding="UTF-8"/>
      <c:import var="xslt" url="${param.xslt}" charEncoding="UTF-8"/>
      <x:transform doc="${xml}" xslt="${xslt}">
         <x:param name="headline" value="在线书签"/>
      </x:transform>
   </body>
</html>
```

`<x:transform>`的 **doc** 属性是 XML 文件，**xslt** 属性是 XSLT 文件。在这个例子中，XSLT 文件来源是通过请求参数 xslt 决定。**<x:param>**可以将指定值传入 XSLT 以设置`<xsl:param>`的值。若请求参数指定 bookmarksTable.xsl，页面如图 7.10 所示；若指定使用 bookmarksBulletin.xsl，页面如图 7.11 所示。

http://localhost:8080/JSTLDemo/bookmarks2.jsp?xslt=bookmarksBulletin.xsl

在线书签

- 良葛格网站
  - http://openhome.cc
  - 程序设计
- JWorld@TW
  - http://www.javaworld.com.tw
  - 技术论坛

图 7.11 通过请求参数改变排版

7.5 函数标签库

在 6.3.5 节介绍过如何自定义 EL 函数，实际上，JSTL 就提供许多 EL 公用函数。举例来说，6.3.5 节定义的 `length()`函数，在 JSTL 中就提供了，而且对象可以是数组、`Collection` 或字符串，目的是取得数组、`Collection` 或字符串的长度。例如：

JSTL fun1.jsp

```
<%@page contentType="text/html; charset=UTF-8" pageEncoding="UTF-8"%>
<%@taglib prefix="fn" uri="http://java.sun.com/jsp/jstl/functions"%>
<!DOCTYPE html>
<html>
    <head>
        <meta charset="UTF-8">
    </head>
    <body>
        参数：${param.text}<br>
        长度：${fn:length(param.text)}
    </body>
</html>
```

要使用 EL 函数库，必须使用 `taglib` 指示元素进行定义：

```
<%@taglib prefix="fn" uri="http://java.sun.com/jsp/jstl/functions"%>
```

接着使用 EL 语法(而不是标签语法)来指定使用哪个 EL 函数。上面这个范例可显示请求参数 `text` 的值与长度，如图 7.12 所示。

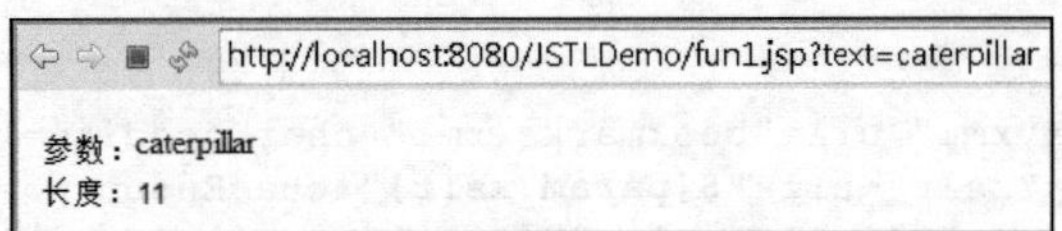

图 7.12 显示请求参数 text 的值与长度

除了 `length()`函数之外，其他函数都以字符串处理为主，主要是作为 JSTL 其他标签辅助处理。例如，下面这个函数检查请求参数中是否以"caterpillar"字符串作为开头，如果是，就用指定的字符串取代。

JSTL fun2.jsp

```
<%@page contentType="text/html; charset=UTF-8" pageEncoding="UTF-8"%>
<%@taglib prefix="c" uri="http://java.sun.com/jsp/jstl/core"%>
<%@taglib prefix="fn" uri="http://java.sun.com/jsp/jstl/functions"%>
<!DOCTYPE html>
<html>
    <head>
        <meta charset="UTF-8">
    </head>
    <body>
      <c:choose>
        <c:when test="${fn:startsWith(param.text, 'caterpillar')}">
            ${fn:replace(param.text, 'caterpillar', '良葛格')}
        </c:when>
        <c:otherwise>
```

```
            ${param.text}
        </c:otherwise>
    </c:choose>
  </body>
</html>
```

运行的结果如图 7.13 所示。

http://localhost:8080/JSTLDemo/fun2.jsp?text=caterpillar-xxx-yyy

良葛格-xxx-yyy

图 7.13　范例运行结果

字符串处理相关函数，简单地整理如下。

- 改变字符串大小写：toLowerCase、toUpperCase
- 取得子字符串：substring、substringAfter、substringBefore
- 裁剪字符串前后空白：trim
- 字符串取代：replace
- 检查是否包括子字符串：startsWith、endsWith、contains、containsIgnoreCase
- 检查子字符串位置：indexOf
- 切割字符串为字符串数组：split
- 连接字符串数组为字符串：join
- 替换 XML 字符：escapeXML

这些函数可用的参数相关说明，可参考 JSTL 的在线文件说明或 JSTL 规格书 JSR52。

7.6　综合练习

在第 6 章的综合练习中，已经将页面显示改用 JSP 来实现，不过其中 index.jsp、register.jsp、member.jsp 与 user.jsp 页面中的显示逻辑，还是使用 Scriptlet 来实现。在这一节的综合练习中，将使用 JSTL 来取代 Scriptlet。

7.6.1　修改 index.jsp、register.jsp

在 index.jsp 页面中，原先必须使用 Scriptlet 来判断是否有错误信息，如果有，就用 for 循环逐一显示错误信息。这个页面可以使用 JSTL 的<c:if>与<c:forEach>标签来代替 Sciptlet 的使用。

gossip　index.jsp

```
<%@taglib prefix="c" uri="http://java.sun.com/jsp/jstl/core"%>
<!DOCTYPE html>
<html>
    <head>
        <meta charset="UTF-8">
        <title>Gossip 微博</title>
```

```
        <link rel="stylesheet" href="css/gossip.css" type="text/css">
    </head>
    <body>
        <div id="login">
            <div>
                <img src='images/caterpillar.jpg' alt='Gossip 微博'/>
            </div>
            <a href='register'>还不是会员？</a>
            <p></p>

        <c:if test="${requestScope.errors != null}">
            <ul style='color: rgb(255, 0, 0);'>
            <c:forEach var="error" items="${requestScope.errors}">
                <li>${error}</li>
            </c:forEach>
            </ul>
        </c:if>

            <form method='post' action='login'>
                ...略
            </form>
        </div>

        <div>
            <h1>Gossip ... XD</h1>
            <ul>
                <li>谈天说地不奇怪</li>
                <li>分享信息也可以</li>
                <li>随意写写表心情</li>
            </ul>
        </div>
    </body>
</html>
```

同样地，在 register.jsp 页面中，原先必须使用 Scriptlet 来判断是否有错误信息，如果有的话就用 for 循环逐一显示错误信息，这个页面可以使用 JSTL 的<c:if>与<c:forEach>标签来消除 Sciptlet 的使用。

gossip register.jsp

```
<%@taglib prefix="c" uri="http://java.sun.com/jsp/jstl/core"%>
<!DOCTYPE html>
<html>
    <head>
        <meta charset="UTF-8">
        <link rel="stylesheet" href="css/gossip.css" type="text/css">
        <title>会员申请</title>
    </head>
    <body>
        <h1>会员申请</h1>

        <c:if test="${requestScope.errors != null}">
            <ul style='color: rgb(255, 0, 0);'>
            <c:forEach var="error" items="${requestScope.errors}">
                <li>${error}</li
>
```

```
            </c:forEach>
            </ul>
        </

c:if>

        <form method='post' action='register'>
            ...略
        </form>
    </body>
</html>
```

7.6.2 修改 member.jsp

接下来修改 member.jsp，原本的网页中除了判断是否有错误信息要显示的 Scriptlet 之外，还有为了格式化日期而编写的 Java 代码，这些可以使用 JSTL 的<c:if>、<c:forEach>来消除。

gossip member.jsp

```
<%@taglib prefix="c" uri="http://java.sun.com/jsp/jstl/core"%>
<!DOCTYPE html>
<html>
...略
<body>
    ...略
    <form method='post' action='new_message'>
        分享新鲜事...<br>

        <c:if test="${param.blabla!=null}">
           信息要 140 字以内<br>

        </c:if>

        <textarea cols='60' rows='4' name='blabla'>${param.blabla}</textarea>
        <br>
        <button type='submit'>发送</button>
    </form>
    <table border='0' cellpadding='2' cellspacing='2'>
        <thead>
            <tr>
                <th><hr></th>
            </tr>
        </thead>
        <tbody>

        <c:forEach var="message" items="${requestScope.messages}">
            <tr>
                <td style='vertical-align: top;'>${message.username}<br>
                    ${message.blabla}<br> ${message.localDateTime}
                    <form method='post' action='del_message'>
                        <input type='hidden' name='millis'
                                          value='${message.millis}'>
                        <button type='submit'>删除</button>
                    </form>
```

```
                <hr>
            </td>
        </tr>
    </c:forEach>

    </tbody>
</table>
<hr>
</body>
</html>
```

7.6.3 修改 user.jsp

user.jsp 目前很单纯，只需要`<c:forEach>`来消除 Scriptlet。

gossip user.jsp

```
<%@taglib prefix="c" uri="http://java.sun.com/jsp/jstl/core"%>
<!DOCTYPE html>
<html>
...略
<body>
    ...略
    <table border='0' cellpadding='2' cellspacing='2'>
        <thead>
            <tr>
                <th><hr></th>
            </tr>
        </thead>
        <tbody>

        <c:forEach var="message" items="${requestScope.messages}">
            <tr>
                <td style='vertical-align: top;'>${message.username}<br>
                    ${message.blabla}<br> ${message.localDateTime}
                    <hr>
                </td>
            </tr>
        </c:forEach>

        </tbody>
    </table>
    <hr>
</body>
</html>
```

7.7 重点复习

可以使用 JSTL(JavaServer Pages Standard Tag Library)来取代 JSP 页面中用来实现页面逻辑的 Scriptlet，这使得设计网页简单多了，可以随时调整画面而不用费心地修改 Scriptlet。JSTL 提供的标签库分为五个大类：核心标签库、格式标签库、SQL 标签库、XML 标签库与函数标签库。

<c:if>标签的 test 属性中可以放置 EL 表达式，如果表达式的结果是 true，会将<c:if> Body 输出。<c:if>标签没有相对应的<c:else>标签。如果想要在某条件式成立时显示某些内容，否则就显示另一个内容，可以使用<c:choose>、<c:when>及<c:otherwise>标签。

若不想使用 Scriptlet 编写 Java 代码的 for 循环，可以使用 JSTL 的<c:forEach>标签来实现这项需求。<c:forEach>标签的 items 属性可以是数组或 Collection 对象，每次会依序取出数组或 Collection 对象中的一个元素，并指定给 var 属性设置的变量。之后就可以在<c:forEach>标签 Body 中，使用 var 属性设置的变量来取得该元素。如果想要在 JSP 网页上，将某个字符串切割为数个字符(Token)，可以使用<c:forTokens>。

如果要在发生异常的网页直接捕捉异常对象，可以使用<c:catch>将可能产生异常的网页段落包起来。如果异常真的发生，这个异常对象会设置给 var 属性指定的名称，这样才有机会使用这个异常对象。

在 JSTL 中，有个<c:import>标签，可以视作<jsp:include>的加强版，也是可以在运行时动态导入另一个网页，也可搭配<c:param>在导入另一网页时带有参数。除了可以导入目前 Web 应用程序中的网页之外，<c:import>标签还可以导入非目前 Web 应用程序中的网页。

<c:redirect>标签的作用，就如同 sendRedirect()方法，它可以不用编写 Scriptlet 来使用 HttpServletResponse 的 sendRedirect()方法，也可以达到重定向的作用。

如果只是要在 page、request、session、application 等范围设置一个属性，或者还想要设置 Map 对象的键与值，可以使用<c:set>标签。var 用来设置属性名称，而 value 用来设置属性值。若要设置 JavaBean 或 Map 对象，则要使用 target 属性进行设置。

<c:out>会自动将角括号、单引号、双引号等字符用替代字符取代。这个功能是由<c:out>的 escapeXml 属性控制的，默认值是 true，如果设置为 false，就不会作字符的取代。

可以使用 JSTL 的<c:url>，它会在用户关闭 Cookie 功能时，自动用 Session ID 作 URI 重写。

<fmt:bundle>的 basename 属性表示默认的信息文件为使用<fmt:message>的 key 属性指定信息文件中的哪条信息。使用<fmt:setBundle>标签设置 basename 属性，默认是在整个页面都有作用，如果额外有<fmt:bundle>设置，会以<fmt:bundle>的设置为主。如果想设置占位字符的真正内容，是使用<fmt:param>标签。

具体来说，JSTL 的 I18N 兼容性标签决定信息文件的顺序如下：

(1) 使用指定的 Locale 对象取得信息文件。

(2) 根据浏览器 Accept-Language 标头指定的偏好地区(Prefered locale)顺序，这可以使用 HttpServletRequest 的 getLocales()来取得。

(3) 根据后备地区(fallback locale)信息取得信息文件。

(4) 使用基础名称取得信息文件。

如果要共享 Locale 信息，可以使用<fmt:setLocale>标签，在 value 属性上指定地区信息。

<fmt:formatDate>默认用来格式化日期，可根据不同的地区设置来呈现不同的格式。<fmt:timeZone>可指定时区，如果需要全域的时区指定，可以使用<fmt:setTimeZone>标签，<fmt:formatDate>本身也有个 timeZone 属性可以进行时区设置。

<fmt:formatNumber>默认用来格式化数字，可根据不同的地区设置来呈现不同的格式，<fmt:parseDate>与<fmt:parseNumber>用来解析日期，可以在 value 属性上指定要被解析的数值，可以按指定的格式将数值解析为原有的日期、时间或数字类型。

具体来说，格式化标签寻找地区信息的顺序是：

(1) 使用`<fmt:bundle>`指定的地区信息。

(2) 寻找 `LocalizationContext` 中的地区信息，也就是属性范围中有无 `javax.servlet.jsp.jstl.fmt.localizationContext` 属性。

(3) 使用浏览器 `Accept-Language` 标头指定的偏好地区。

(4) 使用后备地区信息。

JSTL 提供了许多 EL 公用函数，如 `length()` 函数，以及字符串处理相关函数：

- 改变字符串大小写：`toLowerCase`、`toUpperCase`
- 取得子字符串：`substring`、`substringAfter`、`substringBefore`
- 裁剪字符串前后空白：`trim`
- 字符串取代：`replace`
- 检查是否包括子字符串：`startsWith`、`endsWith`、`contains`、`containsIgnoreCase`
- 检查子字符串位置：`indexOf`
- 切割字符串为字符串数组：`split`
- 连接字符串数组为字符串：`join`
- 替换 XML 字符：`escapeXML`

7.8 课后练习

创建一个首页，默认用英文显示信息，但可以让用户选择使用英文、繁体中文或简体中文，如图 7.14～图 7.16 所示。

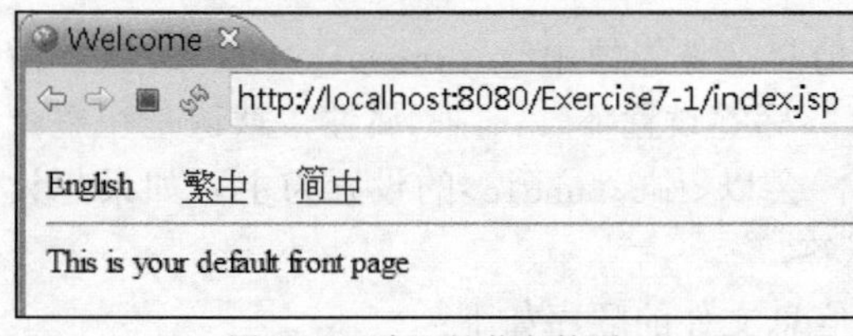

图 7.14 默认是英文首页

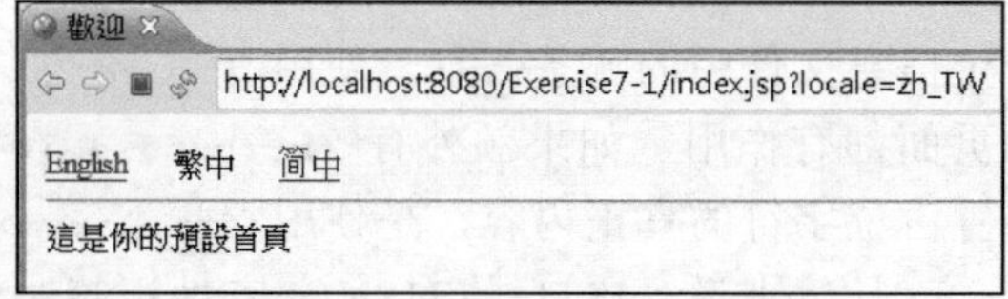

图 7.15 切换至繁体中文首页

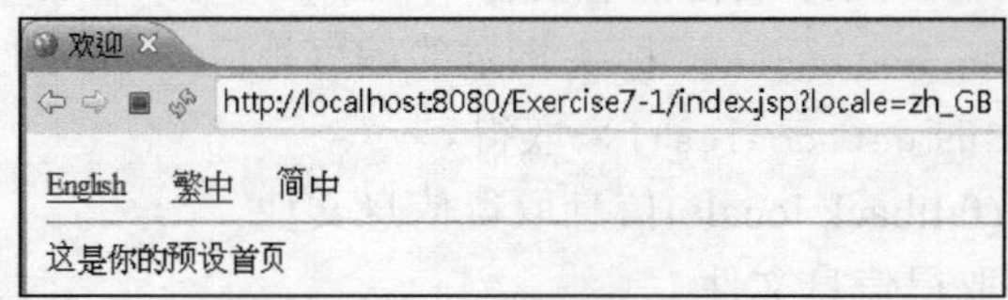

图 7.16 切换至简体中文首页

自定义标签

Chapter 8

学习目标：

- 使用 Tag File 自定义标签
- 使用 Simple Tag 自定义标签
- 使用 Tag 自定义标签

8.1 Tag File 自定义标签

JSTL 是标准规范，只要符合 Servlet/JSP 标准的 Web 容器，就可以使用 JSTL。然而有些需求无法单靠 JSTL 的标签来完成，也许是要将既有的 HTML 元素封装加强，或者是为了与应用程序更紧密地结合。例如希望有个标签，可以直接从应用程序自定义的对象中取出信息，而不是通过属性来传递对象或信息。

可以寻求自定义标签的可能性。网络上有一些 Web 应用程序框架(Framework)，为了让用户更简便地取得框架的相关信息或资源，通常会提供自定义标签库。自定义标签有一定的复杂度，而且自定义标签通常会与应用程序产生一定程度的关联性。可以的话，先寻找现成且通用的自定义标签实现，查看是否满足需求。毕竟虽非标准，但若是通用的自定义标签库，至少有一定数量的用户，将来移植时可以少一些阻碍，发生问题时会较易寻找并解答。

无论如何一定要自行实现标签库。本章接下来的内容，将从最简单的 Tag File 开始介绍自定义标签库，接着介绍 Simple Tag 的制作，最后是最复杂的 Tag 自定义标签。

8.1.1 Tag File 简介

如果要自定义标签，Tag File 是最简单的方式，即使是不会 Java 的网页设计人员也有能力自定义 Tag File。事实上，Tag File 本来就是为了不会 Java 的网页设计人员而存在的。

在第 6 章综合练习中，已经用 JSP 实现了画面的呈现，其中会员注册的 JSP 网页中(register.jsp)有以下片段：

```
<%
    List<String> errors = (List<String>) request.getAttribute("errors");
    if(errors != null) {
%>
        <h1>新增会员失败</h1>
        <ul style='color: rgb(255, 0, 0);'>
<%
        for (String error : errors) {
%>
        <li><%= error %></li>
<%
        }
%>
        </ul>
<%
    }
%>
```

这个片段的作用，在于用户注册时没有填写必要字段或字段格式不符合而回到注册网页时，会出现相关的错误信息，这些错误信息收集在一个 `List<String>`对象中，并在 `request` 设置 `errors` 属性后传递过来。由于已经学过 JSTL 了，可以将这个 Scriptlet 与 HTML 夹杂的片段改为：

```
<c:if test="${requestScope.errors != null}">
    <h1>新增会员失败</h1>
```

```
    <ul style='color: rgb(255, 0, 0);'>
        <c:forEach var="error" items="${requestScope.errors}">
            <li>${error}</li>
        </c:forEach>
    </ul><br>
</c:if>
```

现在即使是网页设计人员，也可以看懂并根据需求修改这个片段。然而，这种错误信息也许并不仅出现在一个网页，其他网页也需要同样的片段，例如 index.jsp 中，也可以发现相同的片段。每次都得复制粘贴同样的片段还不成问题，但将来要修改外观样式时才是一大麻烦。网页设计人员也许会说，这样的片段可以如`<html:Errors>`这样的标签存在就好了。

如果网页设计人员知道可以使用 Tag File，那这个需求就解决了。他们可以编写一个后缀为**.tag** 的文件，把它们放在 **WEB-INF/tags** 下。内容如下：

TagFile　Errors.tag

```
<%@tag description="显示错误信息的标签" pageEncoding="UTF-8"%>
<%@taglib uri="http://java.sun.com/jsp/jstl/core" prefix="c"%>
<c:if test="${requestScope.errors != null}">
    <h1>新增会员失败</h1>
    <ul style='color: rgb(255, 0, 0);'>
        <c:forEach var="error" items="${requestScope.errors}">
            <li>${error}</li>
        </c:forEach>
    </ul><br>
</c:if>
```

在这里看到了 **tag** 指示元素，它如同 JSP 的 page 指示元素，用来告知容器如何转译这个 Tag File。description 只是一段文字描述，用来说明这个 Tag File 的作用。**pageEncoding** 属性告知容器在转译 Tag File 时使用的编码。Tag File 中可以使用 taglib 指示元素引用其他自定义标签库，可以在 Tag File 中使用 JSTL。基本上，JSP 文件中可以使用的 EL 或 Scriptlet 在 Tag File 中也可以使用。

提示 >>> Tag File 基本上是给不会 Java 的网页设计人员使用的，这里的范例都不会在 Tag File 中出现 Scriptlet。

在需要这个 Tag File 的 JSP 页面中，可以使用 **taglib** 指示元素的 **prefix** 定义前置名称，以及使用 **tagdir** 属性定义 Tag File 的位置：

```
<%@taglib prefix="html" tagdir="/WEB-INF/tags" %>
```

接着就可以在 JSP 中需要呈现错误信息的地方，使用`<html:Errors/>`标签来代替先前呈现错误信息的片段。例如：

TagFile　register.jsp

```
<%@taglib prefix="html" tagdir="/WEB-INF/tags" %>  ←— 定义前置与 Tag File 位置
<!DOCTYPE html>
<html>
    <head>
        <meta charset="UTF-8">
        <title>Gossip 微博</title>
```

```
    </head>
    <body>
    <html:Errors/>   ← 使用自定义的 Tag File 标签
        <h1>会员注册</h1>
        <form method='post' action='register'>
            ...
        </form>
    </body>
</html>
```

当然，使用这个自定义的<html:Errors/>标签有个假设前提。错误信息是收集在一个List<String>对象中，在 request 中设置 errors 属性后传递过来。除非是大家都公认的标准，否则自定义标签必然与应用程序有某种程度的相关性。在自定义标签前，在使用的方便性及相关性之间必须做出取舍。

注意>>> 虽然 tagdir 可以指定 Tag File 的位置，但事实上只能指定/WEB-INF/tags 的子文件夹。也就是说，若以 tagdir 属性设置，Tag File 就只能放在/WEB-INF/tags 或子文件夹中。

前面提过 Tag File 会被容器转译，实际上是转译为 javax.servlet.jsp.tagext.SimpleTagSupport 的子类。以 Tomcat 为例，Errors.tag 转译后的类源代码名称是 Errors_ tag.java。在 Tag File 中可以使用 out、config、request、response、session、application、jspContext 等隐式对象，其中 jspContext 在转译之后，实际上是 javax.servlet.jsp.JspContext 对象。

Tag File 在 JSP 中，并不是静态包含(<%@include>)或动态包含(<jsp:include>)，若在 Tag File 中编写 Scriplet，其中的隐式对象其实是转译后的.java 中 doTag()方法中的局部变量：

```
public void doTag()
        throws JspException, IOException {
    PageContext _jspx_page_context = (PageContext)jspContext;
    HttpServletRequest request =
        (HttpServletRequest) _jspx_page_context.getRequest();
    HttpServletResponse response =
        (HttpServletResponse) _jspx_page_context.getResponse();
    HttpSession session = _jspx_page_context.getSession();
    ServletContext application =
        _jspx_page_context.getServletContext();
    ServletConfig config = _jspx_page_context.getServletConfig();
    JspWriter out = jspContext.getOut();
    ...
}
```

在 Tag File 中的 Scriptlet 定义的局部变量，也会是 doTag()中的局部变量，也就不可能直接与 JSP 中的 Scriptlet 沟通。

提示>>> JspContext 是 PageContext 的父类，JspContext 上定义的 API 不像 PageContext 使用到 Servlet API，原本在设计上希望 JSP 的相关实现可以不依赖特定技术(如 Servlet)，才会有 JspContext 这个父类的存在。

8.1.2 处理标签属性与 Body

网页设计人员经常需要在<header>与</header>之间加些<title>、<meta>信息，如果网页设计人员发现 Web 应用程序中的 JSP 网页，<header>与</header>间除了部分信息不同之外(如<title>不同)，其他要设置的信息都是相同的，他希望将<header>与</header>间的东西制作为 Tag File，之后要修改时，只需要修改 Tag File，就可以应用到全部有引用该 Tag File 的 JSP 网页。问题在于，如何设置 Tag File 中不同的特定信息？

答案是通过 Tag File 属性设置。就如同 HTML 的元素都有一些属性可以设置，在创建 Tag File 时，也可以指定使用某些属性，方法是通过 **attribute** 指示元素来指定。来看范例，了解如何设置。

TagFile　Header.tag

```
<%@tag description="header 内容" pageEncoding="UTF-8"%>
<%@attribute name="title"%>
<head>
    <meta charset="UTF-8">
    <link rel="stylesheet" href="css/gossip.css" type="text/css">
    <title>${title}</title>
</head>
```

attribute 指示元素定义使用 Tag File 时可以设置的属性名称，如果有多个属性名称，则可以使用多个 attribute 指示元素来设置。设置名称之后，若有人使用 Tag File 时指定属性值，这个值在*.tag 文件中，可以使用上述范例中的${title}方式来获取。下面是个使用范例。

TagFile　index.jsp

```
<%@taglib prefix="c" uri="http://java.sun.com/jsp/jstl/core"%>
<%@taglib prefix="html" tagdir="/WEB-INF/tags" %>   ← 定义前置与 Tag File 位置
<!DOCTYPE html>
<html>

    <html:Header title="Gossip 微博"/>   ← 使用自定义的 Tag File 标签

    <body>
        ...略
    </body>
</html>
```

在实际上先前定义的 Errors.tag 中，<h1>与</h1>标签间的文字可以这样定义：

```
<%@tag description="显示错误信息的标签" pageEncoding="UTF-8"%>
<%@attribute name="headline"%>
<%@taglib uri="http://java.sun.com/jsp/jstl/core" prefix="c"%>
<c:if test="${requestScope.errors != null}">
    <h1>${headline}</h1>
    <ul style='color: rgb(255, 0, 0);'>
        <c:forEach var="error" items="${requestScope.errors}">
            <li>${error}</li>
        </c:forEach>
    </ul><br>
</c:if>
```

这样在使用<html:Errors>标签时，才可以通过 headline 属性自定义标题文字。例如：

```
<html:Errors headline="新增会员失败"/>
```

到目前为止所使用的都是没有 Body 内容的 Tag File，事实上 Tag File 标签是可以有 Body 内容的。举个例子来说，如果 JSP 页面中，除了<body>与</body>之间的内容是不同的之外，其他都是相同的。如：

TagFile　Html.tag

```
<%@tag description="HTML 懒人标签" pageEncoding="UTF-8"%>
<%@attribute name="title"%>
<!DOCTYPE html>
<html>
    <head>
        <meta charset="UTF-8">
        <link rel="stylesheet" href="css/member.css" type="text/css">
        <title>${title}</title>
    </head>
    <body>
        <jsp:doBody/>
    </body>
</html>
```

这个 Tag File 使用 attribute 指示元素声明了 title 属性，其中编写了基本的 HTML 模板，<body>与</body>出现了<jsp:doBody/>标签，它可以取得使用 Tag File 标签时的 Body 内容。简单地说，可以这么使用这个 Tag File：

TagFile　member.jsp

```
<%@taglib prefix="c" uri="http://java.sun.com/jsp/jstl/core"%>

<%@taglib prefix="html" tagdir="/WEB-INF/tags" %>

<html:Html title="Gossip 微博">
    <div class='leftPanel'>
        <img src='images/caterpillar.jpg' alt='Gossip 微博' /><br>
        <br> <a href='logout'>注销 ${sessionScope.login}</a>
    </div>

    ...略

    <hr>
</html:Html>
```

使用<html:Html>的 title 属性设置网页标题，而在<html:Html>与</html:Html>的 Body 中，可以编写想要的 HTML、EL 或自定义标签。Body 的内容会在 Html.tag 的<jsp:doBody/>位置与其他内容结合在一起。

前面说过，Tag File 在使用的标签 Body 内容可以编写 HTML、EL 或自定义标签，但没有提到 Scriptlet。Tag File 的标签在使用时若有 Body，默认是不允许有 Scriptlet 的，因为定义 Tag File 时，tag 指示元素的 **body-content** 属性默认就是 scriptless，也就是不可以出现<% %>、<%= %>或<%! %>元素。

```
<%@tag body-content="scriptless" pageEncoding="UTF-8"%>
```

body-content 属性还可以设置 empty 或 tagdependent。empty 表示一定没有 Body 内容，也就是只能以<html:Header/>这样的方式来使用标签(非 empty 的设置时，可以用<html:Headers/>，或者是<html:Header>Body</html:Header>的方式)。tagdependent 表示将 Body 中的内容当作纯文字处理，也就是如果 Body 中出现了 Scriptlet、EL 或自定义标签，也只是当作纯文字输出，不会进行任何的运算或转译。

提示 »» 结论就是，Tag File 的标签在使用时若有 Body，在其中编写 Scriptlet 是没有意义的，要不就不允许出现，要不就当作纯文字输出。

8.1.3 TLD 文件

如果将 Tag File 的*.tag 文件放在/WEB-INF/tags 文件夹或子文件夹，并在 JSP 中使用 taglib 指示元素的 tagdir 属性指定*.tag 的位置，就可以使用 Tag File 了。其他人如果觉得 Tag File 不错，需要用，也只要将*.tag 复制到/WEB-INF/tags 文件夹或子文件夹就可以了。

本书读者毕竟都是 Java 程序员，也许你就是偏好使用 JAR 文件把东西包一包再给别人使用，或是为了跟 Simple Tag 等自定义标签库一起包起来。如果要将 Tag File 包成 JAR 文件，那么有几个地方要注意一下：

- *.tag 文件必须放在 JAR 文件的 META-INF/tags 文件夹或子文件夹下。
- 要定义 TLD(Tag Library Description)文件。
- TLD 文件必须放在 JAR 文件的 META-INF/TLDS 文件夹下。

例如，想将先前开发的 Errors.tag、Header.tag、Html.tag 封装在 JAR 文件中，则要将这三个.tag 文件放到某个文件夹的 META-INF/tags 下，并在 META-INF/ TLDS 下定义 html.tld 文件：

```
<?xml version="1.0" encoding="UTF-8"?>
<taglib version="2.1" xmlns="http://java.sun.com/xml/ns/j2ee"
    xmlns:xsi="http://www.w3.org/2001/XMLSchema-instance"
    xsi:schemaLocation="http://java.sun.com/xml/ns/j2ee
    web-jsptaglibrary_2_1.xsd">
   <tlib-version>1.0</tlib-version>
   <short-name>html</short-name>
   <uri>https://openhome.cc/html</uri>
   <tag-file>
      <name>Header</name>
      <path>/META-INF/tags/Header.tag</path>
   </tag-file>
   <tag-file>
      <name>Html</name>
      <path>/META-INF/tags/Html.tag</path>
   </tag-file>
   <tag-file>
      <name>Errors</name>
      <path>/META-INF/tags/Errors.tag</path>
   </tag-file>
</taglib>
```

其中，**<uri>**设置是在 JSP 中与 taglib 指示元素的 url 属性对应用的。每个**<tag-file>**中使用**<name>**定义了自定义标签的名称，使用**<path>**定义了*.tag 在 JAR 文件中的位置。接下来可以使用文字模式进入放置 META-INF 的文件夹中，执行以下命令生成 html.jar：

```
jar cvf ../html.jar *
```

在 Eclipse 中，可以创建 Java Project，在 src 中创建 META-INF/TLDS 文件夹以放置.tld 文件，在 src 中创建 META-INF/tags 文件夹以放置.tag 文件，然后使用其 Export 功能导出.jar 文件：

(1) 选择项目后右击，在弹出的快捷菜单中选择 Export 命令，在出现的 Export 对话框中，选择 General 中的 Archive File 后单击 Next 按钮。

(2) 在下方的 Options 中选择 Create only selected directories，展开上面的项目，取消项目旁的复选框，展开 bin 节点，选择 META-INF 复选框。

(3) 在 To Archive file 文本框中输入 JAR 文件的名称与目的文件夹，单击 Finish 按钮完成导出。

若要使用产生的 html.jar，就要将它放到 Web 应用程序的 WEB-INF/lib 文件夹中，而要使用标签的 JSP 页面，可以编写如下：

```
<%@page pageEncoding="UTF-8" %>
<!DOCTYPE html>
<%@taglib prefix="html" uri="https://openhome.cc/html" %>
<html:Html title="Gossip 微博">
    <html:Errors/>
    <h1>会员注册</h1>
    <form method='post' action='register'>
            ...
    </form>
</html:Html>
```

注意»» 这次是使用 taglib 指示元素的 uri 属性，名称对应至 TLD 文件中的<uri>所设置的名称。

8.2 Simple Tag 自定义标签

上一节介绍了 Tag File，它是设计给不会 Java 的网页设计人员使用的。有些人会在 Tag File 中编写 Scriptlet 来操作 Java 对象，但并不建议这么做。这么做的结果只会走回 HTML 夹杂 Scriptlet 的路。如果在 JSP 或 Tag File 中还是免不了需要操作 Java 对象，可以考虑实现 Simple Tag 来自定义标签，将 Java 程序代码撰写在其中。

8.2.1 Simple Tag 简介

相较于 Tag File 的使用，实现 Simple Tag 有更多的东西需了解。先来使用 Simple Tag 模仿 JSTL 的<c:if>标签功能，介绍一个简单的 Simple Tag 要如何开发。由于这是个“伪”JSTL 标签，姑且叫它为<f:if>标签好了。

首先要编写标签处理器，这是一个 Java 类，可以继承 javax.servlet.jsp.tagext.SimpleTagSupport 来实现标签处理器(Tag Handler)，并重新定义 doTag()方法来进行标签处理。

SimpleTag　IfTag.java

```
package cc.openhome.tag;

import java.io.IOException;
import javax.servlet.jsp.JspException;
import javax.servlet.jsp.tagext.SimpleTagSupport;

public class IfTag extends SimpleTagSupport { ←── ❶ 继承 SimpleTagSupport
    private boolean test;

    public void setTest(boolean test) {  ←── ❷ 建立设值方法
        this.test = test;
    }

    @Override
    public void doTag() throws JspException { ←── ❸ 重新定义 doTag()
        if (test) {
            try {
                getJspBody().invoke(null);   ←── ❹ 取得 JspFragment 调用 invoke()
            } catch (IOException ex) {
                throw new JspException("IfTag 执行错误", ex);
            }
        }
    }
}
```

除了继承 SimpleTagSupport 之外❶，因为<f:if>标签有个 test 属性，标签处理器必须有个接受 test 属性的设值方法(Setter)❷。在重新定义的 doTag()中❸，如果 test 属性为 true，调用 SimpleTagSupport 的 **getJspBody()**方法，会返回一个 **JspFragment** 对象，代表<f:if>与</f:if>间的 Body 内容。如果调用 JspFragment 的 **invoke()**并传入一个 null❹，表示执行<f:if>与</f:if>间的 Body 内容，如果没有调用 invoke()，<f:if>与</f:if>间的 Body 内容不会被执行，也就不会有结果输出至用户的浏览器。

为了让 Web 容器了解<f:if>标签与 IfTag 标签处理器之间的关系，要定义一个标签程序库描述文件(Tag Library Descriptor)，也就是一个后缀为.tld 的文件。

SimpleTag　f.tld

```
<?xml version="1.0" encoding="UTF-8"?>
<taglib version="2.1" xmlns="http://java.sun.com/xml/ns/j2ee"
 xmlns:xsi="http://www.w3.org/2001/XMLSchema-instance"
 xsi:schemaLocation="http://java.sun.com/xml/ns/j2ee
 web-jsptaglibrary_2_1.xsd">
    <tlib-version>1.0</tlib-version>
    <short-name>f</short-name>
    <uri>https://openhome.cc/jstl/fake</uri>  ←── ❶ 定义<uri>
    <tag>       ←── ❷ 定义<tag>相关信息
        <name>if</name>
        <tag-class>cc.openhome.tag.IfTag</tag-class>
        <body-content>scriptless</body-content>
        <attribute>
            <name>test</name>
            <required>true</required>
            <rtexprvalue>true</rtexprvalue>
```

```
         <type>boolean</type>
      </attribute>
   </tag>
</taglib>
```

其中`<uri>`设置是在 JSP 中与 `taglib` 指示元素的 `uri` 属性对应用的❶。每个**<tag>**标签❷中使用**<name>**定义了自定义标签的名称，使用**<tag-class>**定义标签处理器类，而**<body-content>**设置为 `scriptless`，表示标签 Body 中不允许使用 Scriptlet 等元素。

如果标签上有属性，是使用**<attribute>**来设置，**<name>**设置属性名称，**<required>**表示是否一定要设置这个属性。`<rtexprvalue>`(也就是 runtime expression value)表示属性是否接受运行时运算的结果(如 EL 表达式的结果)，如果设置为 `false` 或不设置`<rtexprvalue>`，表示在 JSP 上设置属性时仅接受字符串形式，**<type>**则是设置属性类型。

可以将 TLD 文件放在 WEB-INF 文件夹下，这样容器就会自动加载它。如果要使用这个标签，同样必须在 JSP 页面上使用 `taglib` 指示元素。例如：

SimpleTag ifTag.jsp

```
<%@page contentType="text/html" pageEncoding="UTF-8"%>
<%@taglib prefix="f" uri="https://openhome.cc/jstl/fake" %>
<!DOCTYPE html>
<html>
   <head>
      <meta charset="UTF-8">
      <title>自定义 if 标签</title>
   </head>
   <body>
      <f:if test="${param.password == '123456'}">
         你的秘密数据在此！
      </f:if>
   </body>
</html>
```

在这个示范的 JSP 页面中，使用自定义的`<f:if>`标签，检查 password 请求参数是否为设置的数值，如果数值正确，则显示`<f:if>`Body 的内容。

提示>>> JSTL 本身并非用 Simple Tag 来实现的，而是使用 8.3 节所介绍的 Tag 自定义标签来实现。在这一节中，只是用 Simple Tag 来模拟 JSTL 的功能。

8.2.2 了解 API 架构与生命周期

看起来 Simple Tag 的开发似乎不会太难，主要就是继承 `SimpleTagSupport` 类、重新定义 `doTag()`方法、定义 TLD 文件以及使用 `taglib` 指示元素。不过实际上还有很多东西需要解释。

`SimpleTagSupport` 实际上实现了 **javax.servlet.jsp.tagext.SimpleTag** 接口，而 `SimpleTag` 接口继承了 **javax.servlet.jsp.tagext.JspTag** 接口，如图 8.1 所示。

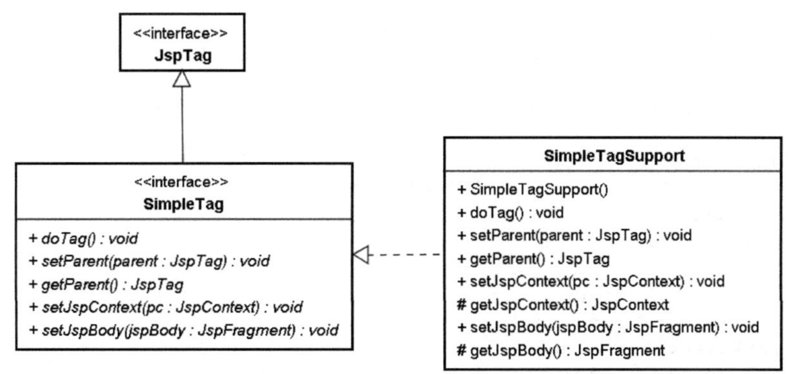

图 8.1　Simple Tag API 架构图

JSP 自定义 Tag 都实现了 `JspTag` 接口，`JspTag` 接口只是个标示接口，本身没有定义任何的方法。`SimpleTag` 接口继承了 `JspTag`，定义了 `Simple Tag` 开发时的基本行为。开发 `Simple Tag` 标签处理器时必须实现 `SimpleTag` 接口，不过通常继承 `SimpleTagSupport` 类，因为该类实现了 `SimpleTag` 接口，并对所有方法做了基本实现，只需要在继承 `SimpleTagSupport` 之后，重新定义感兴趣的方法即可。通常就是重新定义 `doTag()` 方法。

若 JSP 网页中包括 Simple Tag 自定义标签，用户请求该网页，在遇到自定义标签时，会按照以下步骤来进行处理：

(1) 创建自定义标签处理器实例。

(2) 调用标签处理器的 `setJspContext()` 方法设置 `PageContext` 实例。

(3) 如果是嵌套标签中的内层标签，还会调用标签处理器的 `setParent()` 方法，并传入外层标签处理器的实例。

(4) 设置标签处理器属性(例如，这里是调用 `IfTag` 的 `setTest()` 方法来设置)。

(5) 调用标签处理器的 `setJspBody()` 方法设置 `JspFragment` 实例。

(6) 调用标签处理器的 `doTag()` 方法。

(7) 销毁标签处理器实例。

每一次的请求都会创建新的标签处理器实例，而在执行 `doTag()` 后就销毁实例，所以在 Simple Tag 的实现中，建议不要有一些耗资源的动作，如庞大的对象、连线的获取等。正如 Simple Tag 名称表示的，这并不仅代表它实现上比较简单(相较于 Tag 的实现方式)，也代表着它最好用来做一些简单的事务。

提示 >>> 同样的道理，由于 Tag File 转译后会成为继承 `SimpleTagSupport` 的类，所以在 Tag File 中，也建议不要有一些耗资源的操作。

由于标签处理器中被设置了 `PageContext`，可以用它来取得 JSP 页面的所有对象，进行所有在 JSP 页面 Scriptlet 中可以执行的操作，之后就可以用自定义标签来取代 JSP 页面上的 Scriptlet。

`JspFragment` 就如其名称所示，是个 JSP 页面中的片段内容。在 JSP 中使用自定义标签时若包括 Body，将会转译为一个 `JspFragment` 实现类，而 Body 内容将会在 `invoke()` 方法进行处理。以 Tomcat 为例，`<f:if>`Body 内容将转译为以下的 `JspFragment` 实现类(一个内部类)：

```
private class Helper
    extends org.apache.jasper.runtime.JspFragmentHelper {
    // 略...
    public boolean invoke0( JspWriter out )
      throws Throwable {
      out.write("\n");
      out.write("            你的秘密数据在此！\n");
      out.write("        ");
      return false;
    }
    public void invoke( java.io.Writer writer )
        throws JspException {
        JspWriter out = null;
        if( writer != null ) {
            out = this.jspContext.pushBody(writer);
        } else {
            out = this.jspContext.getOut();
        }
        try {
            // 略...
              invoke0( out );
            // 略...
        }
        catch( Throwable e ) {
            if (e instanceof SkipPageException)
                throw (SkipPageException) e;
            throw new JspException( e );
        }
        finally {
            if( writer != null ) {
                this.jspContext.popBody();
            }
        }
    }
}
```

在 doTag()方法中使用 getJspBody()取得 JspFragment 实例，调用其 invoke()方法时传入 null，这表示将使用 PageContext 取得默认的 JspWriter 对象来作输出响应(而并非不作响应)。接着进行 Body 内容的输出，如果 Body 内容中包括 EL 或内层标签，会先做处理(在<body-content>设置为 scriptless 的情况下)。在上面的简单范例中，只是将<f:if>Body 的 JSP 片段直接输出(也就是 invoke0()的执行内容)。

如果调用 JspFragment 的 invoke()时传入了一个 Writer 实例，表示要将 Body 内容的运行结果以指定的 Writer 实例输出，这个之后会再进行讨论。

如果执行 doTag()的过程在某些条件下，必须中断接下来页面的处理或输出，可以抛出 **javax.servlet.jsp.SkipPageException**，这个异常对象会在 JSP 转译后的_jspService()中进行处理：

```
...
try {
    // 抛出 SkipPageException 异常的地方
    // 其他 JSP 页面片段
    // 略...
} catch (Throwable t) {
    if (!(t instanceof SkipPageException)){
        out = _jspx_out;
        if (out != null && out.getBufferSize() != 0)
```

```
            try { out.clearBuffer(); } catch (java.io.IOException e) {}
            if (_jspx_page_context != null)
                _jspx_page_context.handlePageException(t);
        }
    }
}
...
```

简单地说，在 catch 中捕捉到异常时，若是 SkipPageException 实例，什么事都不做。在 doTag() 中若只是想中断接下来的页面处理，则可以抛出 SkipPageException。

提示>>> 若是抛出其他类型的异常，在 PageContext 的 handlePageException() 中会看看有无设置错误处理相关机制，并尝试进行页面转发或包含的动作，否则就封装为 ServletException 并丢给容器做默认处理，这时就会看到 HTTP Status 500 的网页出现了。

8.2.3 处理标签属性与 Body

如果自定义标签时，Body 的内容需要执行多次该如何处理？例如原本 JSTL <c:forEach>标签的功能，必须根据设置的数组、Collection 等实际包括对象，以决定是否取出下一个对象并执行 Body。下面就来使用 Simple Tag 实现<f:forEach>标签以模仿<c:forEach>的功能。这个<f:forEach>标签会是这么使用：

```
<f:forEach var="name" items="${names}">
    ${name}<br>
</f:forEach>
```

为了简化范例，先不考虑 items 属性上 EL 的运算结果是数组的情况，而只考虑 Collection 对象。<f:forEach>标签可以设置 var 属性来决定每次从 Collection 取得对象时，应使用哪个名称在标签 Body 中取得该对象，var 只接受字符串方式来设置名称。下面看看如何实现标签处理器。

SimpleTag ForEachTag.java

```
package cc.openhome.tag;

import java.io.IOException;
import java.util.Collection;
import javax.servlet.jsp.JspException;
import javax.servlet.jsp.tagext.SimpleTagSupport;

public class ForEachTag extends SimpleTagSupport {
    private String var;
    private Collection<Object> items;

    public void setVar(String var) {
        this.var = var;
    }

    public void setItems(Collection<Object> items) {
        this.items = items;
    }
```

```
    @Override
    public void doTag() throws JspException {
        items.forEach(o -> {
            this.getJspContext().setAttribute(var, o);  ←—— 设置标签 Body 可用的 EL 名称

            try {
                this.getJspBody().invoke(null);  ←——逐一调用 invoke()方法
            } catch (JspException | IOException e) {
                throw new RuntimeException(e);
            }

            this.getJspContext().removeAttribute(var);  ←——移除属性
        });
    }
}
```

在属性的设置上，由于 var 属性会是字符串方式设置，所以声明为 String 类型。items 运算的结果可接受 Collection 对象，类型声明为 Collection<Object>。标签 Body 可接受的 EL 名称，事实上是取得 PageContext 后使用其 setAttribute()进行设置。<f:forEach>标签 Body 内容必须执行多次，则是通过多次调用 invoke()来达成。简单地说，在 doTag()中每调用一次 invoke()，会执行一次 Body 内容。

在 doTag()中通过 PageContext 设置 page 范围属性，希望 doTag()执行完毕后清除属性，所以使用 removeAttribute ()进行移除。这个范例在离开<f:forEach>标签范围后，就无法再通过 var 属性所设置的名称取得值。

接着同样地，在 TLD 文件中定义自定义标签相关信息：

SimpleTag　f.tld

```
<?xml version="1.0" encoding="UTF-8"?>
<taglib version="2.1" xmlns="http://java.sun.com/xml/ns/j2ee"
 xmlns:xsi="http://www.w3.org/2001/XMLSchema-instance"
 xsi:schemaLocation="http://java.sun.com/xml/ns/j2ee
 web-jsptaglibrary_2_1.xsd">
    <tlib-version>1.0</tlib-version>
    <short-name>f</short-name>
    <uri>https://openhome.cc/jstl/fake</uri>
    // 略...
    <tag>
        <name>forEach</name>
        <tag-class>cc.openhome.tag.ForEachTag</tag-class>
        <body-content>scriptless</body-content>
        <attribute>
            <name>var</name>
            <required>true</required>
            <type>java.lang.String</type>
        </attribute>
        <attribute>
            <name>items</name>
            <required>true</required>
            <rtexprvalue>true</rtexprvalue>
            <type>java.util.Collection</type>
        </attribute>
    </tag>
</taglib>
```

Simple Tag 的 Body 内容，也就是**<body-content>**属性与 Tag File 相同，除了 scriptless

之外，还可以设置 empty 或 tagdependent。empty 表示一定没有 Body 内容。tagdependent 表示将 Body 中的内容当作纯文字处理，也就是如果 Body 中出现 Scriptlet、EL 或自定义标签，也只是当作纯文字输出，不会作任何的运算或转译。由于 var 属性只接受字符串设置，所以不需要设置**<rtexprvalue>**标签，不设置时默认就是 false，也就是不接受运行时的运算值作为属性设置值。

到目前为止都是通过 SimpleTagSupport 的 getJspBody()取得 JspFragment，并在调用 invoke()时传入 null。先前解释过，这表示将使用 PageContext 取得默认的 JspWriter 对象来做输出响应，也就是默认会输出响应至用户的浏览器。

如果在调用时传入自定义的 Writer 对象，标签 Body 内容的处理结果，就会使用指定的 Writer 对象进行输出，在需要将处理过后的 Body 内容再做进一步处理时，就会采取这样的做法。例如，开发一个将 Body 运行结果全部转为大写的简单标签：

SimpleTag　ToUpperCaseTag.java

```
package cc.openhome.tag;

import java.io.IOException;
import java.io.StringWriter;
import javax.servlet.jsp.JspException;
import javax.servlet.jsp.tagext.SimpleTagSupport;

public class ToUpperCaseTag extends SimpleTagSupport {
    @Override
    public void doTag() throws JspException {
        StringWriter writer = new StringWriter();
        writeTo(writer);
        String upper = writer.toString().toUpperCase();
        print(upper);
    }

    private void writeTo(StringWriter writer) throws JspException {
        try {
            this.getJspBody().invoke(writer);   ←—— Body 执行结果将输出至 StringWriter 对象
        } catch (IOException e) {
            throw new JspException("ToUpperCaseTag 执行错误", e);
        }
    }

    private void print(String upper) throws JspException {
        try {
            this.getJspContext().getOut().print(upper);
        } catch (IOException e) {
            throw new JspException("ToUpperCaseTag 执行错误", e);
        }
    }
}
```

在这个标签处理器中执行 invoke()后，标签 Body 执行的结果将输出至 StringWriter 对象，此时再调用 StringWriter 对象的 toString()取得输出的字符串结果，并调用 toUpperCase()方法将结果转为大写。如果这个转换大写后的字符串结果要输出至用户浏览器，再通过 PageContext 的 getOut()取得 JspWriter 对象，而后调用 print()方法输出结果。

记得在 TLD 文件中加入这个自定义标签的定义：

SimpleTag f.tld

```
<?xml version="1.0" encoding="UTF-8"?>
<taglib version="2.1" xmlns="http://java.sun.com/xml/ns/j2ee"
 xmlns:xsi="http://www.w3.org/2001/XMLSchema-instance"
 xsi:schemaLocation="http://java.sun.com/xml/ns/j2ee
 web-jsptaglibrary_2_1.xsd">
    <tlib-version>1.0</tlib-version>
    <short-name>f</short-name>
    <uri>https://openhome.cc/jstl/fake</uri>
    // 略...
    <tag>
        <name>toUpperCase</name>
        <tag-class>cc.openhome.tag.ToUpperCaseTag</tag-class>
        <body-content>scriptless</body-content>
    </tag>
</taglib>
```

可以如下所示使用这个标签，运行的结果是 items 设置的字符串都会被转为大写：

```
<f:toUpperCase>
    <f:forEach var="name" items="${names}">
        ${name} <br>
    </f:forEach>
</f:toUpperCase>
```

还记得 8.2.2 节那段转译后的内部 Helper 类吗？如果调用 invoke()方法时设置了 Writer 对象，会调用 pageContext 的 pushBody()方法并传入该对象，这会将 pageContext 的 getOut()方法取得的对象设置为该 Writer 对象，并在堆栈中记录先前的 JspWriter 对象。

```
JspWriter out = null;
if( writer != null ) {
    out = this.jspContext.pushBody(writer);
} else {
    out = this.jspContext.getOut();
}
```

若标签 Body 内容中还有内层标签，通过 getOut()取得的就是设置的 Writer 对象(除非内层标签在调用 invoke()时，也设置了自己的 Writer 对象)。pushBody()返回的是 BodyContent 对象，为 JspWriter 的子类，封装了传入的 Writer 对象。因为 BodyContent 实例被 out 引用，而运行结果都通过 out 引用的对象输出，最后 BodyContent 将会包括所有标签 Body 的运行结果(包括内层标签)，而这些结果将再写入 BodyContent 封装的 Writer 对象。

在 invoke()结束前会调用 pageContext 的 popBody()方法，从堆栈中恢复原本 getOut()应返回的 JspWriter 对象。

提示>>> 这里针对 pushBody()、popBody()方法的说明属于比较进阶的概念，可搭配 PageContext 关于 pushBody()、popBody()的源代码来了解。如果脑袋暂时有点打结，只要记得结论："如果调用 invoke()时传入了 Writer 对象，标签 Body 运行结果将输出至所设置的 Writer 对象。"

8.2.4 与父标签沟通

如果要设计的自定义标签是放置在某个标签中，而且必须与外层标签做沟通，例如 JSTL

中的<c:when>、<c:otherwise>必须放在<c:choose>中，且<c:when>或<c:otherwise>必须得知先前的<c:when>是否已经测试通过并执行 Body 内容，如果是的话就不再执行测试。

8.2.2 节中介绍过，当 JSP 中包括自定义标签时，会创建自定义标签处理器的实例，调用 setJspContext()设置 PageContext 实例，再来若是嵌套标签中的内层标签，还会调用标签处理器的 setParent()方法，并传入外层标签处理器的实例。这就是与外层标签接触的机会。

接下来以模仿 JSTL 的<c:choose>、<c:when>、<c:otherwise>标签为例，制作自定义的<f:choose>、<f:when>、<f:otherwise>标签，了解内层标签如何与外层标签沟通。首先来看看<f:choose>的标签处理器如何编写。

SimpleTag ChooseTag.java

```
package cc.openhome.tag;

import javax.servlet.jsp.JspException;
import javax.servlet.jsp.tagext.SimpleTagSupport;

public class ChooseTag extends SimpleTagSupport {
    private boolean matched;

    public boolean isMatched() {
        return matched;
    }

    public void setMatched(boolean matched) {
        this.matched = matched;
    }

    @Override
    public void doTag() throws JspException {
        try {
            this.getJspBody().invoke(null);
        } catch (java.io.IOException ex) {
            throw new JspException("ChooseTag 执行错误", ex);
        }
    }
}
```

ChooseTag 基本上没什么事，只是内含一个 boolean 类型的成员 matched，默认是 false。一旦内部的<f:when>有测试成功的可能，会将 matched 设置为 true。ChooseTag 的 doTag()只需要做一件事，取得 JspFragment 并调用 invoke(null)执行标签 Body 内容。

再来看看<f:when>的标签处理器实现：

SimpleTag WhenTag.java

```
package cc.openhome.tag;

import javax.servlet.jsp.JspException;
import javax.servlet.jsp.JspTagException;
import javax.servlet.jsp.tagext.JspTag;
import javax.servlet.jsp.tagext.SimpleTagSupport;

public class WhenTag extends SimpleTagSupport {
    private boolean test;

    public void setTest(boolean test) {
```

```
        this.test = test;
    }

    @Override
    public void doTag() throws JspException {
        JspTag parent = null;
        if (!((parent = getParent()) instanceof ChooseTag)) {
            throw new JspTagException("必须置于 choose 标签中");
        }

        if (((ChooseTag) parent).isMatched()) {
            return;
        }

        if (test) {
            ((ChooseTag) parent).setMatched(true);
            try {
                this.getJspBody().invoke(null);
            } catch (java.io.IOException ex) {
                throw new JspException("WhenTag 执行错误", ex);
            }
        }
    }
}
```

❶ 无法取得 parent 或不为 ChooseTag 类，表示不在 choose 标签中

❷ parent 的 matched 为 true，表示先前有 when 通过测试中

❸ 通过测试，设置 parent 的 matched 为 true

❹ 执行标签 Body

<f:when>可以设置 test 属性来看看是否执行 Body 内容。在测试开始前，必须先尝试取得 parent，如果无法取得(也就是为 null 的情况)，表示不在任何标签之中；或是 parent 不为 ChooseTag 类型时，表示不是置于<f:choose>中，这是个错误的使用方式，必须抛出异常❶。

如果确实是置于<f:choose>标签中，接着尝试取得 parent 的 matched 状态，如果已经被设置为 true，表示先前有<f:when>已经通过测试并执行了其 Body 内容，那么目前这个<f:when>就不用再做测试了❷。如果是置于<f:choose>中，而且先前没有<f:when>通过测试，接着就可以进行目前这个<f:when>的测试，如果测试成功，设置 parent 的 matched 为 true❸，并执行标签 Body❹。

接着来看<f:otherwise>的标签处理器如何编写。

SimpleTag　OtherwiseTag.java

```
package cc.openhome.tag;

import javax.servlet.jsp.JspException;
import javax.servlet.jsp.JspTagException;
import javax.servlet.jsp.tagext.JspTag;
import javax.servlet.jsp.tagext.SimpleTagSupport;

public class OtherwiseTag extends SimpleTagSupport {
    @Override
    public void doTag() throws JspException {
        JspTag parent = null;
        if (!((parent = getParent()) instanceof ChooseTag)) {
            throw new JspTagException("必须置于 choose 标签中");
        }

        if (((ChooseTag) parent).isMatched()) {
            return;
```

```
        }

        try {
            this.getJspBody().invoke(null);
        } catch (java.io.IOException ex) {
            throw new JspException("OtherwiseTag 执行错误", ex);
        }
    }
}
```

前面的<f:when>没有测试通过，这里就直接执行标签 Body 内容

<f:otherwise>标签的处理基本上与<c:when>类似，必须确认是否置于<f:choose>标签中；然后确认之前<c:when>测试是否成功，如果之前没有<c:when>测试成功，就直接执行标签 Body 内容。

提示»» WhenTag 与 OtherwiseTag 的 doTag()执行流程类似，可以为它们制作一个父类，以避免重复代码的问题。基本上，这也是 JSTL 的做法。

接着定义 TLD 文件，在其中加入自定义标签定义：

SimpleTag f.tld

```
<?xml version="1.0" encoding="UTF-8"?>
<taglib version="2.1" xmlns="http://java.sun.com/xml/ns/j2ee"
    xmlns:xsi="http://www.w3.org/2001/XMLSchema-instance"
   xsi:schemaLocation="http://java.sun.com/xml/ns/j2ee
   web-jsptaglibrary_2_1.xsd">
   <tlib-version>1.0</tlib-version>
   <short-name>f</short-name>
   <uri>https://openhome.cc/jstl/fake</uri>
   // 略...
   <tag>
       <name>choose</name>
       <tag-class>cc.openhome.tag.ChooseTag</tag-class>
       <body-content>scriptless</body-content>
   </tag>

   <tag>
       <name>when</name>
       <tag-class>cc.openhome.tag.WhenTag</tag-class>
       <body-content>scriptless</body-content>
       <attribute>
           <name>test</name>
           <required>true</required>
           <rtexprvalue>true</rtexprvalue>
           <type>boolean</type>
       </attribute>
   </tag>

   <tag>
       <name>otherwise</name>
       <tag-class>cc.openhome.tag.OtherwiseTag</tag-class>
       <body-content>scriptless</body-content>
   </tag>
</taglib>
```

接着使用自定义的<f:choose>、<f:when>、<f:otherwise>标签改写 6.2.2 节中 login2.jsp：

SimpleTag login.jsp

```
<%@page contentType="text/html" pageEncoding="UTF-8"%>
<%@taglib prefix="f" uri="https://openhome.cc/jstl/fake"%>
<jsp:useBean id="user" class="cc.openhome.User"  />
<jsp:setProperty name="user" property="*" />
<!DOCTYPE html>
<html>
   <head>
      <meta charset="UTF-8">
      <title>登录页面</title>
   </head>
   <body>
      <f:choose>
          <f:when test="${user.valid}">
             <h1>${user.name}登录成功</h1>
          </f:when>
          <f:otherwise>
              <h1>登录失败</h1>
          </f:otherwise>
      </f:choose>
   </body>
</html>
```

执行的方式及结果与 6.2.2 节是相同的，只不过这次用的是自定义的“伪”JSTL 标签。

可以使用 getParent()取得 parent 标签，也就是目前标签的上一层标签。如果在数个嵌套的标签中，想要直接取得某个指定类型的外层标签，可以通过 SimpleTagSupport 的 findAncestorWithClass()静态方法。例如：

```
SomeTag ancestor = (SomeTag) findAncestorWithClass(
                                this, SomeTag.class);
```

findAncestorWithClass()方法会在目前标签的外层标签中寻找，直到找到指定的类型之外层标签对象后返回。

8.2.5 TLD 文件

可以将 TLD 文件直接放在 Web 应用程序的 WEB-INF 文件夹或其子文件夹中，容器会在 WEB-INF 文件夹或子文件夹中找到 TLD 文件并加载。如果要用 JAR 文件来封装自定义标签处理器与 TLD 文件，与 8.1.3 节说明的方式类似，不过这次 TLD 文件不一定要放在 JAR 文件的 META-INF/TLDS 文件夹中，而只要是在 JAR 文件的 META-INF 文件夹或子文件夹即可。也就是：

(1) JAR 文件根目录下放置编译好的类(包含对应包的文件夹)。

(2) JAR 文件 META-INF 文件夹或子文件夹中放置 TLD 文件。例如，可以将这一节所开发的 Simple Tag 放置在一个 fake 文件夹中，如图 8.2 所示。

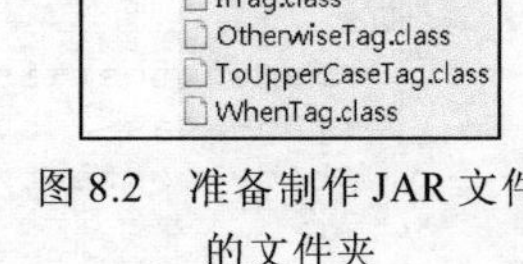

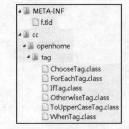

图 8.2　准备制作 JAR 文件的文件夹

(3) 接着在文字模式中进入 fake 文件夹，运行以下命令：

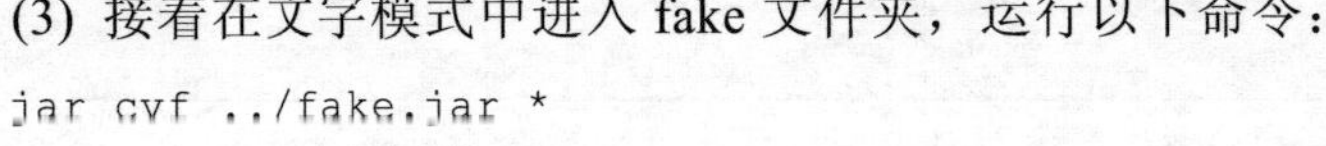

```
jar cvf ../fake.jar *
```

(4) 这样在 fake 文件夹上一层目录中，就会产生 fake.jar 文件，若想使用这个 fake.jar，只要将之置入 WEB-INF/lib 中，就可以开始使用自定义的标签库。

提示 >>> 使用 Eclipse 的话，也可以参考 8.1.3 节的操作说明来导出 JAR 文件，并利用 Deployment Assembly 来引用 JAR 文件。

8.3 Tag 自定义标签

使用 Simple Tag 实现自定义标签较简单，要实现的内容都在 doTag()方法中进行。在绝大多数的情况下，使用 Simple Tag 应能满足自定义标签的需求。然而，Simple Tag 是从 JSP 2.0 之后才加入至标准中，在 JSP 2.0 之前实现自定义标签，是通过 Tag 接口下相关类的实现来完成的。

这一节将使用 Tag 接口下的相关类，实现出 8.2 节使用 Simple Tag 自定义的标签，以了解两者在自定义标签上的不同实现方式。

8.3.1 Tag 简介

8.2.1 节曾经使用 Simple Tag 开发了一个<f:if>自定义标签，在这里改用 Tag 接口下的相关类来实现<f:if>标签。要定义标签处理器，可以通过继承 **javax.servlet.jsp.tagext.TagSupport** 来实现。例如：

Tag IfTag.java

```
package cc.openhome.tag;

import javax.servlet.jsp.JspException;
import javax.servlet.jsp.tagext.TagSupport;

public class IfTag extends TagSupport {
    private boolean test;

    public void setTest(boolean test) {
        this.test = test;
    }

    @Override
    public int doStartTag() throws JspException {
        if(test) {
            return EVAL_BODY_INCLUDE;  ← 测试通过会执行标签 Body 内容
        }
        return SKIP_BODY;  ← 执行到这里表示测试失败，所以忽略 Body 内容
    }
}
```

当 JSP 中开始处理标签时，会调用 **doStartTag()** 方法，由 doStartTag()的返回值决定后续是否执行 Body。如果 doStartTag()方法返回 EVAL_BODY_INCLUDE 常数(定义在 Tag 接口中)，则会执行 Body 内容，若返回 SKIP_BODY 常数(定义在 Tag 接口中)，则不执行 Body 内容。

提示 >>> 看起来只是从 doTag()实现改为 doStartTag()吗？因为这还只是简介，事实上继承 TagSupport 类后，针对标签处理的不同时机，可以重新定义的方法有 doStartTag()、doAfterBody()与 doEndTag()。

接着定义 TLD 文件的内容：

Tag f.tld

```
<?xml version="1.0" encoding="UTF-8"?>

<taglib version="2.1" xmlns="http://java.sun.com/xml/ns/j2ee"
  xmlns:xsi="http://www.w3.org/2001/XMLSchema-instance"
  xsi:schemaLocation="http://java.sun.com/xml/ns/j2ee
  web-jsptaglibrary_2_1.xsd">
   <tlib-version>1.0</tlib-version>
   <short-name>f</short-name>
   <uri>https://openhome.cc/jstl/fake</uri>
   <tag>
       <name>if</name>
       <tag-class>cc.openhome.tag.IfTag</tag-class>
       <body-content>JSP</body-content>
       <attribute>
           <name>test</name>
           <required>true</required>
           <rtexprvalue>true</rtexprvalue>
           <type>boolean</type>
       </attribute>
   </tag>
</taglib>
```

基本上，在定义 TLD 文件时与使用 Simple Tag 时是相同的，除了在`<body-content>`的设置值上。在这里可以设置的有 `empty`、`JSP` 与 `tagdependent`(在 Simple Tag 中可以设置的是 `empty`、`scriptless` 与 `tagdependent`)。其中 `JSP` 的设置值表示 Body 中若包括动态内容，如 Scriptlet 等元素、EL 或自定义标签都会执行。

如 8.2.1 节的范例来使用这个标签，基于简介时范例的完整性，将测试用的 JSP 放进来：

Tag ifTag.jsp

```
<%@page contentType="text/html" pageEncoding="UTF-8"%>
<%@taglib prefix="f" uri="https://openhome.cc/jstl/fake" %>
<!DOCTYPE html>
<html>
   <head>
       <meta charset="UTF-8">
       <title>自定义 if 标签</title>
   </head>
   <body>
       <f:if test="${param.password == '123456'}">
           你的秘密数据在此!
       </f:if>
   </body>
</html>
```

同样地，如果请求中包括请求参数 `password` 且值为 `123456`，会显示 Body 内容，否则只会看到一片空白。

8.3.2 了解架构与生命周期

在 8.3.1 节开发`<f:if>`中虽然省略了许多细节，但也看到与 Simple Tag 开发的略微不同。

在 Simple Tag 开发中，只要定义 doTag()方法就可以了，但在实现 Tag 接口相关类时，按不同的时机，要定义不同的 doXXXTag()方法，并按需求返回不同的值。

doXXXTag()方法实际上是分别定义在 **Tag** 与 **IterationTag** 接口上的方法，它们的继承与实现架构如图 8.3 所示。

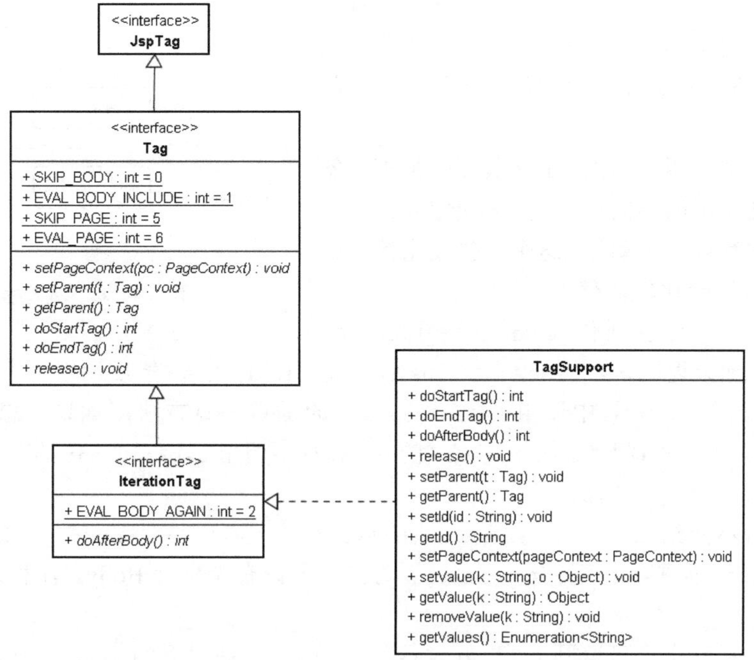

图 8.3 Tag、IterationTag 与 TagSupport

类似 SimpleTag 接口，Tag 接口继承自 JspTag 接口，它定义了基本的 Tag 行为，如设置 PageContext 实例的 setPageContext()、设置外层父标签对象的 setParent()方法、标签对象销毁前调用的 release()方法等。

单是使用 Tag 接口的话，无法重复执行 Body 内容，必须使用子接口 IterationTag 接口的 doAfterBody()(之后会看到如何重复执行 Body 内容)。TagSupport 类实现了 IteratorTag 接口，对接口上所有方法做了基本实现，只需要在继承 TagSupport 之后，针对必要的方法重新定义即可。

当 JSP 中遇到 TagSupport 自定义标签时，会进行以下动作：

(1) 尝试从标签池(Tag Pool)找到可用的标签对象，如果找到就直接使用，如果没找到就创建新的标签对象。

(2) 调用标签处理器的 setPageContext()方法设置 PageContext 实例。

(3) 如果是嵌套标签中的内层标签，还会调用标签处理器的 setParent()方法，并传入外层标签处理器的实例。

(4) 设置标签处理器属性(例如这里是调用 IfTag 的 setTest()方法来设置)。

(5) 调用标签处理器的 doStartTag()方法，并依不同的返回值决定是否执行 Body 或调用 doAfterBody()、doEndTag()方法(稍后详述)。

(6) 将标签处理器实例置入标签池中以便再次使用。

首先注意到第 1 点与第 6 点，Tag 实例是可以重复使用的(SimpleTag 实例则是每次请求都创建新对象，用完就销毁回收)，自定义 Tag 类时，要注意对象状态是否会保留下来，必要的时候，在 doStartTag()方法中，可以进行状态重置的动作。别以为可以使用 release()方法来作状态重置，因为 release()方法只会在标签实例真正被销毁回收前被调用。

接着来详细说明第 5 点。JSP 页面会根据标签处理器各方法调用的不同返回值，来决定要调用哪一个方法或进行哪一个动作，这个直接使用流程图(见图 8.4)来说明会比较清楚。

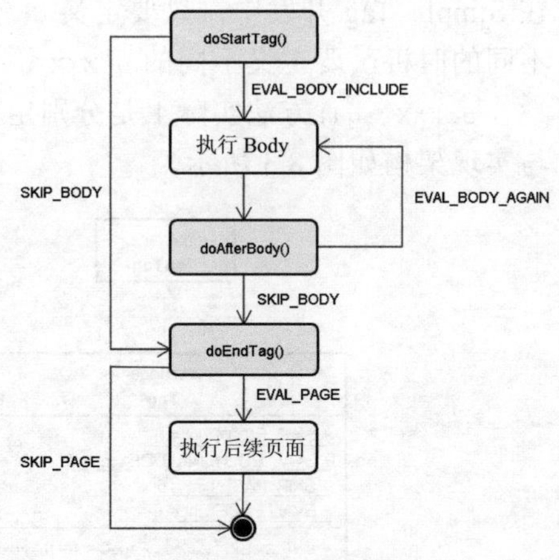

图 8.4　标签处理器流程图

doStartTag()可以回传 EVAL_BODY_INCLUDE 或 SKIP_BODY。如果返回 EVAL_BODY_INCLUDE 则会执行 Body 内容，然后调用 doAfterBody()(相当于 SimpleTag 的 doTag()中调用了 JspFragment 的 invoke()方法)。如果不想执行 Body 内容，可返回 SKIP_BODY(相当于 SimpleTag 的 doTag()不调用 JspFragment 的 invoke()方法)，此时会调用 doEndTag()方法。

这里暂时不介绍 doAfterBody()方法的返回值，因为 doAfterBody()默认返回值是 SKIP_BODY，如果不重新定义 doAfterBody()方法，无论有无执行 Body，流程最后都会来到 doEndTag()。

在 doEndTag()中，可返回 EVAL_PAGE 或 SKIP_PAGE。如果返回 EVAL_PAGE，自定义标签后续的 JSP 页面才会继续执行，如果返回 SKIP_PAGE 就不会执行后续的 JSP 页面(相当于 SimpleTag 的 doTag()中抛出 SkipPageException 的作用)。

实际上，由于 TagSupport 类对 IterationTag 接口做了基本实现，doStartTag()、doAfterBody()与 doEndTag()都有默认的返回值，依序分别是 SKIP_BODY、SKIP_BODY 及 EVAL_PAGE，也就是默认不处理 Body，标签处理结束后会执行后续的 JSP 页面。

提示»» 在 Tomcat 中，如果查看 JSP 转译后的 Servlet 源代码会发现，只要 doStartTag()的返回值不是 SKIP_BODY，就会执行 Body 内容并调用 doAfterBody()方法。doEndTag()只要返回值不是 SKIP_PAGE，就会执行后续的 JSP 页面。

8.3.3　重复执行标签 Body

如果想继承 TagSupport 实现 8.2.3 节的<f:forEach>标签，可以根据给定的 Collection 对象个数来决定重复执行标签 Body 的次数，那么该在哪个方法中实现？doStartTag()？根据图 8.4，doStartTag()只会执行一次！doEndTag()？这时 Body 内容处理已经结束了。

根据图 8.4，在 doAfterBody()方法执行过后，如果返回 EVAL_BODY_AGAIN，会再重复执行一次 Body 内容，然后再次调用 doAfterBody()方法，除非在 doAfterBody()中返回 SKIP_BODY 才会调用 doEndTag()。显然，doAfterBody()是可以实现<f:forEach>标签重复处理特性的地方。

不过这里有点小陷阱。当 doStartTag()返回 EVAL_BODY_INCLUDE 后，会先执行 Body 内容后再调用 doAfterBody()方法，也就是说，实际上 Body 已经执行过一遍了。正确的做法应该是 doStartTag()与 doAfterBody()都要实现，doStartTag()实现第一次的处理，doAfterBody()实现后续的重复处理。例如：

Tag ForEachTag.java

```
package cc.openhome.tag;

import java.util.Collection;
import java.util.Iterator;
import javax.servlet.jsp.JspException;
import javax.servlet.jsp.tagext.TagSupport;

public class ForEachTag extends TagSupport {
    private String var;
    private Iterator<Object> iterator;

    public void setVar(String var) {
        this.var = var;
    }

    public void setItems(Collection<Object> items) {
        this.iterator = items.iterator();
    }

    @Override
    public int doStartTag() throws JspException { ❶ 测试并执行第一次的处理
        if(iterator.hasNext()) {
            this.pageContext.setAttribute(var, iterator.next());
            return EVAL_BODY_INCLUDE; ← ❷ 进行 Body 执行后调用 doAfterBody()
        }
        return SKIP_BODY;
    }

    @Override
    public int doAfterBody() throws JspException { ❸测试并执行后续的处理
        if(iterator.hasNext()) {
            this.pageContext.setAttribute(var, iterator.next());
            return EVAL_BODY_AGAIN; ← ❹再执行一次 Body 后调用 doAfterBody()
        }
        this.pageContext.removeAttribute(var);
        return SKIP_BODY;
    }
}
```

在<f:forEach>的标签处理器实现中，必须先为第一次的 Body 执行做属性设置❶，这样返回 EVAL_BODY_INCLUDE 后第一次执行 Body 内容时❷，才有 var 设置的属性名称可以访问。接着调用 doAfterBody()方法，其中再为第二次之后的 Body 处理做属性设置❸，如果需要再执行一次 Body，返回 EVAL_BODY_AGAIN❹，再次执行完 Body 后又会调用 doAfterBody()方法。如果不想执行 Body 了，返回 SKIP_PAGE，流程会来到 doEndTag()的执行(在 SimpleTag 的 doTag()中直接使用循环语法，显然直观多了)。

接着同样在定义 TLD 文件中定义标签：

Tag f.tld

```
<?xml version="1.0" encoding="UTF-8"?>
<taglib version="2.1" xmlns="http://java.sun.com/xml/ns/j2ee"
  xmlns:xsi="http://www.w3.org/2001/XMLSchema-instance"
  xsi:schemaLocation="http://java.sun.com/xml/ns/j2ee
  web-jsptaglibrary_2_1.xsd">
   <tlib-version>1.0</tlib-version>
   <short-name>f</short-name>
   <uri>https://openhome.cc/jstl/fake</uri>
   // 略...
   <tag>
      <name>forEach</name>
      <tag-class>cc.openhome.tag.ForEachTag</tag-class>
      <body-content>JSP</body-content>
      <attribute>
         <name>var</name>
         <required>true</required>
         <type>java.lang.String</type>
      </attribute>
      <attribute>
         <name>items</name>
         <required>true</required>
         <rtexprvalue>true</rtexprvalue>
         <type>java.util.Collection</type>
      </attribute>
   </tag>
</taglib>
```

与 8.2.3 节 TLD 文件中定义不同，其实仅在`<body-content>`用 `JSP` 而不是 `scriptless`。可以使用 8.2.3 节的 JSP 片段来测试这个`<f:forEach>`标签，基于篇幅限制，这里就不再列出。

提示»» 实际上在 Tomcat 中，如果观看 JSP 转译后的 Servlet 源代码会发现，只要 `doAfterBody()` 的返回值不是 `EVAL_BODY_AGAIN`,就不会再次执行 Body 内容并调用 `doAfterBody()` 方法。

8.3.4 处理 Body 运行结果

如果想在 Body 执行过后，取得执行的结果并做适当处理该如何进行？例如实现一个 8.2.3 节的`<f:toUpperCase>`标签？只是继承 `TagSupport` 的话没办法实现这个目标。可以继承 `javax.servlet.jsp.tagext.BodyTagSupport` 类来实现，先来看看其类架构，如图 8.5 所示。

图 8.5 中多了 **`BodyTag`** 接口，其继承自 `IterationTag` 接口，新增了 `setBodyContent()` 与 `doInitBody()`两个方法，而 `BodyTagSupport` 继承自 `TagSupport` 类，将 `doStartTag()`的默认返回值改为 `EVAL_BODY_BUFFERED`，并针对 `BodyTag` 接口做了简单的实现。

在继承 `BodyTagSupport` 类实现自定义标签时，如果 `doStartTag()`返回了 `EVAL_BODY_BUFFERED`，会先调用 `setBodyContent()`方法，然后调用 `doInitBody()`方法，接着再执行标签 Body，也就是如图 8.4 所示的流程变成了如图 8.6 所示。

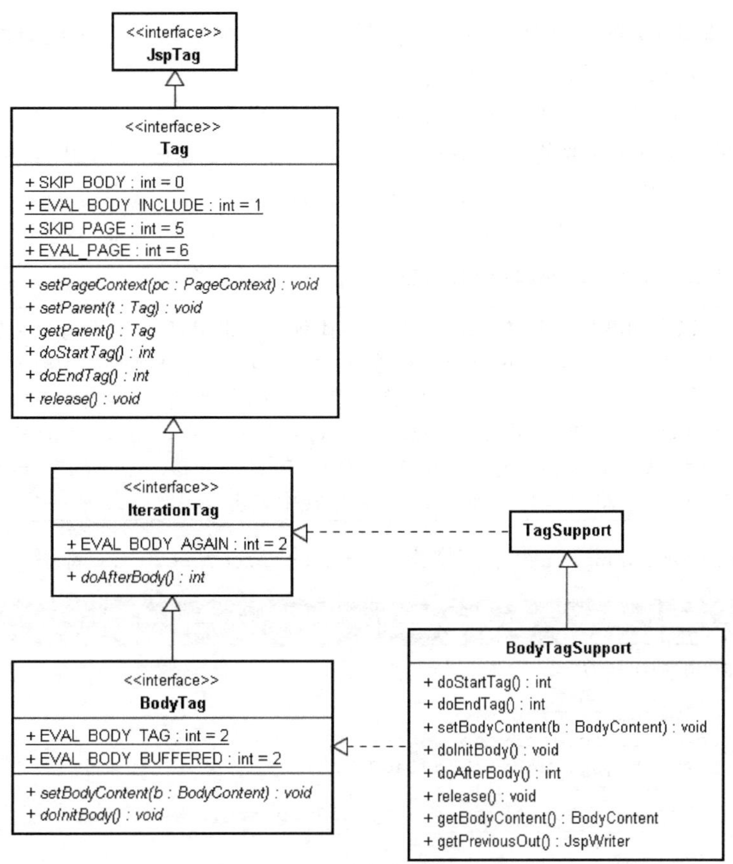

图 8.5　加上 BodyTag 与 BodyTagSupport 后的架构图

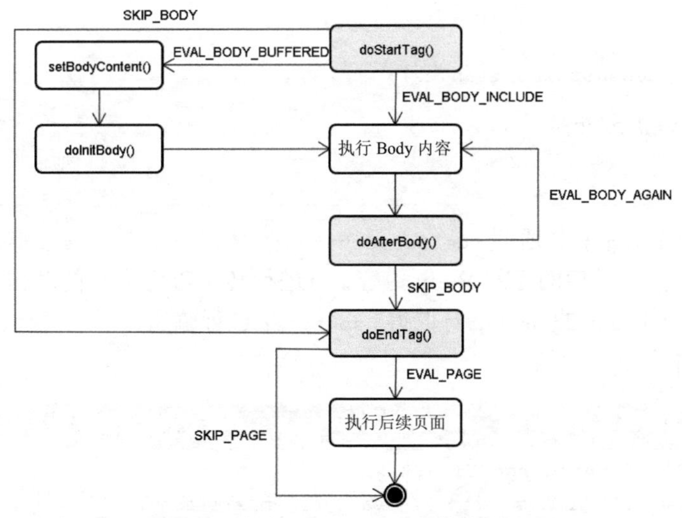

图 8.6　加上 SKIP_BODY 后的流程图

基本上，在使用 BodyTagSupport 实现自定义标签时，并不需要去重新定义 setBodyContent()与 doInitBody()方法，只需要知道这两个方法执行过后，在 doAfterBody()或 doEndTag()方法中，就可以通过 **getBodyContent()** 取得 **BodyContent** 对象(Writer 的子对象)，

这个对象中包括 Body 内容执行后的结果。例如，通过 BodyContent 的 **getString()**方法，就可以字符串的方式返回执行后的 Body 内容。

如果要将加工后的 Body 内容输出用户的浏览器，通常会在 doEndTag()中使用 pageContext 的 getOut()取得 JspWriter 对象，然后利用它来输出内容至浏览器。在 doAfterBody()中使用 pageContext 的 getOut()方法所取得的对象与 getBodyContent()取得的其实是相同的对象。如果一定要在 doAfterBody()中取得 JspWriter 对象，必须通过 BodyContent 的 **getEnclosingWriter()**方法。

提示>>> 原因可以在 JSP 转译后的 Servlet 代码中找到。如果 doStartTag()返回 EVAL_BODY_BUFFERED，会使用 PageContext 的 pushBody()将目前的 JspWriter 置入堆栈中，并返回一个 BodyContent 对象，然后调用 setBodyContent()并传入这个 BodyContent 对象，再调用 doInitBody()方法。在调用 doEndTag()方法前，如果先前 doStartTag()返回 EVAL_BODY_BUFFERED，会调用 PageContext 的 popBody()，将原本的 JspWriter 从堆栈中取出。

以下使用 BodyTagSupport 类来实现出 8.2.3 节的<f:toUpperCase>标签处理器作为示范：

TagDemo ToUpperCaseTag.java

```java
package cc.openhome.tag;

import java.io.IOException;
import javax.servlet.jsp.JspException;
import javax.servlet.jsp.tagext.BodyTagSupport;

public class ToUpperCaseTag extends BodyTagSupport {
    @Override
    public int doEndTag() throws JspException {
        String upper = this.getBodyContent().getString().toUpperCase();
        try {
            pageContext.getOut().write(upper);
        } catch (IOException ex) {
            throw new JspException(ex);
        }
        return EVAL_PAGE;
    }
}
```

这里在 doEndTag()中通过 getBodyContent()取得 BodyContent 对象，并调用其 getString()取得执行过后的标签 Body 内容，再进行转字母为大写的动作。转换后的 Body 内容，通过 pageContext 的 getOut()取得 JspWriter 进行输出。

在 TLD 文件中定义标签：

Tag f.tld

```xml
<?xml version="1.0" encoding="UTF-8"?>
<taglib version="2.1" xmlns="http://java.sun.com/xml/ns/j2ee"
    xmlns:xsi="http://www.w3.org/2001/XMLSchema-instance"
    xsi:schemaLocation="http://java.sun.com/xml/ns/j2ee
    web-jsptaglibrary_2_1.xsd">
    <tlib-version>1.0</tlib-version>
    <short-name>f</short-name>
    <uri>https://openhome.cc/jstl/fake</uri>
```

```
    // 略...
    <tag>
        <name>toUpperCase</name>
        <tag-class>cc.openhome.tag.ToUpperCaseTag</tag-class>
        <body-content>JSP</body-content>
    </tag>
</taglib>
```

接着就如同 8.2.3 节的示范，可以这样使用这个标签：

```
<f:toUpperCase>
    <f:forEach var="name" items="${names}">
        ${name} <br>
    </f:forEach>
</f:toUpperCase>
```

8.3.5 与父标签沟通

如果有一些标签必须与外层标签沟通，可以通过 getParent()来取得外层标签实例，这对 Tag 接口相关类的实现也是如此。在 8.3.2 节中提过，如果是嵌套标签中的内层标签，还会调用标签处理器的 setParent()方法，并传入外层标签处理器的实例。

同样，在这里以开发<f:choose>、<f:when>与<f:otherwise>作为示范。首先是<f:choose>标签处理器的开发。如：

Tag ChooseTag.java

```
package cc.openhome.tag;

import javax.servlet.jsp.JspException;
import javax.servlet.jsp.tagext.TagSupport;

public class ChooseTag extends TagSupport {
    private boolean matched;

    public boolean isMatched() {
        return matched;
    }

    public void setMatched(boolean matched) {
        this.matched = matched;
    }

    @Override
    public int doStartTag() throws JspException {
        matched = false;
        return EVAL_BODY_INCLUDE;
    }
}
```

ChooseTag 基本上什么都不做，要重新定义 doStartTag()是因为 TagSupport 的 doStartTag()方法默认返回 SKIP_BODY。然而<f:choose>用来包括内层标签，不能忽略 Body 内容，必须返回 EVAL_BODY_INCLUDE。

另外，Tag 的实例会在不使用时放回标签池，若标签上一次执行过后有状态存在，下次再从标签池中取出时，必须考虑进行状态重置的动作，这个动作放在 doStartTag()中完成。

接着是<f:when>标签的处理器：

Tag WhenTag.java

```
package cc.openhome.tag;

import javax.servlet.jsp.JspException;
import javax.servlet.jsp.tagext.JspTag;
import javax.servlet.jsp.tagext.TagSupport;

public class WhenTag extends TagSupport {
    private boolean test;

    public void setTest(boolean test) {
        this.test = test;
    }

    @Override
    public int doStartTag() throws JspException {
        JspTag parent = getParent();
        if (!(parent instanceof ChooseTag)) {
            throw new JspException("必须置于 choose 标签中");
        }

        ChooseTag choose = (ChooseTag) parent;
        if (choose.isMatched() || !test) {
            return SKIP_BODY;
        }

        choose.setMatched(true);
        return EVAL_BODY_INCLUDE;
    }
}
```

在这里，doStartTag()基本上的检查流程与 8.2.4 节类似，判断是否包括在<f:choose>标签中，判断先前的<f:when>是否曾经通过测试，以决定是否要执行或忽略自己的 Body 内容。如：

Tag OtherwiseTag.java

```
package cc.openhome.tag;

import javax.servlet.jsp.JspException;
import javax.servlet.jsp.tagext.JspTag;
import javax.servlet.jsp.tagext.TagSupport;

public class OtherwiseTag extends TagSupport {
    @Override
    public int doStartTag() throws JspException {
        JspTag parent = getParent();
        if (!(parent instanceof ChooseTag)) {
            throw new JspException("必须置于 choose 标签中");
        }

        ChooseTag choose = (ChooseTag) parent;
        if (choose.isMatched()) {
            return SKIP_BODY;
        }

        return EVAL_BODY_INCLUDE;
    }
}
```

基本上，OtherwiseTag 的 doStartTag() 与 WhenTag 是类似的，只不过不用检查 test 属性。记得在 TLD 文件中加入标签定义：

TagDemo f.tld

```
<?xml version="1.0" encoding="UTF-8"?>
<taglib version="2.1" xmlns="http://java.sun.com/xml/ns/j2ee"
  xmlns:xsi="http://www.w3.org/2001/XMLSchema-instance"
  xsi:schemaLocation="http://java.sun.com/xml/ns/j2ee
  web-jsptaglibrary_2_1.xsd">
   <tlib-version>1.0</tlib-version>
   <short-name>f</short-name>
   <uri>https://openhome.cc/jstl/fake</uri>
   // 略...
   <tag>
       <name>choose</name>
       <tag-class>cc.openhome.tag.ChooseTag</tag-class>
       <body-content>JSP</body-content>
   </tag>
   <tag>
       <name>when</name>
       <tag-class>cc.openhome.tag.WhenTag</tag-class>
       <body-content>JSP</body-content>
       <attribute>
           <name>test</name>
           <required>true</required>
           <rtexprvalue>true</rtexprvalue>
           <type>boolean</type>
       </attribute>
   </tag>
   <tag>
       <name>otherwise</name>
       <tag-class>cc.openhome.tag.OtherwiseTag</tag-class>
       <body-content>JSP</body-content>
   </tag>
</taglib>
```

同样地，可以使用 8.2.4 节的 JSP 网页来测试这里自定义的<f:choose>、<f:when>与<f:otherwise>标签。

提示>>> 有机会的话，可以看看 JSTL 的实现源代码，这是了解如何使用 Tag 接口下相关类实现自定义标签的最好方式。JSTL 的源代码可以在这里下载：

http://jakarta.apache.org/site/downloads/downloads_taglibs-standard.cgi

8.4 综合练习

首先，可以使用 8.3 节的成果，将综合练习中 JSP 里的 JSTL 替换掉，借此测试对 JSTL 与自定义标签链接库的理解是否正确。接下来，是为了下一章做综合练习准备，将 UserService 进行重构，令存取相关逻辑从 UserService 中分离出来。

8.4.1 重构/使用 DAO

观察一下目前微博应用程序的 UserService 类，它有哪些功能呢？检查用户是否存在、产生盐值、计算密码哈希、验证用户登录、排序信息等，以及大量的文件存取逻辑，而刚才提及的各种功能，就混杂在这堆文件存取逻辑中，难以一眼就看出各自程序代码的意图。

未来可能还会在 UserService 中加入更多功能，使得 UserService 的程序代码更为混乱，而且，下一章会谈到 JDBC 存取数据库，若不赶紧好好整顿 UserService，届时要将文件存取逻辑改为 JDBC 存取数据库的逻辑，将会比较麻烦。

既然有大量的文件存取逻辑，那表示这些存取逻辑可以分离出来，由专门对象负责。然而，不是单纯地分离功能就可以了，由于后续可能会改用其他存取方案，为了减少到时对 UserService 的影响，应该有个方式可以隔离存取逻辑变化时的影响，为此，可以使用接口定义出存取时的职责协议，UserService 依赖在协议而不是实作，借此隔离变化。

UserService 中有一部分是处理用户的注册，因此定义出 AccountDAO 的功能如下：

gossip AccountDAO.java

```
package cc.openhome.model;

import java.util.Optional;

public interface AccountDAO {
    void createAccount(Account acct);
    Optional<Account> accountBy(String name);
}
```

AccountDAO 有两个功能，根据指定的 Account 实例建立用户账户，以及根据名称看看是否可取得 Account 实例，由于可能找不到指定的用户名称，因此返回值可以使用 Optional <Account>。至于 Account 的定义如下：

gossip Account.java

```
package cc.openhome.model;

public class Account {
    private String name;
    private String email;
    private String password;
    private String salt;

    public Account(String name, String email, String password, String salt) {
        this.name = name;
        this.email = email;
        this.password = password;
        this.salt = salt;
    }

    public String getName() {
        return name;
    }

    public String getEmail() {
```

```
        return email;
    }

    public String getPassword() {
        return password;
    }

    public String getSalt() {
        return salt;
    }
}
```

信息的新增、删除与查找，定义在 MessageDAO 之中：

gossip MessageDAO.java

```
package cc.openhome.model;

import java.util.List;

public interface MessageDAO {
    List<Message> messagesBy(String username);
    void createMessage(Message message);
    void deleteMessageBy(String username, String millis);
}
```

有了 AccountDAO 与 MessageDAO 之后，就可以基于它们的功能来重构 UserService，首先可以将相关的文件存取逻辑各自重构至 AccountDAPFileImpl 与 MessageDAOFileImpl 之中，由于 UserService 中存取逻辑与其他服务逻辑混杂在一起，抽取功能会稍微困难一些。重点在于，DAO 实现对象中单纯实现存取逻辑，不是存取逻辑的部分一律剔除。

由于重构之后，AccountDAPFileImpl 与 MessageDAOFileImpl 中的程序代码，大都是在 UserService 中看过的存取逻辑，基于篇幅限制，这边就不列出了，可以直接查看范例文件，现在重点可以放在 UserService 基于 AccountDAO 与 MessageDAO 重构之后的样貌：

gossip UserService.java

```
package cc.openhome.model;

import java.time.Instant;
import java.util.Comparator;
import java.util.List;
import java.util.Optional;

public class UserService {
    private final AccountDAO acctDAO;          ❶ 依赖在 DAO
    private final MessageDAO messageDAO;

    public UserService(AccountDAO acctDAO, MessageDAO messageDAO) {
        this.acctDAO = acctDAO;
        this.messageDAO = messageDAO;           ❷ 注入 DAO
    }

    public void tryCreateUser(String email, String username, String password)  {

        if(!acctDAO.accountBy(username).isPresent()) {   ❸ 检查用户是否存在
            createUser(username, email, password);
```

```
        }
    }

    private void createUser(String username, String email, String password) {
        int salt = (int) (Math.random() * 100);          ┐← ❹ 产生盐值与密码哈希
        int encrypt = salt + password.hashCode();        ┘
        acctDAO.createAccount(
              new Account(username, email,
                    String.valueOf(encrypt), String.valueOf(salt)));
    }

    public boolean login(String username, String password) {
        if(username == null || username.trim().length() == 0) {
            return false;
        }

        Optional<Account> optionalAcct = acctDAO.accountBy(username);
        if(optionalAcct.isPresent()) {
            Account acct = optionalAcct.get();
            int encrypt = Integer.parseInt(acct.getPassword());
            int salt = Integer.parseInt(acct.getSalt());          ← ❺名称、密码比对
            return password.hashCode() + salt == encrypt;
        }
        return false;
    }
                                                              ❻信息排序
    public List<Message> messages(String username) {              ↓
        List<Message> messages = messageDAO.messagesBy(username);
        messages.sort(Comparator.comparing(Message::getMillis).reversed());
        return messages;
    }

    public void addMessage(String username, String blabla) {
        messageDAO.createMessage(
              new Message(
                    username, Instant.now().toEpochMilli(), blabla));
    }

    public void deleteMessage(String username, String millis) {
        messageDAO.deleteMessageBy(username, millis);
    }
}
```

现在的 UserService 依赖在 AccountDAO 与 MessageDAO❶，至于 AccountDAO 与 MessageDAO 实例，是通过构造函数注入❷，现在可以清楚地看到 UserService 中检查用户是否存在❸、产生盐值与密码哈希❹、名称密码比对❺、信息排序❻等职责了，存取相关逻辑则各自委托给 AccountDAO 与 MessageDAO 处理。

由于 UserService 的构造函数有了变动，而且必须建立 AccountDAO 与 MessageDAO 实例注入 UserService，GossipInitializer 要做出对应的修改：

gossip GossipInitializer.java

```
package cc.openhome.web;

...略

@WebListener
```

```
public class GossipInitializer implements ServletContextListener {
   public void contextInitialized(ServletContextEvent sce) {
      ServletContext context = sce.getServletContext();
      String USERS = sce.getServletContext().getInitParameter("USERS");
      AccountDAO acctDAO = new AccountDAOFileImpl(USERS);
      MessageDAO messageDAO = new MessageDAOFileImpl(USERS);
      context.setAttribute("userService",
                  new UserService(acctDAO, messageDAO));
   }
}
```

8.4.2 加强 user.jsp

目前的 user.jsp 可以显示用户的信息，不过，若是输入了不存在的用户会引发错误，因为 User 中并没有检查用户是否存在，就直接进行信息查找，为了避免发生错误，可以在 UserService 中建立新的方法：

gossip UserService.java

```
package cc.openhome.model;

...略

public class UserService {
    ...略

   public boolean exist(String username) {
      return acctDAO.accountBy(username).isPresent();
   }
}
```

exist()方法可用来确认用户名称是否存在，现在可以修改 User 的流程，在用户不存在时提供相关信息：

gossip User.java

```
package cc.openhome.controller;

...略

public class User extends HttpServlet {
   protected void doGet(
            HttpServletRequest request, HttpServletResponse response)
                throws ServletException, IOException {

      String username = getUsername(request);
      UserService userService =
         (UserService) getServletContext().getAttribute("userService");

      request.setAttribute("username", username);
      if(userService.exist(username)) {
         List<Message> messages = userService.messages(username);
         request.setAttribute("messages", messages);
      } else {
         request.setAttribute("errors",
            Arrays.asList(String.format("%s 还没有发表信息", username)));
```

```
        }

        request.getRequestDispatcher(getInitParameter("USER_PATH"))
               .forward(request, response);
    }
    ...略
}
```

用户不存在实际上被视为错误，不过信息表现上只会告知该用户还没有发表信息，接下来 user.jsp 也要做出对应修改。

gossip user.jsp

```
<%@taglib prefix="f" uri="https://openhome.cc/jstl/fake" %>
<!DOCTYPE html>
<html>
...略

<body>

    ...略


    <table border='0' cellpadding='2' cellspacing='2'>
        <thead>
            <tr>
                <th><hr></th>
            </tr>
        </thead>
        <tbody>

  <f:choose>
     <f:when test="${requestScope.errors != null}">
        <ul>
        <f:forEach var="error" items="${requestScope.errors}">
            <li>${error}</li>
        </f:forEach>
        </ul>
     </f:when>
     <f:otherwise>
         <f:forEach var="message" items="${requestScope.messages}">
             <tr>
                 <td style='vertical-align: top;'>${message.username}<br>
                     ${message.blabla}<br> ${message.localDateTime}
                     <hr>
                 </td>
             </tr>
         </f:forEach>
     </f:otherwise>
  </f:choose>

        </tbody>
    </table>
    <hr>
</body>
</html>
```

在这里使用自定义的伪 STL`<f:choose>`、`<f:when>`与`<f:otherwise>`来判断，何时要显示错误信息，何时该显示用户发表之信息，当指定的用户不存在时，会显示如图 8.7 所示的画面。

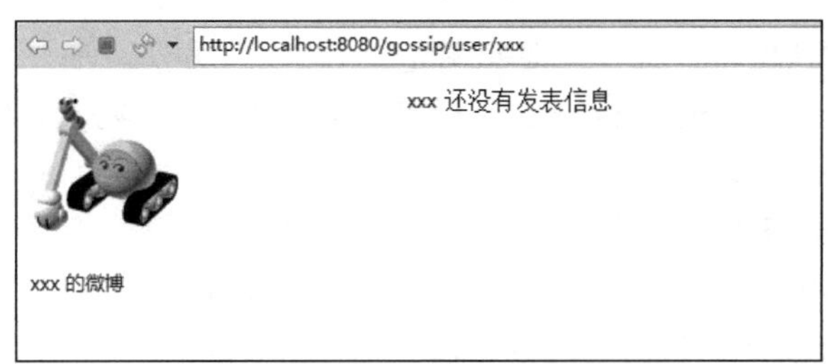

图 8.7　加上 SKIP_BODY 后的流程图

8.5　重点复习

Tag File 是为了不会 Java 的网页设计人员而存在的，它是一个后缀为.tag 的文件，放在 WEB-INF/tags 下。Tag File 中可使用 tag 指示元素，它就像是 JSP 的 page 指示元素，用来告知容器如何转译 Tag File。在需要 Tag File 的 JSP 页面中，要使用 taglib 指示元素的 prefix 定义前置名称，并使用 tagdir 属性定义 Tag File 的位置。Tag File 会被容器转译，实际上是转译为 javax.servlet.jsp.tagext.SimpleTagSupport 的子类。

在创建 Tag File 时，也可以指定使用某些属性，方法是通过 attribute 指示元素来指定。tag 指示元素的 body-content 属性默认就是 scriptless，也就是不可以出现<% %>、<%= %>或<%! %>元素。body-content 属性还可以设置 empty 或 tagdependent。empty 表示一定没有 Body 内容，tagdependent 表示将 Body 中的内容当作纯文字处理，也就是如果 Body 中出现了 Scriptlet、EL 或自定义标签，也只是当作纯文字输出，不会做任何的运算或转译。

如果要将 Tag File 包成 JAR 文件，有几个地方要注意一下：

- *.tag 文件必须放在 JAR 文件的 META-INF/tags 文件夹或子文件夹下。
- 要定义 TLD(Tag Library Description)文件。
- TLD 文件必须放在 JAR 文件的 META-INF/TLDS 文件夹下。

可以继承 javax.servlet.jsp.tagext.SimpleTagSupport 来实现 Simple Tag 标签处理器(Tag Handler)，并重新定义 doTag()方法来进行标签处理。为了让 Web 容器了解 Simple Tag 标签与标签处理器之间的关系，要定义一个标签程序库描述文件(Tag Library Descriptor)，也就是一个后缀为.tld 的文件。其中<uri>设置是在 JSP 中与 taglib 指示元素的 uri 属性对应用的。每个<tag>标签中使用<name>定义了自定义标签的名称，使用<tag-class>定义标签处理器类，而<body-content>设置为 scriptless，表示标签 Body 中不允许使用 Scriptlet 等元素。

如果标签上有属性，是使用<attribute>来设置，<name>设置属性名称，<required>表示是否一定要设置这个属性，<rtexprvalue>表示属性是否接受运行时运算的结果(如 EL 表达式的结果)。如果设置为 false 或不设置<rtexprvalue>，表示在 JSP 上设置属性时仅接受字符串形式，<type>设置属性类型。将 TLD 文件放在 WEB-INF 文件夹下，这样容器就会自动加载。

所有的 JSP 自定义标签都实现了 JspTag 接口，JspTag 接口只是标示接口，本身没有定义任何的方法。SimpleTag 接口继承了 JspTag，定义了 Simple Tag 开发时的基本行为，Simple Tag 标签处理器必须实现 SimpleTag 接口，不过通常继承 SimpleTagSupport 类，因为该类实现了 SimpleTag，并对所有方法做了基本实现。只需要在继承 SimpleTagSupport 之后，重新定义所兴趣的方法即可，通常就是重新定义 doTag()方法。

当 JSP 网页中包括 Simple Tag 自定义标签，若用户请求该网页，在遇到自定义标签时，会按照以下步骤来进行处理：

(1) 创建自定义标签处理器实例。

(2) 调用标签处理器的 setJspContext()方法设置 PageContext 实例。

(3) 如果是嵌套标签中的内层标签，还会调用标签处理器的 setParent()方法，并传入外层标签处理器的实例。

(4) 设置标签处理器属性(如这里是调用 IfTag 的 setTest()方法来设置)。

(5) 调用标签处理器的 setJspBody()方法设置 JspFragment 实例。

(6) 调用标签处理器的 doTag()方法。

(7) 销毁标签处理器实例。

在 doTag()方法中使用 getJspBody()取得 JspFragment 实例，在调用 invoke()方法时传入 null，这表示将使用 PageContext 取得默认的 JspWriter 对象来作输出响应(而并非不作响应)。如果调用 JspFragment 的 invoke()时传入了一个 Writer 实例，表示要将 Body 内容的运行结果，以设置的 Writer 实例作输出。如果执行 doTag()的过程在某些条件下必须中断接下来页面的处理或输出，可以抛出 javax.servlet.jsp.SkipPageException。Simple Tag 的 Body 内容，也就是<body-content>属性与 Tag File 类似，除了 scriptless 之外，还可以设置 empty 或 tagdependent。<rtexprvalue>标签在不设置时，默认就是 false，也就是不接受运行时的运算值作为属性设置值。

要定义 Tag 标签处理器，可以通过继承 javax.servlet.jsp.tagext.TagSupport 来实现。Tag 接口继承自 JspTag 接口，定义了基本的 Tag 行为。单是使用 Tag 接口的话，无法重复执行 Body 内容，这是用子接口 IterationTag 的 doAfterBody()定义。TagSupport 类实现了 IteratorTag 接口，对接口上所有方法做了基本实现，只需要在继承 TagSupport 之后，针对必要的方法重新定义即可。

当 JSP 中遇到 TagSupport 自定义标签时，会进行以下动作：

(1) 尝试从标签池(Tag Pool)找到可用的标签对象，如果找到就直接使用，如果没找到就创建新的标签对象。

(2) 调用标签处理器的 setPageContext()方法设置 PageContext 实例。

(3) 如果是嵌套标签中的内层标签，还会调用标签处理器的 setParent()方法，并传入外层标签处理器的实例。

(4) 设置标签处理器属性(如这里是调用 IfTag 的 setTest()方法来设置)。

(5) 调用标签处理器的 doStartTag()方法，并依不同的返回值决定是否执行 Body 或调用 doAfterBody()、doEndTag()方法。

(6) 将标签处理器实例置入标签池中以便再次使用。

在继承 BodyTagSupport 类实现自定义标签时，如果 doStartTag()返回了 EVAL_BODY_BUFFERED，会先调用 setBodyContent()方法然后调用 doInitBody()方法，接着再执行标签 Body。如果要将加工后的 Body 内容输出到浏览器，通常会在 doEndTag()中使用 pageContext 的 getOut()取得 JspWriter 对象，然后利用它来输出内容至浏览器。如果在 doAfterBody()中使用 pageContext 的 getOut()方法，取得的对象与 getBodyContent()取得的其实是相同的对象。如果一定要在 doAfterBody()中取得 JspWriter 对象，必须通过

BodyContent 的 getEnclosingWriter()方法。

8.6 课后练习

1. 请使用 Simple Tag 开发一个自定义标签，可以如下使用：

```
<g:eachImage var="image" dir="/avatars">
   <img src="${image}"/><br>
</g:eachImage>
```

可以指定某个目录，这个自定义标签将取得该目录下所有图片的路径，并设置给 var 指定的变量名称，之后在标签 Body 中可以使用该名称(如上例使用${image}搭配<img>标签将图片显示在浏览器上)。

2. 请使用 Tag 开发自定义标签，模拟 JSTL 的<c:set>与<c:remove>标签功能，其中<c:set>的模拟至少具备 var、value 与 scope 属性，<c:remove>的模拟至少具备 var、scope 属性。

整合数据库

Chapter 9

学习目标：

- 了解 JDBC 架构
- 使用基本的 JDBC
- 通过 JNDI 取得 DataSource
- 在 Web 应用程序中整合数据库

9.1 JDBC 入门

JDBC 是用于执行 SQL 的解决方案，开发人员使用 JDBC 的标准接口，数据库厂商对接口进行实现，开发人员无须了解底层数据库驱动程序的差异性，直接使用即可。

在这个章节中，会说明一些 JDBC 基本 API 的使用与概念，以便对 Java 如何访问数据库有所认识，并了解如何在 Servlet/JSP 中使用整合 JDBC。

9.1.1 JDBC 简介

在正式介绍 JDBC 之前，要先来认识应用程序如何与数据库进行沟通。数据库本身的运作方式之一，是作为一个独立的应用程序，应用程序利用网络通信协议与数据库进行命令交换，以进行数据的增删查找，如图 9.1 所示。

图 9.1　应用程序与数据库利用通信协议沟通

提示 »» 有些数据库方案，还提供嵌入式、InMemory 等模式，数据库与 Java 应用程序可以共享同一个 JVM。

通常应用程序会利用一组专门与数据库进行通信协议的程序库，以简化与数据库沟通时的程序编写，如图 9.2 所示。

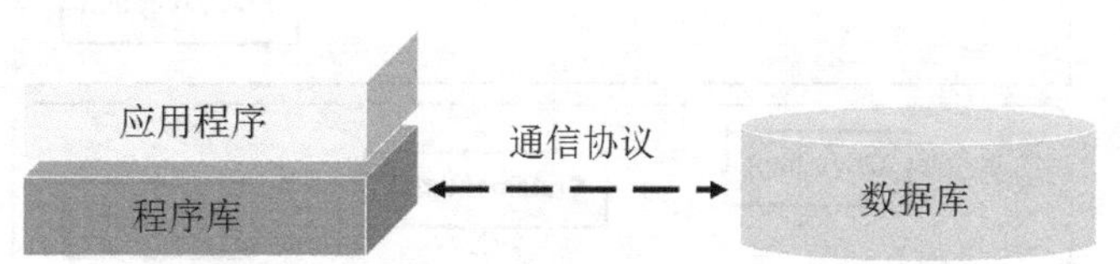

图 9.2　应用程序调用程序库以简化程序编写

问题的重点在于，应用程序如何调用这组程序库？不同的数据库通常会有不同的通信协议，用以连接不同数据库的程序库在 API 上也会不同，如果应用程序直接使用这些程序库，例如：

```
XySqlConnection conn = new XySqlConnection("localhost", "root", "1234");
conn.selectDB("gossip");
XySqlQuery query = conn.query("SELECT * FROM T_USER");
```

假设这段代码中的 API 是某 Xy 数据库厂商程序库提供，应用程序中要使用到数据库连接时，都会直接调用这些 API，若哪天应用程序打算改用 Ab 厂商数据库及其提供的数据库连接 API，就得修改相关的代码。

另一个考量是，若 Xy 数据库厂商的程序库底层，实际上使用了与操作系统相关的功能，若打算换个操作系统，就还得先权衡一下，是否有提供该平台的数据库的程序库。

更换数据库的需求并不是没有，应用程序跨平台也是经常的需求。JDBC 基本上就是用来解决这些问题，JDBC 全名 Java DataBase Connectivity，是 Java 数据库连接的标准规范。具体而言，它定义一组标准类与接口，应用程序需要连接数据库时就调用这组标准 API，而标准 API 中的接口会由数据库厂商实现，通常称为 JDBC 驱动程序(Driver)，如图 9.3 所示。

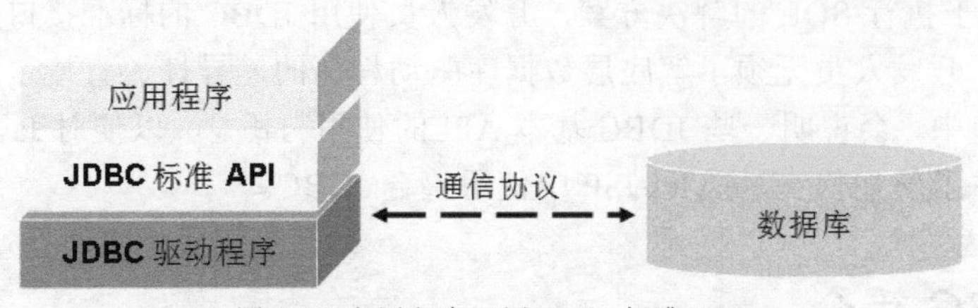

图 9.3　应用程序调用 JDBC 标准 API

JDBC 标准主要分为两个部分：JDBC 应用程序开发者接口(Application Developer Interface)以及 JDBC 驱动程序开发者接口(Driver Developer Interface)。如果应用程序需要连接数据库，就是调用 JDBC 应用程序开发者接口(见图 9.4)，相关 API 主要在 `java.sql` 与 `javax.sql` 两个包中，也是本章节说明的重点。JDBC 驱动程序开发者接口是数据库厂商要实现驱动程序时的规范，一般开发者并不用了解，本章不予说明。

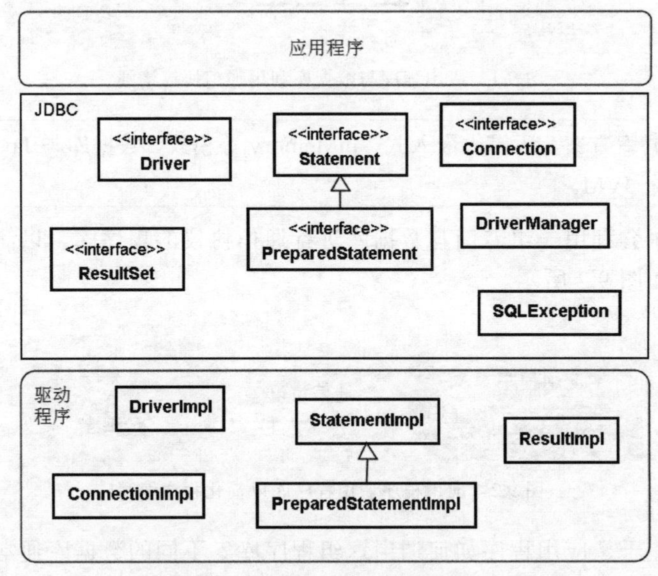

图 9.4　JDBC 应用程序开发者接口

举个例子来说，应用程序会使用 JDBC 连接数据库：

```
Connection conn = DriverManager.getConnection(…);
Statement st = conn.createStatement();
ResultSet rs = st.executeQuery("SELECT * FROM T_USER");
```

其中粗体字的部分就是标准类(如 `DriverManager`)与接口(如 `Connection`、`Statement`、`ResultSet`)等标准 API，假设这段代码是连接 MySQL 数据库，你会需要在类路径(Classpath)中设置 JDBC 驱动程序。具体来说，就是在类路径中设置一个 JAR 文件，此时应用程序、JDBC 与数据库的关系如图 9.5 所示。

图 9.5　应用程序、JDBC 与数据库的关系

如果将来要换为 Oracle 数据库，理想状态下只要置换 Oracle 驱动程序。具体来说，就是在类路径改设为 Oracle 驱动程序的 JAR 文件，而应用程序本身不用修改，如图 9.6 所示。

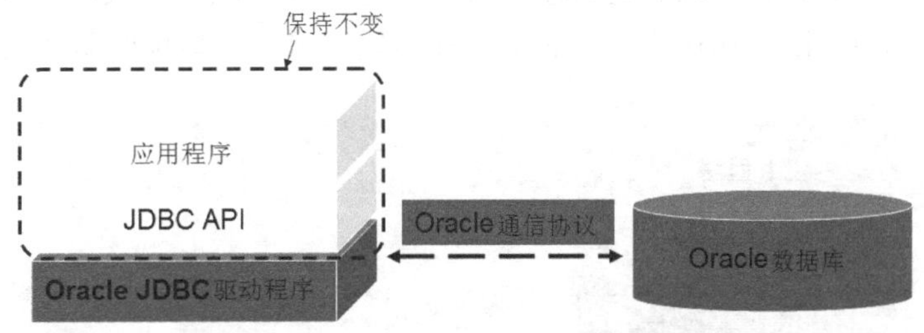

图 9.6　置换驱动程序不用修改应用程序

如果开发应用程序需要操作数据库，是通过 JDBC 提供的接口来设计程序，理论上在必须更换数据库时，应用程序无须进行修改，只需要更换数据库驱动程序实现，就可对另一个数据库进行操作。

JDBC 希望达到的目的，是让 Java 程序员在编写数据库操作程序的时候，可以有个统一的接口，无须依赖于特定的数据库 API，即“写一个 Java 程序，操作所有的数据库”。

提示»» 实际上在编写 Java 程序时，会因为使用了数据库或驱动程序特定的功能，而在转移数据库时仍得对程序进行修改。例如，使用了特定于某数据库的 SQL 语法、数据类型或内建函数调用等。

厂商在实现 JDBC 驱动程序时，按方式可将驱动程序分为四种类型。

- Type 1：JDBC-ODBC Bridge Driver。ODBC(Open DataBase Connectivity)是由 Microsoft 主导的数据库连接标准(基本上 JDBC 是参考 ODBC 制订出来)，所以 ODBC 在 Microsoft 的系统上也最为成熟。例如，Microsoft Access 数据库访问就是使用 ODBC。Type 1 驱动程序会将 JDBC 的调用转换为对 ODBC 驱动程序的调用，由 ODBC 驱动程序来操作数据库，如图 9.7 所示。

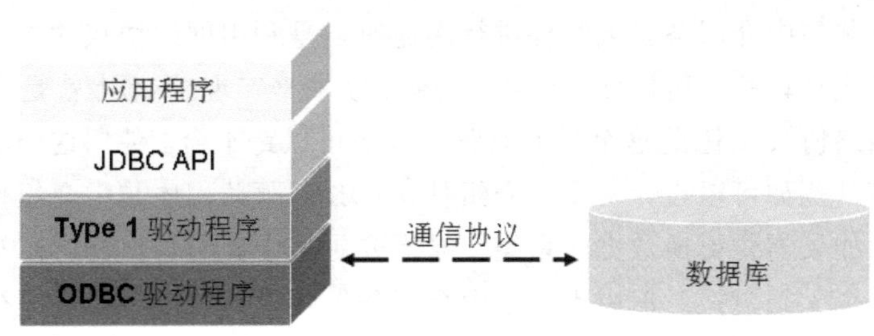

图 9.7　JDBC-ODBC Bridge Driver

由于利用现成的 ODBC 架构，只需要将 JDBC 调用转换为 ODBC 调用，所以要实现这种驱动程序非常简单。不过由于 JDBC 与 ODBC 并非一对一的对应，部分调用无法直接转换，因此有些功能是受限的，而多层调用转换的结果，访问速度也会受到限制，ODBC 本身需在平台上先设置好，弹性不足，ODBC 驱动程序本身也有跨平台的限制。

- Type 2：Native API Driver。这个类型的驱动程序会以原生(Native)方式，调用数据库提供的原生程序库(通常由 C/C++实现)，JDBC 的方法调用都会转换为原生程序库中的相关 API 调用，如图 9.8 所示。由于使用了原生程序库，驱动程序本身与平台相依，没有达到 JDBC 驱动程序的目标之一：跨平台。不过由于是直接调用数据库原生 API，因此在速度上，有机会成为四种类型中最快的驱动程序。

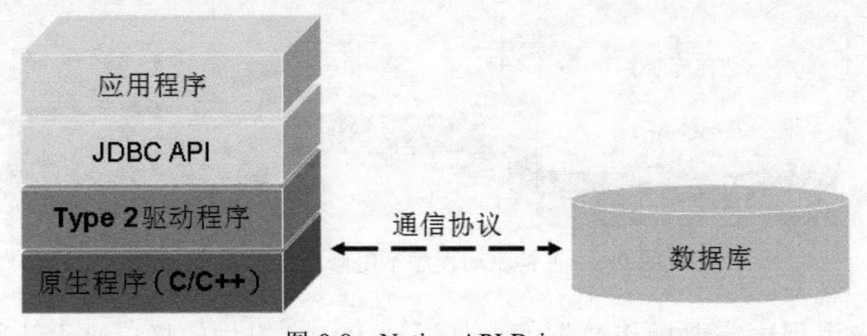

图 9.8 Native API Driver

Type 2 驱动程序有机会成为速度最快的驱动程序，其速度的优势在于获得数据库响应数据后，构造相关 JDBC API 实现对象，然而驱动程序本身无法跨平台，使用前必须先在各平台进行驱动程序的安装设置(如安装数据库专属的原生程序库)。

- Type 3：JDBC-Net Driver。这个类型的 JDBC 驱动程序会将 JDBC 的方法调用，转换为特定的网络协议(Protocol)调用，目的是远程与数据库特定的中介服务器或组件进行协议操作，而中介服务器或组件再真正与数据库进行操作。如图 9.9 所示。

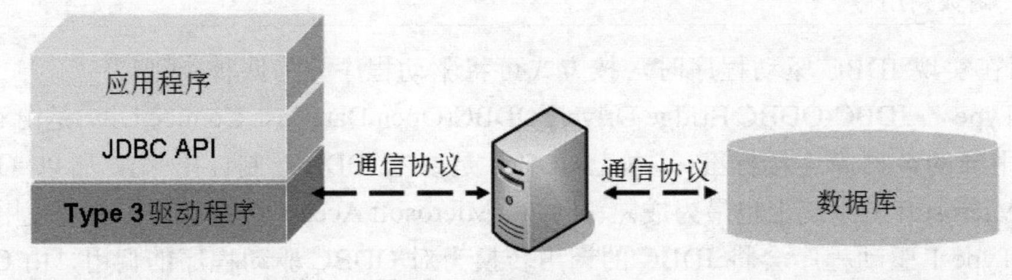

图 9.9 JDBC-Net Driver

由于实际与中介服务器或组件进行沟通时，是利用网络协议的方式，客户端这里安装的驱动程序，可以使用纯粹的 Java 技术来实现(基本上就是将 JDBC 调用对应的网络协议)，因此这个类型的驱动程序可以跨平台。使用这个类型驱动程序的弹性高，例如可以设计一个中介组件，JDBC 驱动程序与中介组件间的协议是固定的，如果需要更换数据库系统，只需要更换中介组件，而客户端不受影响，驱动程序也无须更换。但由于通过中介服务器转换，速度较慢。获得架构上的弹性是使用这个类型驱动程序的目的。

- Type 4：Native Protocol Driver。这个类型的驱动程序实现通常由数据库厂商直接提供，驱动程序实现会将 JDBC 的调用转换为与数据库特定的网络协议，以与数据库进行沟通操作，如图 9.10 所示。

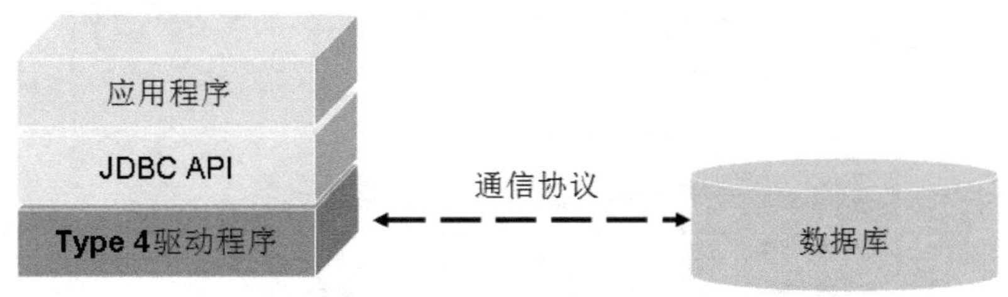

图 9.10 Native Protocol Driver

由于这个类型驱动程序主要的作用，是将 JDBC 的调用转换为特定的网络协议，驱动程序可以使用纯粹 Java 技术来实现，驱动程序可以跨平台，在性能上也有不错的表现。在不需要如 Type 3 获得架构上的弹性时，通常会使用该类型驱动程序，它算是最常见的驱动程序类型。

为了将重点放在 JDBC，免去设定数据库时不必要的麻烦，在接下来的内容中，将使用 H2 数据库系统进行操作，这是纯 Java 实现的数据库，提供了服务器、嵌入式或 InMemory 等模式。这类数据库的好处是安装、设定或启动简单，可以在 H2 官方网站(www.h2database.com/html/main.html)下载 All Platforms 的版本，这是个 zip 文件，将其中的 h2 文件夹解压缩至 C:\workspace，在文本模式中进入 h2 的 bin 文件夹，执行 `h2` 指令，就可以启动 H2 Console，如图 9.11 所示。

图 9.11 H2 Console

H2 Console 是用来管理 H2 数据库的简单接口，左上角可以选择中文接口，在转换为中文接口之后，可以在“保存的连接设置”下拉列表中选择 Generic H2 (Server)，而 JDBC URL 设置为 jdbc:h2:tcp://localhost/c:/workspace/JDBC/demo，表示将在 C:\workspace\JDBC 中建立数据库存储时使用之文件 demo.mv.db(在图 9.11 中看到~/test，表示在用户文件夹中建立 test.mv.db 文件)，至于“用户名”与“密码”可以自行设置，这会是登录数据库时使用，本书范例会分别使用 caterpillar 与 12345678。

图 9.12　H2 控制台

设定完成单击“连接”，就可以进入 H2 控制台，在其中进行 SQL 命令的执行与结果查看等，如图 9.13 所示。

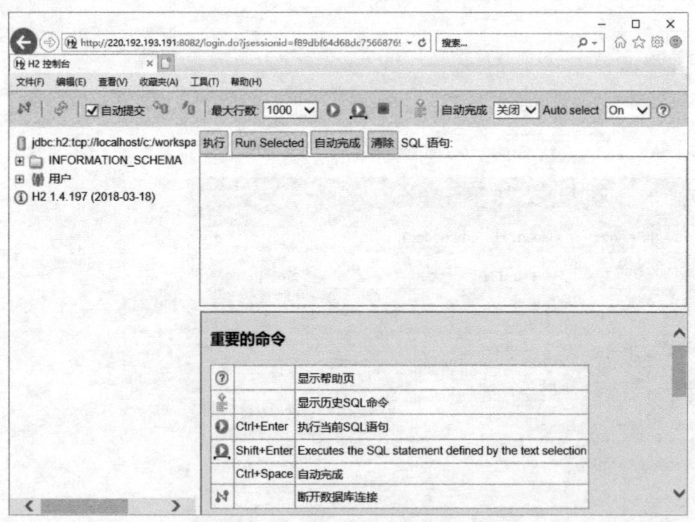

图 9.13　右方字段可执行 SQL 语句

提示 >>> 数据库系统的使用与操作是个很大的主题，本书并不针对这方面详加介绍，请读者寻找相关的数据库系统相关文件或书籍自行学习，如果对 H2 的使用有兴趣，可以参考 H2 官方教学资料(www.h2database.com/html/tutorial.html)。

如果对 MySQL 的使用有兴趣，可以参考《MySQL 超新手入门》(www.codedata.com.tw/database/mysql-tutorial-getting-started)

9.1.2 连接数据库

为了要连接数据库系统，必须要有厂商实现的 JDBC 驱动程序，可以将驱动程序 JAR 文件，放在 Web 应用程序的/WEB-INF/lib 文件夹中。基本数据库操作相关的 JDBC 接口或类位于 java.sql 包中。要取得数据库连接，必须有几个操作：

- 注册 Driver 实现对象
- 取得 Connection 实现对象
- 关闭 Connection 实现对象

1. 注册 Driver 实现对象

实现 Driver 接口的对象是 JDBC 进行数据库访问的起点，以 H2 实现的驱动程序为例，org.h2.Driver 类实现了 **java.sql.Driver** 接口，管理 Driver 实现对象的类是 **java.sql.DriverManager**，基本上，必须调用其静态方法 registerDriver()进行注册：

```
DriverManager.registerDriver(new org.h2.Driver());
```

不过实际上很少自行编写代码进行这个操作，只要想办法加载 Driver 接口的实现类.class 文件，就会完成注册。例如，通过 java.lang.Class 类的 forName()，动态加载驱动程序类：

```
try {
    Class.forName("org.h2.Driver");
}
     catch(ClassNotFoundException e) {
         throw new RuntimeException("找不到指定的类");
}
```

如果查看 H2 的 Driver 类实现源代码：

```
package org.h2;
...略
public class Driver implements java.sql.Driver, JdbcDriverBackwardsCompat {
    private static final Driver INSTANCE = new Driver();
    ...略

    static {
        load();
    }

    public static synchronized Driver load() {
        try {
            if (!registered) {
                registered = true;
                DriverManager.registerDriver(INSTANCE);
            }
        } catch (SQLException e) {
            DbException.traceThrowable(e);
        }
        return INSTANCE;
    }
}
```

可以发现，在 static 区块中进行了注册 Driver 实例的操作(调用 static 的 load()方法)，而 static 区块会在加载.class 文件时执行。使用 JDBC 时，要求加载.class 文件的方式有四种：

(1) 使用 Class.forName()。

(2) 自行创建 Driver 接口实现类的实例。

(3) 启动 JVM 时指定 jdbc.drivers 属性。

(4) 设置 JAR 中/services/java.sql.Driver 文件。

第一种方式刚才已经介绍。第二种方式就是直接编写代码：

```
java.sql.Driver driver = new org.h2.Driver();
```

由于要创建对象，基本上就要加载.class 文件，自然也就会运行类的静态区块，完成驱动程序注册。第三种方式就是运行 java 命令时如下：

```
> java -Djdbc.drivers=org.h2.Driver;ooo.XXXDriver YourProgram
```

应用程序可能同时连接多个厂商的数据库，DriverManager 也可以注册多个驱动程序实例。以上方式如果需要指定多个驱动程序类时，需用分号隔开。第四种方式是 Java SE 6 之后 JDBC 4.0 特性，只要在驱动程序实现的 JAR 文件/services 文件夹中，放置一个 java.sql.Driver 文件，当中编写 Driver 接口的实现类名称全名，DriverManager 会自动读取这个文件，找到指定类进行注册。

2. 取得 Connection 实现对象

Connection 接口的实现对象，是数据库连接代表对象。要取得 Connection 实现对象，可以通过 DriverManager 的 **getConnection()**：

```
Connection conn = DriverManager.getConnection((jdbcUri, username, password);
```

除了基本的用户名、密码之外，还必须提供 JDBC URI，其定义了连接数据库时的协议、子协议、数据源标识：

```
协议:子协议:数据源标识
```

实际上除了“协议”在 JDBC URI 中总是 jdbc 开始之外，JDBC URI 格式各家数据库都不相同，必须查询数据库产品使用手册。

如果要直接通过 DriverManager 的 getConnection()连接数据库，一个比较完整的代码段如下：

```
Connection conn = null;
SQLException ex = null;
try {
    String uri =  "jdbc:h2:tcp://localhost/c:/workspace/JDBC/demo";
    String user = "caterpillar";
    String password = "12345678";
    conn = DriverManager.getConnection(uri, user, password);
    ....
}
catch(SQLException e) {
    ex = e;
}
finally {
    if(conn != null) {
        try {
            conn.close();
        }
        catch(SQLException e) {
```

```
            if(ex == null) {
                ex = e;
            }
        }
    }
    if(ex != null) {
        throw new RuntimeException(ex);
    }
}
```

SQLException 是在处理 JDBC 时经常遇到的一个异常对象，为数据库操作过程发生错误时的代表对象。SQLException 是受检异常(Checked Exception)，必须使用 try...catch 明确处理，在异常发生时尝试关闭相关资源。

提示>>> SQLException 有个子类 SQLWarning，如果数据库在执行过程中发出了一些警示信息，会创建 SQLWarning 但不会抛出(throw)，而是以链接方式收集起来，可以使用 Connection、Statement、ResultSet 的 getWarnings()来取得第一个 SQLWarning，使用这个对象的 getNextWaring()可以取得下一个 SQLWarning。由于它是 SQLException 的子类，必要时也可当作异常抛出。

3. 关闭 Connection 实现对象

取得 Connection 对象之后，可以使用 **isClosed()** 方法，测试与数据库的连接是否关闭。在操作完数据库之后，若确定不再需要连接，必须使用 close()来关闭与数据库的连接，以释放连接时相关的必要资源，如连接相关对象、授权资源等。

除了像前一个范例代码段，自行撰写 try...catch...finally 尝试关闭 Connection 之外，从 JDK7 之后，JDBC 的 Connection、Statement、ResultSet 等接口，都是 java.lang.AutoCloseable 子接口，因此可以使用尝试自动关闭资源语法来简化程序撰写。例如前一个程序片段，可以简化为以下：

```
String jdbcUri = "jdbc:h2:tcp://localhost/c:/workspace/JDBC/demo";
String user = "caterpillar";
String password = "12345678";
try(Connection conn = DriverManager.getConnection(jdbcUri, user, password)) {
    ....
}
catch(SQLException e) {
    throw new RuntimeException(e);
}
```

以上是编写程序上的一些简介，然而在底层，DriverManager 如何进行连接呢？DriverManager 会在循环中逐一取出注册的每个 Driver 实例，使用指定的 JDBC URI 来调用 Driver 的 **connect()** 方法，尝试取得 Connection 实例。以下是 DriverManager 中相关源代码的重点节录：

```
SQLException reason = null;
for (int i = 0; i < drivers.size(); i++) { // 逐一取得 Driver 实例
    ...
    DriverInfo di = (DriverInfo)drivers.elementAt(i);
    ...
    try {
        Connection result = di.driver.connect(uri, info); // 尝试连接
        if (result != null) {
            return (result);  // 取得 Connection 就返回
```

```
            }
        } catch (SQLException ex) {
            if (reason == null) { // 记录第一个发生的异常
                reason = ex;
            }
        }
    }
    if (reason != null)    {
        println("getConnection failed: " + reason);
        throw reason; // 如果有异常对象就抛出
    }
    throw new SQLException( // 没有适用的Driver实例，抛出异常
            "No suitable driver found for "+ uri, "08001");
```

Driver 的 connect()方法在无法取得 Connection 时会返回 null，简单来说，DriverManager 就是逐一使用 Driver 实例尝试连接。如果连接成功就返回 Connection 对象，如果其中有异常发生，DriverManager 会记录第一个异常，并继续尝试其他的 Driver。在所有 Driver 都试过了也无法取得连接，若原先尝试过程中有记录异常就抛出，没有的话，也是抛出异常告知没有适合的驱动程序。

下面编写一个简单的 JavaBean 来测试一下可否连接数据库并取得 Connection 实例：

JDBC DbBean.java

```
package cc.openhome;

import java.sql.*;
import java.io.*;

public class DbBean implements Serializable {
    private String jdbcUri;
    private String username;
    private String password;

    public DbBean() {
        try {
            Class.forName("org.h2.Driver");      ← 加载驱动程序
        } catch (ClassNotFoundException ex) {
            throw new RuntimeException(ex);
        }
    }

    public boolean isConnectedOK() {
        try(Connection conn = DriverManager.getConnection(
                jdbcUri, username, password)) {
            return !conn.isClosed();
        } catch (SQLException e) {           ↑ 取得 Connection 对象
            throw new RuntimeException(e);
        }
    }

    public void setPassword(String password) {
        this.password = password;
    }

    public void setJdbcUri(String jdbcUri) {
        this.jdbcUri = jdbcUri;
    }
```

```
    public void setUsername(String username) {
        this.username = username;
    }
}
```

通过调用 isConnectedOK()方法，看看是否可以连接成功。例如，写个简单的 JSP 网页：

JDBC conn.jsp

```
<%@page contentType="text/html" pageEncoding="UTF-8"%>
<%@taglib prefix="c" uri="http://java.sun.com/jsp/jstl/core"%>
<jsp:useBean id="db" class="cc.openhome.DbBean"/>
<c:set target="${db}" property="jdbcUri"
        value="jdbc:h2:tcp://localhost/c:/workspace/JDBC/demo"/>
<c:set target="${db}" property="username" value="caterpillar"/>
<c:set target="${db}" property="password" value="12345678"/>
<!DOCTYPE html>
<html>
    <head>
        <meta charset="UTF-8">
        <title>测试数据库连接</title>
    </head>
    <body>
        <c:choose>
            <c:when test="${db.connectedOK}">连接成功！</c:when>
            <c:otherwise>连接失败！</c:otherwise>
        </c:choose>
    </body>
</html>
```

在这个 JSP 页面中，通过<jsp:useBean>来创建 JavaBean 实例，并通过 JSTL 的<c:set>标签来设置 JavaBean 的属性，然后通过<c:when>与 EL 来测试 isConnectedOK()的返回值。若为 true 则显示“连接成功！”，否则会显示<c:otherwise>中的“连接失败！”。

执行范例之前，别忘了将 H2 的 JDBC 驱动程序 JAR 文件放到/WEB-INF/lib 之中，可以在 h2 文件夹的 bin 文件夹中找到 JAR 文件。

提示>>> 实际上 Web 应用程序很少直接从 DriverManager 中取得 Connection，而是会通过 JNDI 从服务器上取得设置好的 DataSource，再从 DataSource 取得 Connection，这稍后就会介绍。

9.1.3 使用 Statement、ResultSet

Connection 是数据库连接的代表对象，接下来若要执行 SQL，必须取得 **java.sql.Statement** 对象，它是 SQL 语句的代表对象，可以使用 Connection 的 **createStatement()** 来创建 Statement 对象：

```
Statement stmt = conn.createStatement();
```

取得 Statement 对象之后，可以使用 **executeUpdate()**、**executeQuery()**等方法来执行 SQL。executeUpdate()主要用来执行 CREATE TABLE、INSERT、DROP TABLE、ALTER TABLE 等会改变数据库内容的 SQL。例如，可以在 H2 主控制台连接 demo 数据库创建一

个 t_message 表格：

```
CREATE TABLE t_message (
    id INT NOT NULL AUTO_INCREMENT PRIMARY KEY,
    name CHAR(20) NOT NULL,
    email CHAR(40),
    msg VARCHAR(256) NOT NULL
);
```

如果要在这个表格中插入一笔数据，可以如下使用 Statement 的 executeUpdate()方法：

```
stmt.executeUpdate("INSERT INTO t_message VALUES(1, 'justin', " +
        "'justin@mail.com', 'mesage...')");
```

Statement 的 executeQuery()方法是用于 SELECT 等查询数据库的 SQL，executeUpdate()会返回 int 结果，表示数据变动的笔数，executeQuery()会返回 java.sql.ResultSet 对象，代表查询的结果，查询的结果会是一笔一笔的数据。可以使用 ResultSet 的 next()来移动至下一笔数据，它会返回 true 或 false 表示是否有下一笔数据，接着可以使用 getXXX()来取得数据，如 getString()、getInt()、getFloat()、getDouble()等方法，分别取得相对应的字段类型数据。getXXX()方法都提供有依据字段名称取得数据，或是依据字段顺序取得数据的方法。如指定字段名称来取得数据：

```
ResultSet result = stmt.executeQuery("SELECT * FROM t_message");
while(result.next()) {
    int id = result.getInt("id");
    String name = result.getString("name");
    String email = result.getString("email");
    String msg = result.getString("msg");
    // ...
}
```

使用查询结果的字段顺序来显示结果的方式如下(注意索引是从 1 开始)：

```
ResultSet result = stmt.executeQuery("SELECT * FROM t_message");
while(result.next()) {
    int id = result.getInt(1);
    String name = result.getString(2);
    String email = result.getString(3);
    String msg = result.getString(4);
    // ...
}
```

Statement 的 **execute()**可以用来执行 SQL，并可以测试 SQL 是执行查询或更新，返回 true 的话表示 SQL 执行将返回 ResultSet 表示查询结果，此时可以使用 **getResultSet()**取得 ResultSet 对象。如果 execute()返回 false，表示 SQL 执行会返回更新笔数或没有结果，此时可以使用 **getUpdateCount()**取得更新笔数。如果事先无法得知是进行查询或更新，就可以使用 execute()。例如：

```
if(stmt.execute(sql)) {
    ResultSet rs = stmt.getResultSet();  // 取得查询结果 ResultSet
    ...
}
else { // 这是个更新操作
    int updated = stmt.getUpdateCount(); // 取得更新笔数
    ...
}
```

视需求而定，Statement 或 ResultSet 在不使用时，可以使用 close()关闭，以释放相关资源，Statement 关闭时，关联的 ResultSet 也会自动关闭。

接下来实现一个简单的留言板作为示范，这个简单的留言板采用 Model 1 架构，使用 JSP 结合 JavaBean 来完成。首先是 JavaBean 的实现：

JDBC GuestBookBean.java

```
package cc.openhome;

import java.sql.*;
import java.util.*;
import java.io.*;

public class GuestBookBean implements Serializable {
    private String jdbcUri = "jdbc:h2:tcp://localhost/c:/workspace/JDBC/demo";
    private String username = "caterpillar";
    private String password = "12345678";
    public GuestBookBean() {
        try {
            Class.forName("org.h2.Driver");
        } catch (ClassNotFoundException ex) {
            throw new RuntimeException(ex);
        }
    }

    public void setMessage(Message message) { ←── ❶ 这个方法会在数据库中新增留言
        try(Connection conn = DriverManager.getConnection( ←── ❷ 取得 Connection
                jdbcUri, username, password);
            Statement statement = conn.createStatement()) { ←── ❸ 建立 Statement

            statement.executeUpdate( ←── ❹ 执行 SQL 描述句
                    "INSERT INTO t_message(name, email, msg) VALUES ('"
                      + message.getName() + "', '"
                      + message.getEmail() +"', '"
                      + message.getMsg() + "')");
        } catch (SQLException e) {

            throw new RuntimeException(e);
        }
    }

    public List<Message> getMessages() { ←── ❺ 这个方法会从数据库中查询所有留言
        try(Connection conn = DriverManager.getConnection(
                            jdbcUri, username, password);
            Statement statement = conn.createStatement()) {
            ResultSet result = statement.executeQuery("SELECT * FROM t_message");
            List<Message> messages = new ArrayList<>();
            while (result.next()) {
                Message message = new Message();
                message.setId(result.getLong(1));
                message.setName(result.getString(2));
                message.setEmail(result.getString(3));
                message.setMsg(result.getString(4));
                messages.add(message);
            }
            return messages;
        } catch (SQLException e) {
            throw new RuntimeException(e);
        }
    }
```

```
}
```

这个对象会从 DriverManager 取得 Connection 对象❷。setMessage()会接受一个 Message 对象❶，实现中会在数据库中利用 Statement 对象❸执行 SQL 语句来添加一个留言❹。getMessages()会从数据库中取得全部留言，并放在 List<Message>对象中返回❺。

提示》》》 JDBC 规范提到关闭 Connection 时，会关闭相关资源，但没有明确说明是哪些相关资源。通常驱动程序实现时，会在关闭 Connection 之际一并关闭关联的 Statement，但最好留意是否真的关闭了资源，自行关闭 Statement 是比较保险的做法，以上范例对 Connection 与 Statement 使用了尝试自动关闭资源语法。

可以编写一个简单的 JSP 页面来使用这个 JavaBean。例如：

JDBC guestbook.jsp

```
<%@page contentType="text/html" pageEncoding="UTF-8"%>
<%@taglib prefix="c" uri="http://java.sun.com/jsp/jstl/core"%>
<c:set target="${pageContext.request}"
       property="characterEncoding" value="UTF-8"/>  ←── 设置请求编码处理方式为 UTF-8
<jsp:useBean id="guestbook"          ←── 使用 GuestBookBean
           class="cc.openhome.GuestBookBean" scope="application"/>
<c:if test="${param.msg != null}">  ←── 如果是要新增留言的话
   <jsp:useBean id="newMessage" class="cc.openhome.Message"/>
   <jsp:setProperty name="newMessage" property="*"/>
   <c:set target="${guestbook}"     ←── 调用 setMessage()方法新增留言
           property="message" value="${newMessage}"/>
</c:if>
<!DOCTYPE html>
<html>
   <head>
      <meta charset="UTF-8">
      <title>访客留言板</title>
   </head>
   <body>
      <table style="text-align: left; width: 100%;" border="0"
           cellpadding="2" cellspacing="2">
         <tbody>
            <c:forEach var="message" items="${guestbook.messages}">
               <tr>                                        ↑
                  <td>${message.name}</td>                 └─ 调用 getMessages()方
                  <td>${message.email}</td>                   法取得留言
                  <td>${message.msg}</td>
               </tr>
            </c:forEach>
         </tbody>
      </table>
   </body>
</html>
```

这个 JSP 页面基本上就是利用 GuestBookBean，新增留言或取得留言并显示它。加载驱动程序的操作只需要一次，而且这个 JavaBean 没有状态，所以将 GuestBookBean 设置为 application 范围。这样只有在第一次请求时会创建 GuestBookBean，之后 GuestBookBean 实例就存在应用程序范围中。如图 9.14 所示为执行时的一个参考画面。

图 9.14　结合数据库访问的简单留言板

提示 第 7 章已经介绍过 JSTL 了。之后的范例若需要使用到 JSP，都会充分利用 JSTL 的特性来显示页面逻辑。如果对有些 JSTL 不熟，记得复习一下第 7 章。

9.1.4　使用 PreparedStatement、CallableStatement

Statement 在执行 executeQuery()、executeUpdate()等方法时，如果有些部分是动态的数据，必须使用+运算子串接字符串以组成完整的 SQL 语句，十分不方便。例如，先前范例中在新增留言时，必须如下串接 SQL 语句：

```
statement.executeUpdate(
   "INSERT INTO t_message(name, email, msg) VALUES (
   '"+ message.getName() + "',
   '"+ message.getEmail() +"',
   '"+ message.getMsg() + "')");
```

如果有些操作只是 SQL 语句中某些参数不同，其余 SQL 子句皆相同，可以使用 **java.sql.PreparedStatement**。使用 Connection 的 **preparedStatement()**方法创建好预编译(precompile)的 SQL 语句，当中参数会变动的部分，先指定“?”这个占位字符。例如：

```
PreparedStatement stmt = conn.prepareStatement(
                 "INSERT INTO t_message VALUES(?, ?, ?, ?)");
```

等到需要真正指定参数执行时，再使用相对应的 setInt()、setString()等方法，指定“?”处真正应该有的参数。例如：

```
stmt.setInt(1, 2);
stmt.setString(2, "momor");
stmt.setString(3, "momor@mail.com");
stmt.setString(4, "message2...");
stmt.executeUpdate();
stmt.clearParameters();
```

要让 SQL 执行生效，需执行 executeUpdate()或 executeQuery()方法(如果是查询的话)。在这次的 SQL 执行完毕后，可以调用 clearParameters()清除设置的参数，之后再使用这个 PreparedStatement 实例，所以使用 PreparedStatement，可以先准备好一段 SQL，并重复使用这段 SQL 语句。

使用 PreparedStatement 改写先前 GuestBookBean 中 setMessage()执行 SQL 语句的部分。例如：

```
public void setMessage(Message message) {
```

```
        try(Connection conn = DriverManager.getConnection(
                                       jdbcUri, username, password);
            PreparedStatement statement = conn.prepareStatement(
                   "INSERT INTO t_message(name, email, msg) VALUES (?,?,?)")) {
            statement.setString(1, message.getName());
            statement.setString(2, message.getEmail());
            statement.setString(3, message.getMsg());
            statement.executeUpdate();
        } catch (SQLException e) {
            throw new RuntimeException(e);
        }
    }
```

这样的写法显然比串接 SQL 的方式好得多。不过，使用 `PreparedStatement` 的好处不仅如此，之前提过，在这次 SQL 执行完毕后，调用 `clearParameters()` 清除设置的参数，之后就可以再使用这个 `PreparedStatement` 实例。也就是说，必要的话，可以考虑制作语句池(Statement Pool)，将一些频繁使用的 `PreparedStatement` 重复使用，减少生成对象的负担。

在驱动程序支持的情况下，使用 `PreparedStatement` 可以将 SQL 语句预编译为数据库的运行命令。由于已经是数据库的可执行命令，运行速度可以快许多(若使用 Java 实现的数据库，驱动程序有机会将 SQL 预编译为字符码格式，在 JVM 中运行就快多了)，而不像 `Statement` 对象，是在执行时将 SQL 直接送到数据库，由数据库做解析、直译再执行。

提示>>> 虽然 JDK7 之后的自动关闭资源语法，已经可以让 JDBC 相关程序代码的撰写省事不少，然而通过设计可以进一步重用相似的 JDBC 样板流程，本章最后就有个这类的练习等待读者来完成。

使用 `PreparedStatement` 在安全上也可以有点贡献。举个例子，如果原先使用串接字符串的方式来执行 SQL：

```
Statement statement = connection.createStatement();
String queryString = "SELECT * FROM user_table WHERE username='" +
    username + "' AND password='" + password + "'";
ResultSet resultSet = statement.executeQuery(queryString);
```

其中 `username` 与 `password` 若是来自用户的请求参数，原本是希望用户正确地输入名称和密码，组合之后的 SQL 应该这样：

```
SELECT * FROM user_table
    WHERE username='caterpillar' AND password='123456'
```

但如果用户在密码的部分，输入了“' OR '1'='1”这样的字符串，而你又没有针对请求参数的部分进行字符检查过滤操作的话，这个奇怪字符串最后组合出来的 SQL 如下：

```
SELECT * FROM user_table
    WHERE username='caterpillar' AND password='' OR '1'='1'
```

方框是密码请求参数的部分，将方框拿掉会更清楚地看出这个 SQL 的问题！

```
SELECT * FROM user_table
    WHERE username='caterpillar' AND password='' OR '1'='1'
```

AND 子句之后的判断式永远成立，也就是说，用户不用输入正确的密码，也可以查询出所有的数据，这就是 SQL Injection 的简单例子。

以串接的方式组合 SQL 描述，就会有 SQL Injection 的隐患，如果这样改用

PreparedStatement 的话：

```
PreparedStatement stmt = conn.prepareStatement(
   "SELECT * FROM user_table WHERE username=? AND password=?");
stmt.setString(1, username);
stmt.setString(2, password);
```

在这里，username 与 password 将被视作是 SQL 中纯粹的字符串，而不会被当作 SQL 语法来解释，可避免这个例子的 SQL Injection 问题。

提示 >>> 先前介绍过滤器时，也曾提过用户在字段中直接输入 HTML 字符的问题。这类安全问题的防治基本在于，不允许用户输入的特殊字符，一开始就应该适当地过滤或取代掉。

其实问题不仅是在串接字符串本身麻烦，以及 SQL Injection 发生的可能性。由于+串接字符串会产生新的 String 对象，经常进行串接字符串动作(例如在循环中进行 SQL 串接)，会有性能负担上的隐忧。

如果编写数据库的存储过程(Stored Procedure)，并想使用 JDBC 来调用，可使用 **java.sql.CallableStatement**。调用的基本语法如下：

```
{?= call <程序名称>[<自变量 1>,<自变量 2>, ...]}
{call <程序名称>[<自变量 1>,<自变量 2>, ...]}
```

CallableStatement 的 API 使用，基本上与 PreparedStatement 差别不大，除了必须调用 **prepareCall()** 创建 CallableStatement 时异常，一样是使用 setXXX()设置参数，如果是查询操作，使用 executeQuery()；如果是更新操作，使用 executeUpdate()。另外，可以使用 registerOutParameter()注册输出参数等。

提示 >>> 使用 JDBC 的 CallableStatement 调用存储过程，重点是在于了解各个数据库的存储过程如何编写及相关事宜，使用 JDBC 调用存储过程也表示应用程序将与数据库产生直接的相关性。

在使用 PreparedStatement 或 CallableStatement 时，必须注意 SQL 类型与 Java 数据类型的对应，因为两者本身并不是一对一对应，java.sql.Types 定义了一些常数代表 SQL 类型。表 9.1 所示为 JDBC 规范建议的 SQL 类型与 Java 类型的对应。

表 9.1 Java 类型与 SQL 类型对应

Java 类型	SQL 类型
boolean	BIT
byte	TINYINT
short	SMALLINT
int	INTEGER
long	BIGINT
float	FLOAT
double	DOUBLE
byte[]	BINARY、VARBINARY、LONGBINARY

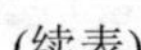
(续表)

Java 类型	SQL 类型
java.lang.String	CHAR、VARCHAR、LONGVARCHAR
java.math.BigDecimal	NUMERIC、DECIMAL
java.sql.Date	DATE
java.sql.Time	TIME
java.sql.Timestamp	TIMESTAMP

其中要注意的是，日期时间在 JDBC 中，并不是使用 java.util.Date，这个对象可代表的日期时间格式是“年、月、日、时、分、秒、毫秒”。在 JDBC 中要表示日期，是使用 **java.sql.Date**，日期格式是“年、月、日”；要表示时间的话是使用 **java.sql.Time**，时间格式为“时、分、秒”；如果要表示“时、分、秒、微秒”的格式，是使用 **java.sql.Timestamp**。

9.2 JDBC 进阶

上一节介绍了 JDBC 入门观念与相关 API，在这一节，将说明更多进阶 API 的使用，如使用 DataSource 取得 Connection、使用 PreparedStatement 和 ResultSet 进行更新操作等。

9.2.1 使用 DataSource 取得连接

之前的 DbBean、GuestBookBean 范例自行加载 JDBC 驱动程序、告知 DriverManager 有关 JDBC URI、用户名、密码等信息，以取得 Connection 对象。假设日后需要更换驱动程序、修改数据库服务器主机位置，或者是打算重复利用 Connection 对象，而想要加入连接池(Connection Pool)机制等情况，就要针对相对应的代码进行修改。

提示»» 要取得数据库连接，必须打开网络连接(中间经过实体网络)，连接至数据库服务器后，进行协议交换(当然也就是数次的网络数据往来)以进行验证名称、密码等确认动作。也就是说，取得数据库连接是个耗时间及资源的动作。尽量利用已打开的连接，重复利用取得的 Connection 实例，是改善数据库连接性能的一个方式，采用连接池是基本做法。

由于取得 Connection 的方式会根据使用的环境及程序需求而有所不同，在代码中写死取得 Connection 的方式并不是明智之举。在 Java EE 的环境中，将取得连接等与数据库来源相关的行为规范在 **javax.sql.DataSource** 接口，实际如何取得 Connection 由实现接口的对象来负责。

因此问题简化到如何取得 DataSource 实例，为了让应用程序在需要取得某些与系统相关的资源对象时，能与实际的系统资源配置、实体机器位置、环境架构等无关，在 Java 应用程序中可以通过 JNDI(Java Naming Directory Interface)来取得资源对象。举例来说，如果在 Web 应用程序中想要获得 DataSource 实例，可以这样进行：

```
try {
    Context initContext = new InitialContext();
    Context envContext = (Context) initContext.lookup("java:/comp/env");
    dataSource = (DataSource) envContext.lookup("jdbc/demo");
} catch (NamingException ex) {
     throw new RuntimeException(ex);
}
```

在创建 `Context` 对象的过程中会收集环境相关数据，之后根据 JNDI 名称 jdbc/demo 向 JNDI 服务器查找 `DataSource` 实例并返回。在这个代码段中，不会知道实际的资源配置、实体机器位置、环境架构等信息，应用程序不会与这些信息发生相关。

提示>>> 如果只是利用 JNDI 来查找某些资源对象，上面这个代码段就是对 JNDI 所需要知道的东西了，其他的细节就交给服务器管理员做好相关设置，让 jdbc/demo 对应取得 `DataSource` 实例即可。

举个实际的例子来说，如果用户只负责编写 Web 应用程序，或更具体一点，如果只是要编写如先前范例的 `DbBean` 类，且已经有服务器管理员设置好 jdbc/demo 这个 JNDI 名称的对应资源了，那么可以这么编写程序：

JDBC DatabaseBean.java

```
package cc.openhome;

import java.io.Serializable;
import java.sql.*;
import javax.naming.*;
import javax.sql.DataSource;

public class DatabaseBean implements Serializable {
    private DataSource dataSource;

    public DatabaseBean() {
        try {
            Context initContext = new InitialContext();
            Context envContext = (Context)
                         initContext.lookup("java:/comp/env");
            dataSource = (DataSource) envContext.lookup("jdbc/demo");
        } catch (NamingException ex) {
            throw new RuntimeException(ex);
        }

    }

    public boolean isConnectedOK() {
        try(Connection conn = dataSource.getConnection()) {
            return !conn.isClosed();
        } catch (SQLException e) {
            throw new RuntimeException(e);
        }
    }
}
```

注：查找 jdbc/demo 对应的 DataSource 对象；通过 DataSource 对象取得连接

只看这里的代码的话，不会知道实际上使用哪个驱动程序、数据库用户名、密码是什么(或许数据库管理员本来就不想让你知道)、数据库实体地址、连接端口、名称、是否有使用连接池等。这些都该由数据库管理员或服务器管理员负责设置，你唯一要知道的就是 jdbc/demo 这个 JNDI 名称，并且要告诉 Web 容器，也就是要在 web.xml 中设置：

JDBC web.xml

```
</web-app ...>
   // 略...
   <resource-ref>
      <res-ref-name>jdbc/demo</res-ref-name>
      <res-type>javax.sql.DataSource</res-type>
      <res-auth>Container</res-auth>
      <res-sharing-scope>Shareable</res-sharing-scope>
   </resource-ref>
</web-app>
```

在 web.xml 中设置的目的，是要让 Web 容器提供 JNDI 查找时所需的相关环境信息，这样创建 `Context` 对象时就不用设置一大堆参数。接着可以编写一个简单的 JSP 来使用 `DatabaseBean`:

JDBC conn2.jsp

```
<%@page contentType="text/html" pageEncoding="UTF-8"%>
<%@taglib prefix="c" uri="http://java.sun.com/jsp/jstl/core"%>
<jsp:useBean id="db" class="cc.openhome.DatabaseBean"/>
<!DOCTYPE html>
<html>
   <head>
      <meta charset="UTF-8">
      <title>测试数据库连接</title>
   </head>
   <body>
      <c:choose>
         <c:when test="${db.connectedOK}">连接成功！</c:when>
         <c:otherwise>连接失败！</c:otherwise>
      </c:choose>
   </body>
</html>
```

就一个 Java 开发人员来说，工作已经完成了。现在假设你是服务器管理员，职责就是设置 JNDI 相关资源，但设置的方式并非标准的一部分，而是依应用程序服务器而有所不同。假设应用程序将部署在 Tomcat 9 上，可以要求 Web 应用程序在封装为 WAR 文件时，必须在 META-INF 文件夹中包括一个 context.xml:

JDBC context.xml

```
<?xml version="1.0" encoding="UTF-8"?>
<Context antiJARLocking="true" path="/JDBC">
   <Resource name="jdbc/demo"
     auth="Container" type="javax.sql.DataSource"
     maxActive="100" maxIdle="30" maxWait="10000"
     username="caterpillar"
     password="12345678"
     driverClassName="org.h2.Driver"
     url="jdbc:h2:tcp://localhost/c:/workspace/JDBC/demo"/>
</Context>
```

最主要的可以看到 `name` 属性是设置 JNDI 名称为 jdbc/demo，`username` 与 `password` 是数据库用户名与密码，`driverClassName` 为驱动程序类名称，`url` 为 JDBC URI。至于其他的属性设置，是与 DBCP(Database Connection Pool)(commons.apache.org/proper/commonsdbcp/)有关，这是内置在 Tomcat 中的连接池机制。有兴趣的话，可以访问 http://commons apache.org/dbcp/了解它提供的连接池功能。

当应用程序部署之后，Tomcat 会根据 META-INF 中 context.xml 的设置寻找指定的驱动程序，将驱动程序的 JAR 文件放置在 Tomcat 的 lib 目录中，接着 Tomcat 就会为 JNDI 名称 jdbc/demo 设置相关的资源。

9.2.2 使用 ResultSet 卷动、更新数据

在 ResultSet 时，默认可以使用 next()移动数据光标至下一个数据，然后使用 getXXX()方法来取得数据。实际上，从 JDBC 2.0 开始，ResultSet 不仅可以使用 **previous()**、**first()**、**last()**等方法前后移动数据光标，还可以调用 updateXXX()、updateRow()等方法进行数据修改。

在使用 Connection 的 createStatement()或 prepareStatement()方法创建 Statement 或 PreparedStatement 实例时，可以指定结果集类型与并行方式：

```
createStatement(int resultSetType, int resultSetConcurrency)
prepareStatement(String sql, int resultSetType, int resultSetConcurrency)
```

结果集类型可以指定三种设置：

- ResultSet.TYPE_FORWARD_ONLY(默认)
- ResultSet.TYPE_SCROLL_INSENSITIVE
- ResultSet.TYPE_SCROLL_SENSITIVE

指定为 TYPE_FORWARD_ONLY，ResultSet 就只能前进数据光标，指定为 TYPE_SCROLL_INSENSITIVE 或 TYPE_SCROLL_SENSITIVE，则 ResultSet 可以前后移动数据光标。两者差别在于 TYPE_SCROLL_INSENSITIVE 设置下，取得的 ResultSet 不会反应数据库中的数据修改，而 TYPE_SCROLL_SENSITIVE 会反应数据库中的数据修改。

更新设置可以有两种指定：

- ResultSet.CONCUR_READ_ONLY(默认)
- ResultSet.CONCUR_UPDATABLE

指定为 CONCUR_READ_ONLY，只能用 ResultSet 进行数据读取，无法进行更新。指定为 CONCUR_UPDATABLE，可以使用 ResultSet 进行数据更新。

在使用 Connection 的 createStatement()或 prepareStatement()方法创建 Statement 或 PreparedStatement 实例时，若没有指定结果集类型与并行方式，默认就是 TYPE_FORWARD_ONLY 与 CONCUR_READ_ONLY。如果想前后移动数据光标并想使用 ResultSet 进行更新，以下是个 Statement 指定的例子：

```
Statement stmt = conn.createStatement(
                    ResultSet.TYPE_SCROLL_INSENSITIVE,
                    ResultSet.CONCUR_UPDATEABLE);
```

以下是个 PreparedStatement 指定的例子：

```
PreparedStatement stmt = conn.prepareStatement(
                    "SELECT * FROM t_message",
                    ResultSet.TYPE SCROLL INSENSITIVE,
                    ResultSet.CONCUR_UPDATEABLE);
```

在数据光标移动的 API 上，可以使用 absolute()、afterLast()、beforeFirst()、

first()、last()进行绝对位置移动，使用 relative()、previous()、next()进行相对位置移动，这些方法如果成功移动就会返回 true。也可以使用 isAfterLast()、isBeforeFirst()、isFirst()、isLast()判断目前位置。以下是个简单的程序范例片段：

```
Statement stmt = conn.createStatement("SELECT * FROM t_message",
                 ResultSet.TYPE_SCROLL_INSENSITIVE,
                 ResultSet.CONCUR_READ_ONLY);
ResultSet rs = stmt.executeQuery();
rs.absolute(2);                  // 移至第 2 行
rs.next();                       // 移至第 3 行
rs.first();                      // 移至第 1 行
boolean b1 = rs.isFirst();    // b1 是 true
```

如果要使用 ResultSet 进行数据修改，有些条件限制：

- 必须选择单一表格
- 必须选择主键
- 必须选择所有 NOT NULL 的值

在取得 ResultSet 之后要进行数据更新，必须移动至要更新的行(Row)，调用 updateXXX()方法(XXX 是类型)，然后调用 **updateRow()** 方法完成更新。如果调用 **cancelRowUpdates()** 可取消更新，但必须在调用 updateRow()前进行更新的取消。以下是一个使用 ResultSet 更新数据的例子：

```
Statement stmt = conn.prepareStatement("SELECT * FROM t_message",
                 ResultSet.TYPE_SCROLL_INSENSITIVE,
                 ResultSet.CONCUR_UPDATABLE);
ResultSet rs = stmt.executeQuery();
rs.next();
rs.updateString(3, "caterpillar@openhome.cc");
rs.updateRow();
```

如果取得 ResultSet 后想直接进行数据的新增，要先调用 **moveToInsertRow()**，之后调用 updateXXX()设置要新增的数据各个字段，然后调用 **insertRow()** 新增数据。以下是一个使用 ResultSet 新增数据的例子：

```
Statement stmt = conn.prepareStatement("SELECT * FROM t_message",
                 ResultSet.TYPE_SCROLL_INSENSITIVE,
                 ResultSet.CONCUR_UPDATABLE);
ResultSet rs = stmt.executeQuery();
rs.moveToInsertRow();
rs.updateString(2, "momor");
rs.updateString(3, "momor@openhome.cc");
rs.updateString(4, "blah..blah");
rs.insertRow();
rs.moveToCurrentRow();
```

如果取得 ResultSet 后想直接进行数据的删除，要移动数据光标至想删除的列，调用 **deleteRow()** 删除数据列。以下是一个使用 ResultSet 删除数据的例子：

```
Statement stmt = conn.prepareStatement("SELECT * FROM t_message",
                 ResultSet.TYPE_SCROLL_INSENSITIVE,
                 ResultSet.CONCUR_UPDATABLE);
ResultSet rs = stmt.executeQuery();
rs.absolute(3);
rs.deleteRow();
```

9.2.3 批次更新

如果必须对数据库进行大量数据更新，单纯使用类似以下的代码段并不合适：

```
Statement stmt = conn.createStatement();
while(someCondition) {
    stmt.executeUpdate(
      "INSERT INTO t_message(name,email,msg) VALUES('…','…','…')");
}
```

每一次执行 executeUpdate()，其实都会向数据库发送一次 SQL。如果大量更新的 SQL 有一万次，就等于通过网络进行了一万次的信息传送。网络传送信息实际上必须启动 I/O、进行路由等动作，这样进行大量更新，性能上其实不好。

可以使用 **addBatch()**方法来收集 SQL，并使用 **executeBatch()**方法将所收集的 SQL 传送出去。例如：

```
Statement stmt = conn.createStatement();
while(someCondition) {
    stmt.addBatch(
      "INSERT INTO t_message(name,email,msg) VALUES('…','…','…')");
}
stmt.executeBatch();
```

提示>>> 若是 H2 驱动程序，其 Statement 操作的 addBatch()使用了 ArrayList 来收集 SQL，然而 executeBatch()是使用 for 循环逐一取得 SQL 语句后执行。若是 MySQL 驱动程序的 Statement 实现，其 addBatch()使用了 ArrayList 来收集 SQL。所有收集的 SQL，最后会串为一句 SQL，然后传送给数据库。也就是说，假设大量更新的 SQL 有一万笔，这一万笔 SQL 会连接为一句 SQL，再通过一次网络传送给数据库，节省了 I/O、网络路由等操作所耗费的时间。

既然是使用批次更新，顾名思义，就是仅用在更新操作。批次更新的限制是，SQL 不能是 SELECT，否则会抛出异常。

使用 executeBatch()时，SQL 的执行顺序就是 addBatch()时的顺序，executeBatch()会返回 int[]，代表每笔 SQL 造成的数据异动列数。执行 executeBatch()时，先前已打开的 ResultSet 会被关闭，执行过后收集 SQL 用的 List 会被清空，任何的 SQL 错误会抛出 **BatchUpdateException**，可以使用这个对象的 **getUpdateCounts()**取得 int[]，代表先前执行成功的 SQL 所造成的异动笔数。

先前举的例子是 Statement 的例子，如果是 PreparedStatement 要使用批次更新，以下是个范例：

```
PreparedStatement stmt = conn.prepareStatement(
   "INSERT INTO t_message(name,email,msg) VALUES(?, ?, ?)");
while(someCondition) {
    stmt.setString(1, "..");
    stmt.setString(2, "..");
    stmt.setString(3, "..");
    stmt.addBatch(); // 收集参数
}
stmt.executeBatch(); // 送出所有参数
```

提示>>> 除了在 API 上使用 addBatch()、executeBatch()等方法以进行批次更新之外，通常也会搭配关闭自动提交(auto commit)，在性能上也会有所影响，这在稍后介绍事务时就会提到。驱动程序本身是否支持批次更新也要注意一下。以 MySQL 为例，要支持批次更新，必须在 JDBC URI 上附加 rewriteBatchedStatements =true 参数才有实际的作用。

9.2.4 Blob 与 Clob

如果要将文件写入数据库，可以在数据库表格字段上使用 BLOB 或 CLOB 数据类型。BLOB 全名 Binary Large Object，用于存储大量的二进制数据，如图片、影音文件等。CLOB 全名 Character Large Object，用于存储大量的文字数据。

在 JDBC 中提供了 **java.sql.Blob** 与 **java.sql.Clob** 两个类分别代表 BLOB 与 CLOB 数据。以 Blob 为例，写入数据时，可以通过 PreparedStatement 的 **setBlob()**来设置 Blob 对象，读取数据时，可以通过 ResultSet 的 **getBlob()**取得 Blob 对象。

Blob 拥有 getBinaryStream()、getBytes()等方法，可以取得代表字段来源的 InputStream 或字段的 byte[]数据。Clob 拥有 getCharacterStream()、getAsciiStream()等方法，可以取得 Reader 或 InputStream 等数据，可以查看 API 文件来获得更详细的信息。

实际也可以把 BLOB 字段对应 byte[]或输入/输出串流。在写入数据时，可以使用 PreparedStatement 的 **setBytes()**来设置要存入的 byte[]数据，使用 **setBinaryStream()**来设置代表输入来源的 InputStream。在读取数据时，可以使用 ResultSet 的 **getBytes()**以 byte[]取得字段中存储的数据，或以 **getBinaryStream()**取得代表字段来源的 InputStream。

以下是取得代表文件来源的 InputStream 后，进行数据库存储的片段：

```
InputStream in = readFileAsInputStream("...");
PreparedStatement stmt = conn.prepareStatement(
   "INSERT INTO IMAGES(src, img) VALUE(?, ?)");
stmt.setString(1, "…");
stmt.setBinaryStream(2, in);
stmt.executeUpdate();
```

以下是取得代表字段数据源的 InputStream 的片段：

```
PreparedStatement stmt = conn.prepareStatement(
   "SELECT img FROM IMAGES");
ResultSet rs = stmt.executeQuery();
while(rs.next()) {
   InputStream in = rs.getBinaryStream(1);
   //...使用 InputStream 作数据读取
}
```

下面举个实际例子，制作一个简单的 Web 应用程序，可以让用户上传文件存储到数据库、下载或删除数据库中的文件。首先要在数据库中创建表格：

```
CREATE TABLE t_files (
   id INT NOT NULL AUTO_INCREMENT PRIMARY KEY,
   filename VARCHAR(255) NOT NULL,
 savedTime TIMESTAMP NOT NULL,
   bytes LONGBLOB NOT NULL
);
```

接着编写一个 FileService 类，使用 JDBC 负责数据库操作相关细节：

JDBC FileService.java

```
package cc.openhome;

import java.sql.*;
import java.util.*;
import javax.sql.DataSource;
import javax.naming.*;

public class FileService {
    private DataSource dataSource;

    public FileService() {
        try {
            Context initContext = new InitialContext();
            Context envContext = (Context)
                        initContext.lookup("java:/comp/env");
            dataSource = (DataSource) envContext.lookup("jdbc/demo");
        } catch (NamingException ex) {
            throw new RuntimeException(ex);
        }
    }

    public File getFile(File file) {
        try(Connection conn = dataSource.getConnection();
            PreparedStatement statement = conn.prepareStatement(
                    "SELECT filename, bytes FROM t_files WHERE id=?")) {

            statement.setLong(1, file.getId());
            ResultSet result = statement.executeQuery();
            while (result.next()) {
                file = new File();
                file.setFilename(result.getString(1));
                file.setBytes(result.getBytes(2));
            }
            return file;
        } catch (SQLException e) {
            throw new RuntimeException(e);
        }
    }

    public List<File> getFileList() {
        try(Connection conn = dataSource.getConnection();
            PreparedStatement statement = conn.prepareStatement(
                    "SELECT id, filename, savedTime FROM t_files")) {

            ResultSet result = statement.executeQuery();
            List<File> fileList = new ArrayList<>();
            while (result.next()) {
                File file = new File();
                file.setId(result.getLong(1));
                file.setFilename(result.getString(2));
                file.setSavedTime(result.getTimestamp(3).getTime());
                fileList.add(file);
            }
            return fileList;
        } catch (SQLException e) {
            throw new RuntimeException(e);
        }
    }
```

❶ 查找 jdbc/demo 对应的 DataSource 对象

❷ 根据 id 查询取得文件名与字节数据

❸ 取得字节数据

❹ 取得文件清单，包括 id、文件名与存储时间

```
    public void save(File file) {
        try(Connection conn = dataSource.getConnection();
            PreparedStatement statement = conn.prepareStatement(      ❺ 新增文件至数据库
            "INSERT INTO t_files(filename, savedTime, bytes) VALUES(?, ?, ?)")) {

            statement.setString(1, file.getFilename());
            statement.setTimestamp(2, new Timestamp(file.getSavedTime()));
            statement.setBytes(3, file.getBytes());  ← ❻ 设置存储的字节数据
            statement.executeUpdate();
        } catch (SQLException e) {
            throw new RuntimeException(e);
        }

    }

    public void delete(File file) {
        try(Connection conn = dataSource.getConnection();
            PreparedStatement statement = conn.prepareStatement(
                "DELETE FROM t_files WHERE id=?")) {  ← ❼ 根据 id 删除文件

            statement.setLong(1, file.getId());
            statement.executeUpdate();
        } catch (SQLException e) {
            throw new RuntimeException(e);
        }
    }
}
```

FileService 在构造时，会通过 JNDI 查找 DataSource❶，之后通过 DataSource 来取得 Connection，在 getFile()方法中，主要是通过 id 在数据库中查找对应的文件名与字节数据❷，在取得字节数据时，是通过 ResultSet 的 getBytes()来取得❸。如果要取得所有文件列表，可以通过 FileService 的 getFileList()方法取得❹。在 save()方法中，是使用 INSERT 将数据新增至数据库中❺，其中字节的部分，是通过 PreparedStatement 的 setBytes()来新增❻。如果要删除文件，是根据 id 来删除❼。

文件的上传、下载与删除，都是在 JSP 页面中进行操作：

JDBC file.jsp

```
<%@page contentType="text/html; charset=UTF-8" pageEncoding="UTF-8"%>
<%@taglib prefix="c" uri="http://java.sun.com/jsp/jstl/core"%>
<jsp:useBean id="fileService"
        class="cc.openhome.FileService"      ❶ 创建 JavaBean
          scope="application" />
<!DOCTYPE html>
<html>
    <head>
        <meta charset="UTF-8">
        <title>文件管理</title>
    </head>
    <body>
        <form method="post" enctype="multipart/form-data"  ← ❷ 上传窗体
                        action="upload"><br>
            选取文件：<input type="file" name="file"><br><br>
            <input type="submit" value="上传">
        </form>
        <hr>
```

```
        <table style="text-align: left;" border="1"
                cellpadding="2" cellspacing="2">
            <tbody>
            <tr>
                    <td>文件名</td>
                    <td>上传时间</td>
                    <td>操作</td>                              ❸ 显示文件列表
                </tr>
            <c:forEach var="file" items="${fileService.fileList}">
                <tr>
                    <td>${file.filename}</td>                ❹ 根据 id 下载文件
                    <td>${file.localDateTime}</td>
                    <td><a href="download?id=${file.id}">下载</a> /
                        <a href="delete?id=${file.id}">删除</a>
                    </td>
                </tr>                                         ❺ 根据 id 删除文件
                </c:forEach>
            </tbody>
        </table>
    </body>
</html>
```

为了简化范例，这里利用 JavaBean 的方式创建 FileService 实例，并设置为 application 范围属性❶。实际上，可以利用 ServletContextListener，在应用程序初始时创建 FileService 实例，并设置为 ServletContext 范围属性，在上传窗体的部分，action 是设置为 upload.do，以 POST 的方式发送❷，显示文件列表时，使用 JSTL 的<c:forEach>❸。调用 FileService 的 getFileList()取得列表后，逐一显示文件名称与上传时间。如果要下载文件，是使用 URI 重写的方式，根据 id 向 download.do 发送 GET 请求❹。如果要删除文件，也是使用 URI 重写的方式，根据 id 向 delete.do 发送 GET 请求❺。

处理文件上传的 Servlet 如下：

JDBC Upload.java

```
package cc.openhome;

...略

@MultipartConfig
@WebServlet("/upload")
public class Upload extends HttpServlet {
    private final Pattern fileNameRegex =
            Pattern.compile("filename=\"(.*)\"");

    protected void doPost(HttpServletRequest request,
                        HttpServletResponse response)
                    throws ServletException, IOException {
        request.setCharacterEncoding("UTF-8");
        Part part = request.getPart("file");
        String filename = getSubmittedFileName(part);      ❶ 利用 Part 取得上传文件名、字节
        byte[] bytes = getBytes(part);

        File file = new File();
        file.setFilename(filename);
        file.setBytes(bytes);
        file.setSavedTime(Instant.now().toEpochMilli());   ❷ 取得系统时间

        FileService service = (FileService)
```

```
            getServletContext().getAttribute("fileService");
        service.save(file);  ←── ❸ 使用 FileService 的 save()存储

        response.sendRedirect("file.jsp");
    }

    private String getSubmittedFileName(Part part) {
        String header = part.getHeader("Content-Disposition");
        Matcher matcher = fileNameRegex.matcher(header);
        matcher.find();

        String filename =  matcher.group(1);
        if(filename.contains("\\")) {
            return filename.substring(filename.lastIndexOf("\\") + 1);
        }
        return filename;
    }

    private byte[] getBytes(Part part) throws IOException {
        try(InputStream in = part.getInputStream();
                ByteArrayOutputStream out = new ByteArrayOutputStream()) {
            byte[] buffer = new byte[1024];
            int length = -1;
            while ((length = in.read(buffer)) != -1) {
                out.write(buffer, 0, length);
            }
            return out.toByteArray();
        }
    }
}
```

在这里利用了 3.2.5 节介绍过的 Part 对象来取得上传的文件名与字节❶，上传的时间是通过 Instant.now()来取得❷。在创建 File 对象封装上传文件的文件名、字节与时间相关信息后，利用 FileService 的 save()方法来存储文件❸。

处理文件下载的 Servlet 如下：

JDBC Download.java

```
package cc.openhome;

import java.net.URLEncoder;
import java.io.*;
import javax.servlet.*;
import javax.servlet.annotation.*;
import javax.servlet.http.*;

@WebServlet("/download")
public class Download extends HttpServlet {
    protected void doGet(HttpServletRequest request,
                         HttpServletResponse response)
                             throws ServletException, IOException {
        FileService fileService =
                (FileService) getServletContext().getAttribute("fileService");

        String id = request.getParameter("id");

        File file = new File();
        file.setId(Long.parseLong(id));
```

```
        file = fileService.getFile(file);  ←── ❶ 根据 id 取得文件

        String filename = fileName(request, file);

        response.setContentType("application/octet-stream"); ←── ❷ 告知浏览器响应类型
        response.setHeader("Content-disposition",
                "attachment; filename=\"" + filename + "\"");  ←── ❸ 这个标头会告知浏览
                                                                    器另存的新文件名
        OutputStream out = response.getOutputStream();
        out.write(file.getBytes());
    }

    private String fileName(HttpServletRequest request, File file)
                throws UnsupportedEncodingException {
                                        ❹针对 IE 处理 Content-disposition 标头
                                          的 filename 编码
        String agent = request.getHeader("User-Agent");
        if(agent.contains("MSIE") || agent.contains("rv:")) {
            return URLEncoder.encode(file.getFilename(), "UTF-8");
        }
        return new String(file.getFilename().getBytes("UTF-8"), "ISO-8859-1");

                                      ❺ 针对其他浏览器处理 Content-disposition
                                        标头的 filename 编码
    }
}
```

浏览器会告知想要下载的文件 id 是什么，所以 Servlet 中取得 id 请求参数，封装为 File 对象，调用 FileService 的 getFile() 取得 File 对象❶，从中取得文件名与字节。为了让浏览器出现另存为的对话框，必须告知浏览器响应类型为 application/octet-stream❷，也就是十六进制串流数据，并使用 Content-disposition 告知另存新文件时默认的文件名❸。不过这个文件名的编码会因 Internet Explorer 或其他浏览器在处理上有所不同，Internet Explorer 必须作 URI 编码❹，而其他浏览器必须以 ISO-8859-1 编码❺，另存新文件时，才可以正确显示中文文件名。

处理文件删除的 Servlet 如下：

JDBC Delete.java

```
package cc.openhome;

import java.io.*;
import javax.servlet.*;
import javax.servlet.annotation.*;
import javax.servlet.http.*;

@WebServlet("/delete")
public class Delete extends HttpServlet {
    protected void doGet(HttpServletRequest request,
                    HttpServletResponse response)
                        throws ServletException, IOException {
        String id = request.getParameter("id");
        File file = new File();
        file.setId(Long.parseLong(id));
        FileService fileService =
                (FileService) getServletContext().getAttribute("fileService");
```

```
        fileService.delete(file);
        response.sendRedirect("file.jsp");
    }
}
```

这个 Servlet 很简单，删除文件时也是根据 id，在封装为 File 对象之后，调用 FileService 的 delete()可删除文件。

9.2.5 事务简介

事务的四个基本要求是原子性(Atomicity)、一致性(Consistency)、隔离行为(Isolation behavior)与持续性(Durability)，根据英文字母首字简称为 ACID。

- 原子性：一个事务是一个单元工作(Unit of work)，当中可能包括数个步骤，这些步骤必须全部执行成功，若有一个失败，整个事务声明失败，事务中其他步骤必须撤销曾经执行过的动作，回到事务前的状态。

  在数据库上执行单元工作为数据库事务(Database transaction)，单元中每个步骤就是每一句 SQL 的执行。要开始一个事务边界(通常是以一个 BEGIN 的命令开始)，所有 SQL 语句下达之后，COMMIT 确认所有操作变更，此时事务成功，或者因为某个 SQL 错误，ROLLBACK 进行撤销动作，此时事务失败。
- 一致性：事务作用的数据集合在事务前后必须一致，若事务成功，整个数据集合必须是事务操作后的状态；若事务失败，整个数据集合必须与开始事务前一样没有变更，不能发生整个数据集合部分有变更，部分没变更的状态。

  例如转账行为，数据集合涉及 A、B 两个账户，A 原有 20 000 元，B 原有 10 000 元，A 转 10 000 元给 B，事务成功的话，最后 A 必须变成 10 000 元，B 变成 20 000 元，事务失败的话，A 必须为 20 000 元，B 为 10 000 元，而不能发生 A 为 20 000 元(未扣款)，B 也为 20 000 元(已入款)的情况。
- 隔离行为：在多人使用的环境下，每个用户可能进行自己的事务，事务与事务之间，必须互不干扰，用户不会意识到别的用户正在进行事务，就好像只有自己在进行操作一样。
- 持续性：事务一旦成功，所有变更必须保存下来，即使系统故障，事务的结果也不能遗失。这通常需要系统软、硬件架构的支持。

在原子性的要求上，在 JDBC 可以操作 Connection 的 **setAutoCommit()**方法，给它 false 自变量，提示数据库启始事务，在下达一连串的 SQL 命令后，自行调用 Connection 的 commit()，提示数据库确认(COMMIT)操作。如果中间发生错误，则调用 rollback()，提示数据库撤销(ROLLBACK)所有的执行。流程如下所示：

```
Connection conn = null;
try {
    conn = dataSource.getConnection();
    conn.setAutoCommit(false); // 取消自动提交
    Statement stmt = conn.createStatement();
    stmt.executeUpdate("INSERT INTO …");
    stmt.executeUpdate("INSERT INTO …");
    conn.commit(); // 提交
}
```

```
catch(SQLException e) {
    e.printStackTrace();
    if(conn != null) {
        try {
            conn.rollback();  // 回滚
        }
        catch(SQLException ex) {
            ex.printStackTrace();
        }
    }
}
finally {
    ...
    if(conn != null) {
        try {
            conn.setAutoCommit(true);  // 回复自动提交
            conn.close();
        }
        catch(SQLException ex) {
            ex.printStackTrace();
        }
    }
}
```

如果在事务管理时，想要撤回某个 SQL 执行点，可以设置存储点(Save point)。例如：

```
Savepoint point = null;
try {
    conn.setAutoCommit(false);
    Statement stmt = conn.createStatement();
    stmt.executeUpdate("INSERT INTO …");
    …
    point = conn.setSavepoint(); // 设置存储点
    stmt.executeUpdate("INSERT INTO …");
    ...
    conn.commit();
}
catch(SQLException e) {
    e.printStackTrace();
    if(conn != null) {
        try {
            if(point == null) {
                conn.rollback();
            }
            else {
                conn.rollback(point);              // 撤回存储点
                conn.releaseSavepoint(point);      // 释放存储点
            }
        }
        catch(SQLException ex) {
            ex.printStackTrace();
        }
    }
}
finally {
    ...
    if(conn != null) {
        try {
            conn.setAutoCommit(true);
            conn.close();
        }
```

```
            catch(SQLException ex) {
                ex.printStackTrace();
            }
        }
    }
```

在批次更新时，不用每一笔都确认的话，也可以搭配事务管理。例如：

```
try {
    conn.setAutoCommit(false);
    stmt = conn.createStatement();
    while(someCondition) {
        stmt.addBatch("INSERT INTO …");
    }
    stmt.executeBatch();
    conn.commit();
} catch(SQLException ex) {
    ex.printStackTrace();
    if(conn != null) {
        try {
            conn.rollback();
        } catch(SQLException e) {
            e.printStackTrace();
        }
    }
} finally {
    ...
    if(conn != null) {
        try {
            conn.setAutoCommit(true);
            conn.close();
        }
        catch(SQLException ex) {
            ex.printStackTrace();
        }
    }
}
```

至于在隔离行为的支持上，JDBC 可以通过 Connection 的 **getTransactionIsolation()** 取得数据库目前的隔离行为设置，通过 **setTransactionIsolation()** 可提示数据库设置指定的隔离行为。可设置常数是定义在 Connection 上的，如下所示：

- TRANSACTION_NONE
- TRANSACTION_UNCOMMITTED
- TRANSACTION_COMMITTED
- TRANSACTION_REPEATABLE_READ
- TRANSACTION_SERIALIZABLE

其中 TRANSACTION_NONE 表示对事务不设置隔离行为，仅适用于没有事务功能、以只读功能为主、不会发生同时修改字段的数据库。有事务功能的数据库，可能不理会 TRANSACTION_NONE 的设置提示。

要了解其他隔离行为设置的影响，首先要了解多个事务并行时，可能引发的数据不一致问题有哪些。以下逐一举例说明。

1. 更新遗失(Lost update)

基本上就是指某个事务对字段进行更新的信息，因另一个事务的介入而遗失更新效力。举例来说，若某个字段数据原为 ZZZ，用户 A、B 分别在不同的时间点对同一字段进行更新事务，如图 9.15 所示。

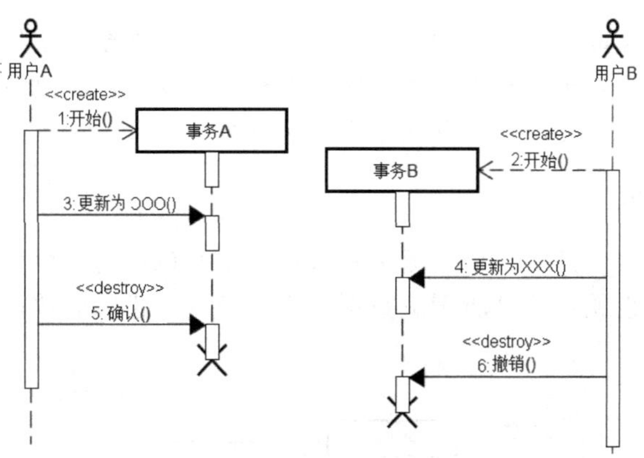

图 9.15　更新遗失

单就用户 A 的事务而言，最后字段应该是 OOO，单就用户 B 的事务而言，最后字段应该是 ZZZ。在完全没有隔离两者事务的情况下，由于用户 B 撤销操作时间在用户 A 确认之后，因此最后字段结果会是 ZZZ，用户 A 看不到他更新确认的 OOO 结果，用户 A 发生更新遗失问题。

提示»» 可想象有两个用户，若 A 用户打开文件之后，后续又允许 B 用户打开文件，一开始 A、B 用户看到的文件都有 ZZZ 文字，A 修改 ZZZ 为 OOO 后存储，B 修改 ZZZ 为 XXX 后又还原为 ZZZ 并存储，最后文件就为 ZZZ，A 用户的更新遗失。

如果要避免更新遗失问题，可以设置隔离层级为“可读取未确认”(Read uncommitted)，也就是 A 事务已更新但未确认的数据，B 事务仅可作读取动作，但不可作更新的动作。JDBC 可通过 `Connection` 的 `setTransactionIsolation()` 设置为 `TRANSACTION_UNCOMMITTED` 来提示数据库指定此隔离行为。

数据库对此隔离行为的基本做法是，A 事务在更新但未确认，延后 B 事务的更新需求至 A 事务确认之后。以上例而言，事务顺序结果会变成如图 9.16 所示。

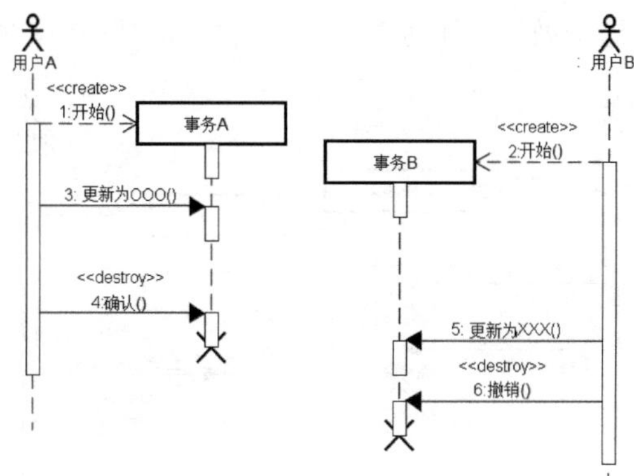

图 9.16　“可读取未确认”避免更新遗失

> **提示>>>** 可想象有两个用户，A 用户打开文件之后，后续只允许 B 用户以只读方式打开文件，B 用户若要能够写入，至少得等 A 用户修改完成关闭文件后。

提示数据库“可读取未确认”的隔离层次之后，数据库至少得保证事务能避免更新遗失问题，通常这也是具备事务功能的数据库引擎会采取的最低隔离层级。不过这个隔离层级读取错误数据的概率太高，一般默认不会采用这种隔离层级。

2. 脏读(Dirty read)

两个事务同时进行，其中一个事务更新数据但未确认，另一个事务就读取数据，此时可能发生脏读问题，也就是读到所谓脏数据、不干净、不正确的数据，如图 9.17 所示。

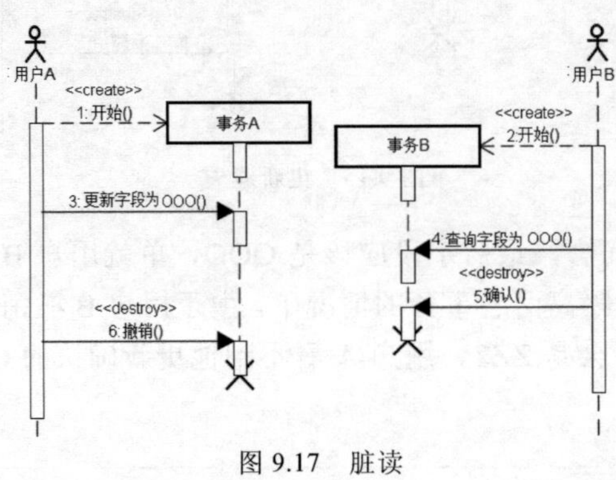

图 9.17 脏读

用户 B 在 A 事务撤销前读取了字段数据为 OOO，如果 A 事务撤销了事务，那么用户 B 读取的数据就是不正确的。

> **提示>>>** 可想象有两个用户，若 A 用户打开文件并仍在修改期间，B 用户打开文件所读到的数据，就有可能是不正确的。

如果要避免脏读问题，可以设置隔离层级为“可读取确认”(Read committed)，也就是事务读取的数据必须是其他事务已确认的数据。JDBC 可通过 `Connection` 的 `setTransactionIsolation()` 设置为 `TRANSACTION_COMMITTED` 来提示数据库指定此隔离行为。

数据库对此隔离行为的基本做法之一是，读取的事务不会阻止其他事务，未确认的更新事务会阻止其他事务。若是这个做法，事务顺序结果会变成如图 9.18 所示(若原字段为 ZZZ)。

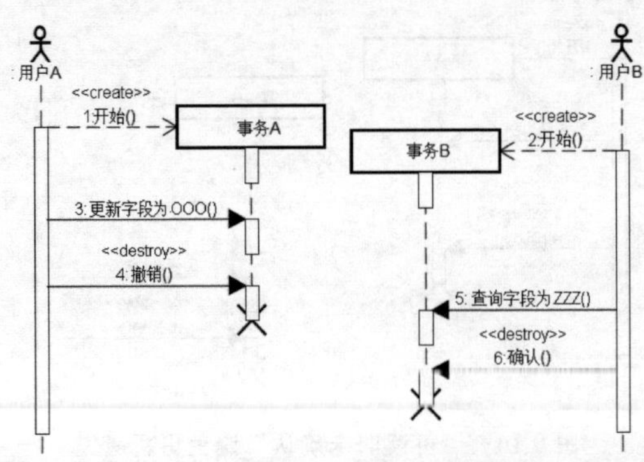

图 9.18 “可读取确认”避免脏读

提示 可想象有两个用户，若 A 用户打开文件并仍在修改期间，B 用户就不能打开文件。但在数据库上这个做法影响性能较大。另一个基本做法是事务正在更新但尚未确定前先操作暂存表格，其他事务就不至于读取到不正确的数据。JDBC 隔离层级的设置提示，实际在数据库上如何实现，主要得根据各家数据库在性能上的考量而定。

提示数据库“可读取确认”的隔离层次之后，数据库至少得保证事务能避免脏读与更新遗失问题。

3. 无法重复的读取(Unrepeatable read)

某个事务两次读取同一字段的数据并不一致。例如，事务 A 在事务 B 更新前后进行数据的读取，则 A 事务会得到不同的结果，如图 9.19 所示(若字段原为 ZZZ)。

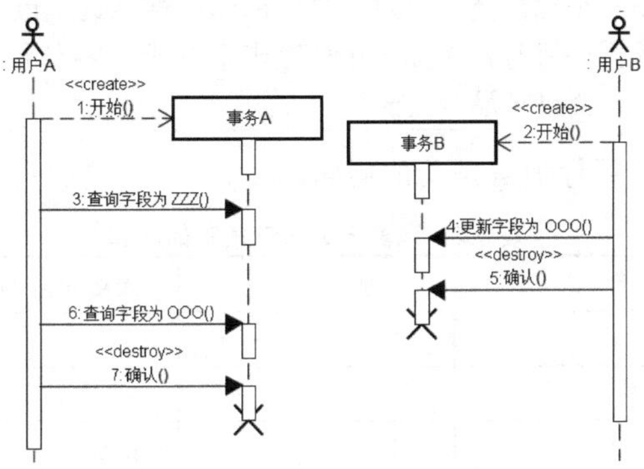

图 9.19 无法重复的读取

如果要避免无法重复的读取问题，可以设置隔离层级为“可重复读取”(Repeatable read)，也就是同一事务内两次读取的数据必须相同。JDBC 可通过 `Connection` 的 `setTransactionIsolation()`设置为 `TRANSACTION_REPEATABLE_READ` 来提示数据库指定此隔离行为。

数据库对此隔离行为的基本做法之一是，读取事务在确认前不阻止其他读取事务，但会阻止其他更新事务。若是这个做法，事务顺序结果会变成如图 9.20 所示(若原字段为 ZZZ)。

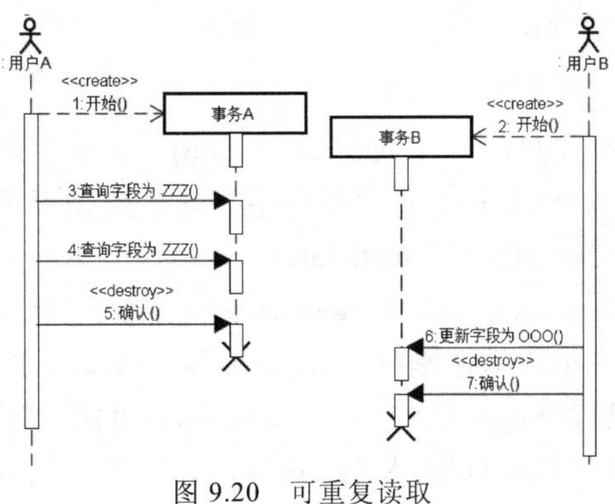

图 9.20 可重复读取

提示 在数据库上这个做法影响性能较大，另一个基本做法是事务正在读取但尚未确认前，另一事务会在暂存表格上更新。

提示数据库“可重复读取”的隔离层次之后，数据库至少得保证事务能避免无法重复读取、脏读与更新遗失问题。

4. 幻读(Phantom read)

同一事务期间，读取到的数据笔数不一致。例如，事务 A 第一次读取得到五笔数据，此时事务 B 新增了一笔数据，导致事务 B 再次读取得到六笔数据。

如果隔离行为设置为可重复读取，但发生幻读现象，可以设置隔离层级为“可循序”(Serializable)，也就是在有事务时若有数据不一致的疑虑，事务必须可以按照顺序逐一进行。JDBC 可通过 `Connection` 的 `setTransactionIsolation()` 设置为 `TRANSACTION_SERIALIZABLE` 来提示数据库指定此隔离行为。

> **提示》》》** 事务若真的一个一个循序进行，对数据库的影响性能过于巨大，实际也许未必直接阻止其他事务或真的循序进行，例如采用暂存表格方式。事实上，只要能符合四个事务隔离要求，各家数据库会寻求最有效的解决方式。

表 9.2 整理了各个隔离行为可预防的问题。

表 9.2 隔离行为与可预防的问题

隔离行为	更新遗失	脏读	无法重复的读取	幻读
可读取未确认	预防			
可读取确认	预防	预防		
可重复读取	预防	预防	预防	
可循序	预防	预防	预防	预防

如果想通过 JDBC 得知数据库是否支持某个隔离行为设置，可以通过 `Connection` 的 **`getMetaData()`** 取得 **`DatabaseMetadata`** 对象，通过 `DatabaseMetadata` 的 **`supportsTransactionIsolationLevel()`** 得知是否支持某个隔离行为。例如：

```
DatabaseMetadata meta = conn.getMetaData();
boolean isSupported = meta.supportsTransactionIsolationLevel(
        Connection.TRANSACTION_READ_COMMITTED);
```

9.2.6 metadata 简介

metadata 即“关于数据的数据”(Data about data)，如这个数据库是用来保存数据的地方，然而数据库本身产品名称是什么？数据库中有几个数据表格？表格名称是什么？表格中有几个字段等？这些信息就是所谓 metadata。

在 JDBC 中，可以通过 `Connection` 的 **`getMetaData()`** 方法取得 **`DatabaseMetaData`** 对象，通过这个对象提供的方法可以取得数据库整体信息，而 `ResultSet` 表示查询到的数据，数据本身的字段、类型等信息可以通过 `ResultSet` 的 `getMetaData()` 方法，取得 `ResultSetMetaData` 对象，通过这个对象提供的相关方法可以取得字段名称、字段类型等信息。

> **提示》》》** `DatabaseMetaData` 或 `ResultSetMetaData` 本身 API 使用上不难，问题点在于各家数据库对某些名词的定义不同，必须查阅数据库厂商手册搭配对应的 API，才可以取得想要的信息。

下面举个例子，利用 JDBC 的 metadata 相关 API，取得先前文件管理范例 t_files 表格相关信息。首先定义一个 JavaBean：

JDBC TFileInfo.java

```
package cc.openhome;

import java.io.Serializable;
import java.sql.*;
import java.util.*;
import javax.naming.*;
import javax.sql.DataSource;

public class TFilesInfo implements Serializable {
    private DataSource dataSource;

    public TFilesInfo() {
        try {
            Context initContext = new InitialContext();
            Context envContext = (Context)
                        initContext.lookup("java:/comp/env");
            dataSource = (DataSource) envContext.lookup("jdbc/demo");
        } catch (NamingException ex) {
            throw new RuntimeException(ex);
        }
    }

    public List<ColumnInfo> getAllColumnInfo() {
        try(Connection conn = dataSource.getConnection();) {     ❶ 查询 T_FILES 表格所有字段
            DatabaseMetaData meta = conn.getMetaData();
            ResultSet crs = meta.getColumns(null, null, "T_FILES", null);

            List<ColumnInfo> infos = new ArrayList<>();   ❷ 用来收集字段信息
            while(crs.next()) {
                ColumnInfo info = new ColumnInfo();
                info.setName(crs.getString("COLUMN_NAME"));
                info.setType(crs.getString("TYPE_NAME"));
                info.setSize(crs.getInt("COLUMN_SIZE"));
                info.setNullable(crs.getBoolean("IS_NULLABLE"));
                info.setDef(crs.getString("COLUMN_DEF"));
                infos.add(info);
            }                                             ❸ 封装域名、类型、大小、可否为空、默认值等信息

            return infos;
        } catch (SQLException e) {
            throw new RuntimeException(e);
        }
    }
}
```

在调用 `getAllColumnInfo()`时，会先从 `Connection` 上取得 `DatabaseMetaData`，以查询数据库中指定表格的字段❶，这会取得一个 `ResultSet`。接着从 `ResultSet` 上逐一取得各个想要的信息，封装为 `ColumnInfo` 对象❸，并收集在 `List` 中返回❷。

接着编写一个 JSP 页面来使用 TFileInfo 类：

JDBC metadata.jsp

```
<%@page contentType="text/html; charset=UTF-8"
    pageEncoding="UTF-8"%>
<%@taglib prefix="c" uri="http://java.sun.com/jsp/jstl/core"%>
<jsp:useBean id="tFileInfo" class="cc.openhome.TFilesInfo"/>  ← ❶以 JavaBean 方式使用
<!DOCTYPE html>
<html>
    <head>
      <meta charset="UTF-8">
      <title>Metadata</title>
    </head>
    <body>
        <table style="text-align: left;" border="1"
              cellpadding="2" cellspacing="2">
            <tbody>
                <tr>
                    <td>字段名称</td>
                    <td>字段类型</td>
                    <td>可否为空</td>
                    <td>默认数值</td>
                </tr>

            <c:forEach var="columnInfo"
                        items="${tFileInfo.allColumnInfo}">
                <tr>
                    <td>${columnInfo.name}</td>
                    <td>${columnInfo.type}</td>                ❷取得所有字段
                    <td>${columnInfo.nullable}</td>            信息并显示
                    <td>${columnInfo.def}  </td>
                </tr>
            </c:forEach>

            </tbody>
        </table>
    </body>
</html>
```

为了简化范例，在这里将 TFileInfo 当作 JavaBean 来使用，并利用 JSTL 的<c:forEach>逐一取得 ColumnInfo 对象，以表格方式显示字段信息，如图 9.21 所示。

http://localhost:8080/JDBCDemo/metadata.jsp

字段名称	字段类型	可否为空	默认数值
id	INT	false	
filename	VARCHAR	false	
savedTime	TIMESTAMP	false	CURRENT_TIMESTAMP
bytes	LONGBLOB	false	

图 9.21　取得字段基本信息

9.2.7 RowSet 简介

JDBC 定义了 **javax.sql.RowSet** 接口，用以代表数据的列集合。这里的数据并不一定是数据库中的数据，可以是试算表数据、XML 数据或任何具有行集合概念的数据源。

RowSet 是 ResultSet 的子接口，具有 ResultSet 的行为，可以使用 RowSet 对行集合进行增删查改，RowSet 也新增了一些行为，如通过 setCommand()设置查询命令、通过 execute()执行查询命令以填充数据等。

提示》》 在 Oracle 的 JDK 中附有 RowSet 的非标准实现，包名称是 com.sun.rowset。

RowSet 定义了行集合基本行为，其下有 JdbcRowSet、CachedRowSet、FilteredRowSet、JoinRowSet 与 WebRowSet 五个标准行集合子接口，定义在 javax.sql.rowset 包中。其继承关系如图 9.22 所示。

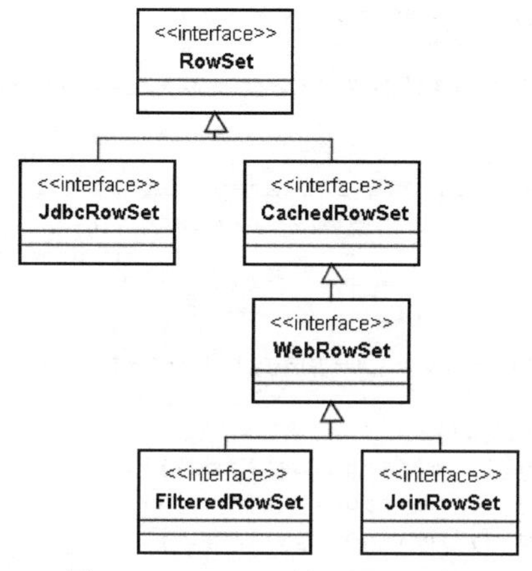

图 9.22 RowSet 接口继承架构

JdbcRowSet 是连接式(Connected)的 RowSet，也就是操作 JdbcRowSet 期间会保持与数据库的连接，可视为取得、操作 ResultSet 的行为封装，可简化 JDBC 程序的编写，或作为 JavaBean 使用。

CachedRowSet 为离线式(Disconnected)的 RowSet(其子接口当然也是)，在查询并填充完数据后，就会断开与数据源的连接，而不用占据相关链接资源，必要时可以再与数据源连接进行数据同步。

以下先以 JdbcRowSet 为例，介绍 RowSet 的基本操作。这里使用的实现是 Oracle JDK 附带的 JdbcRowSetImpl。要使用 RowSet 查询数据，基本上可以如下操作：

```
JdbcRowSet rowset = new JdbcRowSetImpl();
rowset.setUrl("jdbc:h2:tcp://localhost/c:/workspace/JDBC/demo");
rowset.setUsername("caterpillar");
rowset.setPassword("12345678");
rowset.setCommand("SELECT * FROM t_messages WHERE id = ?");
rowset.setInt(1, 1);
rowset.execute();
```

使用 **setUrl()** 设置 JDBC URI，使用 **setUsername()** 设置用户名称，使用 **setPassword()** 设置密码，使用 **setCommand()** 设置查询 SQL。

Lab 由于 RowSet 是 ResultSet 的子接口，接下来要取得各字段数据，只要如 ResultSet 操作即可。若要使用 RowsSet 进行增删改的动作，也是与 ResultSet 相同。例如，下例使用 JdbcRowSet 改写 9.1.3 节的访客留言板(可以比较使用 JdbcRowSet 之后的差别)：

JDBC GuestBookBean2.java

```
package cc.openhome;

import java.io.Serializable;
import java.sql.*;
import java.util.*;
import javax.sql.rowset.JdbcRowSet;
import com.sun.rowset.JdbcRowSetImpl;

public class GuestBookBean2 implements Serializable {
    private JdbcRowSet rowset;
    public GuestBookBean2() throws SQLException {
        rowset = new JdbcRowSetImpl();
        rowset.setDataSourceName("java:/comp/env/jdbc/demo");
    }

    private void loadTable() throws SQLException {
        rowset.setCommand("SELECT * FROM t_message");
        rowset.execute();
    }

    public void setMessage(Message message) throws SQLException {
        loadTable();
        rowset.moveToInsertRow();
        rowset.updateString(2, message.getName());
        rowset.updateString(3, message.getEmail());
        rowset.updateString(4, message.getMsg());
        rowset.insertRow();
    }

    public List<Message> getMessages() throws SQLException {
        loadTable();
        List<Message> messages = new ArrayList<>();
        rowset.beforeFirst();
        while (rowset.next()) {
            Message message = new Message();
            message.setId(rowset.getLong(1));
            message.setName(rowset.getString(2));
            message.setEmail(rowset.getString(3));
            message.setMsg(rowset.getString(4));
            messages.add(message);
        }
        return messages;
    }

    @Override
    protected void finalize() throws Throwable {
        if(rowset != null) {
            rowset.close();
        }
    }
}
```

在这个例子中，使用 **setDataSourceName()** 来取得 DataSource，并直接利用 JdbcRowSet 进行查询与新增留言的操作。JdbcRowSet 也有 **setAutocommit()** 与 **commit()** 方法，可以进行事务控制。

如果在查询之后，想要离线进行操作，可以使用 CachedRowSet 或其子接口实现对象。

视需求而定，可以直接使用 **close()**关闭 CachedRowSet，若在相关更新操作之后，想与数据源进行同步，可以调用 **acceptChanges()**方法。例如：

```
conn.setAutoCommit(false);    // conn 是 Connection
rowSet.acceptChanges(conn); // rowSet 是 CachedRowSet
conn.setAutoCommit(true);
```

WebRowSet 是 CachedRowSet 的子接口，不仅具备离线操作，还能进行 XML 读/写。例如以下的 Servlet，可以读取数据库的表格数据，对浏览器写出 XML。

JDBC XMLMessage.java

```
package cc.openhome;

import java.io.IOException;
import java.sql.SQLException;
import javax.servlet.ServletException;
import javax.servlet.annotation.WebServlet;
import javax.servlet.http.*;
import javax.sql.rowset.WebRowSet;
import com.sun.rowset.WebRowSetImpl;

@WebServlet("/xmlMessage")
public class XMLMessage extends HttpServlet {
    private WebRowSet rowset = null;

    @Override
    public void init() throws ServletException {
        try {
            rowset = new WebRowSetImpl();
            rowset.setDataSourceName("java:/comp/env/jdbc/demo");
            rowset.setCommand("SELECT * FROM t_message");
            rowset.execute();
        } catch (SQLException e) {
            throw new ServletException(e);
        }
    }

    protected void doGet(HttpServletRequest request,
                    HttpServletResponse response)
                      throws ServletException, IOException {
        response.setContentType("text/xml;charset=UTF-8");
        try {
            rowset.writeXml(response.getOutputStream());
        } catch (SQLException e) {
            throw new ServletException(e);
        }
    }
}
```

使用 WebRowSet 的 **writeXML()**，可以将 WebRowSet 的 Metadata、属性与数据以 XML 格式写出。执行结果如图 9.23 所示。

这让用户不必进行烦琐的 XML 操作，就可以将查询的数据以 XML 写出。例如其他网站取得 XML 之后，可以使用 JSTL 的 XML 格式标签库组织画面：

```
http://localhost:8080/JDBCDemo/xmlMessage
- <data>
  - <currentRow>
      <columnValue>1</columnValue>
      <columnValue>良葛格</columnValue>
      <columnValue>caterpillar@openhome.cc</columnValue>
      <columnValue> 这是一篇测试留言！</columnValue>
    </currentRow>
  - <currentRow>
      <columnValue>2</columnValue>
      <columnValue>毛美眉</columnValue>
      <columnValue>momor@openhome.cc</columnValue>
      <columnValue>这是简单的测试留言板！</columnValue>
    </currentRow>
  - <currentRow>
      <columnValue>3</columnValue>
      <columnValue>哈小米</columnValue>
      <columnValue>hamimi@openhome.cc</columnValue>
      <columnValue>采用JavaBean+JSP+JSTL！</columnValue>
    </currentRow>
  </data>
```


图 9.23 WebRowSet 写出的 XML 文件数据区段

JDBC xmlMessage.jsp

```
<%@ page contentType="text/html; charset=UTF-8" pageEncoding="UTF-8"%>
<%@taglib prefix="c" uri="http://java.sun.com/jsp/jstl/core"%>
<%@taglib prefix="fn" uri="http://java.sun.com/jsp/jstl/functions"%>
<%@taglib prefix="x" uri="http://java.sun.com/jsp/jstl/xml"%>
<!DOCTYPE html>
<html>
    <head>
        <meta charset="UTF-8">
        <title>友站的留言</title>
    </head>
    <body>
        <c:import var="xml" url="xmlMessage" charEncoding="UTF-8" />
        <c:set var='xmlns'>
            xmlns="http://java.sun.com/xml/ns/jdbc"
        </c:set>

        <!-- JSTL 1.1 不支持 XML Namespace，所以用空字符串取代掉 -->
        <x:parse var="webRowSet" doc="${fn:replace(xml, xmlns, '')}"/>
        <h2>友站的留言</h2>
        <table border="1">
            <tr bgcolor="#00ff00">
                <th align="left">名称</th>
                <th align="left">邮件</th>
                <th align="left">留言</th>
            </tr>
            <x:forEach var="row" select="$webRowSet//currentRow">
            <tr>
                <td><x:out select="$row/columnValue[2]"/></td>
                <td><x:out select="$row/columnValue[3]"/></td>
                <td><x:out select="$row/columnValue[4]"/></td>
            </tr>
            </x:forEach>
        </table>
    </body>
</html>
```

在这里要注意的是，由于 JSTL 1.1 不支持 XML 名称空间，所以使用 EL 函数库中的 `${fn:replace()}`函数，将名称空间部分的字符串取代为空字符串。范例执行结果如图 9.24 所示。

友站的留言

名称	邮件	留言
良葛格	caterpillar@openhome.cc	这是一篇测试留言!
毛美眉	momor@openhome.cc	这是简单的测试留言板!
哈小米	hamimi@openhome.cc	采用 JavaBean+JSP+JSTL !

图 9.24　从另一站读入 XML 并显示

FilteredRowSet 可以对行集合进行过滤，实现类似 SQL 中 WHERE 等条件式的功能。可以通过 **setFilter()** 方法，指定实现 **javax.sql.rowset.Predicate** 的对象。其定义如下：

```
boolean evaluate(Object value, int column)
boolean evaluate(Object value, String columnName)
boolean evaluate(RowSet rs)
```

Predicate 的 **evaluate()** 方法返回 true，表示该行要包括在过滤后的行集合中。

JoinRowSet 可以结合两个 RowSet 对象，实现类似 SQL 中 JOIN 的功能。通过 **setMatchColumn()** 指定要结合的列，然后使用 **addRowSet()** 来加入 RowSet 进行结合。例如：

```
rs1.setMatchColumn(1);
rs2.setMatchColumn(2);
JoinRowSet jrs = JoinRowSet jrs = new JoinRowSetImpl();
jrs.addRowSet(rs1);
jrs.addRowSet(rs2);
```

在这个范例片段执行过后，JoinRowSet 中就会是原本两个 RowSet 结合的结果。也可以通过 **setJoinType()** 指定结合的方式，可指定的常数定义在 JoinRowSet 中，包括 CROSS_JOIN、FULL_JOIN、INNER_JOIN、LEFT_OUTER_JOIN 与 RIGHT_OUTER_JOIN。

提示»» API 文件对 RowSet 的文件说明是很清楚的，更多有关 RowSet 或 JDBC 介绍，也可以参考 JDBC Basics(docs.oracle.com/javase/tutorial/jdbc/basics/gettingstarted.html)。

9.3 使用 SQL 标签库

JSTL 提供了 SQL 标签库，可以直接在 JSP 页面上进行数据库增删查找，无须编写任何 JDBC 代码。对于不复杂的数据库操作，使用 SQL 标签库对于应用程序可以有一定程度的简化。

9.3.1 数据源、查询标签

若要使用 JSTL 的 XML 标签库，必须使用 taglib 指示元素进行定义：

```
<%@taglib prefix="sql" uri="http://java.sun.com/jsp/jstl/sql"%>
```

在进行任何数据库来源之前，得先设置数据源(Data source)。对 JDBC 而言就是设置连接来源，这可以使用 **<sql:setDataSource>** 标签来设置。例如：

```
<sql:setDataSource dataSource="java:/comp/env/jdbc/demo"/>
```

dataSource 属性可以是 JNDI 字符串名称或 DataSource 实例，或者是直接设置驱动程序类、用户名称、密码与 JDBC URI：

```
<sql:setDataSource driver="org.h2.Driver"
                   user="caterpillar"
                   password="12345678"
                   url="jdbc:h2:tcp://localhost/c:/workspace/JDBC/demo"/>
```

如果要进行数据库查询，使用**<sql:query>**标签；如果已经使用<sql:setDataSource>设置数据源，直接进行 SQL 查询：

```
<sql:query sql="SELECT * FROM t_message" var="messages"/>
```

如果属性范围中已经存在 DataSource，使用<sql:query>的 **dataSource** 属性来指定；如果 SQL 语句比较复杂，直接编写在标签 Body 中。例如：

```
<sql:query dataSource="${dataSource}" var="messages">
    SELECT * FROM t_message
</sql:query>
```

<sql:query>还有 **startRow** 属性可以指定查询结果的第几笔取得查询结果，**maxRows** 属性可以指定取得几笔结果。<sql:query>的查询结果是 **javax.servlet.jsp.jstl.sql.Result** 类型，具有 **getColumnNames()**、**getRowCount()**、**getRows()**等方法，可配合 JSTL 的<c:forEach>来取出每一笔数据。例如：

```
<sql:query sql="SELECT * FROM t_message" var="messages"/>
<c:forEach var="message" items="${messages.rows}">
    ${message.name}<br>
    ${message.email}<br>
    ${message.msg}
</c:forEach>
```

javax.servlet.jsp.jstl.sql.Result 也有 **getRowsByIdex()**方法，可以 Object[][]返回查询数据，所以也可根据索引取得字段数据：

```
<sql:query sql="SELECT * FROM t_message" var="messages"/>
<c:forEach var="message" items="${messages.rowsByIndex}">
    ${message[0]}<br>
    ${message[1]}<br>
    ${message[2]}
</c:forEach>
```

提示》》 由于 getRowsByIndex()返回的是 Object[][]，索引要从 0 开始。

9.3.2 更新、参数、事务标签

如果想通过 SQL 标签库对数据库进行更新动作，可以使用**<sql:update>**标签。例如，要在数据库中新增一笔数据：

```
<sql:update>
    INSERT INTO t_message(name, email, msg)
        VALUES('Justin', 'caterpillar@openhome.cc', 'This is a test!')
</sql:update>
```

如果 SQL 中有部分数据是未定的，例如，可能来自请求参数数据，以下写法虽可以但不建议：

```
<sql:update>
    INSERT INTO t_message(name, email, msg)
       VALUES(${param.user}, ${param.email}, ${param.msg})
</sql:update>
```

正如 9.1.4 节提过的，直接将请求参数的值未经过滤就安插在 SQL 中，可能会隐含 SQL Injection 的安全问题。在 SQL 中使用占位字符，并搭配**<sql:param>**标签来设置占位字符的值。例如：

```
<sql:update>
    INSERT INTO t_message(name, email, msg) VALUES(?, ?, ?)
   <sql:param value="${param.name}"/>
   <sql:param value="${param.email}"/>
   <sql:param value="${param.msg}"/>
</sql:update>
```

如果字段是日期时间格式，可以使用**<sql:paramDate>**标签，通过 **type** 属性设置，指定使用 time、date 或 timestamp 的值。<sql:param>、<sql:paramDate>也可以搭配<sql:query>使用。

如果有必要指定事务隔离行为，可以通过**<sql:transaction>**标签指定，设置 isolation 属性为 read_uncommitted、read_committed、repeatable 或 serializable 来指定不同的事务隔离行为。

下面这个程序改写 9.1.3 节的留言板范例，使用纯 JSP 与 SQL 标签库来完成相同的功能：

JDBC guestbook3.jsp

```
<%@page contentType="text/html" pageEncoding="UTF-8"%>
<%@taglib prefix="c" uri="http://java.sun.com/jsp/jstl/core"%>
<%@taglib prefix="sql" uri="http://java.sun.com/jsp/jstl/sql"%>
<sql:setDataSource dataSource="jdbc/demo"/>
<c:set target="${pageContext.request}"
      property="characterEncoding" value="UTF-8"/>
<c:if test="${param.msg != null}">
   <sql:update>
      INSERT INTO t_message(name, email, msg) VALUES (?, ?, ?)
      <sql:param value="${param.name}"/>
      <sql:param value="${param.email}"/>
      <sql:param value="${param.msg}"/>
   </sql:update>
</c:if>
<!DOCTYPE html>
<html>
   <head>
      <meta charset="UTF-8">
      <title>访客留言板</title>
   </head>
   <body>
      <table style="text-align: left; width: 100%;" border="0"
            cellpadding="2" cellspacing="2">
         <tbody>
            <sql:query sql="SELECT name, email, msg FROM t_message"
                      var="messages"/>
            <c:forEach var="message" items="${messages.rows}">
               <tr>
```

```
                    <td>${message.name}</td>
                    <td>${message.email}</td>
                    <td>${message.msg}</td>
                </tr>
            </c:forEach>
        </tbody>
    </table>
</body>
</html>
```

9.4 综合练习

先前的微博综合练习，都是使用文件来存储相关信息，在这一节中，将改用数据库搭配 JDBC 存取数据。之后会再加入一个新功能，可在首页显示用户最新发布的信息。

9.4.1 使用 JDBC 实现 DAO

接下来要分别实现 AccountDAO 与 MessageDAO。首先要建立数据库与表格，数据库名称为 gossip，存放在 C:\workspace\gossip\gossip.mv.db，因此连接时的 JDBC URI 是 jdbc:h2:tcp://localhost/c:/workspace/gossip/gossip，建立表格时使用的 SQL 如下：

```
CREATE TABLE t_account (
  name VARCHAR(15) NOT NULL,
  email VARCHAR(128) NOT NULL,
  password VARCHAR(32) NOT NULL,
  salt VARCHAR(256) NOT NULL,
  PRIMARY KEY (name)
);
CREATE TABLE t_message (
   name VARCHAR(15) NOT NULL,
   time BIGINT NOT NULL,
   blabla VARCHAR(512) NOT NULL,
   FOREIGN KEY (name) REFERENCES t_account(name)
);
```

首先使用 JDBC 实现 AccountDAO：

gossip AccountDAOJdbcImpl.java

```
package cc.openhome.model;

...略

public class AccountDAOJdbcImpl implements AccountDAO {
    private DataSource dataSource;  ← ❶ 依赖在 DataSource

    public AccountDAOJdbcImpl(DataSource dataSource) {  ← ❷ 传入 DataSource 对象
        this.dataSource = dataSource;
    }

    @Override
    public void createAccount(Account acct) {
        try(Connection conn = dataSource.getConnection();  ← ❸ 通过 DataSource 取
                                                               得 Connection
```

```
        PreparedStatement stmt = conn.prepareStatement(
    "INSERT INTO t_account(name, email, password, salt) VALUES(?, ?, ?, ?)")) {

        stmt.setString(1, acct.getName());
        stmt.setString(2, acct.getEmail());
        stmt.setString(3, acct.getPassword());     ❹ 取得 Account 中封装
        stmt.setString(4, acct.getSalt());            的信息更新表格字段
        stmt.executeUpdate();
    } catch (SQLException e) {
        throw new RuntimeException(e);
    }
}

@Override
public Optional<Account> accountBy(String name) {
    try(Connection conn = dataSource.getConnection();
            PreparedStatement stmt = conn.prepareStatement(
                "SELECT * FROM t_account WHERE name = ?")) {
        stmt.setString(1, name);
        ResultSet rs = stmt.executeQuery();
        if(rs.next()) {
            return Optional.of(new Account(   ❺ 查询到的账户数据封装为
                rs.getString(1),                 Account 对象
                rs.getString(2),
                rs.getString(3),
                rs.getString(4)
            ));
        } else {
            return Optional.empty();
        }

    } catch (SQLException e) {
        throw new RuntimeException(e);
    }
}
}
```

在实现 AccountDAOJdbcImpl 时，采用 JDBC 作为存储方案。AccountDAOJdbcImpl 依赖在 DataSource❶，AccountDAOJdbcImpl 对象创建时，必须传入 DataSource 实例❷，之后要取得 Connection 对象时，就是从 DataSource 实例取得❸。在新增账户数据时，会从 Account 对象逐一取得数据，并设置为 PreparedStatement 的各字段值❹。在取得账户数据时，会将查询到的表格字段逐个取出，并创建 Account 实例进行封装❺。

接着使用 JDBC 实现 MessageDAO 接口。同样地，建构实例时，必须传入 DataSource 对象：

gossip MessageDAOJdbcImpl.java

```
package cc.openhome.model;

...略

public class MessageDAOJdbcImpl implements MessageDAO {
    private DataSource dataSource;

    public MessageDAOJdbcImpl(DataSource dataSource) {
        this.dataSource = dataSource;
```

```
    }

    @Override

    public List<Message> messagesBy(String username) {
        try(Connection conn = dataSource.getConnection();
            PreparedStatement stmt = conn.prepareStatement(
                "SELECT * FROM t_message WHERE name = ?")) {
            stmt.setString(1, username);
            ResultSet rs = stmt.executeQuery();


            List<Message> messages = new ArrayList<>();

            while(rs.next()) {
                messages.add(new Message(
                    rs.getString(1),
                    rs.getLong(2),
                    rs.getString(3))
                );
            }
            return messages;
        } catch(SQLException e) {
            throw new RuntimeException(e);
        }
    }

    @Override
    public void createMessage(Message message) {
        try(Connection conn = dataSource.getConnection();
            PreparedStatement stmt = conn.prepareStatement(
                "INSERT INTO t_message(name, time, blabla) VALUES(?, ?, ?)")) {
            stmt.setString(1, message.getUsername());
            stmt.setLong(2, message.getMillis());
            stmt.setString(3, message.getBlabla());
            stmt.executeUpdate();
        } catch(SQLException e) {
            throw new RuntimeException(e);
        }
    }

    @Override
    public void deleteMessageBy(String username, String millis) {
        try(Connection conn = dataSource.getConnection();
                PreparedStatement stmt = conn.prepareStatement(
                    "DELETE FROM t_message WHERE name = ? AND time = ?")) {
            stmt.setString(1, username);
            stmt.setLong(2, Long.parseLong(millis));
            stmt.executeUpdate();
        } catch(SQLException e) {
            throw new RuntimeException(e);
        }
    }
}
```

9.4.2 设置 JNDI 部署描述

AccountDAO 与 BlahDAO 的实现都依赖于 DataSource，UserService 则依赖于 AccountDAO 与 BlahDAO，必须有个地方完成这些对象之间彼此依赖关系。这里将在 GossipInitializer 中完成。

gossip GossipInitializer.java

```
package cc.openhome.web;
...略

@WebListener
public class GossipInitializer implements ServletContextListener {

    private DataSource dataSource() {       ❶通过 JNDI 取得
        try {                                 DataSource


            Context initContext = new InitialContext();
            Context envContext = (Context) initContext.lookup("java:/comp/env");
            return (DataSource) envContext.lookup("jdbc/gossip");

        } catch (NamingException e) {
            throw new RuntimeException(e);
        }
    }

    public void contextInitialized(ServletContextEvent sce) {
        DataSource dataSource = dataSource();

        ServletContext context = sce.getServletContext();
                    ❷ 设置 UserService、AccountDAO、MessageDAO 与
                     DataSource 间的依赖关系
        AccountDAO acctDAO = new AccountDAOJdbcImpl(dataSource);
        MessageDAO messageDAO = new MessageDAOJdbcImpl(dataSource);
        context.setAttribute("userService",
                    new UserService(acctDAO, messageDAO));
    }
}
```

在 GossipInitializer 中通过 JNDI 取得了 DataSource 实例❶，并完成了 AccountDAO、MessageDAO 对 DataSource 的依赖，以及 UserService 对 AccountDAO、MessageDAO 的依赖关系❷。

由于应用程序中通过 JNDI 取得 DataSource，必须在部署描述文件中加以声明：

gossip web.xml

```
<?xml version="1.0" encoding="UTF-8"?>
<web-app ...>
    // 略...
    <resource-ref>
        <res-ref-name>jdbc/gossip</res-ref-name>
        <res-type>javax.sql.DataSource</res-type>
        <res-auth>Container</res-auth>
        <res-sharing-scope>Shareable</res-sharing-scope>
    </resource-ref>
</web-app>
```

先前 `GossipInitializer` 需要从初始参数中取得存储数据文件的文件夹名称，现在已不需要，而可以将对应的初始参数设置从 web.xml 中移除。

实际上 JNDI 是服务器上的资源，web.xml 中的设置只是请容器代为向服务器进行沟通，服务器上必须设置好 JNDI。这里将采用 Tomcat，所以可在 META-INF 文件夹中新增一个 context.xml。内容编写如下：

gossip context.xml

```
<?xml version="1.0" encoding="UTF-8"?>
<Context antiJARLocking="true" path="/gossip">
   <Resource name="jdbc/gossip"
     auth="Container" type="javax.sql.DataSource"
     maxActive="100" maxIdle="30" maxWait="10000"
     username="caterpillar"
     password="12345678"
     driverClassName="org.h2.Driver"
     url="jdbc:h2:tcp://localhost/c:/workspace/gossip/gossip"/>
</Context>
```

这样在应用程序部署之后，Tomcat 9 就会载入 JDBC 驱动程序、创建 DBCP 连接池、创建 JNDI 相关资源。由于必须载入 JDBC 驱动程序，可将驱动程序的 JAR 文件放在应用程序的 WEB-INF 的 lib 文件夹和 Tomcat 9 的 lib 文件夹中。

9.4.3 实现首页最新信息

目前完成的微博，首页除了登录窗体的部分外，其他空空如也，这里希望加入新功能，可在首页显示用户最新发布的信息，如图 9.25 所示。

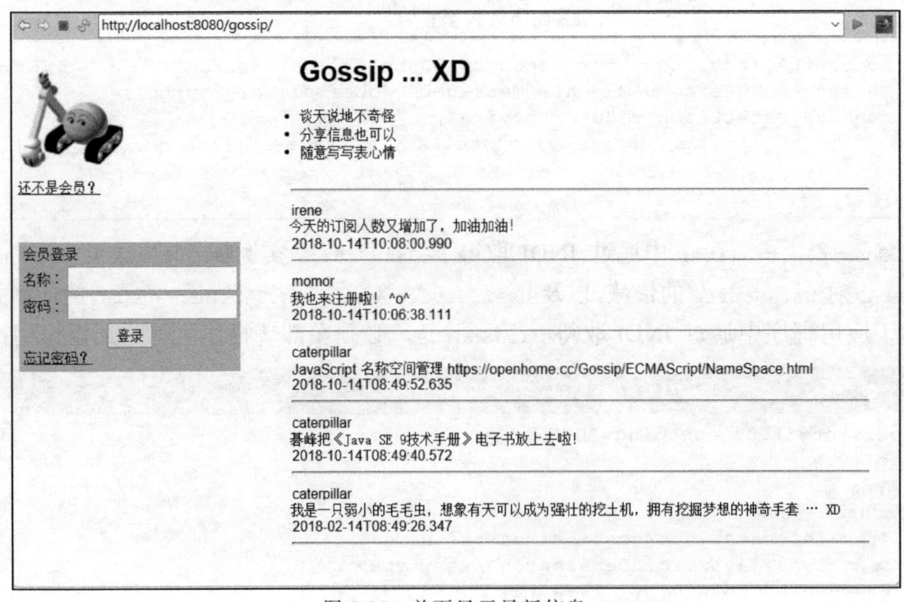

图 9.25 首页显示最新信息

为了能取得用户最新发表的信息，要在 `MessageDAO` 接口上新增协议 `newestMessages()`：

gossip MessageDAO.java

```
package cc.openhome.model;

import java.util.List;

public interface MessageDAO {
    List<Message> messagesBy(String username);
    void createMessage(Message message);
    void deleteMessageBy(String username, String millis);
    List<Message> newestMessages(int n);
}
```

newestMessages()可指定笔数取得最新发表的信息。接着让 MessageDAOJdbcImpl 操作 newestMessages()：

gossip MessageDAOJdbcImpl.java

```
package cc.openhome.model;
...略

public class MessageDAOJdbcImpl implements MessageDAO {
    private DataSource dataSource;

    public MessageDAOJdbcImpl(DataSource dataSource) {
        this.dataSource = dataSource;
    }
    ...略

    @Override
    public List<Message> newestMessages(int n) {
        try(Connection conn = dataSource.getConnection();
            PreparedStatement stmt = conn.prepareStatement(
                "SELECT * FROM t_message ORDER BY time DESC LIMIT ?")) {
            stmt.setInt(1, n);
            ResultSet rs = stmt.executeQuery();

            List<Message> messages = new ArrayList<>();
            while(rs.next()) {
                messages.add(new Message(
                    rs.getString(1),
                    rs.getLong(2),
                    rs.getString(3))
                );
            }
            return messages;
        } catch(SQLException e) {
            throw new RuntimeException(e);
        }
    }
}
```

目前微博应用程序若要进行存取，都是通过 UserService，因此也要在 UserService 上新增 newestMessages()方法，而实际存取是委托 MessageDAO 的 newestMessages()：

gossip UserService.java

```
package cc.openhome.model;
```

```
...略

public class UserService {
    private final AccountDAO acctDAO;
    private final MessageDAO messageDAO;

    public UserService(AccountDAO acctDAO, MessageDAO messageDAO) {
        this.acctDAO = acctDAO;
        this.messageDAO = messageDAO;
    }

    ...略

    public List<Message> newestMessages(int n) {
        return messageDAO.newestMessages(n);
    }
}
```

负责首页的 Index 现在可以通过 UserService 取得最新信息，目前设定为 10 笔最新信息，在取得最新信息之后会转发 index.jsp：

gossip Index.java

```
package cc.openhome.controller;
...略

@WebServlet("")
public class Index extends HttpServlet {
    protected void doGet(
            HttpServletRequest request, HttpServletResponse response)
                    throws ServletException, IOException {

        UserService userService =
            (UserService) getServletContext().getAttribute("userService");

        List<Message> newest = userService.newestMessages(10);
        request.setAttribute("newest", newest);

        request.getRequestDispatcher("/WEB-INF/jsp/index.jsp")
                .forward(request, response);
    }
}
```

现在可以在 index.jsp 中加入显示最新信息的页面了：

gossip index.jsp

```
<%@taglib prefix="f" uri="https://openhome.cc/jstl/fake" %>
<!DOCTYPE html>
<html>
    <head>
        <meta charset="UTF-8">
        <title>Gossip 微博</title>
        <link rel="stylesheet" href="css/gossip.css" type="text/css">
    </head>
    <body>
        ...略
        <div>
            <h1>Gossip ... XD</h1>
```

```
        <ul>
            <li>谈天说地不奇怪</li>
            <li>分享信息也可以</li>
            <li>随意写写表心情</li>
        </ul>

    <table style='background-color:#ffffff;'>
        <thead>
            <tr>
                <th><hr></th>
            </tr>
        </thead>
        <tbody>
              <f:forEach var="message" items="${requestScope.newest}">
            <tr>
                <td style='vertical-align: top;'>${message.username}<br>
                    ${message.blabla}<br> ${message.localDateTime}
                    <hr>
                </td>
            </tr>
        </f:forEach>
        </tbody>
     </table>

        </div>
    </body>
</html>
```

登录失败时，也会直接转发至 index.jsp，这时也要能显示最新信息，因此 Login 也要做点修改：

gossip Login.java

```
package cc.openhome.controller;

...略

@WebServlet(
    urlPatterns={"/login"},
    initParams={
        @WebInitParam(name = "SUCCESS_PATH", value = "member"),
        @WebInitParam(name = "ERROR_PATH", value = "/WEB-INF/jsp/index.jsp")
    }
)
public class Login extends HttpServlet {

    protected void doPost(
            HttpServletRequest request, HttpServletResponse response)
                        throws ServletException, IOException {
        String username = request.getParameter("username");
        String password = request.getParameter("password");

        UserService userService =
             (UserService) getServletContext().getAttribute("userService");

        if(userService.login(username, password)) {
            ...略
        } else {
            request.setAttribute("errors", Arrays.asList("登录失败"));
```

```
                List<Message> newest = userService.newestMessages(10);
                request.setAttribute("newest", newest);
                request.getRequestDispatcher(getInitParameter("ERROR_PATH"))
                      .forward(request, response);
            }
        }
    }
```

9.5 重点复习

JDBC(Java DataBase Connectivity)是用于执行 SQL 的解决方案，开发人员使用 JDBC 的标准接口，数据库厂商则对接口进行实现，开发人员无须接触底层数据库驱动程序的差异性。

厂商在实现 JDBC 驱动程序时，根据方式可将驱动程序分为四种类型：

- Type 1：JDBC-ODBC Bridge Driver
- Type 2：Native API Driver
- Type 3：JDBC-Net Driver
- Type 4：Native Protocol Driver

数据库操作相关的 JDBC 接口或类都位于 java.sql 包中。要连接数据库，可以向 DriverManager 取得 Connection 对象。Connection 是数据库连接的代表对象，一个 Connection 对象就代表一个数据库连接。SQLException 是在处理 JDBC 时经常遇到的一个异常对象，为数据库操作过程发生错误时的代表对象。

在 Java EE 的环境中，将取得连接等与数据库源相关的行为规范在 javax.sql.DataSource 接口中，实际如何取得 Connection 则由实现接口的对象来负责。

Connection 是数据库连接的代表对象，接下来要执行 SQL 的话，必须取得 java.sql.Statement 对象，它是 SQL 语句的代表对象，可以使用 Connection 的 createStatement() 来创建 Statement 对象。

Statement 的 executeQuery()方法是用于 SELECT 等查询数据库的 SQL，executeUpdate() 会返回 int 结果，表示数据变动的笔数，executeQuery() 会返回 java.sql.ResultSet 对象，代表查询的结果，查询的结果会是一笔一笔的数据。可以使用 ResultSet 的 next()来移动至下一笔数据，它会返回 true 或 false 表示是否有下一笔数据，接着可以使用 getXXX()来取得数据。

在使用 Connection、Statement 或 ResultSet 之后，记得关闭以释放相关资源。

如果有些操作只是 SQL 语句中某些参数不同，其余的 SQL 子句皆相同，则使用 java.sql.PreparedStatement。使用 Connection 的 preparedStatement()方法创建好一个预编译的 SQL 命令，其中参数会变动的部分，先指定“?”这个占位字符。等到需要真正指定参数执行时，再使用相对应的 setInt()、setString()等方法，指定“?”处真正应该有的参数。

9.6 课后练习

在微博应用程序的 AccountDAOJdbcImpl 与 MessageDAOJdbcImpl 中，为了处理 SQLException 与正确关闭 Statement、Connection，有着重复的 try...catch 代码，请尝试通过设计的方式，让 try...catch 代码可以重复使用，以简化 AccountDAOJdbcImpl 与 MessageDAOJdbcImpl 的源代码内容。

提示>>> 搜索关键字 JdbcTemplate 了解相关设计方式。

Web 容器安全管理

Chapter 10

学习目标：

- 了解 Java EE 安全概念与名词
- 使用容器基本身份验证与窗体验证
- 使用 HTTPS 保密数据传输

10.1　了解与实现 Web 容器安全管理

到目前为止，Web 容器已经实现了许多的功能。而在安全这方面，容器提供验证、授权等机制来满足基本需求，当没办法做得更好时，适当地使用容器进行安全管理不仅方便，而且有一定的防护效果。

10.1.1　Java EE 安全基本概念

尽管对安全的要求细节各不相同，然而 Web 容器对于以下的四个基本安全特性提供了保障。

- 验证(Authentication)：具体来说就是身份验证，也就是确认目前沟通的对象(号称自己有权访问的对象)，真的是自己所宣称的用户(User)或身份(Identify)(你说自己是 caterpillar 这个用户，那证据是什么？)。
- 资源访问控制(Access control for resources)：基于完整性(Integrity)、机密性(Confidentiality)、可用性限制(Availability constraints)等目的，对资源的访问必须设限，仅提供给一些特定的用户或程序。
- 数据完整性(Data Integrity)：在信息传输期间，必须保证信息的内容不被第三方修改。
- 数据机密性或私密性(Confidentiality or Data Privacy)：只允许具有合法权限的用户访问特定的数据。

问题在于如何正确实现这四个需求？要使用页面来进行身份验证吗？验证时要提供哪些数据？如何定义应用程序的用户列表？权限清单？哪些用户有哪些权限？哪些资源需要受到权限管制？传送密码的过程会不会被窃听？传送机密数据时会不会被拦截？拦截后的内容别人看得懂吗？会不会有人拦截数据后修改再发送给你？

要解决这些需求不是件容易的事，需要许多复杂的逻辑，也需要与系统做沟通。在 Java EE 中，容器提供了这些需求的实现，这些实现是 Java EE 的标准，只要是符合 Java EE 规范的容器，就可以使用这些实现。

Java EE 使用基于角色的访问控制(Role-based access control)，在使用 Web 容器提供的安全实现之前，必须先了解几个 Java EE 的名词与概念。

- 用户(User)：允许使用应用程序服务的合法个体(也许是一个人或是一台机器)。简单地说，应用程序会定义用户列表，要使用应用程序服务必须先通过身份验证成为用户，如图 10.1 所示。
- 组(Group)：为了方便管理用户，可以将多个用户定义在一个组中加以管理。例如，普通用户组、系统管理组、应用程序管理组等，通常一个用户可以同时属于多个组，如图 10.2 所示。

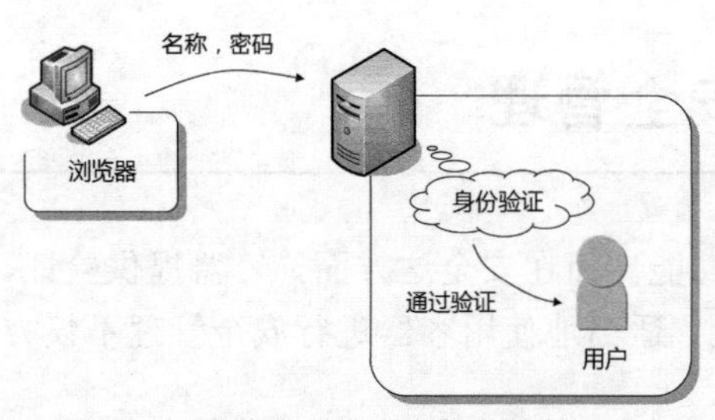

图 10.1　通过验证的才称之为用户(User)

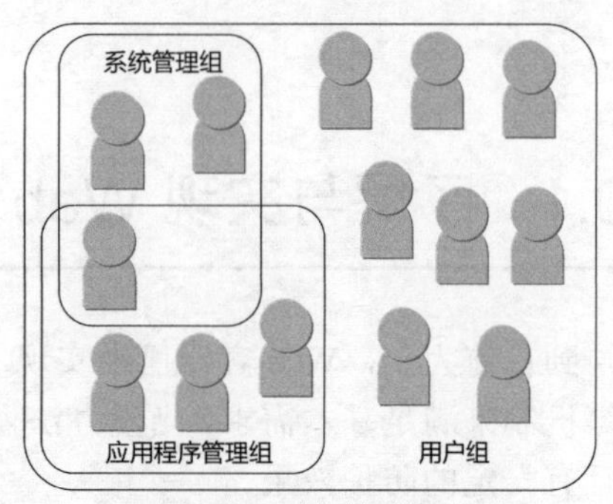

图 10.2　利用组管理用户

- 角色(Role)：Java 应用程序许可证管理的依据。用户是否可存取某些资源，凭借的是用户是否具备某种角色。组与角色容易让人混淆不清，组是系统上管理用户的方式，而角色是 Java 应用程序中管理授权的方式。

  例如，服务器系统上有用户及组的数据清单(通常存储在数据库中)，但 Java 应用程序的开发人员在进行许可证管理时，无法事先得知这个应用程序将部署在哪个服务器上，无法直接使用服务器系统上的用户及组来进行许可证管理，而必须根据角色来定义。届时 Java 应用程序真正部署至服务器时，再通过服务器特定的设置方式，将角色对应至用户或组。

  如图 10.3 所示，左边定义了三个应用程序角色，角色实际如何对应至服务器系统上的用户或组，通过实际部署时的设置来决定。例如，图 10.3 中站长角色将对应到系统管理组的三个用户与用户组的一个用户，而版主角色对应至系统管理组的一个用户与用户组的一个用户。

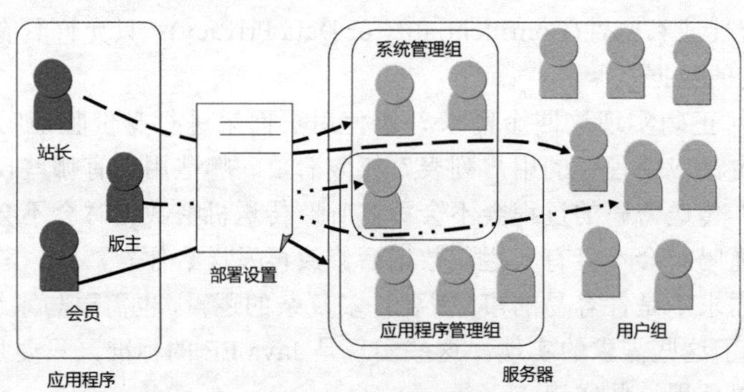

图 10.3　Java EE 应用程序基于角色进行授权

注意»» 将角色对应到用户或组的设置方式，并非 Java EE 标准的一部分，不同的应用程序服务器有不同的设置方式。

例如在 Tomcat 容器中，会通过 conf 文件夹下的 tomcat-users.xml 来设置角色与用户的对应。范例如下：

```
<tomcat-users>
    <role rolename="admin"/>
    <role rolename="member"/>
    <user username="caterpillar" password="12345678" roles="admin,member"/>
    <user username="momor" password="12345678" roles="member"/>
```

```
</tomcat-users>
```

在上例中，如果通过容器验证而登录为 caterpillar 的用户，将拥有 admin 与 member 角色，可以访问 Web 容器授予 admin 与 member 角色的资源，这会在 web.xml 中设置。稍后就会介绍在 web.xml 中如何定义角色，以及如何定义角色可以存取的资源。

- Realm：存储身份验证时所需数据的地方。Realm 这个名词乍看之下有点难以理解，但在谈及安全时，经常看到这个名词。举例来说，如果进行身份验证的方式是基于名称及密码，存储名称及密码的地方就称为 Realm，这也许是来自文件，或是数据库中的用户表格，也可能是内存中的数据，甚至来自网络。当然，验证的方式不仅是基于名称及密码，也有可能基于证书(Certificate)之类的机制，这时提供证书的源就是 Realm。

了解这几个名词，稍后在介绍如何使用 Web 容器安全管理时，就会了解一些在设置时名称的意义与作用。使用 Web 容器安全管理，基本上可以提供两个安全管理的方式：声明安全(Declarative Security)与编程安全(Programmatic Security)。

- 声明安全：可在配置文件中声明哪些资源是只有合法授权的用户才可以访问，在不修改应用程序源代码的情况下，就为应用程序加上安全管理机制。事实上，Web 容器本身就提供了类似的机制(而且功能更强)，你不用自行编写 AccessController。
- 编程安全：在程序代码中的编写逻辑根据不同权限的用户，给予不同的操作功能。例如，同样是在观看论坛文章的页面中，会员只看到基本的发表文章等功能菜单，但具备版主权限的用户可以看到删除整个讨论组、修改会员文章等功能菜单。如果使用 Web 容器安全管理，可以使用 request 对象的 isUserInRole()或 getUserPrincipal()等方法，判断用户是否属于某个角色或取得代表用户的 Principal 对象，进行相关逻辑判断，针对不同的用户(角色)显示不同的功能。

10.1.2 声明式基本身份验证

假设你已经开发好应用程序，现在想针对几个页面进行保护，只有通过身份验证且具备足够权限的用户，才可以浏览这些页面。这个需求有几个部分必须实现：

- 身份验证的方式
- 授予访问页面的权限
- 定义用户

在这边对身份验证方式，采用最简单的基本(Basic)验证。在访问某些受保护资源时，浏览器会弹出对话框要求输入用户名和密码。例如在 Chrome 就会出现这个对话框，如图 10.4 所示。

图 10.4 Chrome 被应用程序要求进行基本身份验证的对话框

如果是 Internet Explorer 11 则会出现以下的对话框，如图 10.5 所示。

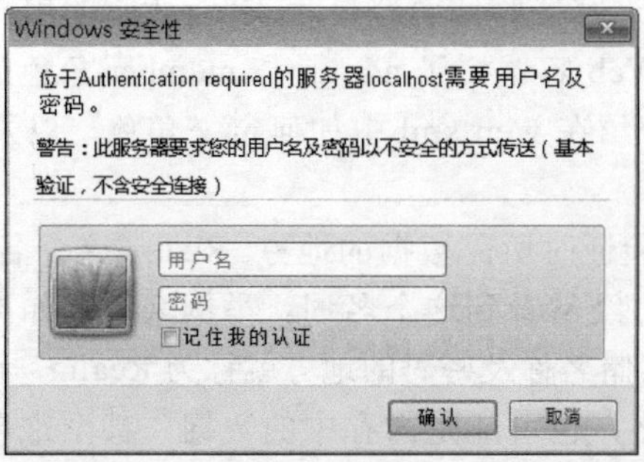

图 10.5　Internet Explorer 被应用程序要求进行基本身份验证的对话框

如果打算让 Web 容器提供基本身份验证的功能，可以在 web.xml 中定义：

```
<login-config>
    <auth-method>BASIC</auth-method>
</login-config>
```

接着要授予指定角色访问页面的权限，因此要先定义角色。之前说过，目前不知道应用程序将部署到哪个服务器上，也无法预测会有哪些用户名与组，在进行授权管理前，无法根据用户名或组来进行授权，而是根据角色。

在授权之前，必须定义这个应用程序中有哪些角色名称。可以在 web.xml 中如下定义：

```
<security-role>
    <description>Admin User</description>
    <role-name>admin</role-name>
</security-role>
<security-role>
    <description>Manager</description>
    <role-name>manager</role-name>
</security-role>
```

在这边定义了 admin 与 manager 两个角色名称。接着定义哪些 URI 可以被哪些角色以哪种 HTTP 方法访问。例如，设置/admin 下所有页面，无论使用哪个 HTTP 方法，都只能被 admin 角色访问：

```
<security-constraint>
    <web-resource-collection>
        <web-resource-name>Admin</web-resource-name>
        <url-pattern>/admin/*</url-pattern>
    </web-resource-collection>
    <auth-constraint>
        <role-name>admin</role-name>
    </auth-constraint>
</security-constraint>
```

如果有多个角色可以访问，则`<auth-constraint>`标签中可以设置多个`<role-name>`标签。在这边看不到任何 HTTP 方法规范的定义，默认为所有 HTTP 方法都受到限制。再来看另一个例子：

```
<security-constraint>
    <web-resource-collection>
        <web-resource-name>Manager</web-resource-name>
        <url-pattern>/manager/*</url-pattern>
```

```
        <http-method>GET</http-method>
        <http-method>POST</http-method>
    </web-resource-collection>
    <auth-constraint>
        <role-name>admin</role-name>
        <role-name>manager</role-name>
    </auth-constraint>
</security-constraint>
```

在这个设置中，对于/manager 下的所有页面，根据**<http-method>**的设置，只有 admin 或 manager 才可以使用 `GET` 与 `POST` 方法进行访问。请留意这个语义"只有 admin 或 manager 才可以使用 `GET` 与 `POST` 方法进行访问"，这表示，其他 HTTP 方法，如 `PUT`、`TRACE`、`DELETE`、`HEAD` 和 `OPTIONS` 等，无论是否具备 admin 或 manager 角色，都可以访问。

如果除了 `GET`、`POST` 之外，其他方法都要受到约束，除了使用<http-method>逐一列出 `HEAD`、`PUT` 等方法外，使用`<http-method-omission>`是更方便的方式：

```
<security-constraint>
    <web-resource-collection>
        <web-resource-name>Manager</web-resource-name>
        <url-pattern>/manager/*</url-pattern>
        <http-method-omission>GET</http-method-omission>
        <http-method-omission>POST</http-method-omission>
    </web-resource-collection>
    <auth-constraint>
        <role-name>admin</role-name>
        <role-name>manager</role-name>
    </auth-constraint>
</security-constraint>
```

如果没有设置`<auth-constraint>`标签，或是`<auth-constraint>`标签中设置`<role-name>*</role-name>`，表示任何角色都可以访问。在 Servlet 3.1 中`<role-name>**</role-name>`表示任一通过验证的用户。如果直接撰写<auth-constraint/>，那就没有任何角色可以存取了。

例如，除了 `GET`、`POST` 之外，其他方法一律拒绝，可以这么写：

```
<security-constraint>
    <web-resource-collection>
        <web-resource-name>Manager</web-resource-name>
        <url-pattern>/manager/*</url-pattern>
        <http-method-omission>GET</http-method-omission>
        <http-method-omission>POST</http-method-omission>
    </web-resource-collection>
    <auth-constraint/>
</security-constraint>
```

约束 `GET`、`POST`，然而拒绝其他 HTTP 方法，可以这么撰写：

```
<security-constraint>
    <web-resource-collection>
        <web-resource-name>Manager</web-resource-name>
        <url-pattern>/manager/*</url-pattern>
        <http-method>GET</http-method>
        <http-method>POST</http-method>
    </web-resource-collection>
    <auth-constraint>
        <role-name>admin</role-name>
        <role-name>manager</role-name>
    </auth-constraint>
</security-constraint>
```

```
<security-constraint>
    <web-resource-collection>
        <web-resource-name>Manager</web-resource-name>
        <url-pattern>/manager/*</url-pattern>
        <http-method-omission>GET</http-method-omission>
        <http-method-omission>POST</http-method-omission>
    </web-resource-collection>
    <auth-constraint/>
</security-constraint>
```

在 Servlet 3.1 中，对于未被列入`<security-constraint>`的方法，定义为未涵盖的 HTTP 方法(Uncovered Http Method)，并有一个`<deny-uncovered-http-methods/>`可以拒绝未涵盖的 HTTP 方法，试图访问的话，会返回 403(SC_FORBIDDEN)。因此，上面的例子，在 Servlet 3.1 中可以写为：

```
<deny-uncovered-http-methods/>

<security-constraint>
    <web-resource-collection>
        <web-resource-name>Manager</web-resource-name>
        <url-pattern>/manager/*</url-pattern>
        <http-method>GET</http-method>
        <http-method>POST</http-method>
    </web-resource-collection>
    <auth-constraint>
        <role-name>admin</role-name>
        <role-name>manager</role-name>
    </auth-constraint>
</security-constraint>
```

以下是个 web.xml 的设定范例：

BasicAuth web.xml

```
<?xml version="1.0" encoding="UTF-8"?>

<web-app xmlns:xsi="http://www.w3.org/2001/XMLSchema-instance"
xmlns="http://xmlns.jcp.org/xml/ns/javaee"
xsi:schemaLocation="http://xmlns.jcp.org/xml/ns/javaee

http://xmlns.jcp.org/xml/ns/javaee/web-app_3_1.xsd" version="3.1">
   <security-constraint>
       <web-resource-collection>
           <web-resource-name>Admin</web-resource-name>
           <url-pattern>/admin/*</url-pattern>
       </web-resource-collection>
       <auth-constraint>                                  根据角色进行授权
           <role-name>admin</role-name>
       </auth-constraint>
   </security-constraint>
   <security-constraint>
       <web-resource-collection>
           <web-resource-name>Manager</web-resource-name>
           <url-pattern>/manager/*</url-pattern>
           <http-method>GET</http-method>
           <http-method>POST</http-method>          只有 GET 与 POST 受到限制
       </web-resource-collection>
       <auth-constraint>
```

```
            <role-name>admin</role-name>
            <role-name>manager</role-name>
        </auth-constraint>
    </security-constraint>
    <login-config>
        <auth-method>BASIC</auth-method>      定义验证方式为基本身份验证
    </login-config>
    <security-role>
        <role-name>admin</role-name>
    </security-role>
    <security-role>                            定义角色名称
        <role-name>manager</role-name>
    </security-role>
</web-app>
```

就 Web 应用程序的设置部分，工作已经结束。但在将应用程序部署至服务器时，在服务器上设置角色与用户或组的对应，设置方式并非 Java EE 的标准，而是因服务器不同而有所不同。例如在 Tomcat，可以在 conf/tomcat-users.xml 中定义：

```
<?xml version='1.0' encoding='utf-8'?>
<tomcat-users>
  <role rolename="manager"/>
  <role rolename="admin"/>
  <user username="caterpillar" password="12345678" roles="admin,manager"/>
  <user username="momor" password="87654321" roles="manager"/>
</tomcat-users>
```

提示>>> 在 Eclipse 中，服务器的设置信息会存储在 Server 项目中，要修改的是 Server 项目中的 tomcat-users.xml。

在这个设置中，caterpillar 同时具备 admin 与 manager 角色，而 momor 具备 manager 角色。在启动应用程序之后，如果访问/admin 或/manager，就会出现对话框要求输入名称、密码。如果输入错误，就会被一直要求输入正确的名称、密码。如果取消输入，会出现以下的页面，如图 10.6 所示。

图 10.6 验证失败页面

如果访问/admin 下的页面，只有输入 caterpillar 名称及正确的密码，才可以正确浏览到页面。如果访问/admin 下的页面，输入了 momor 及正确密码，虽然可以通过验证，但 momor 只有 manager 角色的权限，无法浏览 admin 角色才可以访问的页面，就会出现拒绝访问的页面，如图 10.7 所示。

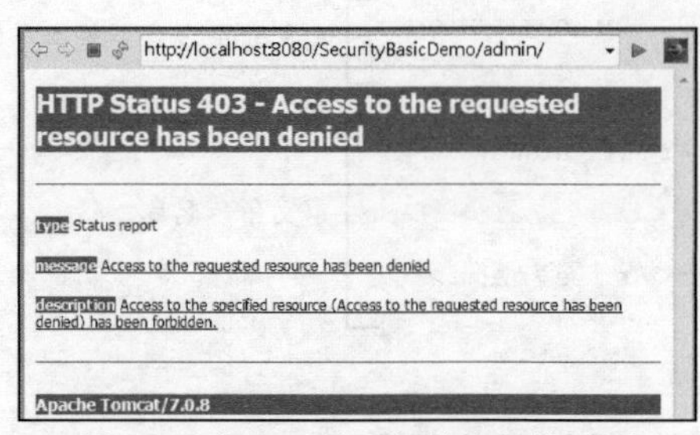

图 10.7　权限不足，拒绝访问的页面

提示>>> tomcat-users.xml 是 Tomcat 预设的 Realm，角色、用户名称、密码都存储在这个 XML 文件中。可以改用数据库表格，这需要额外设置，在本章稍后的微博应用程序综合练习中，会示范如何设置 Tomcat 的 DataSourceRealm，其他的应用程序服务器请参考各厂商的使用手册。

10.1.3　容器基本身份验证原理

这里必须先介绍容器基本身份验证的原理，这样才能了解这种验证方式是否符合安全需求(无知本身就是不安全的)。

在初次请求某个受保护的 URI 时，容器会检查请求中是否包括 Authorization 标头，如果没有，容器会响应 401 Unauthorized 的状态代码与信息，以及 WWW-Authenticate 标头给浏览器，浏览器收到 WWW-Authenticate 标头之后，就会出现对话框要求用户输入名称及密码，如图 10.8 所示。

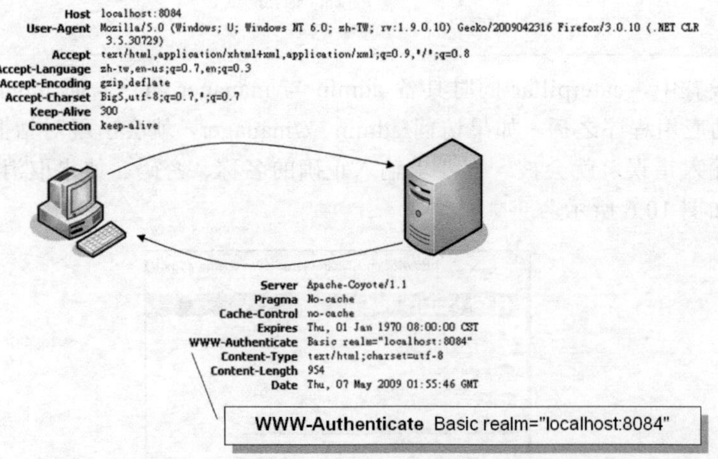

图 10.8　回应中包括 WWW-Authenticate 标头

如果用户在对话框中输入名称、密码并确认后，浏览器会将名称、密码以 BASE64 方式编码，然后放在 Authorization 标头中送出。容器会检查请求中是否包括 Authorization 标头，验证名称、密码是否正确，如果正确，就将资源传送给浏览器，如图 10.9 所示。

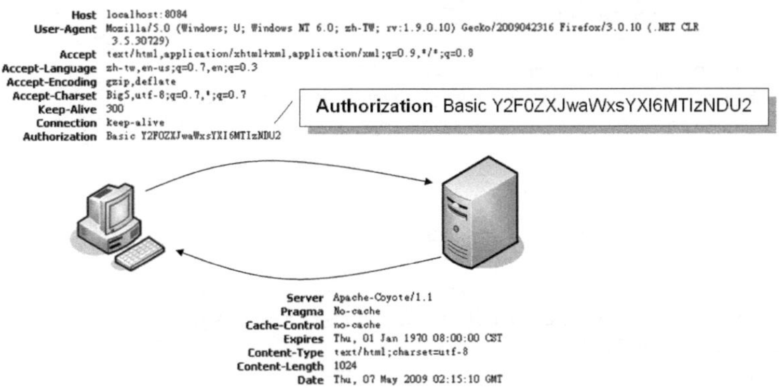

图 10.9　使用 Authorization 标头传送编码后的名称、密码

提示»» BASE64 是将二进制的字节编码(Encode)为 ASCII 序列的编码方式，在 HTTP 中可用来传送内容较长的数据。编码并非加密，只要译码(Decode)就可以取得原本的信息。

接下来在关闭浏览器之前，只要是对服务器的请求，每次都会包括 Authorization 标头，而服务器每次也会检查是否有 Authorization 标头，所以登录有效期会一直持续到关闭浏览器为止。如图 10.10 所示，为容器基本身份验证的流程图。

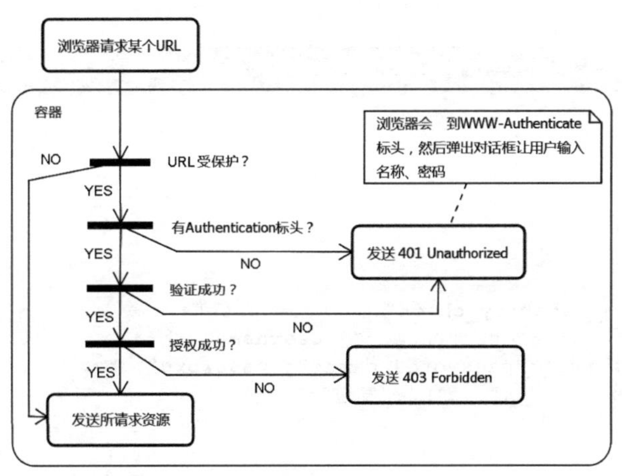

图 10.10　容器基本身份验证流程图

由于是使用对话框输入名称、密码，使用基本身份验证时无法自定义登录界面(只能使用浏览器的弹出对话框)。由于传送名称、密码时是使用 Authentication 标头，无法设计注销机制，关闭浏览器是结束会话的唯一方式。

10.1.4　声明式窗体验证

如果需要自定义登录的画面，以及登录错误时的页面，可以改用容器所提供窗体(Form)验证。要将之前的基本身份验证改为窗体验证的话，可以在 web.xml 中修改`<login-config>`的设置：

FormAuth web.xml

```
<?xml version="1.0" encoding="UTF-8"?>
<web-app xmlns:xsi="http://www.w3.org/2001/XMLSchema-instance"
xmlns="http://xmlns.jcp.org/xml/ns/javaee"
xsi:schemaLocation="http://xmlns.jcp.org/xml/ns/javaee
http://xmlns.jcp.org/xml/ns/javaee/web-app_3_1.xsd" version="3.1">

    // 略...
    <login-config>
        <auth-method>FORM</auth-method>
        <form-login-config>
            <form-login-page>/login.html</form-login-page>
            <form-error-page>/error.html</form-error-page>
        </form-login-config>
    </login-config>
    // 略...
</web-app>
```

在<auth-method>的设置从BASIC改为FORM。由于使用窗体网页进行登录，必须告诉容器，登录页面是哪个？登录失败的页面又是哪个？这是由**<form-login-page>**及**<form-error-page>**来设置，设置时注意必须以斜杠开始，也就是从应用程序根目录开始的URI 路径。

再来就可以设计自己的窗体页面，但必须注意！窗体发送的 URI 必须是 j_security_check，发送名称的请求参数必须是 j_username，发送密码的请求参数必须是 j_password。以下是个简单的示范：

FormAuth login.html

```
<!DOCTYPE html>
<html>
  <head>
    <title>登录</title>
    <meta charset="UTF-8">
  </head>
  <body>
    <form action="j_security_check" method="post">
       名称：<input type="text" name="j_username"><br>
       密码：<input type="password" name="j_password"><br>
       <input type="submit" value="发送">
    </form>
  </body>
</html>
```

至于错误网页的内容可以自行设计，没什么要遵守的规定。

10.1.5 容器窗体验证原理

来了解一下容器利用窗体进行验证的原理。当使用窗体验证时，如果要访问受保护的资源，容器会检查用户有无登录，方式是查看 HttpSession 中有无 javax. security.auth. subject 属性，若没有这个属性，表示没有经过容器验证流程，转发至登录网页，用户输入名称、密码并发送后，若验证成功，容器会在 HttpSession 中设置属性名称 javax.security.auth.subject 的对应值 **javax. security.auth.Subject** 实例。具体的流程图如图 10.11 所示。

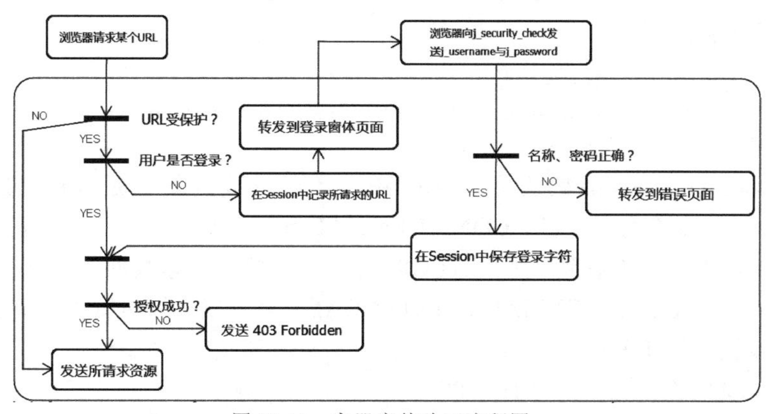

图 10.11　容器窗体验证流程图

用户是否登录是通过 `HttpSession` 的 javax.security.auth.subject 属性来判断，所以要让此次登录失效，可以调用 `HttpSession` 的 `invalidate()`方法，因此在窗体验证时可以设计注销机制。

除了基本身份验证与窗体验证之外，在`<auth-method>`中还可以设置 DIGEST 或 CLIENT-CERT。

DIGEST 即所谓“摘要验证”，浏览器也会出现对话框输入名称、密码，然后通过 Authorization 标头传送，只不过并非使用 BASE64 来编码名称、密码。浏览器会直接传送名称，但对密码则先进行(MD5)摘要演算(非加密)，得到理论上唯一且不可逆的字符串再传送，服务器端根据名称从后端取得密码，以同样的方式作摘要演算，再比对浏览器送来的摘要字符串是否符合，如果符合就验证成功。由于网络上传送时并不是真正的密码，而是不可逆的摘要，密码不容易被得知，理论上比较安全一些。不过 Java EE 规范中并无要求一定得支持 DIGEST 的验证方式(看厂商的需求，Tomcat 是支持的)。

CLIENT-CERT 也是用对话框的方式来输入名称与密码，因为使用 PKC(Public Key Certificate)进行加密，可保证数据传送时的机密性及完整性，但客户端需要安装证书(Certificate)，在一般用户及应用程序之间并不常采用。

10.1.6　使用 HTTPS 保护数据

在身份验证的四种方式中，BASIC、FORM、DIGEST 都无法保证数据的机密性与完整性(DIGEST 比较安全一点，但这个机制毕竟不是加密)。CLIENT-CERT 利用 PKC 加密，客户端要安装证书，不适用于普通用户及应用程序之间的数据传送。

通常 Web 应用程序要在传输过程中保护数据，会采用 HTTP over SSL，就是俗称的 HTTPS。在 HTTPS 中，服务器端会提供证书来证明自己的身份及提供加密用的公钥，而浏览器会利用公钥加密信息再传送给服务器端，服务器端再用对应的私钥进行解密以获取信息，客户端本身不用安装证书，因此是在保护数据传送上是最常采用的方式。

提示>>>　要仔细说明公钥、密钥、证书等概念，已超出本书的范围。你只要知道接下来怎么设置 web.xml，让容器利用服务器的 HTTPS 来传输数据就可以了。

如果要使用 HTTPS 来传输数据，只要在 web.xml 中需要安全传输的**`<security-`**

contraint>中设置：

```
<user-data-constraint>
    <transport-guarantee>CONFIDENTIAL</transport-guarantee>
</user-data-constraint>
```

<transport-guarantee>默认值是 NONE，还可以设置的值是 CONFIDENTIAL 或 INTEGRAL，正如其名称表达的，CONFIDENTIAL 保证数据的机密性，也就是数据不可被未经验证、授权的其他人看到，而 INTEGRAL 保证完整性，即数据不可以被第三方修改。事实上，无论设置 CONFIDENTIAL 或 INTEGRAL，都可以保证机密性与完整性，只是大家惯例上都设置 CONFIDENTIAL。

为之前的窗体验证设置使用 HTTPS：

HTTPS web.xml

```
<?xml version="1.0" encoding="UTF-8"?>
<web-app xmlns:xsi="http://www.w3.org/2001/XMLSchema-instance"
xmlns="http://xmlns.jcp.org/xml/ns/javaee"
xsi:schemaLocation="http://xmlns.jcp.org/xml/ns/javaee
http://xmlns.jcp.org/xml/ns/javaee/web-app_3_1.xsd" version="3.1">

    // 略...
    <security-constraint>
        <web-resource-collection>
            <web-resource-name>Admin</web-resource-name>
            <url-pattern>/admin/*</url-pattern>
        </web-resource-collection>
        <auth-constraint>
            <role-name>admin</role-name>
        </auth-constraint>
        <user-data-constraint>
            <transport-guarantee>CONFIDENTIAL</transport-guarantee>
        </user-data-constraint>
    </security-constraint>          └─ 设置数据传输必须保证机密性与完整性
    <security-constraint>
        <web-resource-collection>
            <web-resource-name>Manager</web-resource-name>
            <url-pattern>/manager/*</url-pattern>
            <http-method>GET</http-method>
            <http-method>POST</http-method>
        </web-resource-collection>
        <auth-constraint>
            <role-name>admin</role-name>
            <role-name>manager</role-name>
        </auth-constraint>
        <user-data-constraint>
            <transport-guarantee>CONFIDENTIAL</transport-guarantee>
        </user-data-constraint>
    </security-constraint>          └─ 设置数据传输必须保证机密性与完整性
    // 略...
</web-app>
```

就 Web 应用程序来说，只要这样设置就够了。若服务器有支持 SSL 且安装好证书，请求受保护的资源时，服务器会要求浏览器重定向使用 https，如图 10.12 所示。

服务器必须支持 SSL 并安装证书，可以参考 5.1.4 节设置。

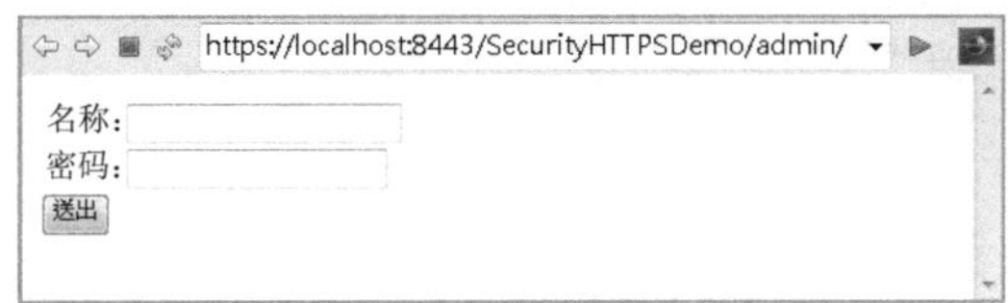

图 10.12 注意地址栏已重定向到 https

10.1.7 编程式安全管理

Web 容器的声明式安全管理，仅能针对 URI 来设置哪些资源必须受到保护，如果打算依据不同的角色在同一个页面中设置可存取的资源，例如只有站长或版面管理员可以看到删除整个讨论组的功能，普通用户不行，那么显然无法单纯使用声明式安全管理来实现。

在 Servlet 3.0 中，`HttpServletRequest` 新增了三个与安全有关的方法：**`authenticate()`**、**`login()`**、**`logout()`**。

首先来看 `authenticate()`方法，搭配先前声明式管理 web.xml 的设置，在程序逻辑设计上，只有通过容器验证的用户才可以观看。

Programmatic User.java

```
package cc.openhome;

...略

@WebServlet("/user")
public class User extends HttpServlet {
    @Override
    protected void doGet(
        HttpServletRequest request, HttpServletResponse response)
                    throws ServletException, IOException {
        if(request.authenticate(response)) {
            response.setContentType("text/html;charset=UTF-8");
            PrintWriter out = response.getWriter();
            out.println("必须验证过用户才可以看到的资料");
            out.println("<a href='logout'>注销</a>");
        }
    }
}
```

如果 `authenticate()`的结果是 `false`，表示用户未曾登录，在 `service()`完成后，会自动转发至登录窗体：

Programmatic login.html

```
<!DOCTYPE html>
<html>
  <head>
    <title>登录</title>
    <meta charset="UTF-8">
  </head>
  <body>
    <form action="login" method="post">
        名称：<input type="text" name="user"><br>
        密码：<input type="password" name="passwd" autocomplete="off"><br>
```

```
      <input type="submit" value="发送">
    </form>
  </body>
</html>
```

在登入窗体中，可以决定登录验证时的 action、请求参数等，执行登录时，可以使用请求对象的 login()方法：

Programmatic Login.java

```
package cc.openhome;

...略

@WebServlet("/login")
public class Login extends HttpServlet {
    @Override
    protected void doPost(
        HttpServletRequest request, HttpServletResponse response)
                throws ServletException, IOException {
        String user = request.getParameter("user");
        String passwd = request.getParameter("passwd");
        try {
            request.login(user, passwd);
            response.sendRedirect("user");
        } catch(ServletException ex) {
            response.sendRedirect("login.html");
        }
    }
}
```

如果登录成功，Session ID 会更换。若要注销，可以使用请求对象的 logout()方法：

Programmatic Logout.java

```
package cc.openhome;

...略

@WebServlet("/logout")
public class Logout extends HttpServlet {
    protected void doGet(
         HttpServletRequest request, HttpServletResponse response)
           throws ServletException, IOException {
        request.logout();
        response.sendRedirect("login.html");
    }
}
```

在 Servlet 3.0 之前，HttpServletRequest 上就已存在三个与安全相关的方法：**getUserPrincipal()**、**getRemoteUser()**及 **isUserInRole()**。

getUserPrincipal()可以取得代表登录用户的 Principal 对象。getRemoteUser()可以取得登录用户的名称(如果验证成功的话)或是返回 null(如果没有验证成功的用户)。

isUserInRole()方法可以传给它一个角色名称，如果登录的用户属于该角色返回 true，否则返回 false(没有登录就调用也会返回 false)。基本使用方式如下：

```
if(request.isUserInRole("admin") || request.isUserInRole("manager")) {
    // 进行站长或版面管理员才可以做的事，例如调用删除讨论组的方法之类的
}
```

上面的程序代码中，将角色名称直接写死了。如果不想在程序代码中写死角色的名称，有两个方式可以解决。第一个方式是通过 Servlet 初始参数的设置。第二个方式，可以在<servlet>标签中设置**<security-role-ref>**，通过**<role-link>**与**<role-name>**将程序代码中的名称跟实际角色名称对应起来。例如若 web.xml 的定义如下：

```
<web-app…>
    <servlet>
        <security-role-ref>
            <role-name>administrator</role-name>
            <role-link>admin</role-link>
        </security-role-ref>
        ...
    </servlet>
    // 略...
    <security-role>
        <role-name>admin</role-name>
        <role-name>manager</role-name>
    </security-role>
</web-app>
```

如果 Servlet 程序代码中是这么写的：

```
if(request.isUserInRole("administrator")) {
    // 略...
}
```

根据 web.xml 中<security-role-ref>的设置，administrator 名称将对应至实际的角色名称为 admin。

10.1.8 标注访问控制

除了在 web.xml 中设置<security-constraint>外，也可直接在程序代码中使用 **@ServletSecurity** 设置对应的信息。例如，如果 web.xml 中设置基本验证：

```
<login-config>
    <auth-method>BASIC</auth-method>
</login-config>
```

若/admin 仅允许 admin 角色存取的话，可以如下在 Servlet 中定义：

Declarative Admin.java

```
package cc.openhome;

...略

@WebServlet("/admin")
@ServletSecurity(
    @HttpConstraint(rolesAllowed = {"admin"})
)
```

```
public class Admin extends HttpServlet {

    protected void doGet(
        HttpServletRequest request, HttpServletResponse response)
                throws ServletException, IOException {
        response.setContentType("text/html;charset=UTF-8");
        response.getWriter().println("只有 admin 才看得到");
    }
}
```

进一步地，如果/manager 只允许 admin 与 manager 使用 GET、POST，而其他方法只允许 admin 角色，则如下：

Declarative Manager.java

```
package cc.openhome;

...略

@WebServlet("/manager")
@ServletSecurity(
    value=@HttpConstraint(rolesAllowed = {"admin", "manager"}),
    httpMethodConstraints = {
        @HttpMethodConstraint(
            value = "GET", rolesAllowed = {"admin", "manager"}
        ),
        @HttpMethodConstraint(
            value = "POST", rolesAllowed = {"admin", "manager"}
        )
    }
)
public class Manager extends HttpServlet {
    protected void doGet(
        HttpServletRequest request, HttpServletResponse response)
                throws ServletException, IOException {
        response.setContentType("text/html;charset=UTF-8");
        response.getWriter().println("只有 admin 与 manager 才看得到");
    }
}
```

如果要设置<transport-guarantee>的对应信息，可以如下：

```
...
@WebServlet(name="SecurityServlet", urlPatterns={"/security"})
@ServletSecurity(
    httpMethodConstraints = {
        @HttpMethodConstraint(
            value = "GET", rolesAllowed = {"admin", "manager"},
            transportGuarantee = TransportGuarantee.CONFIDENTIAL
        ),
        @HttpMethodConstraint(
            value = "POST", rolesAllowed = {"admin", "manager"},
            transportGuarantee = TransportGuarantee.CONFIDENTIAL
        )
    }
)
public class Security extends HttpServlet {
...
```

10.2 综合练习

在先前的微博程序中，使用自行设计的 AccessController 来过滤用户是否登录，这一节的综合练习将应用本章所学，将登录检查、验证等动作交给 Web 容器来负责。

10.2.1 使用容器窗体验证

微博应用程序原先使用窗体验证，因此在这边将采用 Web 容器窗体验证，为此必须先在 web.xml 中如下定义：

gossip web.xml

```
<?xml version="1.0" encoding="UTF-8"?>
<web-app ...>
  ...略
   <login-config>
       <auth-method>FORM</auth-method>
           <form-login-config>
               <form-login-page>/</form-login-page>
               <form-error-page>/ </form-error-page>
           </form-login-config>
   </login-config>
</web-app>
```

处理登录的 Servlet，直接使用 Servlet 3.0 在 HttpServletRequest 上新增的 login()方法，并作适当的修改：

gossip Login.java

```
package cc.openhome.controller;

...略

@WebServlet(
    urlPatterns={"/login"},
    initParams={
        @WebInitParam(name = "SUCCESS_PATH", value = "member"),
        @WebInitParam(name = "ERROR_PATH", value = "/WEB-INF/jsp/index.jsp")
    }
)
public class Login extends HttpServlet {

    protected void doPost(
            HttpServletRequest request, HttpServletResponse response)
                         throws ServletException, IOException {
        String username = request.getParameter("username");
        String password = request.getParameter("password");

        UserService userService =
             (UserService) getServletContext().getAttribute("userService");
        Optional<String> optionalPasswd =
              userService.encryptedPassword(username, password);
```

```
        try {
            request.login(username, optionalPasswd.get());
            request.getSession().setAttribute("login", username);
            response.sendRedirect(getInitParameter("SUCCESS_PATH"));
        } catch(NoSuchElementException | ServletException e) {
            request.setAttribute("errors", Arrays.asList("登录失败"));
            List<Message> newest = userService.newestMessages(10);
            request.setAttribute("newest", newest);
            request.getRequestDispatcher(getInitParameter("ERROR_PATH"))
                   .forward(request, response);
        }
    }
}
```

必须注意的是，由于微博应用程序的密码字段并不存储明码，因此必须将用户传送的 password 进行加盐哈希，然后才调用 request 的 login()方法，为此，UserService 新增了一个 encryptedPassword()方法：

gossip User.java

```
package cc.openhome.model;

...略

public class UserService {
    ...略

    public Optional<String> encryptedPassword(String username, String password) {
        Optional<Account> optionalAcct = acctDAO.accountBy(username);
        if(optionalAcct.isPresent()) {
            Account acct = optionalAcct.get();
            int salt = Integer.parseInt(acct.getSalt());
            return Optional.of(String.valueOf(password.hashCode() + salt));
        }
        return Optional.empty();
    }
    ...略
}
```

负责注销的 Servlet 则使用 Servlet 3.0 在 HttpServletRequest 上新增 logout()方法：

gossip Logout.java

```
package cc.openhome.controller;
...略

@WebServlet(
    urlPatterns={"/logout"},
    initParams={
        @WebInitParam(name = "LOGIN_PATH", value = "/gossip")
    }
)
@ServletSecurity(

    @HttpConstraint(rolesAllowed = {"member"})
)
public class Logout extends HttpServlet {
    ...略
    protected void doGet(HttpServletRequest request,
```

```
                    HttpServletResponse response)
                    throws ServletException, IOException {
        request.logout();
        response.sendRedirect(LOGIN_VIEW);
    }
}
```

在原先的 AccessController 过滤器的设置中，/logout 是受到保护的，现在改用声明式安全，只有登录成为 member 才可以请求，类似地，/member、/new_message、/del_message 等 Servlet，也都如上标注@ServletSecurity，这里就不列出源代码了，接下来可以直接删除之前撰写的 AccessController 过滤器，改用容器提供的安全机制。

10.2.2 设置 DataSourceRealm

微博的数据都存储在数据库中，所以 Tomcat 默认读取 tomcat-users.xml 中的用户与角色数据并不合用，这边将改用 DataSourceRealm，可以让 Tomcat 直接读取表格中存储的用户与角色数据。

提示>>> Realm 的设定并不在规范之中，而是由厂商自行实现，Tomcat 9 如何设置各种 Realm，可以参考 Realm Configuration HOW-TO(tomcat.apache.org/tomcat-9.0-doc/realm-howto.html)

要在 Tomcat 中使用 DataSourceRealm，必须有个对应用户与角色的表格，可以使用以下的 SQL 来建立微博应用程序所需的各个表格：

```
CREATE TABLE t_account (
  name VARCHAR(15) NOT NULL,
  email VARCHAR(128) NOT NULL,
  password VARCHAR(32) NOT NULL,
  salt VARCHAR(256) NOT NULL,
  PRIMARY KEY (name)
);
CREATE TABLE t_message (
    name VARCHAR(15) NOT NULL,
    time BIGINT NOT NULL,
    blabla VARCHAR(512) NOT NULL,
    FOREIGN KEY (name) REFERENCES t_account(name)
);
CREATE TABLE t_account_role (
    name VARCHAR(15) NOT NULL,
    role VARCHAR(15) NOT NULL,
    PRIMARY KEY (name, role)
);
```

因为用户必须有对应的角色，在新增用户时，一并在 t_account_role 表格中新增数据，修改 AccountDAOJdbcImpl 中的 createAccount()方法。

gossip AccountDAOJdbcImpl.java

```
package cc.openhome.model;
...略
public class AccountDAOJdbcImpl implements AccountDAO {
    ...略

    @Override
```

```
    public void createAccount(Account acct) {
        try(Connection conn = dataSource.getConnection();
            PreparedStatement stmt = conn.prepareStatement(
      "INSERT INTO t_account(name, email, password, salt) VALUES(?, ?, ?, ?)");
            PreparedStatement stmt2 = conn.prepareStatement(
      "INSERT INTO t_account_role(name, role) VALUES(?, 'member')")) {
            stmt.setString(1, acct.getName());
            stmt.setString(2, acct.getEmail());       ❶ 新增用户与角色对应
            stmt.setString(3, acct.getPassword());
            stmt.setString(4, acct.getSalt());
            stmt.executeUpdate();

            stmt2.setString(1, acct.getName());       ❷ 执行变更

            stmt2.executeUpdate();
        } catch (SQLException e) {
           throw new RuntimeException(e);
        }
    }
    ...略
}
```

接着在 context.xml 中设定 DataSourceRealm 相关信息：

gossip context.xml

```
<?xml version="1.0" encoding="UTF-8"?>
<Context antiJARLocking="true" path="/Gossip">
    ...略
    <Realm className="org.apache.catalina.realm.DataSourceRealm"
      localDataSource="true"
      dataSourceName="jdbc/gossip"
      userTable="t_account" userNameCol="name" userCredCol="password"
      userRoleTable="t_account_role" roleNameCol="role"/>
</Context>
```

dataSourceName 是先前设定的 DataSource JNDI 名称，userTable 是用户表格名称，userNameCol 是用户表格中的用户字段名称，userCredCol 是用户表格中的密码字段名称，userRoleTable 是角色对应表格名称，roleNameCole 是角色对应表格中的角色字段名称。

完成以上设置之后，重新启动 Tomcat，就可以试着新增用户并尝试进行登录。

10.3 重点复习

一般来说，当应用程序要求具备安全性时，可以归纳为四个基本需求：验证(Authentication)、授权(Authorization)、机密性(Confidentiality)与完整性(Integrity)。

在使用 Web 容器提供的安全实现之前，先介绍几个 Java EE 的名词与观念：用户(User)、组(Group)、角色(Role)、Realm。

角色是 Java 应用程序授权管理的依据。Java 应用程序的开发人员在进行授权管理时，无法事先得知应用程序将部署在哪个服务器上，无法直接使用服务器系统上的用户及组来进行授权管理，而必须根据角色来定义。在 Java 应用程序真正部署至服务器时，再通过服务器特定的设置方式，将角色对应至用户或组。

使用 Web 容器安全管理，基本上可以提供两个安全管理的方式：声明安全(Declarative Security)与编程安全(Programmatic Security)。

在授权之前，必须定义应用程序中有哪些角色名称。接着定义哪些 URI 可以被哪些角色以哪种 HTTP 方法访问。

若没有设置<http-method>，所有 HTTP 方法都受到限制。设置了<http-method>，只有被设置的 HTTP 方法受到限制，其他方法不受限制。如果没有设置<auth- constraint>标签，或<auth-constraint>标签中设置<role-name>* </role-name>，表示任何角色都可以访问。如果直接编写<auth-constraint/>，那就不是任何角色可以访问了。

容器基本验证是使用对话框输入名称、密码的，所以使用基本验证时无法自定义登录页面，而发送名称、密码时是使用 Authentication 标头，无法设计注销机制，关闭浏览器是结束会话的唯一方式。容器窗体验证时，发送的 URI 要是 j_security_check，发送名称的请求参数必须是 j_username，发送密码的请求参数必须是 j_password，登录字符保存在 HttpSession 中。如果要让此次登录失效，可以调用 HttpSession 的 invalidate()方法，因此在窗体验证时可以设计注销机制。

在<auth-method>中可以设置的值有 BASIC、FORM、DIGEST 或 CLIENT-CERT。

通常 Web 应用程序要在传输过程中保护数据，会采用 HTTP over SSL，就是俗称的 HTTPS。如果要使用 HTTPS 来传输数据，只要在 web.xml 中需要安全传输的<security-contraint>中做如下设置：

```
<user-data-constraint>
    <transport-guarantee>CONFIDENTIAL</transport-guarantee>
</user-data-constraint>
```

<transport-guarantee>的默认值是 NONE，还可以设置的值有 CONFIDENTIAL 或 INTEGRAL。事实上无论设置为 CONFIDENTIAL 还是 INTEGRAL，都可以保证机密性与完整性。惯例上都设置为 CONFIDENTIAL。

如果使用容器的验证及授权管理，那么 HttpServletRequest 上有五个方法与安全管理有关：login()、logout()、getUserPrincipal()、getRemoteUser()及 isUserInRole()。

10.4 课后练习

在 9.2.4 节曾经实现一个文件管理程序，请利用本章学到的 Web 容器安全管理，必须通过窗体验证才能使用文件管理程序。

JavaMail 入门

Chapter 11

学习目标：

- 寄送纯文字邮件
- 寄送 HTML 邮件
- 寄送附件邮件

11.1 使用 JavaMail

在邮件寄送方面，Java EE 的解决方案是 JavaMail。本章将简要介绍 JavaMail 的使用，并应用于微博应用程序中，在用户忘记密码时，可以通过邮件通知来取得原有密码。

11.1.1 发送纯文字邮件

可以到 JavaMail(javaee.github.io/javamail/)网站下载 JavaMail 程序库，将 JAR 放置到 Web 应用程序的 WEB-INF/lib 文件夹中。

要使用 JavaMail 进行邮件发送，首先必须创建代表当次邮件会话的 **javax.mail.Session** 对象，`Session` 中包括了 SMTP 邮件服务器地址、连接端口、用户名、密码等信息。以连接 Gmail 为例，创建 `Session` 对象：

```
Properties props = new Properties();
props.put("mail.smtp.host", "smtp.gmail.com");
props.put("mail.smtp.auth", "true");
props.put("mail.smtp.starttls.enable", "true");
props.put("mail.smtp.port", 587);
Session session = Session.getInstance(props,
    new Authenticator(){
        protected PasswordAuthentication getPasswordAuthentication() {
            return new PasswordAuthentication(username, password);
        }
});
```

其中，username 与 password 必须是 Gmail 用户名(例如 XXX@gmail.com)与密码。在取得代表当次邮件发送会话的 `Session` 对象之后，接着要创建邮件信息，设置发信人、收信人、主题、发送日期与邮件本文：

```
Message message = new MimeMessage(session);
message.setFrom(new InternetAddress(from));
message.setRecipient(Message.RecipientType.TO,new InternetAddress(to));
message.setSubject(subject);
message.setSentDate(new Date());
message.setText(text);
```

最后再以 **javax.mail.Transport** 的静态 **send()** 方法发送信息：

```
Transport.send(message);
```

接下来以实际范例，示范如何发送纯文字邮件。这个范例使用如图 11.1 所示的网页进行邮件发送。

单击“发送”按钮后，邮件会发送给以下的 Servlet 处理：

图 11.1 简单的邮件发送网页

JavaMail Mail.java

```
package cc.openhome;

...略

@WebServlet(
    urlPatterns={"/mail"},
    initParams={
        @WebInitParam(name = "host", value = "smtp.gmail.com"),
        @WebInitParam(name = "port", value = "587"),
        @WebInitParam(name = "username", value = "yourname@gmail.com"),
        @WebInitParam(name = "password", value = "yourpassword")
    }                                                    ❶ 在初始参数设置 Gmail 相关信息
)
public class Mail extends HttpServlet {
    private String host;
    private int port;
    private String username;
    private String password;
    private Properties props;

    @Override
    public void init() throws ServletException {
        host = getServletConfig().getInitParameter("host");
        port = Integer.parseInt(
                getServletConfig().getInitParameter("port"));
        username = getServletConfig().getInitParameter("username");
        password = getServletConfig().getInitParameter("password");

        props = new Properties();
        props.put("mail.smtp.host", host);
        props.put("mail.smtp.auth", "true");
        props.put("mail.smtp.starttls.enable", "true");   ❷ 设置会话必要属性
        props.put("mail.smtp.port", port);
    }

    protected void doPost(HttpServletRequest request,
                        HttpServletResponse response)
                            throws ServletException, IOException {
        request.setCharacterEncoding("UTF-8");
        response.setContentType("text/html;charset=UTF-8");

        String from = request.getParameter("from");
        String to = request.getParameter("to");
        String subject = request.getParameter("subject");
        String text = request.getParameter("text");

        try {
            Message message = createMessage(from, to, subject, text); ← ❸ 建立信息
            Transport.send(message); ← ❹发送信息
            response.getWriter().println("邮件发送成功");
        } catch (MessagingException e) {
            throw new RuntimeException(e);
        }
    }

    private Message createMessage(
        String from, String to, String subject, String text)
                throws MessagingException {
```

```
        Session session = Session.getInstance(props, new Authenticator() {
            protected PasswordAuthentication getPasswordAuthentication() {
                return new PasswordAuthentication(username, password);
            }}
        );

        Message message = new MimeMessage(session);
        message.setFrom(new InternetAddress(from));
        message.setRecipient(Message.RecipientType.TO, new InternetAddress(to));
        message.setSubject(subject);
        message.setSentDate(new Date());
        message.setText(text);

        return message;
    }
}
```

在这个 Servlet 中，将连接 SMTP 基本信息设置为 Servlet 初始参数❶，并且在初始化 `init()`方法中，设置好创建 `Session` 对象的必要属性❷。由于创建 `Message` 的过程烦琐，因此封装为 `createMessage()`方法，这样每次要创建 `Message` 就只要调用 `createMessage()`❸。最后通过 `Transport.send()`来发送邮件❹，收到的邮件如图 11.2 所示。

图 11.2　纯邮件发送结果

Gmail 默认会限制一些“低安全性应用程序”的程序登录账号，必须在账户的“登录和安全性”中，启用“允许安全性较低的应用程序”，才能通过刚才的范例程序发送邮件。

11.1.2　发送多重内容邮件

如果邮件可以包括 HTML 或附加文件等多重内容，必须要有 **`javax.mail. Multipart`** 对象，并在这个对象中增加代表多重内容的 **`javax.mail. internet.MimeBodyPart`** 对象。举个例子，如果要让邮件包括 HTML 内容，则：

```
// 代表 HTML 内容类型的对象
MimeBodyPart htmlPart = new MimeBodyPart();
htmlPart.setContent(text, "text/html;charset=UTF-8");
// 创建可包括多重内容的邮件内容
Multipart multiPart = new MimeMultipart();
// 新增 HTML 内容类型
multiPart.addBodyPart(htmlPart);
// 设置为邮件内容
message.setContent(multiPart);
```

将上面的代码段取代上一个范例 `createMessage()`方法中 `message.setText(text)`该行，就可以在邮件内容区域编写 HTML。

如果要附加文件，则可以创建 MimeBodyPart，设置文件名与内容之后，再加入 MultiPart 中：

```
byte[] file = ...;
MimeBodyPart filePart = new MimeBodyPart();
filePart.setFileName(MimeUtility.encodeText(filename, "UTF-8", "B"));
filePart.setContent(file, part.getContentType());
```

在使用 MimeBodyPart 的 setFileName()设置附件名称时，必须做 MIME 编码，所以借助 MimiUtility.encodeText()方法，在使用 setContent()设置内容时，还需指定内容类型。

以下实现一个可使用 HTML 与附加文件的邮件发送范例，使用的窗体如图 11.3 所示。

图 11.3　HTML 与附件邮件发送

窗体发送后所使用的 Servlet 如下所示：

JavaMail Mail2.java

```
package cc.openhome;

...略

@MultipartConfig  ← ❶ 为了支持上传文件，记得设置标注
@WebServlet(
    urlPatterns={"/mail2"},
    initParams={
        @WebInitParam(name = "host", value = "smtp.gmail.com"),
        @WebInitParam(name = "port", value = "587"),
        @WebInitParam(name = "username", value = "yourname@gmail.com"),
        @WebInitParam(name = "password", value = "yourpassword")
    }
)
public class Mail2 extends HttpServlet {
    private final Pattern fileNameRegex =
            Pattern.compile("filename=\"(.*)\"");

    private String host;
    private String port;
    private String username;
    private String password;
    private Properties props;

    @Override
    public void init() throws ServletException {
        host = getServletConfig().getInitParameter("host");
```

```
        port = getServletConfig().getInitParameter("port");
        username = getServletConfig().getInitParameter("username");
        password = getServletConfig().getInitParameter("password");

        props = new Properties();
        props.put("mail.smtp.host", host);
        props.put("mail.smtp.auth", "true");
        props.put("mail.smtp.starttls.enable", "true");
        props.put("mail.smtp.port", port);
    }

    protected void doPost(
            HttpServletRequest request, HttpServletResponse response)
               throws ServletException, IOException {
        request.setCharacterEncoding("UTF-8");
        response.setContentType("text/html;charset=UTF-8");

        String from = request.getParameter("from");
        String to = request.getParameter("to");
        String subject = request.getParameter("subject");
        String text = request.getParameter("text");
        Part part = request.getPart("file");

        try {
            Message message = createMessage(from, to, subject, text, part);
            Transport.send(message);
            response.getWriter().println("邮件发送成功");
        } catch (Exception e) {
            throw new ServletException(e);
        }
    }

    private Message createMessage(
            String from, String to, String subject, String text, Part part)
                    throws MessagingException, AddressException, IOException {
        Session session = Session.getDefaultInstance(props, new Authenticator(){
            protected PasswordAuthentication getPasswordAuthentication() {
                return new PasswordAuthentication(username, password);
            }}
        );

        Multipart multiPart = multiPart(text, part);

        Message message = new MimeMessage(session);
        message.setFrom(new InternetAddress(from));
        message.setRecipient(Message.RecipientType.TO, new InternetAddress(to));
        message.setSubject(subject);
        message.setSentDate(new Date());
        message.setContent(multiPart);

        return message;
    }

    private Multipart multiPart(String text, Part part)
          throws MessagingException, UnsupportedEncodingException, IOException {
        Multipart multiPart = new MimeMultipart();

        MimeBodyPart htmlPart = new MimeBodyPart();
        htmlPart.setContent(text, "text/html;charset=UTF-8");    ❷ 处理 HTML 内容
        multiPart.addBodyPart(htmlPart);
```

```
        String filename = getSubmittedFileName(part);
        MimeBodyPart filePart = new MimeBodyPart();
        filePart.setFileName(MimeUtility.encodeText(filename, "UTF-8", "B"));
        filePart.setContent(getBytes(part), part.getContentType());
        multiPart.addBodyPart(filePart);
        return multiPart;

    }
                                                        ❸ 取得文件名，处理文件内容
    private String getSubmittedFileName(Part part) {
        String header = part.getHeader("Content-Disposition");
        Matcher matcher = fileNameRegex.matcher(header);
        matcher.find();

        String filename =  matcher.group(1);
        if(filename.contains("\\")) {
            return filename.substring(filename.lastIndexOf("\\") + 1);
        }
        return filename;
    }

    private byte[] getBytes(Part part) throws IOException {
        try(InputStream in = part.getInputStream();
                ByteArrayOutputStream out = new ByteArrayOutputStream()) {
            byte[] buffer = new byte[1024];
            int length = -1;
            while ((length = in.read(buffer)) != -1) {
                out.write(buffer, 0, length);
            }
            return out.toByteArray();
        }
    }
}
```

由于窗体会以 multipart/form-data 类型送出，在 Servlet 3.0 中，如果要使用 `HttpServletRequest` 的 `getPart()` 等方法，必须加注 `@MultipartConfig`❶，邮件中首先处理 HTML 内容❷，判断如果有附加文件的话，再处理上传文件内容❸。发送后的邮件内容如图 11.4 所示。

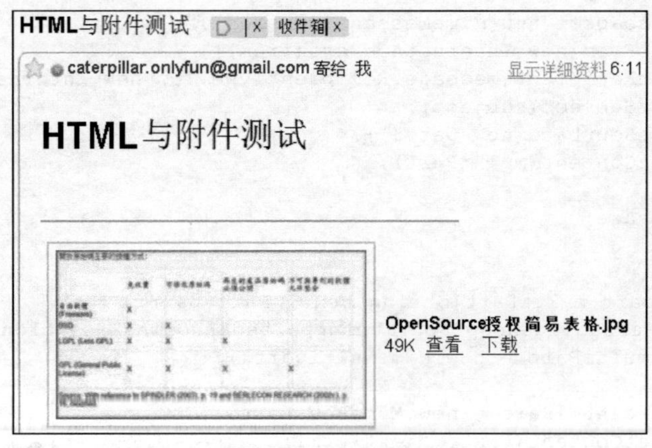

图 11.4 HTML 与附加邮件发送结果

11.2 综合练习

在学会发送邮件之后，现在打算让目前的微博在用户注册时，可以发送邮件至信箱，告知是否申请会员失败，或者附上启动账户的链接。另外，在微博应用程序的首页，有个“忘记密码？”的链接，用户可以在忘记密码时，通过网页输入用户名称与注册时的邮件地址，系统会发送提供可以重设密码的链接，这一节将实现这个功能。

11.2.1 发送验证账号邮件

为了能通过邮件来验证用户，目前的微博必须先做点修改。首先，在填写完窗体进行账号申请时，除了用户名称之外，邮件地址也不可重复，因此，必须能根据邮件查询是否存在对应的账号。

gossip AccountDAO.java

```
package cc.openhome.model;

import java.util.Optional;

public interface AccountDAO {
    void createAccount(Account acct);
    Optional<Account> accountByUsername(String name);
    Optional<Account> accountByEmail(String email);
    void activateAccount(Account acct);
}
```

除了根据邮件来查询账号的 `accountByEmail()` 方法之外，为了能启用账号，`AccountDAO` 上也增加了 `activateAccount()` 方法，接着就是让 `AccountDAOJdbcImpl` 实现这两个方法。

gossip AccountDAOJdbcImpl.java

```
package cc.openhome.model;

...略

public class AccountDAOJdbcImpl implements AccountDAO {
    ...略

    @Override
    public void createAccount(Account acct) {
        try(Connection conn = dataSource.getConnection();
            PreparedStatement stmt = conn.prepareStatement(
          "INSERT INTO t_account(name, email, password, salt) VALUES(?, ?, ?, ?)");
            PreparedStatement stmt2 = conn.prepareStatement(
          "INSERT INTO t_account_role(name, role) VALUES(?, 'unverified')")) {
                                                            ↑
            stmt.setString(1, acct.getName());              ❶ 先设置为未验证角色
            stmt.setString(2, acct.getEmail());
            stmt.setString(3, acct.getPassword());
            stmt.setString(4, acct.getSalt());
```

```
            stmt.executeUpdate();

            stmt2.setString(1, acct.getName());
            stmt2.executeUpdate();
        } catch (SQLException e) {
            throw new RuntimeException(e);
        }
    }
    ...略
                                        ❷根据邮件查询账号
    @Override                              ↓
    public Optional<Account> accountByEmail(String email) {
        try(Connection conn = dataSource.getConnection();
                PreparedStatement stmt = conn.prepareStatement(
                    "SELECT * FROM t_account WHERE email = ?")) {
            stmt.setString(1, email);
            ResultSet rs = stmt.executeQuery();
            if(rs.next()) {
                return Optional.of(new Account(
                    rs.getString(1),
                    rs.getString(2),
                    rs.getString(3),
                    rs.getString(4)
                ));
            } else {
                return Optional.empty();
            }

        } catch (SQLException e) {
            throw new RuntimeException(e);
        }
    }

    public void activateAccount(Account acct) {
        try(Connection conn = dataSource.getConnection();
            PreparedStatement stmt = conn.prepareStatement(
              "UPDATE t_account_role SET role = ? WHERE name = ?")) {
            stmt.setString(1, "member"); ←──❸设置为会员角色
            stmt.setString(2, acct.getName());
            stmt.executeUpdate();

        } catch (SQLException e) {
            throw new RuntimeException(e);
        }
    }
}
```

除了实现 accountByEmail()之外❷，在建立账号时，先将会员设置为未验证角色❶，因此在未验证账号之前，试图登录应用程序，会因为权限不足而无法阅览会员网页，用户必须经过验证，才能将账号的角色设置为会员❸。

应用程序会通过 UserService 的 tryCreateUser()尝试建立账号，现在必须修改实例，检查用户名称与邮件都不存在的情况下，才可以新建账号。如：

gossip UserService.java

```
package cc.openhome.model;

...略
```

```
public class UserService {
    ...略

    public Optional<Account> tryCreateUser(
        String email, String username, String password)  {
        if(emailExisted(email) || userExisted(username)) {   ← ❶ 检查用户与邮件是否存在
            return Optional.empty();
        }
        return Optional.of(createUser(username, email, password));
    }

    private Account createUser(String username, String email, String password) {
        int salt = (int) (Math.random() * 100);
        int encrypt = salt + password.hashCode();
        Account acct = new Account(username, email,
                String.valueOf(encrypt), String.valueOf(salt));
        acctDAO.createAccount(acct);
        return acct;
    }
    ...略
    public boolean userExisted(String username) {
        return acctDAO.accountByUsername(username).isPresent();
    }

    ...略
    public boolean emailExisted(String email) {
        return acctDAO.accountByEmail(email).isPresent();
    }

    public Optional<Account> verify(String email, String token) {
        Optional<Account> optionalAcct= acctDAO.accountByEmail(email);
        if(optionalAcct.isPresent()) {
            Account acct = optionalAcct.get();
            if(acct.getPassword().equals(token)) {   ← ❷ 比对验证码
                acctDAO.activateAccount(acct);   ← ❸ 启用账号
                return Optional.of(acct);
            }
        }
        return Optional.empty();
    }
}
```

使用 tryCreateUser()尝试建立账号后，会返回 Optional<Account>，以此判断账号建立是否成功，只有在用户名称与邮件都不存在的情况下，才可以新建账号❶，验证码直接使用加盐哈希过后的密码❷，这只是为了简化范例，在实际的应用程序中，应该另外产生一个随机的验证码，只有在验证码符合的情况下，才可以启用账号❸。

注册用的 Register 必须进行修改，在申请表单提交成功后，发送邮件通知：

gossip Register.java

```
package cc.openhome.controller;
...略
public class Register extends HttpServlet {
    ...略

    protected void doPost(
            HttpServletRequest request, HttpServletResponse response)
```

```
            throws ServletException, IOException {
        String email = request.getParameter("email");
        String username = request.getParameter("username");
        String password = request.getParameter("password");
        String password2 = request.getParameter("password2");
        ...略

        String path;
        if(errors.isEmpty()) {
            path = getInitParameter("SUCCESS_PATH");

            UserService userService =
                (UserService) getServletContext().getAttribute("userService");

            EmailService emailService =
                (EmailService) getServletContext().getAttribute("emailService");

            Optional<Account> optionalAcct =
                userService.tryCreateUser(email, username, password);
            if(optionalAcct.isPresent()) {
                emailService.validationLink(optionalAcct.get()); ← ❶ 发送验邮件
            } else {
                emailService.failedRegistration(username, email); ← ❷ 发送申请失败邮件
            }
        } else {
            path = getInitParameter("FORM_PATH");
            request.setAttribute("errors", errors);
        }

        request.getRequestDispatcher(path).forward(request, response);
    }
    ...略
}
```

如果账号建立成功，会通过 EmailService 实例发送验证邮件❶，否则发送申请失败邮件❷，由于可能会采用其他邮件系统，因此 EmailService 设计为接口：

gossip EmailService.java

```
package cc.openhome.model;

public interface EmailService {
    public void validationLink(Account acct);
    public void failedRegistration(String acctName, String acctEmail);
}
```

实现类是使用 Gmail 来发送邮件：

gossip GmailService.java

```
package cc.openhome.model;
...略

public class GmailService implements EmailService {
    private final Properties props = new Properties();
    private final String mailUser;
    private final String mailPassword;

    public GmailService(String mailUser, String mailPassword) {
```

```
        props.put("mail.smtp.host", "smtp.gmail.com");
        props.put("mail.smtp.auth", "true");
        props.put("mail.smtp.starttls.enable", "true");
        props.put("mail.smtp.port", 587);
        this.mailUser = mailUser;
        this.mailPassword = mailPassword;
    }

    @Override
    public void validationLink(Account acct) {
        try {
            String link = String.format(
                "http://localhost:8080/gossip/verify?email=%s&token=%s",
                acct.getEmail(), acct.getPassword()
            );

            String anchor = String.format("<a href='%s'>验证邮件</a>", link);

            String html = String.format(
                "请按 %s 启用账户或复制链接至地址栏：<br><br> %s", anchor, link);

            javax.mail.Message message = createMessage(
                    mailUser, acct.getEmail(), "Gossip 注册结果", html);

            Transport.send(message);
        } catch (MessagingException | IOException e) {
            throw new RuntimeException(e);
        }
    }

    @Override
    public void failedRegistration(String acctName, String acctEmail) {
        try {
            javax.mail.Message message =
               createMessage(mailUser, acctEmail, "Gossip 注册结果",
                    String.format("账户申请失败，用户名称 %s 或邮件 %s 已存在！",
                            acctName, acctEmail));

            Transport.send(message);

        } catch (MessagingException | IOException e) {

            throw new RuntimeException(e);
        }
    }

    private javax.mail.Message createMessage(
            String from, String to, String subject, String text)
                throws MessagingException, AddressException, IOException {
        Session session = Session.getDefaultInstance(props, new Authenticator(){
            protected PasswordAuthentication getPasswordAuthentication() {
                return new PasswordAuthentication(mailUser, mailPassword);
            }}
        );

        Multipart multiPart = multiPart(text);

        javax.mail.Message message = new MimeMessage(session);
        message.setFrom(new InternetAddress(from));
        message.setRecipient(javax.mail.Message.RecipientType.TO,
```

```
                new InternetAddress(to));
        message.setSubject(subject);
        message.setSentDate(new Date());
        message.setContent(multiPart);

        return message;
    }

    private Multipart multiPart(String text)
        throws MessagingException, UnsupportedEncodingException, IOException {

        MimeBodyPart htmlPart = new MimeBodyPart();
        htmlPart.setContent(text, "text/html;charset=UTF-8");

        Multipart multiPart = new MimeMultipart();
        multiPart.addBodyPart(htmlPart);

        return multiPart;
    }
}
```

大部分程序代码是有关于 JavaMail 的使用，这部分上一节已做过介绍，最主要是注意粗体字部分。如验证码为了简化范例，直接使用加盐哈希过后的密码，而申请账号失败的邮件信息，只是单纯附上了用户名称与邮件地址。

为了能建立 GmailService 实例，以及在 ServletContext 中设置 emailService 属性，GossipInitializer 也要修改：

gossip GossipInitializer.java

```
package cc.openhome.web;

...略

@WebListener
public class GossipInitializer implements ServletContextListener {
    public void contextInitialized(ServletContextEvent sce) {
        DataSource dataSource = dataSource();

        ServletContext context = sce.getServletContext();

        AccountDAO acctDAO = new AccountDAOJdbcImpl(dataSource);
        MessageDAO messageDAO = new MessageDAOJdbcImpl(dataSource);
        context.setAttribute(
            "userService", new UserService(acctDAO, messageDAO));

        context.setAttribute("emailService",
                new GmailService(
                    context.getInitParameter("MAIL_USER"),
            context.getInitParameter("MAIL_PASSWORD")
                )
        );
    }

    ...略
}
```

初始参数 MAIL_USER 与 MAIL_PASSWORD 设置在 web.xml 之中：

gossip web.xml

```
<?xml version="1.0" encoding="UTF-8"?>
<web-app ...略>
   ...略
   <context-param>
      <param-name>MAIL_USER</param-name>
      <param-value>yourname@gmail.com</param-value>
   </context-param>
   <context-param>
      <param-name>MAIL_PASSWORD</param-name>
      <param-value>yourpassword</param-value>
   </context-param>

    <error-page>
        <error-code>403</error-code>
        <location>/403.html</location>
</error-page>

</web-app>
```

用户在未验证前若试图登录应用程序，将会引发 403 权限不足的响应，这部分可以自行设计一个 HTML 页面，取代 Web 容器默认的响应，403.html 只是纯 HTML，因此此处就不列出了。

图 11.5 所示是用户申请账号失败时发送的邮件范例。

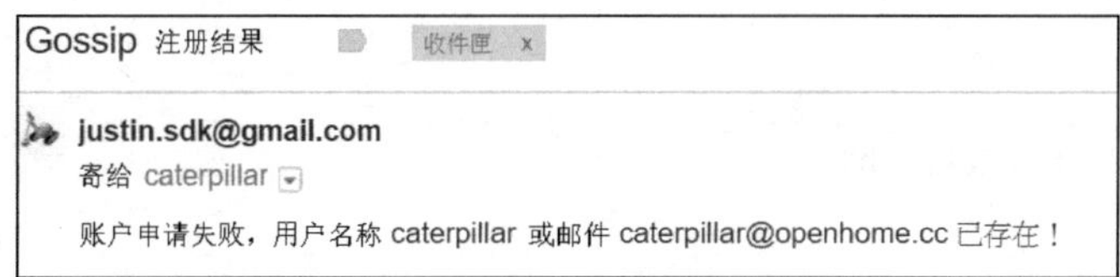

图 11.5　申请账号失败

图 11.6 所示是用户申请账号成功时发送的邮件范例。

图 11.6　申请账号的验证邮件

11.2.2　验证用户账号

当用户申请账号成功，并通过邮件中的链接启用账号时，会以 `GET` 请求 `Verify` 这个 Servlet：

gossip Verify.java

```
package cc.openhome.controller;

...略
```

```
@WebServlet("/verify")
public class Verify extends HttpServlet {
    protected void doGet(
        HttpServletRequest request, HttpServletResponse response)
            throws ServletException, IOException {
        String email = request.getParameter("email");
        String token = request.getParameter("token");
        UserService userService =
            (UserService) getServletContext().getAttribute("userService");
        request.setAttribute("acct", userService.verify(email, token));
        request.getRequestDispatcher("/WEB-INF/jsp/verify.jsp")
              .forward(request, response);
    }
}
```

在验证之后会转发 verify.jsp，告知用户验证是否成功：

gossip verify.jsp

```
<%@taglib prefix="f" uri="https://openhome.cc/jstl/fake" %>
<!DOCTYPE html>
<html>
<head>
<meta charset='UTF-8'>
<title>启用账号</title>
</head>
<body>
    <f:choose>
        <f:when test="${requestScope.acct.present}">
            <h1>账号启用成功</h1>
        </f:when>
        <f:otherwise>
            <h1>账号启用失败</h1>
        </f:otherwise>
    </f:choose>
    <a href='/gossip'>回首页</a>
</body>
</html>
```

11.2.3 发送重设密码邮件

用户如果忘记密码，可以单击首页中“忘记密码？”的链接，链接的 HTML 页面中必须填写注册时的用户名称与邮件，然后发送请求至 Forgot：

gossip Forgot.java

```
package cc.openhome.controller;
...略

@WebServlet("/forgot")
public class Forgot extends HttpServlet {
    protected void doPost(
            HttpServletRequest request, HttpServletResponse response)
                throws ServletException, IOException {
        String name = request.getParameter("name");
```

```
        String email = request.getParameter("email");

        UserService userService =
                (UserService) getServletContext().getAttribute("userService");

        Optional<Account> optionalAcct =
                userService.accountByNameEmail(name, email);  ← ❶ 查询账号

        if(optionalAcct.isPresent()) {
            EmailService emailService =
                (EmailService) getServletContext().getAttribute("emailService");
            emailService.passwordResetLink(optionalAcct.get()); ← ❷ 发送邮件
        }

        request.setAttribute("email", email);
        request.getRequestDispatcher("/WEB-INF/jsp/forgot.jsp") ←❸ 转发 JSP
              .forward(request, response);
    }
}
```

这个 Servlet 会根据用户名称与邮件，使用 `UserService` 的 `accountByNameEmail()`查询是否有对应的账户❶。如果存在的话，通过 `EmailService` 的 `passwordResetLink()`发送重设密码的邮件❷，无论是否有发送邮件，一律转发 JSP 页面告知邮件已发送❸，这是为了避免某些用户做恶意的测试。

gossip forgot.jsp

```
<!DOCTYPE html>
<html>
    <head>
        <meta charset="UTF-8">
    <title>重设密码</title>
    </head>
    <body>
        我们已经发送了重设密码的邮件至 ${requestScope.email}!
    </body>
</html>
```

`UserService` 新增了 `accountByNameEmail()`与 `resetPassword()`方法，后者可以用来重设密码，在重设密码的时候，也会进行密码加盐哈希：

gossip UserService.java

```
package cc.openhome.model;
...略

public class UserService {
    ...略

    public Optional<Account> accountByNameEmail(String name, String email) {
        Optional<Account> optionalAcct = acctDAO.accountByUsername(name);
        if(optionalAcct.isPresent() &&
            optionalAcct.get().getEmail().equals(email)) {
            return optionalAcct;
        }
        return Optional.empty();
```

```
    }

    public void resetPassword(String name, String password) {
        int salt = (int) (Math.random() * 100);
        int encrypt = salt + password.hashCode();
        acctDAO.updatePasswordSalt(
            name, String.valueOf(encrypt), String.valueOf(salt));
    }
}
```

AccountDAO 新增了对应的 updatePasswordSalt()方法：

gossip AccountDAO.java

```
package cc.openhome.model;
import java.util.Optional;
public interface AccountDAO {
    void createAccount(Account acct);
    Optional<Account> accountByUsername(String name);
    Optional<Account> accountByEmail(String email);
    void activateAccount(Account acct);
    void updatePasswordSalt(String name, String password, String salt);
}
```

AccountDAOJdbcImpl 也要有对应的操作：

gossip AccountDAOJdbcImpl.java

```
package cc.openhome.model;
...略
public class AccountDAOJdbcImpl implements AccountDAO {
    ...略

    @Override
    public void updatePasswordSalt(String name, String password, String salt) {
        try(Connection conn = dataSource.getConnection();
                PreparedStatement stmt = conn.prepareStatement(
            "UPDATE t_account SET password = ?, salt = ? WHERE name = ?")) {
            stmt.setString(1, password);
            stmt.setString(2, salt);
            stmt.setString(3, name);
            stmt.executeUpdate();
        } catch (SQLException e) {
            throw new RuntimeException(e);
        }
    }
}
```

EmailService 提供了一个新的 passwordResetLink()：

gossip EmailService.java

```
package cc.openhome.model;

public interface EmailService {
    public void validationLink(Account acct);
```

```
    public void failedRegistration(String acctName, String acctEmail);
    public void passwordResetLink(Account account);
}
```

相对应的 GmailService 操作如下：

gossip GmailService.java

```
package cc.openhome.model;
...略
public class GmailService {
    ...略

    @Override
    public void passwordResetLink(Account acct) {
        try {
            String link = String.format(
      "http://localhost:8080/gossip/reset_password?name=%s&email=%s&token=%s",
                acct.getName(), acct.getEmail(), acct.getPassword()
            );

            String anchor = String.format("<a href='%s'>重设密码</a>", link);

            String html = String.format(
                "请按 %s 或复制链接至地址栏：<br><br> %s", anchor, link);

            javax.mail.Message message = createMessage(
                    mailUser, acct.getEmail(), "Gossip 重设密码", html);
            Transport.send(message);
        } catch (MessagingException | IOException e) {
            throw new RuntimeException(e);
        }
    }
}
```

为了简化范例，在这里同样地将加盐哈希后的密码当成是验证码，实际的应用程序中，应该使用随机产生的验证码来取代。

11.2.4 重新设置密码

如果用户收到了重设密码的邮件，单击其中附上的链接，会以 GET 请求 ResetPassword 这个 Servlet，并提供用户名称、邮件与验证码。

gossip ResetPassword.java

```
package cc.openhome.controller;
...略

@WebServlet("/reset_password")
public class ResetPassword extends HttpServlet {
    private final Pattern passwdRegex = Pattern.compile("^\\w{8,16}$");

    protected void doGet(
        HttpServletRequest request, HttpServletResponse response)
```

```
        throws ServletException, IOException {
    String name = request.getParameter("name");
    String email = request.getParameter("email");
    String token = request.getParameter("token");

    UserService userService =
        (UserService) getServletContext().getAttribute("userService");
    Optional<Account> optionalAcct =
        userService.accountByNameEmail(name, email);

    if(optionalAcct.isPresent()) {   ← ❶ 查询账号是否存在
        Account acct = optionalAcct.get();
        if(acct.getPassword().equals(token)) {   ← ❷ 查询验证码是否符合
            request.setAttribute("acct", acct);       ❸ 在会话中存储验证码

            request.getSession().setAttribute("token", token);
            request.getRequestDispatcher("/WEB-INF/jsp/reset_password.jsp")
                .forward(request, response);
            return;
        }
    }

    response.sendRedirect("/gossip");

}

protected void doPost(
    HttpServletRequest request, HttpServletResponse response)
        throws ServletException, IOException {
      String token = request.getParameter("token");
      String storedToken =
          (String) request.getSession().getAttribute("token");
      if(storedToken == null || !storedToken.equals(token)) {
          response.sendRedirect("/gossip");  ← ❹ 没有请求凭据或凭证不
          return;                                 符合，重新定向至首页
      }

      String name = request.getParameter("name");
      String email = request.getParameter("email");
      String password = request.getParameter("password");
      String password2 = request.getParameter("password2");

      UserService userService =
          (UserService) getServletContext().getAttribute("userService");

      if (!validatePassword(password, password2)) {
          Optional<Account> optionalAcct =
                userService.accountByNameEmail(name, email);
          request.setAttribute("errors",
              Arrays.asList("请确认密码符合格式并再度确认密码"));
          request.setAttribute("acct", optionalAcct.get());
          request.getRequestDispatcher("/WEB-INF/jsp/reset_password.jsp")
                .forward(request, response);
      } else {
          userService.resetPassword(name, password);  ← ❺重设密码
          request.getRequestDispatcher("/WEB-INF/jsp/reset_success.jsp")
                .forward(request, response);
      }
}
```

```
    private boolean validatePassword(String password, String password2) {
        return password != null &&
                passwdRegex.matcher(password).find() &&
                password.equals(password2);
    }
}
```

为了防止恶意用户滥用这个 Servlet 来随意重设用户密码，首先必须以名称与邮件来确认账号是否存在❶，接着比对验证码是否符合❷，为了避免跨域伪造请求(Cross-site request forgery, CSRF)(en.wikipedia.org/wiki/Cross-site_request_forgery)，也就是通过 JavaScript 等方式诱使浏览器在用户不知情的状况下发出请求，必须有额外的凭据，确认请求是基于用户自身意愿发送，因此先简单地将验证码存储在 HttpSession 之中❸。

后续真正重设密码的请求会是以 POST 发送，其中必须含有请求凭据，如果不存在或不符合，拒绝重设密码并重新定向至首页❹，如果请求凭据符合，而且密码格式符合要求，进行密码重设❺。

至于如何确认请求凭据的是用户提供呢？基本的方式是，在窗体中使用隐藏域附上：

gossip reset_password.jsp

```
<%@taglib prefix="f" uri="https://openhome.cc/jstl/fake" %>
<!DOCTYPE html>
<html>
<head>
<meta charset="UTF-8">
<title>重设密码</title>
</head>
<body>
    <h1>重设密码</h1>

        <f:if test="${requestScope.errors != null}">
            <ul style='color: rgb(255, 0, 0);'>
            <f:forEach var="error" items="${requestScope.errors}">
                <li>${error}</li>
            </f:forEach>
            </ul>
        </f:if>

    <form method='post' action='reset_password'>
        <input type='hidden' name='name' value='${requestScope.acct.name}'>
        <input type='hidden' name='email' value='${requestScope.acct.email}'>
        <input type='hidden' name='token' value='${sessionScope.token}'>
        <table>
            <tr>
                <td>密码(8 到 16 字符)：</td>
                <td><input type='password' name='password'
                           size='25' maxlength='16'></td>
            </tr>
            <tr>
                <td>确认密码：</td>
                <td><input type='password' name='password2'
                           size='25' maxlength='16'></td>
            </tr>
            <tr>
                <td colspan='2' align='center'>
```

```
                <input type='submit' value='确定'>
            </td>
        </tr>
    </table>
  </form>
</body>
</html>
```

若是通过 JavaScript 等方式，诱使浏览器在用户不知情状况下发出的请求，因为没有通过窗体，也就不会有请求凭据，可以在一定程度上防范 CSRF 的问题。

提示》》》 这是防范 CSRF 的一种模式，称为 Synchronizer token pattern，在 OWASP 中有个 CSRFGuard(www.owasp.org/index.php/Category:OWASP_CSRFGuard_Project)项目，提供了 JSP 自定义标签等方式，可用来实现此模式。

至于 reset_success.jsp 只是个简单的 JSP 页面：

gossip reset_success.jsp

```
<!DOCTYPE html>
<html>
    <head>
        <meta charset="UTF-8">
        <title>密码重设成功</title>
    </head>
    <body>
        <h1>${param.name} 密码重设成功</h1>
        <a href='/gossip'>回首页</a>
    </body>
</html>
```

11.3 重点复习

要使用 JavaMail 进行邮件发送，首先必须创建代表当次邮件会话的 javax.mail.Session 对象，Session 中包括了 SMTP 邮件服务器地址、连接端口、用户名称、密码等信息。在获得代表当次邮件发送会话的 Session 对象之后，接着要创建邮件信息，设置发信人、收信人、主题、发送日期与邮件内容。最后再以 javax.mail. Transport 的静态 send()方法发送信息。

如果邮件要包括 HTML 或附加文件等多重内容，必须要有 javax.mail. Multipart 对象，并在这个对象中增加代表多重内容的 javax.mail.internet.MimeBodyPart 对象。

在使用 MimeBodyPart 的 setFileName()设置附件名称时，必须做 MIME 编码。可以借助 MimiUtility.encodeText()方法，在使用 setContent()设置内容时，还需指定内容类型。

11.4 课后练习

请实现一个简单的图片上传程序，用户上传的图片可以直接内嵌在 HTML 邮件中显示，而不是以附件方式显示，例如图 11.7 所示窗体。

图 11.7　上传图片窗体

收到的邮件内容如图 11.8 所示。

图 11.8　内嵌图片的 HTML 邮件

提示»» 搜索关键字 cid。

Spring 起步走

Chapter 12

学习目标：

- 使用 Gradle
- 结合 Gradle 与 IDE
- 认识相依注入
- 使用 Spring 核心

12.1 使用 Gradle

若要使用 Spring，在 Spring 3.x 或之前的版本中，可以在 Spring 官方网站(spring.io)直接下载 JAR 文件，然而从 Spring 4.x 开始，推荐使用 Gradle 或 Maven 下载，Spring 本身是使用 Gradle 来管理，为了能更方便地使用 Spring，认识 Gradle 是必要的课题。

12.1.1 下载和设置 Gradle

在 Java 中要开发应用程序，必须撰写源代码、编译、执行，过程中必须指定类别路径、源代码路径，相关应用程序文件必须使用工具程序建构，以完成封装与部署，严谨的应用程序还有测试等阶段。

像这类工作，IDE 解决了部分问题，然而，对于重复需要自动化的流程，单靠 IDE 提供的功能不易解决，因而在 Java 的世界中，提供了建构工具来辅助开发人员。在建构工具中元老级的项目是 Ant(Another Neat Tool)，使用 Ant 在项目结构上有很大的弹性，然而弹性的另一面就是烦琐的设置。

另一方面，类似项目会有类似惯例流程，如果能提供默认项目及相关惯例设置，对于开发将会有所帮助，这就是 Maven 后来兴起的原因之一。除了提供默认项目及相关惯例设置，对于 Java 中链接库或框架相依性问题，Maven 也提供了集中式贮藏室(Central repository)解决方案；对于相依性管理问题，Ant 也结合了 Ivy 来进行解决。

然而无论是 Ant Ivy，还是 Maven，主要都使用 XML 进行设置，设置烦琐，而且有较高的学习曲线，Gradle(gradle.org)结合了 Ant 与 Maven 的一些好的概念，并使用 Groovy 语言作为脚本设置，在设置上有了极大简化，可以轻易地与 Ant、Maven 进行整合，种种优点吸引了不少开发者。有些重大项目，例如 Spring、Hibernate 等，也改用 Gradle 作为建构工具。

Lab 接下来要介绍的就是 Gradle 的下载与设置，可以在 Gradle | Release(gradle.org/releases/)下载 Gradle 的 zip 压缩版本，撰写本节时的版本是 4.5.1，解压缩之后会有个 gradle-4.5.1 文件夹，其中 bin 文件夹放置了 `gradle` 执行文件，为了便于使用，可以在 `PATH` 环境变量中增加该 bin 文件夹的路径，之后打开文本模式，就可使用 `gradle -v` 得知 Gradle 版本，如图 12.1 所示。

图 12.1 使用 gradle v

12.1.2 简单的 Gradle 项目

在文本模式中编译、执行 Java 应用程序有些麻烦，实际上在编译.java 源代码时，如果有多个.java 文件及已经编译完成的.class 文件，必须指定-classpath、-sourcepath 等，这些都可以用 Gradle 来代劳。

首先建立一个HelloWorld文件夹，Gradle的惯例期待.java源代码会放置在src\main\java文件夹，根据包层级放置，假设在 HelloWorld\src\main\java\cc\openhome 中有个 Main.java：

HelloWorld Main.java

```
package cc.openhome;

public class Main {
    public static void main(String[] args) {
        System.out.printf("Hello, %s%n", args[0]);
    }
}
```

接着需要在项目文件夹中建立一个 build.gradle 文件：

HelloWorld build.gradle

```
apply plugin: 'java'
apply plugin:'application'
mainClassName = "cc.openhome.Main"

run {
    args username
}
```

'java'的 plugin 为 Gradle 项目加入了 Java 语言的源代码编译、测试与打包(Bundle)等能力；'application'的 plugin 扩充了语言常用的相关任务，例如执行应用程序等；mainClassName 指出了从哪个位码文件的 main 开始执行。run 这个任务中，使用 args 指定了执行位码文件时给定的命令行自变量。

接着在 HelloWorld 文件夹中执行 Gradle，如图 12.2 所示。

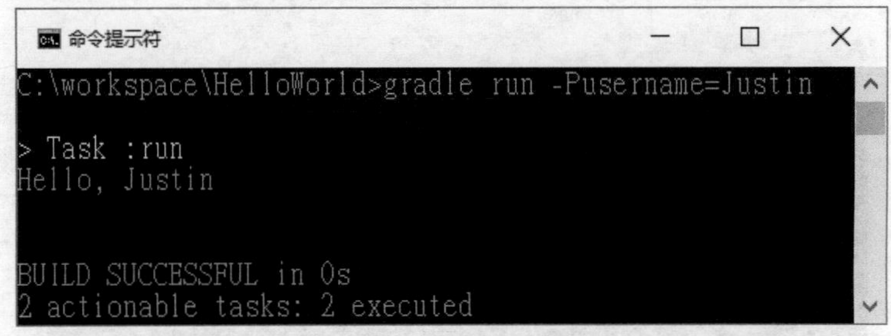

图 12.2 执行 Java 程序

-Puserame=Justin 指定了 build.gradle 中 username 参数的值为"Justin"，编译出来的.class 文件会放置在 build\classes\main 中，不过不用建立文件夹，Gradle 会自行建立。

12.1.3 Gradle 与 Eclipse

在刚才的范例中，必须自行建立.java 对应的包文件夹，若能结合 IDE 的话会省事许多，目前最新版本的 Eclipse 内置了 Gradle 的支持，最简单的方式是使用 Eclipse 内置的 Gradle Project。步骤如下：

Lab

(1) 执行菜单 File | New | Project 命令，在弹出的 New Project 对话框中，选择 Gradle | Gradle Project 后，单击 Next 按钮。

(2) 在 New Gradle Project 的 Project name 中输入 Mail，单击 Finish 按钮。

(3) 展开新建项目中的 Project and External Dependencies 节点，可以看到 Gradle Project 默认相依的链接库 JAR 文件，如图 12.3 所示。

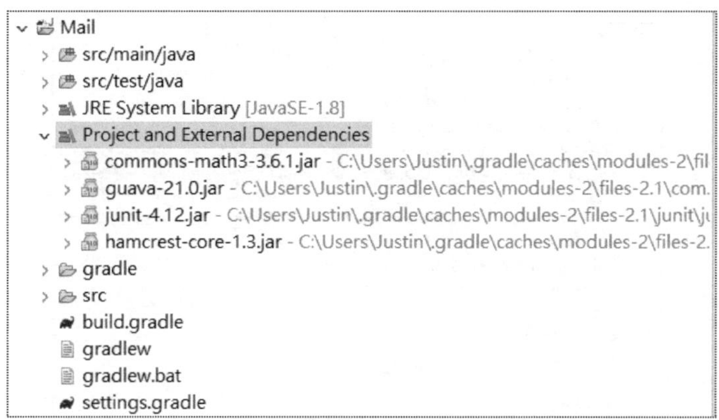

图 12.3　默认的 Gradle Project

会有这些相依的 JAR 文件，是因为在默认的 build.gradle 中，已经撰写了一些定义：

```
apply plugin: 'java-library'

repositories {
    // 默认的相依链接库来源
    jcenter()
}

dependencies {
    // 这边可以声明相依的链接库信息
    api 'org.apache.commons:commons-math3:3.6.1'
    implementation 'com.google.guava:guava:21.0'
    testImplementation 'junit:junit:4.12'
}
```

Gradle 会自动下载如图 12.3 所示相依的 JAR 文件，默认会将 JAR 文件存储在使用者文件夹的.gradle\caches 之中，并自动设置好项目的类路径信息，如果需要新的链接库，例如 JavaMail，可以在 build.gradle 中定义。

Mail build.gradle

```
apply plugin: 'java-library'

repositories {
```

```
    jcenter()
}

dependencies {
    // https://mvnrepository.com/artifact/com.sun.mail/javax.mail
    compile group: 'com.sun.mail', name: 'javax.mail', version: '1.6.0'

    api 'org.apache.commons:commons-math3:3.6.1'
    implementation 'com.google.guava:guava:21.0'
    testImplementation 'junit:junit:4.12'
}
```

接着在项目上右击执行 Gradle | Refresh Gradle Project，就会下载相依的 JAR 文件，如果链接库还有相依于其他链接库，相关的 JAR 文件也会一并下载，这就是使用 Gradle 的好处，不用为了链接库间复杂的相依性而焦头烂额，如图 12.4 所示。

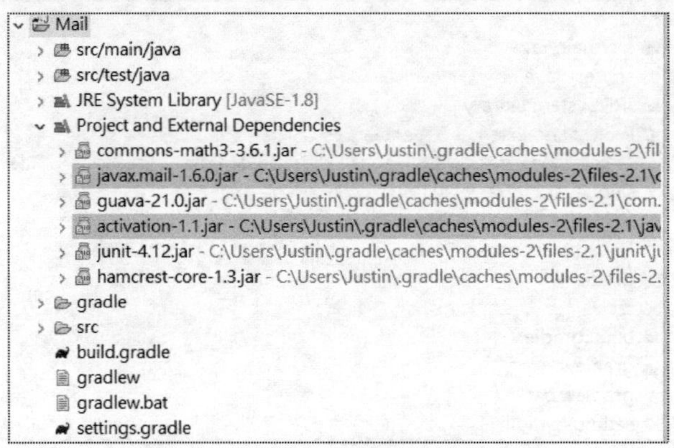

图 12.4　自动下载相依的链接库 JAR 文件

在 src/main/java 之中可以建立类别撰写一些程序，例如简单地寄送邮件：

Mail Main.java

```
package cc.openhome;

...略

public class Main {
    ...略

    public static void main(String[] args) {
        try {
            Message message = createMessage(
                    "from@gmail.com",
                    "to@gmail.com", "测试", "这是一封测试");
            Transport.send(message);
            System.out.println("邮件传送成功");
        } catch (MessagingException e) {
            throw new RuntimeException(e);
        }

    }

    ...略
}
```

想要执行程序的话，同样只需要在源代码上右击执行 Run As | Java Application 命令就可以了。

如果是既有的 Java 应用程序项目，可以直接在项目上右击执行 Configure | Add Gradle Nature 命令，让既有项目支持最基本的 Gradle 特性，接着在项目上右击执行 New | File 命令建立 build.gradle 文件，在其中撰写定义，例如：

Mail2 build.gradle

```
apply plugin: 'java-library'

// 设置 Java 源码所在目录
sourceSets.main.java.srcDir 'src'

repositories {
    jcenter()
}

dependencies {
    // https://mvnrepository.com/artifact/com.sun.mail/javax.mail
    compile group: 'com.sun.mail', name: 'javax.mail', version: '1.6.0'
}
```

同样地，接着在项目上右击执行 Gradle | Refresh Gradle Project 命令，就会下载相依的 JAR 文件，如果链接库还有相依于其他链接库，相关 JAR 文件也会一并下载。

想要执行程序的话，同样只需要在源代码上右击执行 Run As | Java Application 就可以了。

提示»» 在 Eclipse 中汇入 Gradle 项目之后，记得在项目上右击执行 Gradle | Refresh Gradle Project 命令，重新整理项目中相依的链接库信息。

12.2 认识 Spring 核心

在学会使用 Gradle 之后，接下来就可以试着使用 Spring 框架，然而，整个 Spring 框架非常庞大，试图完全掌握没有意义，这一节将从 Spring 的核心开始认识，初步运用 Spring 来解决一些问题。

接下来并不会全面地介绍 Spring，这不是全书设置的目标，介绍 Spring 的原因主要是作为一个衔接，希望在接下来的章节之后，你有能力自行探讨更多有关 Spring 的课题。

12.2.1 相依注入

在之前的微博应用程序中，为了要能建构 `UserService` 实例，必须建构 `AccountDAOJdbcImpl`、`MessageDAOJdbcImpl` 实例，而为了要能建构这两个实例，必须先建构 `DataSource` 实例。如：

```
package cc.openhome;
import org.h2.jdbcx.JdbcDataSource;
```

```
...略

public class Main {
    public static void main(String[] ags) {
        // JdbcDataSource 实现了 DataSource 界面
        JdbcDataSource dataSource = new JdbcDataSource();
        dataSource.setURL(
            "jdbc:h2:tcp://localhost/c:/workspace/SpringDI/gossip");
        dataSource.setUser("caterpillar");
        dataSource.setPassword("12345678");

        AccountDAO acctDAO = new AccountDAOJdbcImpl(dataSource);
        MessageDAO messageDAO = new MessageDAOJdbcImpl(dataSource);

        UserService userService = new UserService(acctDAO, messageDAO);

        userService.messages("caterpillar")
                .forEach(message -> {
                    System.out.printf("%s\t%s%n",
                        message.getLocalDateTime(),
                        message.getBlabla());
                });
    }
}
```

对象的建立与相依注入(Dependency Injection)是必要的关注点，只不过当过程过于冗长、模糊了商务流程之时，应该适当地将之分离，也许建立一个工厂方法会比较好。

```
package cc.openhome;
...略
public class Service {
    public static UserService getUserService() {
        JdbcDataSource dataSource = new JdbcDataSource();
        dataSource.setURL(
            "jdbc:h2:tcp://localhost/c:/workspace/SpringDI/gossip");
        dataSource.setUser("caterpillar");
        dataSource.setPassword("12345678");

        AccountDAO acctDAO = new AccountDAOJdbcImpl(dataSource);
        MessageDAO messageDAO = new MessageDAOJdbcImpl(dataSource);

        UserService userService = new UserService(acctDAO, messageDAO);
        return userService;
    }
}
```

要取得 UserService 实例，只要如下撰写：

```
package cc.openhome;

import cc.openhome.model.UserService;

public class Main {
    public static void main(String[] ags) {
        UserService userService = Service.getUserService();

        userService.messages("caterpillar")
                .forEach(message -> {
                    System.out.printf("%s\t%s%n",
                        message.getLocalDateTime(),
                        message.getBlabla());
```

```
                });
            }
        }
```

这样一来，程序代码的流程就清晰了，而且即使是不懂 JDBC 或 DataSource 等的开发者，只要通过这样的方式，也可以直接获取 UserService 进行操作。

上面的 Service 当然是特定用途，随着打算开始整合各种链接库或方案，初学者会遇到各种对象建立与相依设置需求，为此，可能要重构 Service，使之越来越通用，例如可通过类型文件来进行相依设置，甚至成为一个通用于各式对象建立与相依设置的容器。实际上，这类容器在 Java 的世界中早已存在，且有多样性的选择，而最有名的实现之一就是 Spring 框架。

12.2.2 使用 Spring 核心

为了要能使用 Spring 核心，必须在 build.gradle 中设置，由于会使用到 H2 数据库驱动程序，所以一并通过 Gradle 来管理相关的 JAR：

SpringDI build.gradle

```
apply plugin: 'java-library'

repositories {
    jcenter()
}

dependencies {
    testImplementation 'junit:junit:4.12'

    // https://mvnrepository.com/artifact/com.h2database/h2
    compile('com.h2database:h2:1.4.196')

    // https://mvnrepository.com/artifact/org.springframework/spring-context
    compile('org.springframework:spring-context:5.0.3.RELEASE')
}
```

由于 H2 的 JdbcDataSource 源代码并不在项目的控制之内，所以在建立 Spring 配置文件时，一并撰写在其中：

SpringDI AppConfig.java

```
package cc.openhome;

import javax.sql.DataSource;

import org.h2.jdbcx.JdbcDataSource;
import org.springframework.context.annotation.Bean;
import org.springframework.context.annotation.ComponentScan;
import org.springframework.context.annotation.Configuration;

@Configuration
@ComponentScan
public class AppConfig {
    @Bean
```

```
    public DataSource getDataSource() {
        JdbcDataSource dataSource = new JdbcDataSource();
        dataSource.setURL(
            "jdbc:h2:tcp://localhost/c:/workspace/gossip/gossip");
        dataSource.setUser("caterpillar");
        dataSource.setPassword("12345678");
        return dataSource;
    }
}
```

Spring 支持多种设置方式，最方便的一种是通过标注`@Configuration`告知 Spring，这个`AppConfig`是作为配置文件使用，由于它也是个 Java 类，使用它作为配置文件的好处之一是，可以在其中撰写 Java 程序代码，如同`getDataSource()`中的示范。

提示>>> `@Configuration`标注的类，在通过 Spring 的处理之后，在角色上真的就如配置文件，在某些行为上并不是 Java 程序该有的行为，这部分细节请参考 Spring 相关书籍。

由 Spring 管理的实例称为 Bean，`@Bean`告诉 Spring，`getDataSource()`返回的实例会作为 Bean 组件，至于其他的 Bean，如`AccountDAOJdbcImpl`、`MessageDAOJdbcImpl`、`UserService`等实例，实际上也可以写在`AppConfig`里，然而由于它们的源代码在控制之中，更方便的做法是通过 Spring 来自动扫描与自动绑定。

为了 Spring 能自动扫描 Bean 的存在，`AppConfig`上标注了`@ComponentScan`，这样 Spring 会自动扫描同一包以及其子包下，是否有 Bean 组件的存在。

接着来处理`AccountDAOJdbcImpl`的自动绑定：

SpringDI AccountDAOJdbcImpl.java

```
package cc.openhome.model;
...略
import org.springframework.beans.factory.annotation.Autowired;
import org.springframework.stereotype.Component;

@Component
public class AccountDAOJdbcImpl implements AccountDAO {
    @Autowired
    private DataSource dataSource;
    ...略
}
```

可以看到，`DataSource`的`dataSource`值域上标注了`@Autowired`，当 Spring 在自身管理的 Bean 中发现了相同类型的实例，会自动设置给`dataSource`，而`AccountDAOJdbcImpl`本身也会被 Spring 作为 Bean 管理，因此可以使用`@Component`来标注，表示这也是个 Bean 组件。

`MessageDAOJdbcImpl`也做了类似的标注：

SpringDI MessageDAOJdbcImpl.java

```
package cc.openhome.model;
...略

@Component
public class MessageDAOJdbcImpl implements MessageDAO {
    @Autowired
```

```
    private DataSource dataSource;
    ...略
}
```

接下来的 UserService 类似，只不过自动绑定的对象包括 AccountDAO 与 MessageDAO 的实例：

SpringDI UserService.java

```
package cc.openhome.model;
...略

@Component
public class UserService {
    @Autowired
    private final AccountDAO acctDAO;

    @Autowired
    private final MessageDAO messageDAO;

    ...略
}
```

如上设置与标注之后，就可以通过 Spring 来取得 DataSource、AccountDAOJdbcImpl、MessageDAOJdbcImpl 或 UserService 实例，但必须要有个对象来读取 AppConfig 配置文件：

SpringDI Main.java

```
package cc.openhome;

import org.springframework.context.ApplicationContext;
import org.springframework.context.annotation.AnnotationConfigApplicationContext;

import cc.openhome.model.UserService;

public class Main {
    public static void main(String[] ags) {
        ApplicationContext context =
                new AnnotationConfigApplicationContext(
                        cc.openhome.AppConfig.class);

        UserService userService = context.getBean(
                cc.openhome.model.UserService.class);

        userService.messages("caterpillar")
                   .forEach(message -> {
                       System.out.printf("%s\t%s%n",
                               message.getLocalDateTime(),
                               message.getBlabla());
                   });
    }
}
```

由于这里使用标注类来作为配置文件，因此通过 AnnotationConfigApplicationContext 来读取，在建立 ApplicationContext 实例之后，可以通过 getBean() 方法来取得想要的 Bean，至于这些实例之间的相依性由 Spring 来帮忙撮合。

12.3 重点复习

从 Spring 4.x 开始，推荐使用 Gradle 或 Maven 来下载，Spring 本身是使用 Gradle 来管理，为了要能更方便地使用 Spring，认识 Gradle 是必要的课题。

Gradle 提供默认项目及相关惯例设置之外，对于 Java 中链接库或框架相依性问题，也提供了集中式贮藏室解决方案。

对象的建立与相依注入是必要的关注点，只不过当过程过于冗长、模糊了商务流程之时，应该适当地将之分离，Spring 框架的核心功能之一，是用来解决对象的建立与相依注入的问题。

12.4 课后练习

在第 9 章的课后练习中，曾经要求自行开发一个 `JdbcTemplate`，实际上 Spring 就提供了 `JdbcTemplate` 操作，请试着使用 Spring 的 `JdbcTemplate` 来简化 12.2.2 节中的 `AccountDAOJdbcImpl` 与 `MessageDAOJdbcTemplate`。

整合 Spring MVC

Chapter 13

学习目标：

- 区别程序库与框架
- 最小套用 Spring MVC
- 逐步善用 Spring MVC
- 认识 Thymeleaf 模板

13.1 初识 Spring MVC

Spring MVC 功能很多，全面掌握的意义也不大，如果有个应用程序原型符合框架的流程架构，可以对其重构、逐步套用框架，筛选出对应用程序有好处的功能，这样就算框架庞大，对用户来说也会是简洁的，使用该框架才会是有价值的。

本章将前面开发的微博应用程序作为基础，首先试着最小程度地套用 Spring MVC，然后再逐步重构应用程序，套用更多 Spring MVC 的功能，从中介绍各个功能之作用与好处。

13.1.1 链接库或框架

在前面开发微博的过程中，有使用到几个链接库，例如 OWASP 的 HTML Sanitizer、H2 JDBC 驱动程序、Java Mail 等，然而，应用程序主要流程一直在用户的控制之内，用户决定了何时要处理请求参数、取得模型对象、转发请求、显示页面等各式流程。

在开始使用框架之后，用户会发现框架主导了程序运行的流程，必须在框架的规范下定义某些类，框架会在适当时候调用你运作的程序。也就是说，对应用程序的流程控制权被反转了，现在是框架在定义流程，由框架来调用你的程序，而不是由你来调用框架。

1. IoC(Inversion of Control)

在介绍框架时，有时会听到 IoC 这个缩写名称，它的全名为 Inversion of Control，中文可译为控制权反转。使用框架时，最重要的是知道，哪些控制权被反转了？谁能决定程序的流程？

例如，使用链接库的话，主要流程的控制如图 13.1 所示。

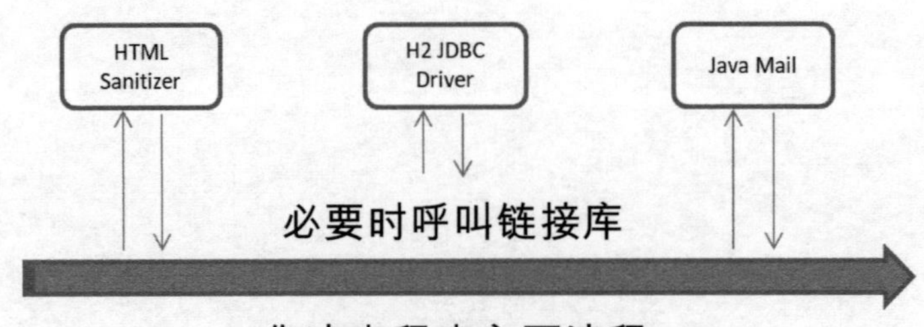

图 13.1 使用链接库

灰色部分是可以自行掌控的流程，并在过程必要时引用各种链接库，当然，执行链接库的过程中，会暂时进入链接库的流程，不过，绝大多数的情况下，用户对应用程序的主要流程拥有很大的控制权。

使用框架的话，主要流程的控制如图 13.2 所示。

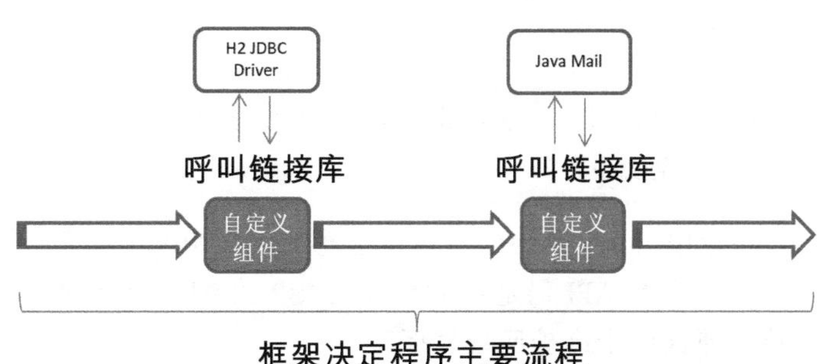

图 13.2　使用框架

框架本质上也是个链接库，不过会被定位为框架，表示它对程序主要流程拥有更多的控制权。然而，框架本身是个半成品，想要完成整个流程，必须在框架的流程规范下，实现自定义组件，如图 13.2 所示，灰色部分是可以自行掌控的，与使用链接库相比，对流程控制的自由度少了许多。

2. 需要使用框架吗

应用程序开发时是否需要使用框架，有很多考虑点。然而简单来说，使用链接库时，开发者会拥有较高的自由度；使用框架时，开发者会受到较大的限制。

目前的微博应用程序在组合 `UserService`、`AccountDAOJdbcImpl`、`MessageDAOJdbcImpl`、`DataSource` 等组件时，可以有各种各样的方式，只要能达到目的就可以了，如果应用程序本身在组合组件上并不复杂，就不需要套用任何框架来完成这项任务。

因为在第 12 章中看到了，若使用 Spring 核心的话，必须按照框架的规范操作定义文件、设置相关标注、获取 Bean 组件等，若应用程序本身在组合组件上并不复杂，在享用到 Spring 核心的好处之前，就会被一堆烦琐规范或设置给困扰，产生“有必要这么复杂吗”的疑惑。

然而，如果应用程序有许多组合组件甚至管理组件生命周期等复杂需求，在自行撰写程序代码完成任务已成沉重负担，而 Spring 核心对组件的管理流程，大致符合既有之需求的话，套用 Spring 核心来管理相关组件，能省去自行撰写、维护组件生命周期的麻烦的话，这时换来的好处超越了牺牲掉的流程自由度，才会使得使用框架具有意义。

类似地，想要套用 Spring MVC 吗？那要先问自己，应用程序打算遵照或已经是 MVC 流程架构了吗？如果不是，那使用 Spring MVC 并不会为你带来好处，反而会感到处处受限。

接下来的内容，将会在微博应用程序上套用 Spring MVC，这是因为从一开始，微博应用程序就是逐步重构，朝着 MVC 架构而发展起来，而且有一定的复杂度，这样才能在重构微博应用程序套用 Spring MVC 的过程中，体会到 Spring MVC 框架的好处。

13.1.2　初步套用 Spring MVC

在判定一个框架是否适用时，有一个方式来判断框架是否有最小集合，它最好可以基于开发者既有的技术背景，在略为重构(原型)应用程序以使用此最小集合后，就能使应用程序运行起来，之后随着对框架认识越多，在判定框架中的特定功能是否适用之后，再逐步重构应用程序能使用该功能，这样就算框架本身包山包海，也能从中掌握真正有益于应用程序的部分。

提示>>> 基于可掌握的技术基础来运用框架最小集合，对安全也有帮助，勉强使用框架中不熟悉的技术，会埋下安全隐患。

因此接下来，会在运用 Spring MVC 最小集合之下重构微博应用程序，而用户会发现，在 Web 相关组件中的绝大多数 API 仍是基于 Servlet/JSP 的 API，这说明就算对 Spring MVC 基础薄弱，也能大致看懂甚至于维护应用程序。

1. 设置 Gradle 支持

在第 12 章中建议 Spring 使用 Gradle 来下载、管理链接库相关性，因此，可以在 gossip 项目上右击执行 Configure | Add Gradle Nature 命令，让既有的项目支持最基本的 Gradle 特性，接着在项目上右击执行 New | File 命令，建立 build.gradle 文件，在其中撰写定义。

gossip build.gradle

```
import org.gradle.plugins.ide.eclipse.model.Facet

apply plugin: 'java'
apply plugin: 'war'
apply plugin: 'eclipse-wtp'

// 设置源代码版本
sourceCompatibility = 1.8
// 设置 WebApp 根目录
webAppDirName = 'WebContent'
// 设置 Java 源码所在目录
sourceSets.main.java.srcDir 'src'
// 编译时的源代码编码
compileJava.options.encoding = 'UTF-8'

repositories {
   jcenter()
}

// 设置 Project Facets
eclipse {
   wtp {
      facet {
          facet name: 'jst.web', type: Facet.FacetType.fixed
          facet name: 'wst.jsdt.web', type: Facet.FacetType.fixed
          facet name: 'jst.java', type: Facet.FacetType.fixed
          facet name: 'jst.web', version: '3.1'
          facet name: 'jst.java', version: '1.8'
          facet name: 'wst.jsdt.web', version: '1.0'
      }
   }
}

dependencies {
   // Servlet API
   providedCompile('javax.servlet:javax.servlet-api:4.0.0')
   // JSP API
   providedCompile('javax.servlet.jsp:jsp-api:2.2')
```

```
    compile('com.google.guava:guava:21.0')
    compile('com.sun.mail:javax.mail:1.6.0')
    compile('com.h2database:h2:1.4.196')
    compile('com.googlecode.owasp-java-html-sanitizer:owasp-java
            -html-sanitizer:20171016.1'
    )

    compile('org.springframework:spring-context:5.0.3.RELEASE')
    compile('org.springframework:spring-webmvc:5.0.3.RELEASE')
}
```

最主要的是设置 Eclipse 对 Gradle 的支持，相关设置可参考其中批注；至于相关的链接库部分，不用自行复制 JAR 文件到 WEB-INF\lib，微博会用到的链接库都由 Gradle 来管理，并增加了 Spring MVC 框架，至于 Servlet API 与 JSP API，由于 Tomcat 上本身会有，然而在 IDE 中编译时还是需要，因此使用 `providedCompile` 设置，这表示部署时不用自行提供 Servlet API 与 JSP API，直接使用 Tomcat 既有的 JAR 就可以。

同样地，接着在项目上右击执行 Gradle|Refresh Gradle Project 命令，就可以下载相关的 JAR 文件。

2. 初始前端控制器

在第 12 章使用 Spring 核心时介绍过，必须有相关配置文件，以及读取设置、维护 Bean 的核心组件存在，而为了要能将请求都交由 Spring MVC 来管理，也必须有个角色可以接受全部的请求，判断由哪个组件来处理，在设计上，这样的角色被称为前端控制器(Front Controller)，而 Spring MVC 中担任此角色的是 DispatcherServlet。

想要设置 `DispatcherServlet`，现在的 Spring MVC 版本建议在应用程序初始化时进行，这可以继承 `AbstractAnnotationConfigDispatcherServletInitializer` 来达成：

gossip SpringInitializer.java

```
package cc.openhome.web;

import org.springframework.web.servlet.support.*;

public class SpringInitializer
    extends AbstractAnnotationConfigDispatcherServletInitializer{

    @Override
    protected Class<?>[] getServletConfigClasses() {
        return new Class<?>[] {WebConfig.class}; ←── ❶ Web 层设置
    }

    @Override
    protected Class<?>[] getRootConfigClasses() {
        return new Class<?>[] {RootConfig.class}; ←── ❷ 组件层设置
    }

    @Override
    protected String[] getServletMappings() {
        return new String[] {"/"};  ←── ❸ 默认 Servlet 路径
    }
}
```

这实际上是个 `ServletContextListener` 的操作，运用了 5.2.1 节曾经看过的，在应用程序初始化时，进行 Servlet 的建立、设置与注册，在 SpringInitializer 的 getServletMappings() 中，可以看到默认 Servlet 的 URI 模式设置❸，当找不到适合的 URI 模式对应时，就会使用 DispatcherServlet 来处理。

Spring MVC 建议将 Web 层次的组件与其他组件分开设置，Web 层次的组件设置可以操作 getServletConfigClasses()方法，这里指定了 WebConfig 为配置文件❶，至于其他组件，可以操作 getRootConfigClasses()，这里指定了 RootConfig 为配置文件❷。

WebConfig 的内容设置如下：

gossIp WebConfig.java

```
package cc.openhome.web;

...略

@Configuration
@EnableWebMvc
@ComponentScan("cc.openhome.controller")
public class WebConfig implements WebMvcConfigurer {
    @Override
    public void configureDefaultServletHandling(
               DefaultServletHandlerConfigurer configurer) {
        configurer.enable();
    }
}
```

@Configuration 与@ComponentScan 的作用在第 12 章介绍过了，不同的是，这里的 @ComponentScan 指定了扫描 cc.openhome.controller 包，稍后会看到该包中的类会设置相关标注来操作控制器，@ComponentScan 会自动扫描并建立指定包中的相关组件。另外，为了能使用 Spring MVC 的功能，加注了@EnableWebMVC。

由于请求都会交由 DispatcherServlet 来处理，这将使得 HTML 等静态资源无法直接请求，通过 DefaultServletHandlerConfigurer 的 enable()可以将静态资源的请求转交给容器，DispatcherServlet 不会处理，为此，可以将 forgot.html 放到 WebContent\static 文件夹中，并修改 HTML 中的窗体 action 路径为../forgot，而 WEB-INF\jsp\index.jsp 中"忘记密码？"链接也要修改为 static/forgot.html。

由于目前仅打算运用 Spring MVC 的最小集合，暂时不会使用 Spring 来管理 UserService、AccountDAOJdbcImpl、MessageDAOJdbcImpl、DataSource 等组件的组合，因此 RootConfig 内容先保持为空。

gossIp RootConfig.java

```
package cc.openhome.web;

import org.springframework.context.annotation.Configuration;

@Configuration
public class RootConfig {
}
```

3. 重构控制器

接下来可以重构控制器了，这也给了重新检查应用程序的机会，看看前面完成的微博应用程序，在 cc.openhome.controller 中有几个类呢？总共有 11 个。实际上，某些控制器彼此之间是相关的，例如，Register、Verify、Forgot、ResetPassword 都是与账号管理有关，而 Member、NewMessage、DelMessage 都是会员才能使用等。

如果不使用 Spring MVC 的话，也许可以使用包来群组相关的控制器，例如在 cc.openhome.controller.account 中管理 Register、Verify、Forgot、ResetPassword 等控制器的类，然而，使用 Spring MVC 的话，可以在一个类中集中管理相关的方法。例如，将 Register、Verify、Forgot、ResetPassword 中的程序代码重构至 AccountController：

gosslp AccountController.java

```
package cc.openhome.controller;
...略

@Controller   ←❶ 这是一个控制器
public class MemberController {
   private String MEMBER_PATH = "/WEB-INF/jsp/member.jsp";  ←❷ 暂时使用值域取代
   private String REDIRECT_MEMBER_PATH = "/gossip/member";      Servlet 初始参数

   @RequestMapping("member")    ←❸ 对 member 的请求会使用此方法
   public void member(
      HttpServletRequest request, HttpServletResponse response)
         throws ServletException, IOException {

      UserService userService = (UserService)
                  request.getServletContext().getAttribute("userService");
                                  ↑
                                  ❹ 从 request 中取得 ServletContext

      List<Message> messages = userService.messages(getUsername(request));

      request.setAttribute("messages", messages);
      request.getRequestDispatcher(MEMBER_PATH).forward(request, response);
   }
                                                   ❺ 对 new_message 的 POST 请
                                                   ↓ 求会使用此方法
   @RequestMapping(value = "new_message", method = RequestMethod.POST)
   protected void newMessage(
         HttpServletRequest request, HttpServletResponse response)
                    throws ServletException, IOException {

      request.setCharacterEncoding("UTF-8");
      String blabla = request.getParameter("blabla");

      if(blabla == null || blabla.length() == 0) {
         response.sendRedirect(REDIRECT_MEMBER_PATH);
         return;
      }

      UserService userService = (UserService)
             request.getServletContext().getAttribute("userService");

      if(blabla.length() <= 140) {
         userService.addMessage(getUsername(request), blabla);
```

```
            response.sendRedirect(REDIRECT_MEMBER_PATH);
        }
        else {
            request.setAttribute("messages",
                  userService.messages(getUsername(request)));
            request.getRequestDispatcher(MEMBER_PATH)
                   .forward(request, response);
        }
    }

    @RequestMapping(value = "del_message", method = RequestMethod.POST)
    protected void delMessage(
            HttpServletRequest request, HttpServletResponse response)
                        throws ServletException, IOException {

        String millis = request.getParameter("millis");

        if(millis != null) {
            UserService userService = (UserService)
                request.getServletContext().getAttribute("userService");
            userService.deleteMessage(getUsername(request), millis);
        }

        response.sendRedirect(REDIRECT_MEMBER_PATH);
    }

    private String getUsername(HttpServletRequest request) {
        return (String) request.getSession().getAttribute("login");
    }
}
```

绝大多数的程序代码，是从既有的 Register、Verify、Forgot、ResetPassword 重构而来，但有修改的部分。首先，必须标注@Controller 表示这是个控制器，而控制器不用操作任何接口或继承任何类❶，因此这不再是个 Servlet 了，因而无法标注 Servlet 初始参数，这里暂时改用值域来取代❷，稍后会通过 Spring MVC 来注入属性值，趁着重构控制器的机会，值域名称也做了一些修改，以彰显各个值域的作用。

@RequestMapping 可用来标注，哪个 URI 请求模式可以调用哪个方法❸，由于这个类不是个 Servlet，无法直接调用 getServletContext()，因此改从 HttpServletRequest 的 getServletContext()来取得 ServletContext❹。@RequestMapping 默认是允许全部的 HTTP 方法，如果想指定只能使用特定 HTTP 方法，可以加上 method 属性来指定❺。

依照类似的做法，可以将 Member、NewMessage、DelMessage 重构至 MemberController，将 Login、Logout 重构至 AccessController，基于篇幅限制，这里就不列出 MemberController、AccessController 的程序代码了，读者自行参考范例文件的内容。

在将 Index、User 重构至 DisplayController 时要注意一下：

gossip DisplayController.java

```
package cc.openhome.controller;
...略

@Controller
public class DisplayController {
    private String INDEX_PATH = "/WEB-INF/jsp/index.jsp";
    private String USER_PATH = "/WEB-INF/jsp/user.jsp";
```

```
    @RequestMapping("/")
    public void index(HttpServletRequest request, HttpServletResponse response)
           throws ServletException, IOException {
        ...略
    }

    @RequestMapping("user/*")
    public void user(HttpServletRequest request, HttpServletResponse response)
           throws ServletException, IOException {

        String username = getUsername(request);
        UserService userService = (UserService)
           request.getServletContext().getAttribute("userService");

        ...略
    }

    private String getUsername(HttpServletRequest request) {
        return request.getRequestURI().replace("/gossip/user/", "");
    }
}
```

记得之前的 User，URI 模式是"/user/*"吗？在@RequestMapping 时可以改设置为"user/*"，然而，这会使得 request.getPathInfo()返回 null，因此在这里改用 request.getRequestURI()返回完整的请求 URI，再从中获取用户名称。

4. 在 web.xml 声明安全设置

现在原本微博中使用 Servlet 实现的控制器，都可以删除了。这也包括了第 11 章使用@ServletSecurity 标注的几个 Servlet，为了能继续得到 Java EE 容器安全机制的协助，将相关的设置改至 web.xml 之中。

gossip web.xml

```
<?xml version="1.0" encoding="UTF-8"?>
<web-app ...略>
    ...略

  <security-constraint>
      <web-resource-collection>
          <web-resource-name>Member</web-resource-name>
          <url-pattern>/del_message</url-pattern>
          <url-pattern>/new_message</url-pattern>
          <url-pattern>/logout</url-pattern>
          <url-pattern>/member</url-pattern>
          <http-method>GET</http-method>
          <http-method>POST</http-method>
      </web-resource-collection>
      <auth-constraint>
          <role-name>member</role-name>
      </auth-constraint>
  </security-constraint>

  <login-config>
      <auth-method>FORM</auth-method>
      <form-login-config>
          <form-login-page>/</form-login-page>
```

```
        <form-error-page>/</form-error-page>
    </form-login-config>
  </login-config>

  <security-role>
    <role-name>member</role-name>
  </security-role>
    ...略
</web-app>
```

现在可以像以前方式执行应用程序，嗯？这样就算使用 Spring MVC 吗？为什么不算？只要应用程序功能正常运行，没有人规定需用到什么程度、用了哪些 API，才算是使用了一个框架！

提示>>> 在用户验证、授权等安全方面，Spring Security 提供有对应的解决方案，这部分不在本书讨论范围，可以自行参考专门的书籍。

13.1.3 注入服务对象与属性

你可能会说，这太浪费框架的功能了，至少该将第 12 章看过的相关注入功能加进去吧！其实已经在使用了。Spring 的控制器不是没有继承任何类或操作任何接口吗？那么方法中的 HttpServletRequest、HttpServletResponse 实例是怎么来的？Spring MVC 会管理相关的 Servlet 对象，若发现控制器的方法上有对应的类型，在调用时就会自动注入。

那么第 12 章谈到的 UserService、AccountDAOJdbcImpl、MessageDAOJdbcImpl、DataSource 等组件的管理与注入，如何在 Spring MVC 中实现呢？首先，可以按照 12.2.2 节中的说明，将 UserService、AccountDAOJdbcImpl、MessageDAOJdbcImpl 进行标注，至于 GmailService 的部分如下：

gossip GmailService.java

```
package cc.openhome.model;
...略

@Component
public class GmailService implements EmailService {
    private final Properties props = new Properties();

    private final String mailUser;

    private final String mailPassword;

    public GmailService(
            @Value("${mail.user}") String mailUser,
            @Value("${mail.password}") String mailPassword) {

        props.put("mail.smtp.host", "smtp.gmail.com");
        props.put("mail.smtp.auth", "true");
        props.put("mail.smtp.starttls.enable", "true");
        props.put("mail.smtp.port", 587);
        this.mailUser = mailUser;
        this.mailPassword = mailPassword;
    }
```

```
    ...略

}
```

除了标注`@Component`之外，这里还看到构造函数上标注了`@Value`，其中的`mail.user`、`mail.password`来自于 mail.properties 中的设置：

gossip mail.properties

```
mail.user=yourname@gmail.com
mail.password=yourpassword
```

mail.properties 会存放在 src 文件夹之中，也就是 Web 应用程序的类路径之中，为了能让 Spring 读取 mail.properties 并自动绑定至`@Value`标注处，必须在`RootConfig`中进行设置。

gossip RootConfig.java

```
package cc.openhome.web;
...略

@Configuration
@PropertySource("classpath:mail.properties")      ← ❶ 设置属性文件
@ComponentScan("cc.openhome.model")      ← ❷ 指定扫描包
public class RootConfig {
    @Bean
    public DataSource getDataSource() {      ← ❸ 管理 DataSource
        try {
            Context initContext = new InitialContext();
            Context envContext = (Context) initContext.lookup("java:/comp/env");
           return (DataSource) envContext.lookup("jdbc/gossip");
        } catch (NamingException e) {
            throw new RuntimeException(e);
        }
    }

    @Bean
    public static PropertySourcesPlaceholderConfigurer      ← ❹ 管理属性信息
                    propertySourcesPlaceholderConfigurer() {
      return new PropertySourcesPlaceholderConfigurer();
    }
}
```

属性文件的指定是通过`@PropertySource`标注的❶，`RootConfig`设置为扫描`cc.openhome.model`中有标注的组件并自动完成相关注入❷，`DataSource`的取得原先是写在`GossipInitializer`，现在改由 Spring 来管理❸，属性必须有个`PropertySourcesPlaceholderConfigurer`来存储❹。

由于`PropertySourcesPlaceholderConfigurer`操作了`BeanFactoryPostProcessor`，而在 Spring 的生命周期中，`BeanFactoryPostProcessor`必须在`@Configuration`标注的类实例化之前就建立，因此必须使用`static`的方法。

既然可以进行属性注入，那就顺便来解决之前控制器中，暂时使用值域存储的相关路径信息吧。首先在 src 文件夹建立一个 path.properties，将之前控制器中的路径存储在其中：

gossip path.properties

```
path.redirect.member=/gossip/member
path.redirect.index=/gossip

path.register_success=/WEB-INF/jsp/register_success.jsp
path.register_form=/WEB-INF/jsp/register.jsp
path.verify=/WEB-INF/jsp/verify.jsp
path.forgot=/WEB-INF/jsp/forgot.jsp
path.reset_password_form=/WEB-INF/jsp/reset_password.jsp
path.reset_password_success=/WEB-INF/jsp/reset_success.jsp

path.index=/WEB-INF/jsp/index.jsp
path.user=/WEB-INF/jsp/user.jsp
path.member=/WEB-INF/jsp/member.jsp
```

这些属性是属于 Web 层面，因而在 WebConfig 中设置属性管理：

gossip WebConfig.java

```
package cc.openhome.web;
...略

@Configuration
@EnableWebMvc
@PropertySource("classpath:path.properties")
@ComponentScan("cc.openhome.controller")
public class WebConfig implements WebMvcConfigurer {
    @Override
    public void configureDefaultServletHandling(
                DefaultServletHandlerConfigurer configurer) {
        configurer.enable();
    }

    @Bean
    public static PropertySourcesPlaceholderConfigurer
                propertySourcesPlaceholderConfigurer() {
        return new PropertySourcesPlaceholderConfigurer();
    }
}
```

接下来将 UserService、EmailService 实例与属性值注入至控制器之中。以 AccountController 为例：

gossip AccountController.java

```
package cc.openhome.controller;
...略

@Controller
public class AccountController {
    @Value("${path.redirect.index}")
    private String REDIRECT_INDEX_PATH;

    @Value("${path.register_success}")
    private String REGISTER_SUCCESS_PATH;

    @Value("${path.register_form}")
    private String REGISTER_FORM_PATH;
```

```
    @Value("${path.verify}")
    private String VERIFY_PATH;

    @Value("${path.forgot}")
    private String FORGOT_PATH;

    @Value("${path.reset_password_form}")
    private String RESET_PASSWORD_FORM_PATH;

    @Value("${path.reset_password_success}")
    private String RESET_PASSWORD_SUCCESS_PATH;

    ...略

    @Autowired
    private UserService userService;

    @Autowired
    private EmailService emailService;

    ...略

    @RequestMapping(value = "register", method = RequestMethod.POST)
    public void register(
            HttpServletRequest request, HttpServletResponse response)
                throws ServletException, IOException {
        ...略

        String path;
        if(errors.isEmpty()) {
            path = REGISTER_SUCCESS_PATH;

            Optional<Account> optionalAcct =
                userService.tryCreateUser(email, username, password);
            if(optionalAcct.isPresent()) {
                emailService.validationLink(optionalAcct.get());
            } else {
                emailService.failedRegistration(username, email);
            }
        } else {
            path = REGISTER_FORM_PATH;
            request.setAttribute("errors", errors);
        }

        request.getRequestDispatcher(path).forward(request, response);
    }
    ...略

}
```

主要的修改是通过@Value 注入属性值，以及使用@Autowire 自动绑定 UserService 与 EMailService，原先控制器中从 ServletContext 取得 UserService 与 EMailService 的程序代码都可以删除，直接改从值域来取得，其他控制器的修改也类似，这里就不列出源代码了。

现在不需要 GossipInitializer 了，可以将之删除。由于邮件账号、密码信息存储在 mail.properties 中，web.xml 中邮件账号、密码的初始参数也可以删除，接着运行应用程序，看看功能是否正常。

13.2 逐步善用 Spring MVC

在微博应用程序中逐步套用 Spring MVC 的功能之后，现在是否感受到运用框架的好处了？例如控制器的管理、相关注入、属性设置等，这些功能拆开来个别说明，其实意义并不大，唯有实际用在应用程序之中，才能感受到它们的好处。

接下来会再将焦点集中在 Web 层面，看看 Spring MVC 还有哪些功能可以继续用来套用在微博应用程序中，看看是否能简化应用程序的撰写与管理。

13.2.1 简化控制器

在操作 MVC 架构中的控制器时，是否感觉到一些相似的程序逻辑，比如取得请求参数、请求转发、重新导向等。例如，每一次内部转发时，总是写着相同的程序代码：

```
request.getRequestDispatcher(PATH).forward(request, response);
```

这是一种重复吗？是的。而且由于采用 MVC 架构，如果不是为了重新导向，实际上某些控制器中并非真正需要 `HttpServletResponse` 实例，只是为了满足 `RequestDispatcher` 的 `forward()` 必须有 `HttpServletResponse` 实例罢了，而且在路径设置上，因为微博应用程序的 JSP 都是放在/WEB-INF/jsp 中，这部分也形成了重复的信息。

Spring MVC 可以处理这些重复的逻辑与信息，令操作控制器更为简化，能彰显程序意图。首先，来处理一下内部转发的重复逻辑与信息。这可以先在 `WebConfig` 中添加一些设置：

gossip WebConfig.java

```
package cc.openhome.web;
...略

@Configuration
@EnableWebMvc
@PropertySource("classpath:path.properties")
@ComponentScan("cc.openhome.controller")
public class WebConfig implements WebMvcConfigurer {
    ...略

    @Bean
    public ViewResolver viewResolver() {
        InternalResourceViewResolver resolver =
                   new InternalResourceViewResolver();
        resolver.setPrefix("/WEB-INF/jsp/");
        resolver.setSuffix(".jsp");
        resolver.setExposeContextBeansAsAttributes(true);
        return resolver;
    }
}
```

在这里设置了 `ViewResolver`，它负责解析 Spring 的视图(View)相关组件，根据不同的实现类，可以替换不同的页面呈现技术，这里的 `InternalResourceViewResolver` 负责处理内部转发，可以设置前置与后置字符串，这会与控制器中方法的返回字符串结合。例如，控制器返回 member，实际上就会转发至/WEB-INF/jsp/member.jsp。稍后也会看到，在控制器的方法中，通过注入的 Model 加入相关属性，这些属性会成为 JSP 页面上可以存取的属性。

配合 InternalResourceViewResolve 的设置，path.properties 中的路径信息可以调整为：

gossip path.properties

```
path.redirect.member=redirect:/member
path.redirect.index=redirect:/

path.register_success=register_success
path.register_form=register
path.verify=verify
path.forgot=forgot
path.reset_password_form=reset_password
path.reset_password_success=reset_success

path.index=index
path.user=user
path.member=member
```

由于有些控制器的方法中会进行页面重新导向，为了区别重新导向时的路径，可以在路径前加上 redirect:/，看到此字符串前置，就知道该进行重新导向，而不是页面转发。

接着来简化 AccessController：

gossip AccessController.java

```
package cc.openhome.controller;
...略

@Controller
public class AccessController {
    ...略

    @RequestMapping(value = "login", method = RequestMethod.POST)
    public String login(
            @RequestParam(required=true) String username,  ←❶ 注入请求参数
            @RequestParam(required=true) String password,
            HttpServletRequest request) {

        Optional<String> optionalPasswd =
                userService.encryptedPassword(username, password);

        try {
            request.login(username, optionalPasswd.get());
            request.getSession().setAttribute("login", username);
            return REDIRECT_MEMBER_PATH;  ←❷ 传回路径字符串
        } catch(NoSuchElementException | ServletException e) {
            request.setAttribute("errors", Arrays.asList("登录失败"));
            List<Message> newest = userService.newestMessages(10);
            request.setAttribute("newest", newest);
            return INDEX_PATH;
        }
    }

    @RequestMapping("logout")
    public String logout(HttpServletRequest request) throws ServletException {
        request.logout();
        return REDIRECT_INDEX_PATH;
```

```
    }
}
```

在这里看到了`@RequestParam`，这告诉 Spring MVC 取得并注入与参数名称相同的请求参数，`required`设置为`true`，表示浏览器必须传送此请求参数❶。注意到方法的返回值是`String`，Spring 会根据`InternalResourceViewResolve`的设置来转发至对应页面，或者是看到`redirect:`开头字符串时进行重新定向❷，因此不需要自行取得`RequestDispatcher`进行转发，或者是通过`HttpServletResponse`的`sendRedirect()`方法重新定向。

因此就这个控制器来说，两个方法实际上都只需要注入`HttpServletRequest`实例，非必要的检查异常(Checked Exception)声明也可以删除。

由于微博应用程序，目前依赖在 Web 容器的安全管理之上，因此还是需要`HttpServletRequest`的`login()`、`logout()`方法。然而，通过适当的 Spring 特性，其他的控制器可以简化到不需要 Servlet API，例如`MemberController`：

gossip MemberController.java

```
package cc.openhome.controller;
...略

import cc.openhome.model.Message;
import cc.openhome.model.UserService;

@Controller
public class MemberController {
    ...略

    @RequestMapping("member")
    public String member(
          @SessionAttribute("login") String username,  ← ❶ 注入 HttpSession 属性
          Model model) {   ← ❷ 注入 Model
        List<Message> messages = userService.messages(username);
        model.addAttribute("messages", messages); ← ❸ 添加 Model 属性
        return MEMBER_PATH;
    }

    @RequestMapping(value = "new_message", method = RequestMethod.POST)
    protected String newMessage(
          @RequestParam(required=true) String blabla,
          @SessionAttribute("login") String username,
          Model model) {

        if(blabla.length() == 0) {
            return REDIRECT_MEMBER_PATH;
        }

        if(blabla.length() <= 140) {
            userService.addMessage(username, blabla);
            return REDIRECT_MEMBER_PATH;
        }
        else {
            model.addAttribute("messages", userService.messages(username));
            return MEMBER_PATH;
        }
    }
```

```
    @RequestMapping(value = "del_message", method = RequestMethod.POST)
    protected String delMessage(
            @RequestParam(required=true) String millis,
            @SessionAttribute("login") String username) {

        if(millis != null) {
            userService.deleteMessage(username, millis);
        }
        return REDIRECT_MEMBER_PATH;
    }
}
```

MemberController 中的方法，原本需要通过 HttpSession 来取得 login 属性，通过@SessionAttribute 的话，Spring 会自动取得并注入至方法❶，这里一并注入了 Model 实例❷，被添加至 Model 实例中的属性❸，在 Spring 处理之后，默认会复制给 HttpServletRequest 成为其属性之一。原先 newMessage() 方法中，有个 request.setCharacterEncoding("UTF-8")，可以将之删除，并在 web.xml 中设置：

gossip web.xml

```
<?xml version="1.0" encoding="UTF-8"?>
<web-app xmlns:xsi="http://www.w3.org/2001/XMLSchema-instance"
xmlns="http://xmlns.jcp.org/xml/ns/javaee"
xmlns:jsp="http://java.sun.com/xml/ns/javaee/jsp"
xsi:schemaLocation="http://xmlns.jcp.org/xml/ns/javaee
http://xmlns.jcp.org/xml/ns/javaee/web-app_4_0.xsd" version="4.0">
  ...略

  <request-character-encoding>UTF-8</request-character-encoding>
</web-app>
```

这样一来，借由标注与注入对象，可以发现 MemberController 中没有任何 Servlet API 出现。

为什么强调没有 Servlet API 出现？如果需要对控制器进行单元测试，Servlet API 会是个麻烦，因为相关实例是由容器的操作提供，若要自行操作一些假对象，也就是所谓的 Mock 对象，会有一定的复杂度。然而，这里的 MemberController，方法的参数类型是 String 或 Model，后者也只有几个方法需要操作，进行单元测试时就会简单许多。

Model 中添加的属性，在 Spring 处理之后，默认会复制给 HttpServletRequest 成为其属性之一，若要复制给 HttpSession 成为属性，可以通过@SessionAttributes 在控制器声明。例如，AccountController 可以如下修改：

gossip AccountController.java

```
package cc.openhome.controller;
...略

@Controller
@SessionAttributes("token")  ←── ❶ 指定 HttpSession 属性名称
public class AccountController {
    ...略

    @RequestMapping(value = "reset_password", method = RequestMethod.GET)
    public String resetPasswordForm(
            @RequestParam(required=true) String name,
```

```
        @RequestParam(required=true) String email,
        @RequestParam(required=true) String token,
        Model model) {

    Optional<Account> optionalAcct =
            userService.accountByNameEmail(name, email);

    if(optionalAcct.isPresent()) {
        Account acct = optionalAcct.get();
        if(acct.getPassword().equals(token)) {
            model.addAttribute("acct", acct);
            model.addAttribute("token", token);    ← ❷ 这会是 HttpSession 属性
            return RESET_PASSWORD_FORM_PATH;
        }
    }
    return REDIRECT_INDEX_PATH;
  }

  ...略
}
```

在 AccountController 上使用@SessionAttributes 指定了 token 会是 HttpSession 的属性❶，因此若通过注入的 Model 添加的属性名称是 token，在 Spring 的处理之后，会复制一份至 HttpSession 成为其属性之一❷。

最后来看看如何简化 DisplayController。

gossip DisplayController.java

```
package cc.openhome.controller;
...略

@Controller
public class DisplayController {
  ...略

  @RequestMapping("user/{username}")
  public String user(
        @PathVariable("username") String username,
        Model model) {

    model.addAttribute("username", username);
    if(userService.userExisted(username)) {
        List<Message> messages =
                    userService.messages(username);
        model.addAttribute("messages", messages);
    } else {
        model.addAttribute("errors",
             Arrays.asList(String.format("%s 还没有发表信息", username)));
    }
    return USER_PATH;
  }
}
```

在这里可以看到，@RequestMapping 在路径设置上指定占位变量，之后通过@PathVariable 注入变量实际的值，这么一来，就不用自行解析 URI 来获取用户名称了。

现在可以试着执行应用程序，看看功能是否一切如常，并与 13.1.3 节的控制器程序代码相比较，看看是否简洁了许多。

13.2.2 建立窗体对象

微博的控制器现在已经简化了许多。当然，若要检查的话，还有一些改善的空间，例如，在 `AccountController` 中，`register()`方法与 `resetPassword()`方法中，都有着针对窗体的格式验证，这类格式验证可以抽取出来在窗体对象中进行，从而简化控制器的流程。

针对验证的部分，JSR303 规范了 Java Validation API，Spring 可以整合 JSR303，但需要有个 JSR303 的试验品，在这里打算使用 Hibernate Validator，因此在 build.gradle 加入相关链接库设置。

为了能使用 Spring 核心，必须在 build.gradle 中设置，由于会使用到 H2 数据库驱动程序，可以一并通过 Gradle 来管理相关的 JAR。

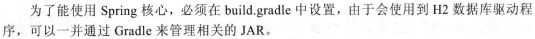

gossip build.gradle

```
import org.gradle.plugins.ide.eclipse.model.Facet

apply plugin: 'java'
apply plugin: 'war'
apply plugin: 'eclipse-wtp'

...略

dependencies {
    ...略

    compile('org.springframework:spring-context:5.0.3.RELEASE')
    compile('org.springframework:spring-webmvc:5.0.3.RELEASE')

    compile('org.hibernate:hibernate-validator:5.4.2.Final')
}
```

接着先针对注册窗体设计一个对应的窗体类：

gossip RegisterForm.java

```
package cc.openhome.controller;

import javax.validation.constraints.Pattern;

public class RegisterForm {
    @Pattern(
        regexp = "^[_a-z0-9-]+([.][_a-z0-9-]+)*@[a-z0-9-]+([.][a-z0-9-]+)*$",
        message = "未填写邮件或格式不正确"
    )
    private String email;

    @Pattern(regexp = "^\\w{1,16}$", message = "未填写用户名称或格式不正确")
    private String username;

    @Pattern(regexp = "^\\w{8,16}$", message = "请确认密码符合格式")
    private String password;
    private String password2;

    public String getEmail() {
```

```
        return email;
    }

    public void setEmail(String email) {
        this.email = email;
    }

    ...其他值域相对应的 Getter、Setter，故略...
}
```

在 RegisterForm 中，设置了针对窗体各字段的规则表示式，Spring 会自动收集对应名称的请求参数。另外，针对重设密码的窗体，也设计了一个对应的窗体对象：

gossip ResetPasswordForm.java

```
package cc.openhome.controller;

import javax.validation.constraints.Pattern;

public class ResetPasswordForm {
    private String token;
    private String name;
    private String email;

    @Pattern(regexp = "^\\w{8,16}$", message = "请确认密码符合格式")
    private String password;
    private String password2;

    public String getToken() {
        return token;
    }
    public void setToken(String token) {
        this.token = token;
    }

    ...其他值域相对应的 Getter、Setter，故略...
}
```

接下来使用这两个窗体对象来重构 AccountController:

gossip AccountController.java

```
package cc.openhome.controller;
...略

@Controller
@SessionAttributes("token")
public class AccountController {
    ...略

    @RequestMapping(value = "register", method = RequestMethod.POST)
    public String register(
            @Valid RegisterForm form,           ← ❶ 验证窗体对象
            BindingResult bindingResult,        ← ❷ 注入验证结果
            Model model) {
                                 ❸ 取得 BindingResult 的错误信息
                                 ↓
        List<String> errors = toList(bindingResult);
```

```
    if(!form.getPassword().equals(form.getPassword2())) {
        errors.add("请再次确认密码");
    }

    String path;
    if(errors.isEmpty()) {
        path = REGISTER_SUCCESS_PATH;

        Optional<Account> optionalAcct = userService.tryCreateUser(
                form.getEmail(), form.getUsername(), form.getPassword());
        if(optionalAcct.isPresent()) {
            emailService.validationLink(optionalAcct.get());
        } else {
            emailService.failedRegistration(
                form.getUsername(), form.getEmail());
        }
    } else {
        path = REGISTER_FORM_PATH;
        model.addAttribute("errors", errors);
    }

    return path;
}

...略

@RequestMapping(value = "reset_password", method = RequestMethod.POST)
public String resetPassword(
        @Valid ResetPasswordForm form,
        BindingResult bindingResult,
        @SessionAttribute(name = "token") String storedToken,
        Model model) {

    if(storedToken == null || !storedToken.equals(form.getToken())) {
        return REDIRECT_INDEX_PATH;
    }

    List<String> errors = toList(bindingResult);
    if(!form.getPassword().equals(form.getPassword2())) {
        errors.add("请再次确认密码");
    }

    if(!errors.isEmpty()) {
        Optional<Account> optionalAcct =
           userService.accountByNameEmail(form.getName(), form.getEmail());
        model.addAttribute("errors", errors);
        model.addAttribute("acct", optionalAcct.get());
        return RESET_PASSWORD_FORM_PATH;
    } else {
        userService.resetPassword(form.getName(), form.getPassword());
        return RESET_PASSWORD_SUCCESS_PATH;
    }
}

private List<String> toList(BindingResult bindingResult) {
    List<String> errors = new ArrayList<>();
    if(bindingResult.hasErrors()) { ←——❹如果有验证错误信息的话
        bindingResult.getFieldErrors().forEach(err -> {
```

```
            errors.add(err.getDefaultMessage());
        });
    }
    return errors;
  }
}
```

❺取得并收集错误信息

register()现在注入了 RegisterForm 实例，@Valid 标注必须验证字段❶，如果有字段验证错误，会收集在 BindingResult 之中，通过注入其实例❷，稍后就可以检查是否有相关的验证问题。由于除了格式验证之外，还必须进一步确认两次输入的密码是否相符，因此先将 BindingResult 中的错误信息收集至一个 List<String>❸。

BindingResult 可以通过 hasErrors()来询问是否有字段错误❹，如果有错误，通过 getFieldErrors()获取 FieldError 清单，通过每个 FieldError 实例的 getDefaultMessage()可以获得设置之错误信息❺。如程序代码所示，resetPassword()方法也做了类似的处理。

13.2.3 关于 Thymeleaf 模板

或许你曾经听说过“JSP 已经过时了”的论调，当然，这论调也有许多开发者不认同，可以在网络上搜索看看双方的说法，这里不评论 JSP 是否过时了这件事。

不过，JSP 确实不是唯一的页面显示技术，如果你了解 JSP，有机会也可以接触其他模板引擎，未来在评估采用何种页面显示技术时，可以有多个选择。

如果使用 Spring MVC，在其他模板引擎上，能见度高的选择之一是 Thymeleaf(www.thymeleaf.org)，它主打的特性之一是自然模板(Natural template)，模板页面本身是只需浏览器就可查看的 HTML，例如：

gossip index.html

```
<!DOCTYPE html>
<html xmlns="http://www.w3.org/1999/xhtml"
   xmlns:th="http://www.thymeleaf.org">
  <head>
    <meta charset="UTF-8">
    <title>Gossip 微博</title>
    <link rel="stylesheet" href="css/gossip.css" type="text/css">
  </head>
  <body>
    <div id="login">
      <div>
        <img src='images/caterpillar.jpg' alt='Gossip 微博'/>
      </div>
      <a href='register'>还不是会员？</a>
      <p></p>

   <ul th:if="${errors != null}" style='color: rgb(255, 0, 0);'>
      <li th:each="error : ${errors}" th:text="${error}">error message</li>
   </ul>

      <form method='post' action='login'>
        <table>
          <tr>
```

```
                <td colspan='2'>会员登录</td>
            <tr>
                <td>名称：</td>
                <td><input type='text' name='username'
                        th:value="${param.username}"></td>
            </tr>
            <tr>
                <td>密码：</td>
                <td><input type='password' name='password'></td>
            </tr>
            <tr>
                <td colspan='2' align='center'>
                    <input type='submit' value='登录'>
                </td>
            </tr>
            <tr>
                <td colspan='2'>
                    <a href='static/forgot.html'>忘记密码？</a>
                </td>
            </tr>
        </table>
    </form>
</div>
<div>
    <h1>Gossip ... XD</h1>
    <ul>
        <li>谈天说地不奇怪</li>
        <li>分享信息也可以</li>
        <li>随意写写表心情</li>
    </ul>
  <table style='background-color:#ffffff;'>
    <thead>
        <tr>
            <th><hr></th>
         </tr>
     </thead>
     <tbody>

     <tr th:each="message : ${newest}">
         <td style='vertical-align: top;'>
           <span th:text="${message.username}">user name</span><br>
           <span th:utext="${message.blabla}">blabla</span><br>
           <span th:text="${message.localDateTime}">time here</span>
                <hr>
         </td>
     </tr>

   </tbody>
  </table>

</div>
    </body>
</html>
```

这是一个完全合法的 HTML 文件，可以直接在浏览器上开启，也可以显示原型页面，如图 13.3 所示。

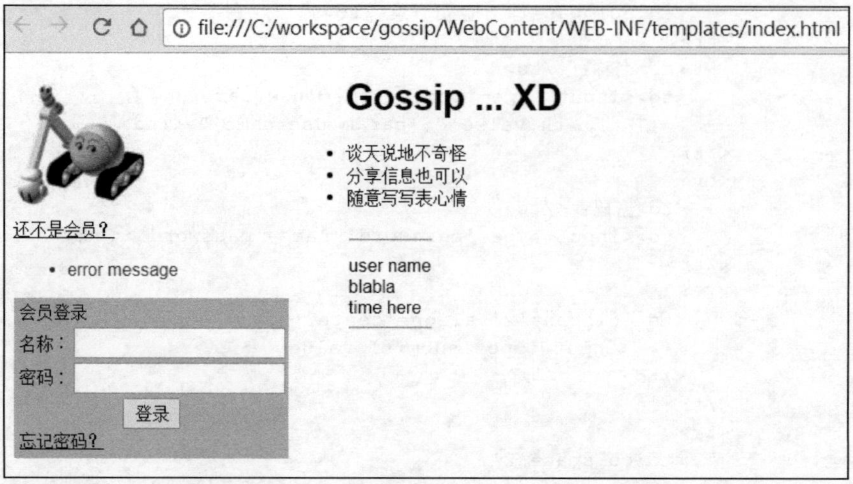

图 13.3　在浏览器中直接检视 Thymeleaf 模板页面

如果没有在 Web 容器上运行，使用浏览器来直接开启一个 JSP 文件，只会直接显示 JSP 原始码内容。

如果想在 Spring MVC 中改用 Thymeleaf 模板作为呈现技术，可以在 build.gradle 中加入以下内容。

gossip build.gradle

```
import org.gradle.plugins.ide.eclipse.model.Facet
 ...略

dependencies {
    ...略
    compile('org.springframework:spring-context:5.0.3.RELEASE')
    compile('org.springframework:spring-webmvc:5.0.3.RELEASE')

    compile('org.hibernate:hibernate-validator:5.4.2.Final')

    compile("org.thymeleaf:thymeleaf-spring5:3.0.9.RELEASE");
    compile("org.thymeleaf:thymeleaf:3.0.9.RELEASE");
}
```

在 `WebConfig` 中替换 `ViewResolver` 操作：

gossip WebConfig.java

```
package cc.openhome.web;
...略

@Configuration
@EnableWebMvc
@PropertySource("classpath:path.properties")
@ComponentScan("cc.openhome.controller")
public class WebConfig implements WebMvcConfigurer {
    ...略

    @Bean
    public ServletContextTemplateResolver templateResolver(
                ServletContext context) {
```

```
        // 通过此实例进行相关设置，后续用来建立模板引擎对象
        ServletContextTemplateResolver templateResolver =
                new ServletContextTemplateResolver(context);
        // 开发阶段可设置为不快取模板内容，修改模板才能实时反映变更
        templateResolver.setCacheable(false);
        // 搭配控制器返回值的前置名称
        templateResolver.setPrefix("/WEB-INF/templates/");
        // 搭配控制器返回值的后置名称
        templateResolver.setSuffix(".html");
        // 这是一份 XHTML 文件
        templateResolver.setTemplateMode("XHTML");
        return templateResolver;
    }

    @Bean
    public SpringTemplateEngine templateEngine(
            ServletContextTemplateResolver templateResolver) {
        // 建立与设置模板引擎
        SpringTemplateEngine templateEngine = new SpringTemplateEngine();
        templateEngine.setTemplateResolver(templateResolver);
        return templateEngine;
    }

    @Bean
    public ViewResolver viewResolver(SpringTemplateEngine templateEngine) {
        // 建立 ViewResolver 操作对象并设置模板引擎实例
        ThymeleafViewResolver resolver = new ThymeleafViewResolver();
        resolver.setTemplateEngine(templateEngine);
        resolver.setCharacterEncoding("UTF-8");
        resolver.setCache(false);
        return resolver;
    }
}
```

接下来，就可以将之前的 JSP 页面逐一改造为 Thymeleaf 的 HTML 模板。详细说明 Thymeleaf 的 HTML 模板如何撰写，不在本书设置范围内。若读者有 JSTL 的基础，学习 Thymeleaf 模板的撰写并不困难，可参考官方文件 Tutorial: Using Thymeleaf (www.thymeleaf.org/doc/tutorials/3.0/usingthymeleaf.html)。

虽然本书不打算介绍如何撰写 Thymeleaf 的 HTML 模板，然而范例文件中提供的微博应用程序，已经将全部的 JSP 改写为 Thymeleaf 的 HTML 模板，可作为读者未来学习时的参考。

13.3 重点复习

在开始使用框架之后，会发现框架主导了程序运行的流程，必须在框架的规范下定义某些类，框架会在适当时候调用用户操作的程序。也就是说，对应用程序的流程控制权被反转了，现在是框架在定义流程，由框架来调用程序，而不是由用户自己来调用框架。

框架本质上也是个链接库，不过会被定位为框架，表示它对程序主要流程拥有更多的控制权。但框架本身是个半成品，想要完成整个流程，必须在框架的流程规范下，实现自定义组件，但可以自行掌控的部分与使用链接库相比，对流程控制的自由度少了许多。

使用链接库时，开发者可以拥有较高的自由度；使用框架时，开发者会受到较大的限

制，只有换来的好处超越了牺牲掉的流程自由度，使用框架才具有意义。

判定一个框架是否适用之时，有一个方式来判断框架是否有最小集合，它最好可以基于开发者既有的技术背景，在略为重构(原型)应用程序以使用此最小集合后，就能使应用程序运行起来，之后随着对框架的认识增加，在判定框架中的特定功能是否适用之后，再逐步重构应用程序能使用该功能。这样，就算框架本身包山包海，也能从中掌握真正有益于应用程序的部分。

13.4 课后练习

请将第 12 章的练习成果，套用至 13.2.3 节的微博应用程序之中，也就是使用 `JdbcTemplate` 来简化的 `AccountDAOJdbcImpl` 与 `MessageDAOJdbcTemplate`，并且试着使用 Spring 的 JavaMail 方案，简化 `GmailService` 的实现内容。

简介 Spring Boot

Chapter 14

学习目标：

- 认识 Spring Boot
- 认识 Spring Tool Suite

14.1 初识 Spring Boot

在逐渐熟悉了 Spring 之后，接下来的项目也许就想使用 Spring 来开发了，不过要开始一个 Spring 项目似乎有些麻烦，必须设置 Gradle、撰写 build.gradle、决定链接库、准备组态文件、初始相关资源等，虽然相对于从 Servlet/JSP 撰写应用程序来说，这些准备工作已经算是比较轻松了，那么，还能再简单些吗？

如果打算使用 Spring 来开发应用程序，Spring Boot 提供了快速初始项目的解决方案，通过自动组态、Starter 相关链接库、命令行接口等，可以省去初始项目过程许多烦琐的设置。

14.1.1 哈喽！Spring Boot！

想要了解 Spring Boot，最好的方式就是直接使用，可以在 Spring Boot 官方网站(projects.spring.io/spring-boot/)下载 zip 文件，在解压缩之后，bin 文件夹里有 spring 指令，可以在 PATH 环境变量中加入 bin 文件夹的路径，以便使用指令。

1. Spring Initializer

要初始一个 Spring Boot 项目，方式之一是在 Spring Initializer(start.spring.io)设置并下载。例如，建立一个基于 Web 的 hello 项目，如图 14.1 所示。

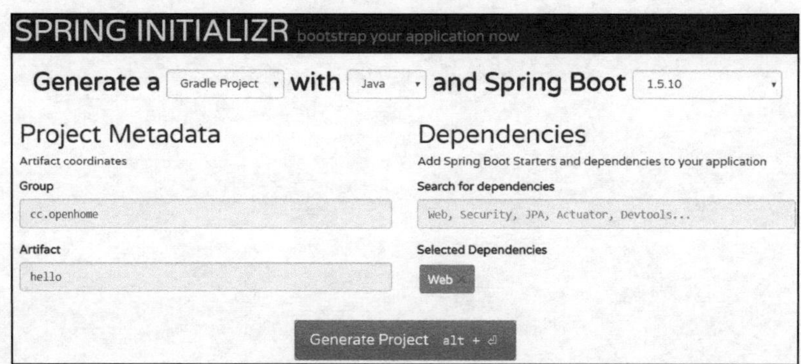

图 14.1 创建 Spring Boot 项目

如图 14.1 所示设置并单击 Generate Project 按钮后，即可下载 hello.zip，将其压缩至 C:\workspace，查看其中的 bulid.gradle 写了什么。

hello build.gradle

```
buildscript {
    ext {
        springBootVersion = '1.5.10.RELEASE'
    }
    repositories {
        mavenCentral()
    }
```

```
    dependencies {
        classpath(
     "org.springframework.boot:spring-boot-gradle-plugin:${springBootVersion}")
    }
}

apply plugin: 'java'
apply plugin: 'eclipse'
apply plugin: 'org.springframework.boot'

group = 'cc.openhome'
version = '0.0.1-SNAPSHOT'
sourceCompatibility = 1.8

repositories {
    mavenCentral()
}

dependencies {
    compile('org.springframework.boot:spring-boot-starter-web')
    testCompile('org.springframework.boot:spring-boot-starter-test')
}
```

基本的 plugin 已经设置好了，之后可以在 Eclipse 中导入这个项目，而在 `dependencies` 的部分可以看到 `org.springframework.boot:spring-boot-starter-web`，Spring Boot 将开发 Web 时必要的相关链接库整理在这个 Starter 之中，因此就不用如第 13 章时，自行设置 spring-webmvc、spring-context 等相关链接库，至于使用的 Spring 版本，决定于使用的 Spring Boot 版本，例如这里使用的 Spring Boot 1.5.10 是基于 Spring 4.3。

提示>>> 在撰写本章时，Spring Boot 2.0 已经是 RC1，基于 Spring 5。

接着查看 src\main\java\cc\openhome\hello 中的 `HelloApplication`：

hello HelloApplication.java

```
package cc.openhome.hello;

import org.springframework.boot.SpringApplication;
import org.springframework.boot.autoconfigure.SpringBootApplication;

@SpringBootApplication
public class HelloApplication {
    public static void main(String[] args) {
        SpringApplication.run(HelloApplication.class, args);
    }
}
```

`@SpringBootApplication` 相当于标注了 `@Configuration`、`@EnableAutoConfiguration` 与 `@ComponentScan`，因此 `HelloApplication` 本身就被当成配置文件，自动扫描同一包中的组件。

`@EnableAutoConfiguration` 表示自动配置相关资源，Spring Boot 会自动看看相关链接库设置，自动产生并注入组件(稍后会看到范例)，这也是 Spring Boot 可以简化设置的原因之一。在 Spring Boot 一开始感觉像是零组态，但这并不代表不需要任何设置，而是有许多设置都有默认值或行为了，在想要默认值以外的设置时，才需要进行相关组态。

来写个最基本的控制器：

hello HelloController.java

```
package cc.openhome.hello;

import org.springframework.stereotype.Controller;
import org.springframework.web.bind.annotation.RequestMapping;
import org.springframework.web.bind.annotation.RequestParam;
import org.springframework.web.bind.annotation.ResponseBody;

@Controller
public class HelloController {
    @RequestMapping("hello")
    @ResponseBody
    public String hello(
            @RequestParam(required=true) String name) {

        return String.format("哈喽！%s！", name);
    }
}
```

现在还没加入任何网页，为了让这个控制器的方法返回值，可以直接作为响应，在方法上标注了`@ResponseBody`，其他的标注在第 13 章介绍过了，现在可以在 hello 文件夹中输入 `gradle bootRun`，这样会执行 `HelloApplication`。接着打开浏览器，进行如图 14.2 所示请求。

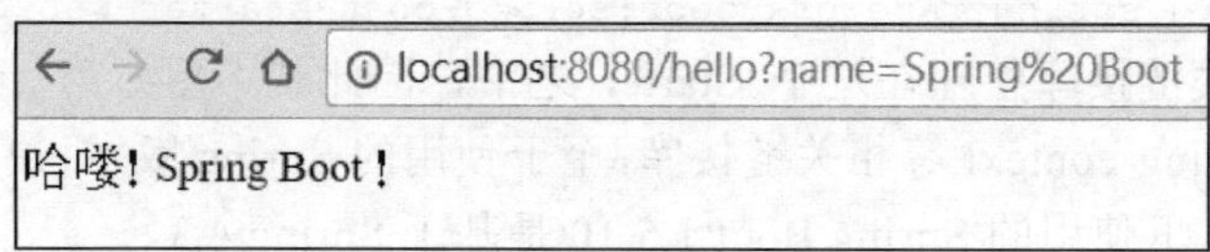

图 14.2　哈喽！Spring Boot！

可以试着在 Eclipse 中建立 Web 应用程序，设置 Spring MVC 的 `DispatcherServlet`，新增相关配置文件等资源，写一个对应的功能来相比较，马上就可以对比出使用 Spring Boot 的快速与方便性。

提示>>> 当然，并不是用了 Spring Boot 就能享受快速与方便，而是建立在熟悉 Spring MVC 的基础之上。

2. 使用 spring 指令

使用 Spring Boot 本身的 `spring` 指令，也可以建立初始项目。如图 14.3 所示在 C:\workspace 下执行指令。

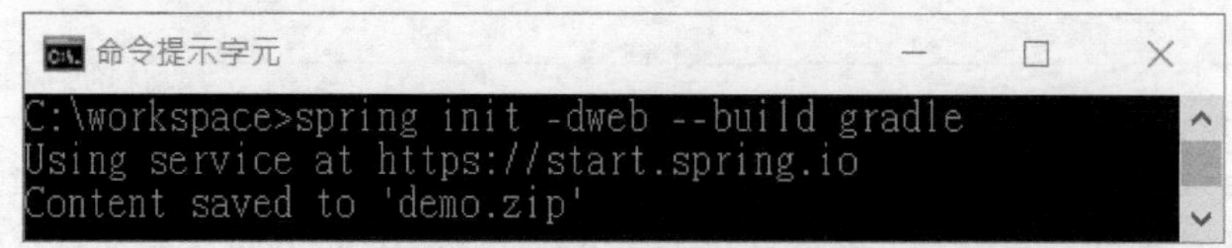

图 14.3　使用 `spring init` 指令

`spring init` 也是联机至 start.spring.io 来产生初始项目，`dweb` 指定了相依 Starter，如果不指定`--build gradle`，预设会使用 Maven 作为建构工具，在不指定项目名称的情况下，会使用 demo 作为名称下载 demo.zip。

在某个文件夹执行 `spring init` 并附上`-x`，这样，在下载 zip 之后自动压缩在所在的文件夹，如图 14.4 所示。

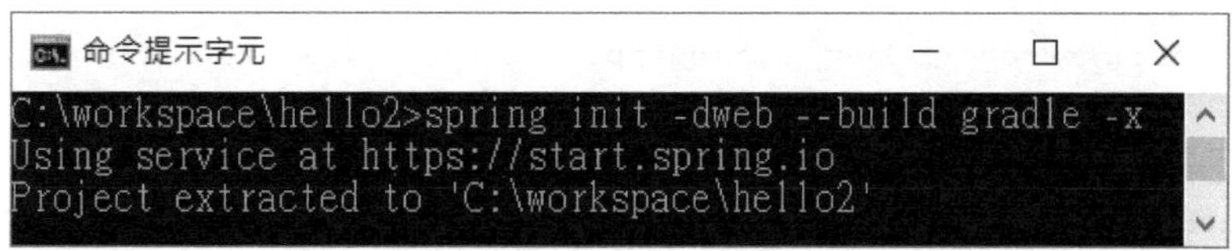

图 14.4　加上`-x`自变量

或者是执行 `spring init` 时指定项目名称，如图 14.5 所示。

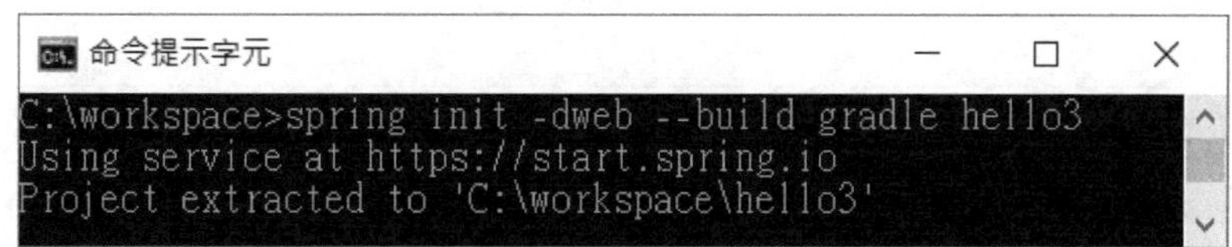

图 14.5　指定项目名称

若想知道更多 `spring init` 的使用方式，可以执行 `spring help init` 来查看帮助信息。

14.1.2　实现 MVC

在之前的 hello 项目中，直接将控制器的方法返回值作为响应本体，如果打算实现 MVC 架构呢？

1. 建立控制器

首先，可以在 src\main\java\cc\openhome\controller 中建立控制器：

hello MailController.java

```
package cc.openhome.controller;

import org.springframework.stereotype.Controller;
import org.springframework.web.bind.annotation.RequestMapping;
import org.springframework.web.bind.annotation.RequestParam;
import org.springframework.ui.Model;

@Controller
public class MailController {
    @RequestMapping("addr")
    public String addr(
            @RequestParam(required=true) String name,
            Model model) {
        model.addAttribute("addr", String.format("%s@openhome.cc", name));
        return "addr";
    }
}
```

相关标注在第 13 章介绍过了，Spring Boot 必须知道到 `cc.openhome.controller` 包扫描，因此修改 `HelloApplication`：

hello HelloApplication.java

```
package cc.openhome.hello;

import org.springframework.boot.SpringApplication;
import org.springframework.boot.autoconfigure.SpringBootApplication;

@SpringBootApplication(scanBasePackages= {
    "cc.openhome.controller"
})
public class HelloApplication {
    public static void main(String[] args) {
        SpringApplication.run(HelloApplication.class, args);
    }
}
```

之前介绍过，`@SpringBootApplication` 相当于标注了`@Configuration`、`@EnableAutoConfiguration`与`@ComponentScan`，原先这些标注上可以设置的属性，在`@SpringBootApplication` 会有对应的设置方式，例如上面就使用 `scanBasePackages` 设置必须扫描 `cc.openhome.controller` 包。

2. 使用 Thymeleaf

Spring Boot 若发现相依的链接库中有 Thymeleaf，默认就会使用 Thymeleaf 模板作为页面显示技术，为此，可以在 build.gradle 中加入 Thymeleaf 的 Starter：

hello build.gradle

```
...略

dependencies {
    compile('org.springframework.boot:spring-boot-starter-web')
    compile('org.springframework.boot:spring-boot-starter-thymeleaf')
    testCompile('org.springframework.boot:spring-boot-starter-test')
}
```

默认的模板文件存放路径是 src\main\resources\templates，由于先前控制器返回了字符串 `addr`，因此在该文件夹中新增 addr.html：

hello addr.html

```
<!DOCTYPE html>
<html xmlns="http://www.w3.org/1999/xhtml"
      xmlns:th="http://www.thymeleaf.org">
    <head>
        <meta charset="UTF-8"/>
        <title>Mail address</title>
    </head>
    <body>
        <span th:text="${addr}">xxx@openhome.cc</span>
    </body>
</html>
```

这是个很简单的 Thymeleaf 模板页面，`${addr}`用来获取先前控制器在 `Model` 中设置的 `addr` 属性，因此在执行 `gradle bootRun` 之后，就可以使用浏览器进行如图 14.6 所示请求。

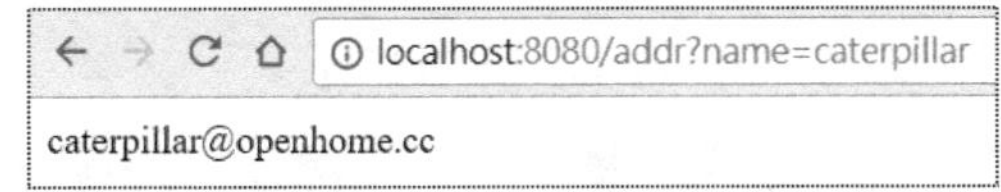

图 14.6 建立页面响应

3. 建立与注入组件

如果想要建立组件并完成相依注入呢？例如，将 13.2.3 节 gossip 项目中 Account.java、AccountDAO.java、AccountDAOJdbcImpl.java 复制至 hello 项目的 src\main\java\cc\openhome\model 之中，然后完成相关的相依设置并注入 `MailController`，可以在 `HelloApplication` 中直接设置扫描 `cc.openhome.model` 包。

hello HelloApplication.java

```
package cc.openhome.hello;

import org.springframework.boot.SpringApplication;
import org.springframework.boot.autoconfigure.SpringBootApplication;

@SpringBootApplication(scanBasePackages= {
    "cc.openhome.controller",
    "cc.openhome.model"
})
public class HelloApplication {
    public static void main(String[] args) {
        SpringApplication.run(HelloApplication.class, args);
    }
}
```

接着，若打算使用 JDBC 存取 H2 数据库的话，可以在 build.gradle 中加入相依链接库：

hello build.gradle

```
...略

dependencies {
    compile('org.springframework.boot:spring-boot-starter-web')
    compile('org.springframework.boot:spring-boot-starter-thymeleaf')
    compile('org.springframework.boot:spring-boot-starter-jdbc')
    testCompile('org.springframework.boot:spring-boot-starter-test')

    compile('com.h2database:h2:1.4.196')
}
```

Spring Boot 如果发现相依的链接库中有 H2，会试着自行建立 `DataSource`，并将之注入相关组件。当然，联机数据库时必须有 JDBC URI、名称、密码等信息，这可以在 src\main\resources\application.properties 中设置：

hello application.properties

```
spring.datasource.driver-class-name=org.h2.Driver
spring.datasource.url=jdbc:h2:tcp://localhost/c:/workspace/hello/gossip
spring.datasource.username=caterpillar
spring.datasource.password=12345678
```

别忘了将 13.2.3 节的 gossip 项目中的 gossip.mv.db 数据库文件，也复制至 hello 文件夹之中。接着只要在控制器中注入 AccountDAO 就可以了。

hello MailController.java

```
package cc.openhome.controller;

import org.springframework.stereotype.Controller;
import org.springframework.web.bind.annotation.RequestMapping;
import org.springframework.web.bind.annotation.RequestParam;
import org.springframework.ui.Model;
import org.springframework.beans.factory.annotation.Autowired;

import cc.openhome.model.AccountDAO;

@Controller
public class MailController {
    @Autowired
    private AccountDAO acctDAO;

    @RequestMapping("addr")
    public String addr(
            @RequestParam(required=true) String name,
            Model model) {
        model.addAttribute("addr", String.format("%s@openhome.cc", name));
        return "addr";
    }

    @RequestMapping("addr2")
    public String addr2(
            @RequestParam(required=true) String name,
            Model model) {
        model.addAttribute("addr", String.format("%s",
            acctDAO.accountByUsername(name).get().getEmail())
        );
        return "addr";
    }
}
```

在执行 gradle bootRun 之后，试着使用浏览器请求 localhost:8080/addr2?name=caterpillar，就可以看到相对应的使用者邮件显示在页面。

14.1.3 使用 JSP

Spring Boot 默认使用 Thymeleaf 模板，然而本书的主题是 JSP，如果想在 Spring Boot 中使用 JSP 呢？这需要能转译、编译、加载 JSP 页面，因此必须在 build.gradle 中加入一些设置。

hello build.gradle

```
...略

dependencies {
    compile('org.springframework.boot:spring-boot-starter-web')
    compile('org.springframework.boot:spring-boot-starter-jdbc')
    testCompile('org.springframework.boot:spring-boot-starter-test')
```

```
    compile('com.h2database:h2:1.4.196')
    compile('org.apache.tomcat.embed:tomcat-embed-jasper:9.0.5')
}
```

接着在 application.properties 中设置 JSP 页面的前置、后置字符串：

hello application.properties

```
spring.datasource.driver-class-name=org.h2.Driver
spring.datasource.url=jdbc:h2:tcp://localhost/c:/workspace/hello/gossip
spring.datasource.username=caterpillar
spring.datasource.password=12345678

spring.mvc.view.prefix=/WEB-INF/jsp/
spring.mvc.view.suffix=.jsp
```

在 src 文件夹下建立 webapp/WEB-INF/jsp 文件夹，接着在其中写 JSP 页面：

hello addr.jsp

```
<%@page contentType="text/html; charset=UTF-8" pageEncoding="UTF-8"%>
<!DOCTYPE html>
<html>
    <head>
        <meta charset="UTF-8"/>
        <title>Mail address</title>
    </head>
    <body>
        ${addr}
    </body>
</html>
```

14.2　整合 IDE

在建立 Spring Boot 项目之后，若能结合 IDE 的功能，在撰写程序时会很有帮助，可以将 Spring Boot 的项目导入至 Eclipse 中，或者直接使用 Spring Tool Suite 来建立、撰写项目。

14.2.1　导入 Spring Boot 项目

如果想将 14.1.3 节的 hello 项目导入至 Eclipse 之中，可以执行菜单 File | Import 命令，在 Import 对话框中选择 Gradle | Existing Gradle Project 命令，然后在后续操作中选择 hello 文件夹完成导入。

想要执行 bootRun 任务，可以在 Gradle Task 选项卡中，展开 hello | application，在 bootRun 上右击执行 Run Gradle Tasks 就可以了，如图 14.7 所示。

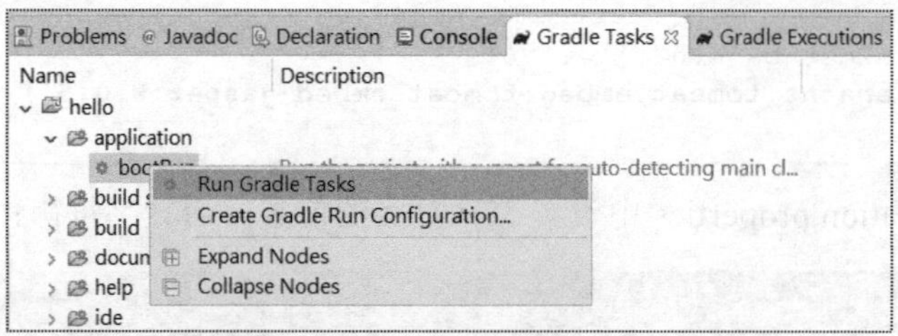

图 14.7　在 Eclipse 中执行 Gradle 任务

若要停止执行，Gradle Task 选项卡右方有个红色按钮，单击可取消任务。

另一种方式，就是直接找出`@SpringBootApplication`标注的类，在上面右击执行 Run as | Java Application 就可以了。

14.2.2　Spring Tool Suite

在开发 Spring Boot 项目上，Spring 官方提供了 Spring Tool Suite(spring.io/tools/sts)，可以在既有的 Eclipse 通过 Help | Eclipse Marketplace 来安装 Spring Tool Suite，或者在 Download STS(spring.io/tools/sts/all)直接下载 Spring 官方基于 Eclipse 打造好的 Spring Tool Suite。

以 3.9.2 版本为例，在下载 zip 文件并解压缩之后，可以在 sts-3.9.2.RELEASE 中看到`STS`执行文件，直接执行就可以启动 Spring Tool Suite，由于是基于 Eclipse，需要先选择 Workspace 文件夹(本书一直都采用 C:\workspace)。

然而，Spring Tool Suite 默认并没有 Gradle 工具支持，可通过 Help | Eclipse Marketplace 来安装 Gradle 官方的 Buildship plugin(Eclipse 官方整合的版本是 Buildship Gradle Integration 2.0)，如图 14.8 所示。

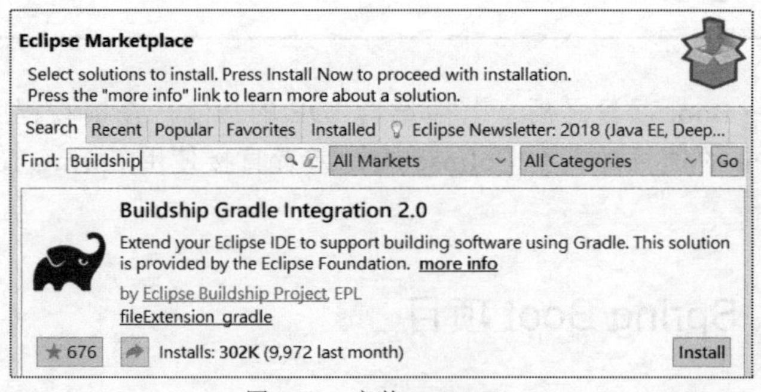

图 14.8　安装 Buildship

如果想建立新的 Spring Boot 项目，可以执行菜单 File | New | Project 命令，在 New Project 对话框中，选择 Spring Boot | Spring Starter Project 命令，单击 Next 按钮后，可以在如图 14.9 所示对话框中进行选项设置。

在单击 Next 按钮之后，可以看到有许多 Starter 项目的选择，通过 Available 下的文本框搜索想要的选项，如图 14.10 所示。

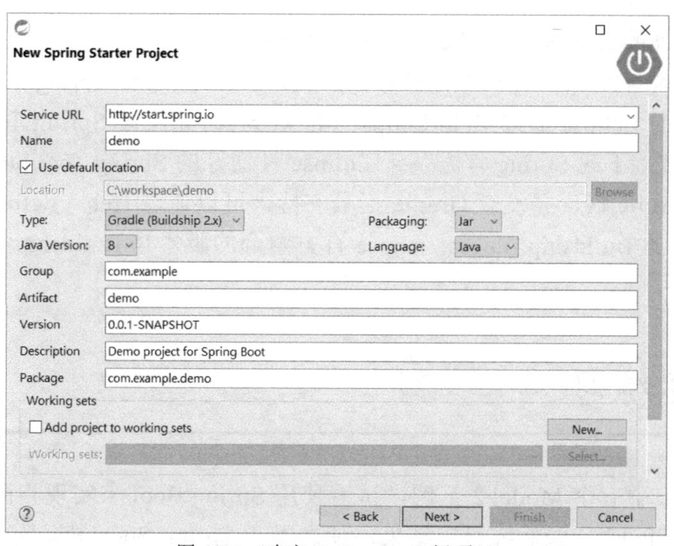

图 14.9　建立 Spring Boot 新项目

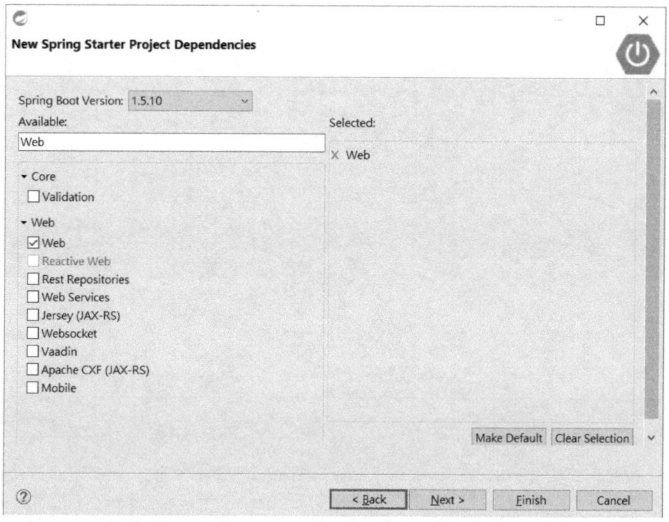

图 14.10　设置 Starter 选项

接着单击 Finish 按钮完成项目建立，读者可以试着在其中实现 14.1 节曾讨论的范例，体会一下在 Spring Tool Suite 中进行程序撰写、设置时的便利性。

14.3 重点复习

Spring Boot 将开发时必要的相依链接库整理至 Starter 相依之中，因此就不用自行设置 spring-webmvc、spring-context 等相依链接库。至于使用的 Spring 版本，决定于使用的 Spring Boot 版本。

Spring Boot 会自动查看相依链接库设置，自动产生并注入组件。在 Spring Boot 一开始感觉像是零组态，但这并不表示不需要任何设置，而是许多设置都有默认值或行为了，在想要默认值以外的设置时，才需要进行相关组态。

Spring Boot 本身的 `spring` 指令，使用 `sping init` 联机至 start.spring.io 来产生初始项目。

可以在既有的 Eclipse 通过 Help/Eclipse Marketplace 来安装 Spring Tool Suite，或者在 Download STS 直接下载 Spring 官方基于 Eclipse 打造好的 Spring Tool Suite。

Spring Tool Suite 默认并没有 Gradle 工具支持，可以通过 Help | Eclipse Marketplace 来安装 Gradle 官方的 Buildship plugin(Eclipse 官方整合的版本是 Buildship Gradle Integration 2.0)。

14.4 课后练习

1. 在 3.2.6 节中有个 Model 2 范例，试着使用 Spring Boot 来实现相同的功能。
2. 试着修改第 13 章课后练习的结果，使之能在 Spring Boot 中运行。

Appendix A 如何使用本书项目

A.1 项目环境配置

为了方便读者查看范例程序、运行范例以观摩效果，本书每个章节范例在范例文件中都有提供。由于每个读者的计算机环境配置不尽相同，在这里对本书范例制作时的环境加以介绍，以便读者配置出与作者制作范例时最为接近的环境。

本书撰写过程安装的主要软件：

- Oracle JDK 1.8.0_131
- Eclipse IDE for Java EE Developers(基于 Eclipse OXYGEN.2 Release(4.7.2))
- Apache Tomcat 9.0.2
- H2 数据库 2017-06-10

其他使用到的链接库，详见各章说明，若必须联机数据库，请按照 9.1 节的说明启动与设置 H2 数据库，本书联机 H2 数据库时的用户名称与密码，都是 caterpillar 与 12345678。

至于跟路径有关的信息包括：

- Apache Tomcat 是放在 C:\workspace\apache-tomcat-9.0.2 文件夹。
- Eclipse 启动时选择的工作区(workspace)是 C:\workspace 文件夹。

A.2 范例项目导入

请先按照 2.1.1 节准备好相关开发环境，由于 Eclipse 启动时选择的工作区(workspace)是 C:\workspace 文件夹，如果要使用范例项目，首先将想使用的范例项目复制至 C:\workspace 中，接着在 Eclipse 中执行导入项目的操作：

(1) 执行菜单 File|Import 命令，在出现的 Import 对话框中，选择 General|Existing Projects into Workspace 后，单击 Next 按钮。

(2) 在 Select root directory 中单击 Browser 按钮，在对话框中选择 C:\workspace 后单击“确定”按钮。

(3) 选择要导入的项目后单击 Finish 按钮完成导入。

如果导入项目后，发现图示，可能是 Tomcat 等环境不符，必须调整设置：

(1) 选取项目后右击，执行 Properties 指令，在出现的 Properties 对话框中选取 Java Build Path，会发现有相依问题的链接库出现图示。

(2) 选取有相关问题的链接库，单击 Edit 按钮以进行链接库的调整。

(3) 在 Properties 对话框中选取 Project Facets，调整 Runtimes 选项卡中的 Web 容器。

第 12 章和第 13 章会介绍到 Gradle，以及在 Eclipse 中建立与执行 Gradle 项目，第 14 章会使用 Spring Boot 与 Spring Tool Suite，如何使用这些项目，详见各章说明。